Die
Forsteinrichtung.

Von

Dr. H. Martin,

Professor der Forstwissenschaft an der Forstakademie
zu Tharandt.

Dritte, erweiterte Auflage.

Mit elf Tafeln.

Springer-Verlag Berlin Heidelberg GmbH 1910

Softcover reprint of the hardcover 3rd edition 1910

ISBN 978-3-662-39374-1   ISBN 978-3-662-40430-0 (eBook)
DOI 10.1007/978-3-662-40430-0

Vorwort zur dritten Auflage.

Die erste Auflage der vorliegenden Schrift erschien im Jahre 1903. Sie war im Stil eines Kollegheftes abgefaßt und zunächst nicht zur Veröffentlichung bestimmt. Später sah sich der Verfasser, unter Berücksichtigung der mit den Vorlesungen verbundenen Übungen, veranlaßt, einzelne Gegenstände, namentlich des letzten Teils, eingehender zu bearbeiten, als in der knappen Form eines Grundrisses. Hierdurch war eine Ungleichheit in der Behandlung des Stoffs herbeigeführt. In der vorliegenden Auflage ist versucht, das Ganze gleichmäßig darzustellen. Der Stil ist verändert, einzelne Abschnitte sind neu hinzugefügt, andere durch Beispiele bereichert worden.

Bei der Bearbeitung des Buches war der Verfasser bestrebt, die einzelnen Gegenstände gemäß der Bedeutung zu behandeln, die sie für die Praxis, der schließlich alle literarischen Arbeiten zugute kommen sollen, besitzen. Dies ist nun nicht gerade leicht. Die Forsteinrichtung steht mit fast allen Zweigen des Forstwesens und ihrer Grundwissenschaften in Verbindung. Es muß daher unter allen Umständen eine Beschränkung geübt werden, bei der persönliche Neigungen und Vorurteile nicht immer zu vermeiden sind.

Die seither befolgte Ordnung des Stoffs ist, trotzdem Bedenken gegen sie geltend gemacht werden können, unverändert beibehalten. Ein strenges System läßt sich auf diesem Gebiete nicht durchführen. Es ist jedem Taxator bekannt, daß bei den Vorarbeiten, welche den ersten Teil des Buches bilden, schon auf den Plan selbst, der im dritten Teil behandelt wird, Bezug genommen werden muß. Ebenso wird man bei den theoretischen Erörterungen über Zuwachs und Vorrat, wie sie im zweiten Teile gegeben sind, die praktische Anwendung vor Augen haben. Aber eine Gliederung des Stoffs, die in dieser Hinsicht einwandfrei ist, wird sich überhaupt nicht erreichen lassen.

Unter den Vorarbeiten der Forsteinrichtung ist zunächst die Feststellung und Abgrenzung der Kulturarten, ihrer grundlegenden Bedeutung entsprechend, behandelt. Ohne die richtige Abgrenzung des Holzbodens vom Nichtholzboden lassen sich die normalen Altersklassen und Hiebsflächen, die dem Betriebsplane zugrunde zu legen sind, nicht festsetzen. Ähnliches gilt in bezug auf den

Schutzwald (im strengen Sinne), dessen Ausscheidung allen weiteren
Vorarbeiten vorangehen muß.

Als die einflußreichste und schwierigste unter den Vorarbeiten
der Forsteinrichtung muß die Einteilung in ständige Wirtschaftsfiguren bezeichnet werden. Sie ist zwar jetzt in den meisten Ländern
durchgeführt; in anderen ist bestimmt, daß in nächster Zeit keine
Veränderungen in dieser Hinsicht vorgenommen werden sollen. Trotzdem wäre die Unterlassung einer Kritik der bestehenden Einteilungen
wegen der Bedeutung, die sie für die Hiebsfolge und die Aufstellung
der Wirtschaftspläne besitzen, nicht gerechtfertigt. Der Verfasser
hat bei der Darstellung dieser einflußreichsten wirtschaftlichen Vor-
arbeit im wesentlichen das Verfahren vertreten, welches in der preußischen Staatsforstverwaltung in den 70 er und 80 er Jahren des vorigen
Jahrhunderts unter O. Kaisers Leitung durchgeführt worden ist.
Dies wird dadurch charakterisiert, daß die Einteilung auf die Standortsverhältnisse gegründet und mit der Wegnetzlegung verbunden
wird. Tatsächlich stehen dieser in Preußen geübten Praxis sowohl
die ungleichmäßigen Einteilungen mancher süddeutschen Staaten,
insbesondere Bayerns, entgegen, als auch die gradlinigen Teilungen,
wie sie z. B. in Sachsen vielfach vorliegen. Wenn nun auch die letztgenannten Staaten Grund haben, Änderungen der bestehenden Einteilungen zu beschränken und, wo sie nötig sind, nur allmählich durchzuführen, so lehrt doch der Blick auf die verschiedenen Zustände, daß
die Grundsätze der Einteilung nicht in den Hintergrund treten oder
in das Bereich der fertigen, einer Verbesserung nicht bedürftigen
Gegenstände gestellt werden dürfen.

Hinsichtlich der Beschreibung des Standorts und der Bestände haben die forstlichen Versuchsanstalten Regeln aufgestellt,
denen sich die Vertreter der Forsteinrichtung, unter Wahrung der
erforderlichen Kürze, anschließen dürfen. Zu grundsätzlichen Abweichungen von diesen Bestimmungen liegt bei der Betriebsregelung
kein Anlaß vor. Dagegen bedarf die Art und Weise, wie die Holzmassenermittelung erfolgen soll, der Begründung. Es ist bekanntlich
von mancher Seite darauf hingewiesen, es sei empfehlenswert, das
ganze die Ermittelung des Gehalts stehender und liegender Hölzer
betreffende Gebiet der Betriebsregelung einzuverleiben. Wer aber die
neuere Entwicklung der Forsteinrichtung in den deutschen Staaten
einigermaßen zu überblicken vermag, dem kann es nicht zweifelhaft
sein, daß sich bei dieser mit den Fortschritten der Statistik und anderer
Hilfsmittel die Holzmassenaufnahme fortgesetzt einfacher gestaltet und
gegen andere Aufgaben der Betriebsregelung zurücktritt. Sachsen,
Bayern, Hessen, Baden bieten hierfür charakteristische Belege. Es
ist ein großer Irrtum, zu meinen, man könne den Hiebssatz dadurch

am besten ermitteln, daß man die Stämme aller Bestände, die in den nächsten 10 oder 20 Jahren zum Einschlag kommen sollen, mit der Kluppe aufnimmt. Der wirkliche Gang der Abnutzung wird (auch abgesehen von größeren Naturschäden) in stärkerem Grade durch wirtschaftliche Maßnahmen als durch die Art der Aufnahme beeinflußt. Die Ertragsregelung beruht in erster Linie auf Schätzungen, nicht auf exakten Messungen. Höhere Ansprüche an die Schärfe der Holzmassenaufnahmen als bei der Forsteinrichtung werden von der Forstverwaltung gemacht, die beim Verkauf stehenden Holzes dessen Masse zu berechnen oder beim Verkauf nach dem Einschlag das liegende Holz auszumessen hat. Ebenso verhält es sich bei allen Aufgaben der Wertberechnung zum Zwecke des Ankaufs und Verkaufs von Holzbeständen, sowie beim forstlichen Versuchswesen, das nur dann zu Resultaten führt, wenn die Ermittelungen mit peinlicher Genauigkeit durchgeführt sind. Es entspricht dem hier angedeuteten Sachverhalt, daß die Holzmeßkunde (ebenso wie auch die Vermessung der Flächen) als ein besonderer Zweig der forstlichen Betriebslehre behandelt und bei der Forsteinrichtung nur das hervorgehoben wird, was für diese charakteristisch ist.

Auf die Bedeutung des Vorrats und Zuwachses, welche den Inhalt des zweiten Teils des Buches bilden, mag an dieser Stelle besonders hingewiesen werden. Unter dem Einfluß des regelmäßigen Kahlschlagbetriebs ist vielfach die Ansicht geltend gemacht, man könne die Nutzungen nach der Fläche und dem Verhältnis der Altersklassen in genügender Weise regeln. Unter einfachen Verhältnissen und bei Beschränkung auf die dringendsten Erfordernisse der nächsten Zeit ist ein solches Verfahren genügend. Allein man braucht nur auf die neueren Schriften des Waldbaus zu blicken oder die Entwicklung der praktischen Wirtschaftsführung in vielen deutschen Waldungen ins Auge zufassen — z. B. die Anwendung des bayerischen Femelschlagverfahrens, die Einführung des Lichtungsbetriebs bei der Kiefer und Eiche, den Aushieb von Schwammkiefern und Krebstannen, die vorgreifenden Durchforstungen, wie sie jetzt vielfach geführt werden — um zu der Einsicht zu gelangen, daß die Fläche für sich allein keinen genügenden Regulator für die Regelung der Wirtschaft abgibt. Sie bedarf der Ergänzung durch andere Faktoren. Und unter den Weisern, die man zur Begründung der Abnutzung heranziehen muß, ist keiner wichtiger als der Zuwachs, auf dessen Nachweis jede gute Betriebsregelung Wert legen muß. Ebenso macht die Feststellung der Umtriebszeit den Nachweis des Verlaufs des Massen- und Wertzuwachses erforderlich. Die zunehmende Bedeutung des Wertes der Waldungen verlangt sodann, daß nicht nur die absolute Massen- und Werterzeugung nachgewiesen wird, sondern auch ihr Verhältnis zu dem ihr zugrunde

liegenden Produktionsfonds. Die Schätzung des Waldkapitals ist deshalb eine allgemeine Forderung für jeden geordneten Forsthaushalt.

Für die ausführende Praxis liegt die wichtigste Aufgabe der Betriebsregelung in der Aufstellung von Vorschriften über den Gang
der Verjüngungen und die Erziehung der Bestände. Es
liegt in der Natur der Sache, daß hierbei die gleichen Erwägungen,
nur in umfassenderer Weise, für längere Zeit und weitere Gebiete,
Platz greifen, welche der ausübende Wirtschafter alljährlich nehmen
muß. Die Mitwirkung desselben bei der Forsteinrichtung ist deshalb
unerläßlich. Aus dem unmittelbaren Zusammenhang zwischen der
Einrichtung und Führung der Wirtschaft geht hervor, daß unter allen
Zweigen des Forstwesens für die Forsteinrichtung keiner wichtiger
ist als der Waldbau; seinen Forderungen hat sich die Forsteinrichtung
möglichst anzupassen. Die wichtigsten Aufgaben beider Teile stimmen
miteinander überein, so daß man im Zweifel sein kann, ob die übliche
Teilung der Forstwissenschaft in Produktions- und Betriebslehre
streng durchzuführen ist. Ebenso sind alle Vorschriften der Wirtschaftspläne nach dem Einfluß, den sie auf den Bodenzustand haben,
zu beurteilen. Mit Rücksicht hierauf ist der Bodenpflege im dritten
Teil ein besonderer kurzer Abschnitt gewidmet worden.

Hinsichtlich der Etatsbestimmung ist in der Neuzeit — seit
v. Guttenbergs Vortrag auf dem Kongreß in Wien im Jahre 1890 —
die Berechtigung einer größeren Freiheit allgemein anerkannt; und
zwar gilt die dahin gehende Forderung unabhängig von der größern
oder geringern konservativen Richtung, die man bei der Betriebsregelung
vertritt. Die freiere Gestaltung der Ertragsregelung ist eine Folge
der modernen Entwicklung der Volkswirtschaft, der Erleichterung des
Verkehrs, des Eingreifens des Handels, der Aufhebung der Servituten,
bei großem Waldbesitz auch der einheitlichen Behandlung verschiedener
Reviere, die sich bezüglich der Abnutzung ergänzen können. Die
Formel und das Schema, welche bei den Fachwerks- und Vorratsmethoden im 19. Jahrhundert herrschend waren, haben ihre Bedeutung
für alle Zeit verloren. K. Heyers Worte: „Man glaube nicht, daß die
praktische Etatsordnung mit gutem Erfolg in die engen Grenzen einer
mathematischen Formel sich einzwängen lasse", gelten heute in höherem
Maße als zu der Zeit, da sie ausgesprochen wurden. Der Abnutzungssatz wird überall am besten durch die Aufstellung eines Gutachtens
begründet, in welchem alle Momente, welche auf die Höhe der Nutzung
von Einfluß sind, hervorgehoben und, soweit es ausführbar ist, mit
zahlenmäßigen Nachweisen belegt werden. Ähnliches gilt für die Umtriebszeit. Auch sie läßt sich nicht einseitig durch Rechnung, sondern
nur auf gutachtlichem Wege begründen. Es ist aber wünschenswert
und erforderlich, daß vor und während der Forsteinrichtung Nach-

weise über die Hiebsreife auf Grund des Verlaufs des Massen- und Wertzuwachses gegeben werden.

Die Kontrolle und Revision der Wirtschaftspläne, welche den Gegenstand des vierten Teils des vorliegenden Buches bilden, sind sehr kurz gehalten worden, weil der Inhalt dieser Arbeiten aus den entsprechenden Regeln und Vorschriften, die für neue Wirtschaftspläne Geltung haben, hervorgeht. Der Grad, in welchem bei der Revision neue Messungen und Erhebungen zu machen sind, hängt von den besonderen wirtschaftlichen Verhältnissen ab. Die Feststellung der Formen, in welchen die Nachweise für Kontrolle und Revision gegeben werden, ist Sache der Praxis.

In dem Abschnitt über die Methoden der Forsteinrichtung sind neben einem kurzen Abriß über deren geschichtliche Entwicklung die zurzeit in den größeren deutschen und einigen auswärtigen Staaten angewandten Verfahren der Ertragsregelung mitgeteilt. Man darf mit Recht bezweifeln, ob Zusammenstellungen dieser Art in ein Lehrbuch, welches in erster Linie für Studierende bestimmt ist, gehören. Der Verfasser hat sie hauptsächlich aus dem egoistischen Grund hinzugefügt, weil sie für ihn selbst das beste Mittel bilden, um den Zusammenhang mit den Vertretern der Praxis aufrecht zu erhalten. Indessen auch für manche andere Leser — wenn auch nicht für Studierende (die man in dieser Beziehung nicht zu stark belasten darf), so doch für jüngere und ältere Praktiker — mag der Hinweis auf die Verhältnisse anderer Staaten nicht unwillkommen sein. Der Darstellung der praktischen Methoden der Gegenwart liegen teils amtliche Anweisungen und Instruktionen, teils persönliche Mitteilungen zugrunde. Da hierbei Mißverständnisse nicht ganz ausgeschlossen sind, und manche Bestimmungen sich verändern, so können auch einzelne Angaben dieses Teils unrichtig oder unvollständig sein oder im Laufe der Zeit unrichtig werden. Der Verfasser wird Hinweise auf Fehler und Mängel in dieser Beziehung sowie Angaben über Änderungen der bestehenden Vorschriften jederzeit mit Dank entgegennehmen.

Zu der in der Gegenwart vielfach besprochenen Frage der zweckmäßigsten Organisation des Forsteinrichtungswesens ist in dem Buche nichts gesagt worden. Es sei daher an dieser Stelle darauf hingewiesen, daß es unter allen Umständen für den Fortschritt des Forsteinrichtungswesens erwünscht ist, wenn ständige Organe vorhanden sind, welche alle Teile der Forsteinrichtung und verwandte Gegenstände (Wertberechnungen, Besteuerung, Beleihung) zu vertreten haben. Wie sehr ständige Einrichtungen dazu beitragen, durch die Aufstellung von Wirtschaftsregeln und die Handhabung der Statistik die Betriebsregelung klarzustellen und zu fördern, zeigen alle Forsten, in denen sie längere Zeit bestanden haben — außer den deutschen nament-

ich auch die österreichischen Staats- und großen Privatforsten. Ob
diese ständigen Organe nun den Charakter selbständiger Behörden
besitzen (Forsteinrichtungsämter, Anstalten), oder ob sie Teile bestehender Behörden (z. B. der Regierungen) sind, oder ob einzelne
Beamte als Träger des Forsteinrichtungswesens im Hauptamt zu
fungieren haben, muß nach den besonderen Verhältnissen entschieden
werden. Eine allgemein gleichmäßige Behandlung des Forsteinrichtungswesens ist bei der Verschiedenheit der Größe des Wald-
eigentums, der Verwaltungseinrichtungen und der forsttechnischen Verhältnisse nicht angezeigt. Vielmehr kann man die bekannten Worte
Justus Mösers, wie auf das Forstwesen überhaupt, so auch auf
diesen Zweig desselben anwenden: „Je einfacher die Gesetze und je
allgemeiner die Regeln werden, desto despotischer, trockener und arm-
seliger wird ein Staat".

Tharandt, im Juli 1910.

H. Martin.

Inhaltsverzeichnis.

Zweiter Teil.

Die ökonomischen Grundlagen der Ertragsregelung.

1. Abschnitt. Der Massenzuwachs.
  I. Grundbedingungen der Zuwachsbildung.

Dritter Teil.
Die Aufstellung der Wirtschaftspläne.

Vierter Teil.

Die Kontrolle und Fortführung der Wirtschaftspläne.

Fünfter Teil.

Die Methoden der Forsteinrichtung.

Einleitung.

1. Begriff und Stellung.

Die Forsteinrichtung begreift die grundlegenden und vorbereitenden Maßregeln, welche getroffen werden müssen, um eine geordnete Forstwirtschaft führen zu können. Sie ist ein Teil der forstlichen Betriebslehre, zu welcher außerdem die Forstvermessung und Holzmeßkunde, die Waldwertrechnung, die forstliche Statik (Abwägung der Erträge und Produktionskosten) und die Forsthaushaltungskunde (Forstverwaltung) gehören. Mit diesen Zweigen der Forstwissenschaft steht die Forsteinrichtung in unmittelbarem Zusammenhang, so daß eine scharfe Trennung der einzelnen Gebiete oft nicht möglich ist. Auch zu den verschiedenen Teilen der forstlichen Produktionslehre (Waldbau, Forstschutz, Forstbenutzung) hat sie vielfache Beziehungen.

Die Forsteinrichtung hat es in der Regel mit dem nachhaltigen Betriebe zu tun, nicht mit der Behandlung von Flächen, bei denen es sich um die einmalige Nutzung eines vorhandenen Bestandes handelt. Ihre wichtigste Aufgabe besteht in der Aufstellung der Wirtschaftspläne, durch welche die zukünftige Behandlung nachhaltig zu bewirtschaftender Waldungen geregelt werden soll. Eine solche Regelung ist in jedem Wirtschaftszweig erforderlich. In der Forstwirtschaft hat sie wegen der langen Zeit, die von der Begründung bis zur Ernte der Bestände verfließt, besondere Bedeutung.

Neben dem Ausdruck Forsteinrichtung, Forstbetriebseinrichtung (von Judeich, Stötzer, Graner, v. Guttenberg gebraucht) sind in der Literatur und Praxis noch andere Bezeichnungen üblich gewesen und sind es vielfach noch, die zum Teil dasselbe ausdrücken, zum Teil eine engere Bedeutung haben. Als solche sind hervorzuheben:

Forsttaxation (angewandt von Hennert, G. L. Hartig, Cotta, Pfeil, König u. a.). Gleichbedeutend damit ist Forstabschätzung (von Hundeshagen, Borggreve u. a. gebraucht). Beide Ausdrücke bezeichnen, wie die Worte sagen, eine Schätzung und können daher nicht auf solche Gegenstände ausgedehnt werden, für welche eine Schätzung nicht tunlich ist oder nicht beabsichtigt wird. Wegen der Verschiedenheit der Begriffe kommt auch die Verbindung beider Worte Forsteinrichtung und -abschätzung (Cotta u. a.) zur Anwendung.

Ziemlich gleichbedeutend mit Forsteinrichtung sind die Ausdrücke **Betriebsregulierung** (v. Klipstein, Wedekind, Karl, Grebe) und **Betriebsregelung** (in manchen Anleitungen der Praxis).

K. Heyer behandelt die wichtigsten Teile der Forsteinrichtung unter der Bezeichnung **Ertragsregelung**. Die unmittelbare Bedeutung des Wortes ist eine weit engere; im weiteren Sinne sind aber alle forstlichen Maßnahmen auf die Regelung des Ertrages von Einfluß.

In Frankreich wird der vorliegende Gegenstand mit dem Wort **Aménagement** bezeichnet.

2. Einteilung.

Bei der Teilung des umfangreichen Stoffes, welchen die Forsteinrichtung zu behandeln hat, sind zunächst die theoretischen Grundlagen und die praktischen Anwendungen getrennt zu halten. Theoretischer Natur sind insbesondere die allgemeinen naturwissenschaftlichen, mathematischen und ökonomischen Gesetze und Regeln, welche beim forstwirtschaftlichen Betrieb zu beachten sind. Sie gelangen bei der Forsteinrichtung nicht nach ihrem rein wissenschaftlichen Gehalt zur Anwendung, der vielmehr Gegenstand einzelner besonderer Lehrzweige ist, sondern unter Rücksichtnahme auf die Bedeutung für den Zuwachs, der Grundlage und Maßstab aller Nutzungen ist, und auf den stehenden Vorrat, welcher den wichtigsten Teil des forstlichen Betriebskapitals ausmacht. Grundlegend für die Maßnahmen der Forsteinrichtung sind sodann die Regeln des Waldbaues (Art der Verjüngung, der Durchforstung), des Forstschutzes (Rücksichtnahme auf Sturm, Feuer, Insekten) und der Forstbenutzung (Gebrauchswert des Holzes in verschiedenen Altersstufen). Ihnen hat sich die Forsteinrichtung nach Möglichkeit anzupassen.

Die praktischen Aufgaben der Forsteinrichtung bestehen zunächst in der Ausführung der Vorarbeiten, welche vorgenommen werden müssen, um Wirtschaftspläne aufzustellen; sodann in der Aufstellung der Wirtschaftspläne selbst. Da diese nur für bestimmte Zeit Geltung haben sollen und hinsichtlich ihrer Anwendbarkeit durch wirtschaftliche und natürliche Ereignisse Änderungen erleiden, so bedürfen alle Pläne der Kontrolle, Revision und Fortbildung.

Der systematischen Ordnung würde es am besten entsprechen, daß die Behandlung des Stoffes mit der Theorie der Forsteinrichtung beginnt und die praktischen Teile sich dieser anschließen. Für das Verständnis der Anfänger ist es aber, namentlich wenn der Unterricht durch Exkursionen ergänzt wird, zweckmäßiger, daß zuerst die Vorarbeiten behandelt werden und erst danach die den Zuwachs und Vorrat betreffenden Grundlagen.

Nach Vorstehendem läßt sich der Stoff, den die Forsteinrichtung zu behandeln hat, in folgenden Abschnitten darstellen:

1. Die Vorarbeiten für die Aufstellung der Wirtschaftspläne.
2. Zuwachs und Vorrat als Grundlagen der Ertragsregelung.
3. Die Aufstellung der Wirtschaftspläne.
4. Die Kontrolle, Revision und Fortführung der Wirtschaftspläne.

Als Anhang — nicht als systematisch notwendiger Teil des Ganzen — sind endlich noch

5. die Methoden der Forsteinrichtung anzuschließen. Sie stellen die Verfahren dar, welche in der Literatur vertreten und in der Praxis zur Anwendung gelangt sind. Es sind hierunter Anwendungen aller 4 genannten Hauptteile enthalten.

Die einzelnen hier genannten Teile sind aber nicht für sich abgeschlossen; sie greifen vielmehr vielfach ineinander ein. Eine scharfe Trennung derselben ist daher nicht durchführbar.

3. Geschichte und Literatur.[1])

Die ersten Anfänge einer geordneten Forsteinrichtung gingen aus der Überzeugung hervor, daß die von der Natur gegebenen Holzvorräte nicht unerschöpflich seien, daß es vielmehr im Interesse der Zukunft geboten sei, ihre Benutzung und Ergänzung zu regeln und dadurch für die Nachhaltigkeit der Nutzungen Sorge zu tragen. Die Geschichte der Forsteinrichtung steht daher in unmittelbarem Zusammenhang mit der Geschichte der Forstwirtschaft überhaupt, deren Entstehung und Ausbildung bekanntlich in der Furcht vor Holzmangel eine ihrer wesentlichsten Ursachen gehabt hat.

Je nach dem Stande der vorliegenden wirtschaftlichen Verhältnisse trat das Bedürfnis, die Nutzungen des Waldes zu regeln, in verschiedenen Ländern in sehr verschiedenem Maße hervor. Auf die Art der Betriebsregelung war ferner der Bildungszustand der Forstwirte von Einfluß. Das Forstwesen lag vor dem Dasein eines gebildeten Forstbeamtenstandes einerseits in den Händen von Kameralisten, die an Hochschulen lehrten, andererseits in den Händen der alten Jäger. Jenen fehlte eine genügende Kenntnis der wirklichen Verhältnisse des Waldes, den Jägern die Fähigkeit der wissenschaftlichen Behandlung der Gegenstände, die sie im Walde sahen und betrieben.

---

[1]) Hier soll nur ein kurzer Überblick über die geschichtliche Entwicklung der Forsteinrichtung gegeben werden, soweit er zum Verständnis der Sache notwendig ist. Ausführlichere Angaben enthalten die Lehrbücher der Forstgeschichte. Die ältere Zeit ist am ausführlichsten von Pfeil, Forsttaxation, 3. Aufl. 1858, dargestellt. Bezüglich der Ertragsregelung vgl. den 5. Teil 1. Abschn.

Das Bedürfnis einer Forsteinrichtung machte sich nicht in den Ländern des Holzüberflusses und auch nicht in solchen des völligen Mangels an Waldungen geltend, sondern insbesondere da, wo Holz in größeren Mengen gebraucht und zugleich auf die eigene nachhaltige Erzeugung desselben Wert gelegt wurde — in Deutschland, Österreich, Dänemark, Frankreich, im Gegensatz zu den nord- und südeuropäischen Ländern. Insbesondere bildete sich die Ertragsregelung in Gegenden aus, welche beim Mangel anderer Brennstoffe auf den regelmäßigen Bezug von Brennholz angewiesen waren. Einem solchen Bedürfnis entsprach im Laubholzgebiet der Nieder- und Mittelwald in besonderem Maße. Diese beiden Betriebsarten und dem letzteren verwandte Formen waren daher zur Zeit der Entstehung des Forsteinrichtungswesens auch weit verbreitet.

Um die Entwicklung der Forsteinrichtung zu übersehen, empfiehlt es sich, ihre Geschichte in drei Perioden zu zergliedern, wenn die einzelnen literarischen Erscheinungen und praktischen Ausführungen auch nicht immer mit Schärfe auseinander gehalten werden können. Die erste Periode begreift etwa das 18. Jahrhundert, die dritte beginnt um die Mitte des 19. Jahrhunderts.

a) Von den ersten Anfängen der Forsteinrichtung bis zum Auftreten von G. L. Hartig und H. Cotta.

Die ersten Anfänge einer geordneten Regelung der Nutzungen bestanden in der Teilung der Fläche. Die gesamte Holzbodenfläche eines Waldes oder Waldteiles wurde in eine den Jahren der Umtriebszeit entsprechende Zahl von Schlägen geteilt. Alljährlich sollte ein Schlag abgetrieben und wieder angebaut werden. Diese einfache Art der Betriebsregelung bedeutete einen wesentlichen Fortschritt für die Wirtschaft gegenüber dem früheren Plenterbetrieb, dessen Mängel, insbesondere hinsichtlich der Verjüngung, in dieser Periode allgemein hervorgehoben wurden. Die meisten Forstordnungen des 17. und 18. Jahrhunderts schrieben in Erkenntnis des schlechten Waldzustandes jener Zeit vor, daß die unregelmäßigen Hiebe (das Ausleuchten, plätzige Hauen) eingestellt und regelmäßige Schläge geführt werden sollten. Die gleiche Forderung wurde in den Schriften der alten Jäger ausgesprochen. Unter ihnen steht nach dem Gehalt seiner Schriften und seiner praktischen Wirksamkeit Karl Christoph Oettelt[1] an erster Stelle. Als notwendige Bedingung der Durchführung geordneter Abnutzung hob er die Vermessung und Einteilung des Waldes hervor. Deshalb sollte der Mathematik bei der Ausbildung der Forstwirte die

---

[1] Praktischer Beweis, daß die Mathesis bei dem Forstwesen unentbehrliche Dienste tue, 1765.

gebührende Würdigung zuteil werden. Für die Wahl der Umtriebszeit, von der die Größe der Schläge abhängig war, gab Oettelt zuerst eine sachliche Begründung nach Maßgabe der Standortsverhältnisse und Wirtschaftsziele. Eine ähnliche Richtung wie Oettelt befolgten v. Langen, v. Zanthier u. a. Für die Nadelholzforsten der norddeutschen Ebene enthielten die Instruktionen Friedrichs des Großen[1]), deren Inhalt von v. Kropff[2]) ausführlich mitgeteilt wurde, Vorschriften ähnlicher Art.

Es lag in der Natur der Sache, daß bei der Betriebsregelung neben der Fläche auch auf die Feststellung der Holzmasse, aus der der Etat gebildet werden sollte, Gewicht gelegt wurde. Als der erste, welcher nach dieser Richtung bahnbrechend gewirkt hat, ist Joh. Gottl. Beckmann[3]) zu nennen. Er machte zuerst Aufnahmen der Holzmassen und Berechnungen des Zuwachses. Wegen der ihm eigentümlichen Mängel hat sein Verfahren aber keine Anwendung gefunden.

Unter den größeren praktischen Taxationen, die auf Grund einer Ausscheidung der Altersklassen und Bonitäten und der Aufnahme der Holzmassen ausgeführt wurden, waren diejenigen, welche in der Zeit von 1770 bis 1790 in Schlesien durch den Landjägermeister v. Wedell durchgeführt wurden, von hervorragender Bedeutung. Das von von Wedell angewendete Verfahren ist auch in der Literatur[4]) eingehend dargestellt worden. Unter regelmäßigen Bestandesverhältnissen sollte die Abnutzung der Bestände nach der Fläche (durch Proportionalschläge) erfolgen; unter unregelmäßigen Verhältnissen, die meist vorherrschend waren, wurde die Regelung des Betriebes auf Grund der Massenschätzung bewirkt. Die Bestände wurden nach Maßgabe der Bonitäten und Altersklassen aufgenommen und kartiert, die Massen durch Probeflächen ermittelt und für die ganze Umtriebszeit zusammengestellt. Wenn v. Wedells Verfahren auch nirgends bleibende Anwendung gefunden hat, so war es doch für die Vermessung und Einteilung, die damals die wichtigste Aufgabe der Betriebsregelung bildete, von weittragender Bedeutung.

Nach ähnlichen Grundsätzen wurde einige Jahrzehnte später die Ertragsregelung der Forsten in der Mark und anderen Provinzen Preußens durch den Forstrat K. W. Hennert[5]) durchgeführt. Die von ihm bewirkten Arbeiten erfolgten auf Grund einer systematischen Ein-

---

[1]) Aus den Jahren 1740—1783.

[2]) System und Grundsätze bei Vermessung, Einteilung, Abschätzung, Bewirtschaftung und Kultur der Forsten, 1807.

[3]) Anweisung zu einer pfleglichen Forstwirtschaft (2. Teil der Holzsaat), 1759.

[4]) Von Wiesenhavern, Anleitung zu der neuen, auf Physik und Mathematik gegründeten Forstschätzung und Forstflächeneinteilung, 1794.

[5]) Anweisung zur Taxation der Forsten, 1791—1795.

teilung in regelmäßige, ständige, von Schneisen begrenzte Wirtschaftsfiguren (Jagen), die, im Gegensatz zur früheren Schlageinteilung, für
alle preußischen Staatsforsten vollzogen wurde. Auch von Hennert
wurden die Abtriebserträge für die ganze Umtriebszeit berechnet. Die
gefundene summarische Holzmasse wurde derart verteilt, daß einerseits
die jährlichen Erträge während der ganzen Umtriebszeit möglichst
gleich blieben, andererseits aber die jüngeren Bestände nicht früher zur
Nutzung herangezogen wurden, als bis sie das haubare Alter erreicht
hatten. Unter unregelmäßigen Altersklassenverhältnissen waren diese
Forderungen aber nicht miteinander vereinbar.

Auch in Mittel- und Süddeutschland (Sachsen, Thüringen, Bayern,
Württemberg) hat das Forsteinrichtungswesen in dieser Zeit eine ähnliche
Entwicklung genommen. Die Forsten wurden vermessen und die Maß-
nahmen der nächsten Periode vorbereitet.

b) Von G. L. Hartig und H. Cotta bis zur neueren Zeit.

Durch das Auftreten von Hartig und Cotta wurde das Forsteinrichtungswesen dem durch beide Männer herbeigeführten Fortschritt
der forstlichen Technik entsprechend umgestaltet und den Ansprüchen
der Wirtschaft sowie dem Bildungsstand des ausführenden Personals
angepaßt. Herrschende Methode der Betriebsregelung war seit jener
Zeit und fast das ganze 19. Jahrhundert hindurch in den meisten Ländern
das Fachwerk[1]. Je nachdem man auf die Gleichstellung der Fläche oder
der Masse das größere Gewicht legte, wurden verschiedene Arten des
Fachwerks unterschieden: das Massenfachwerk, Flächenfachwerk und
kombinierte Fachwerk.

Als Vertreter des Massenfachwerks ist G. L. Hartig[2] zu nennen,
der es in seiner Schrift sowie in amtlichen Instruktionen in prägnanter
Weise zum Ausdruck brachte. Bei dem Einfluß, den Hartig lange
Zeit ausgeübt hat, ist sein Verfahren auch in anderen Staaten ein-
geführt worden. Eine nachhaltige Anwendung hat es jedoch wegen der
Umständlichkeit der Ertragsberechnung nirgends gefunden.

Das kombinierte Fachwerk ist namentlich von Cotta[3] vertreten
worden. Er hat in seinen beiden Schriften aus den Jahren 1804 und
1820 ausgesprochen, daß die Verbindung einer Betriebsregelung nach
Fläche und Masse Aufgabe der Forsteinrichtung sein müsse. In welchem
Grade von der Massenschätzung Anwendung zu machen sei, müsse von
den besonderen Verhältnissen der Waldungen abhängig gemacht werden.

---

[1] Vgl. hierzu den 5. Teil, 1. Abschn., II.
[2] Anweisung zur Taxation der Forste, 1795.
[3] Systematische Anleitung zur Taxation der Waldungen, 1804; Anweisung
zur Forsteinrichtung und -abschätzung, 1820.

Da die Praxis fast immer genötigt war, beide Grundlagen der Wirtschaft, Fläche und Masse, bei der Betriebsregelung in Rücksicht zu ziehen, so hat die von Cotta vertretene Richtung in der Literatur und Praxis am meisten Anwendung gefunden[1]).

Das Flächenfachwerk kam um so mehr zur Anwendung, je regelmäßiger die Bestandesverhältnisse waren, und je einfacher die Betriebsführung gestaltet werden konnte. Schon Cotta hatte hervorgehoben, daß bei sehr regelmäßigen Verhältnissen die Betriebsregelung auf die sachgemäß reduzierte Fläche beschränkt werde. Die gute Einrichtung, welche auf die Ordnung der Flächen gerichtet werde, sei wichtiger als die Schätzung der Masse. Demgemäß entwickelte sich das Flächenfachwerk namentlich im Bereiche des Kahlschlagbetriebs. So in Sachsen, in Teilen von Hessen, Hannover und a. a. O.

Ziemlich gleichzeitig mit der Betriebsregelung nach dem Fachwerk, vielfach in bestimmtem Gegensatz dazu, bildeten sich die sogenannten Vorratsmethoden, auch Formelmethoden genannt, aus.[2]) Bei ihnen wurde der Etat auf mathematischem Wege hergeleitet, unter Zugrundelegung von Formeln, die aus den Elementen des Ertrags, Zuwachs und Vorrat, gebildet wurden. Es wurde der Begriff des Normalwaldes aufgestellt mit normalem Vorrat, normalem Zuwachs, normaler Altersstufenfolge, dem der Zustand des wirklichen Waldes durch richtige Bestimmung des Etats nach Möglichkeit angenähert werden sollte. Wegen der Einseitigkeit, die den Vorratsmethoden anhaftet, indem sie lediglich dem mathematischen Begriff des Vorrats Ausdruck geben, haben sie in der Praxis fast nirgends Eingang gefunden. Wohl aber haben die Vertreter dieser Richtung durch die Feststellung der auf den Normalzustand bezüglichen Begriffe und Bedingungen zum Fortschritt der Forsteinrichtung wesentlich beigetragen.

Als einflußreicher Vertreter des Forsteinrichtungswesens in dieser Periode muß endlich noch Pfeil[3]) hervorgehoben werden. Er hat zwar

---

[1]) Unter den älteren Vertretern der Literatur sind namentlich Pfeil, Die Forsttaxation, 1833 — v. Klipstein, Versuch einer Anweisung zur Forstbetriebsregulierung, 1823 — Grebe, Die Betriebs- und Ertragsregulierung der Forsten, 1867, in diesem Sinne hervorzuheben. In der von Cotta vertretenen vereinfachten Form ist das kombinierte Fachwerk in den meisten deutschen Staaten (Preußen, Bayern, Württemberg, Großherzogtum Sachsen-Weimar u. a.) lange Zeit hindurch die herrschende Methode der Ertragsregelung gewesen. Vgl. den 2. Abschn. des 5. Teils.

[2]) Vertreter dieser Methoden sind: Hundeshagen, Forstabschätzung auf neuen wissenschaftlichen Grundlagen, 1826 — André, Versuch einer zeitgemäßen Forstorganisation, 1823 — K. Heyer, Die Waldertragsregelung, 1841; Die Hauptmethoden der Waldertragsregelung, 1848 — Karl, Grundzüge einer wissenschaftlich begründeten Forstbetriebs-Regulierungs-Methode, 1838 u. a. — Vgl. den 5. Teil, 1. Abschn., III.

[3]) Die Forsttaxation in ihrem ganzen Umfang, 1. Aufl. 1833.

keine bestimmte Methode der Ertragsregelung begründet und vertreten. Indessen wegen der ausführlichen Darstellung der seitherigen Entwicklung des Forsteinrichtungswesens und der kritischen Beleuchtung der angewandten Verfahren muß ihm nicht nur für die Geschichte der Forsteinrichtung, sondern auch für die praktische Gestaltung der Betriebsregelung, insbesondere in den preußischen Staatsforsten, Bedeutung zuerkannt werden.

c) Die neuere Zeit.

Sie läßt sich weder zeitlich noch inhaltlich von der vorausgegangenen Periode scharf trennen; der Übergang ist ein allmählicher. Zwei Punkte sind es, welche die Annahme einer neuen, gegenwärtig noch nicht abgeschlossenen Periode in der Geschichte der Betriebsregelung rechtfertigen. Der eine betrifft die volkswirtschaftliche Entwicklung der neueren Zeit, insbesondere das Auftreten des Handels und der Industrie, der andere die Reinertragslehre. Bezüglich der wirtschaftlichen und technischen Fortschritte müssen folgende Umstände in Betracht gezogen werden:

1. Die Erleichterung der Beförderung der Walderzeugnisse. Holz ist eine Ware, die im Verhältnis zu ihrem Wert ein hohes Gewicht besitzt. Seine Verwendung war deshalb früher örtlich sehr beschränkt. Wegen der Schwere des Holzes und der Entlegenheit der Waldungen konnte sich ein wirksamer Handel in den meisten Gegenden nicht entwickeln. Nur Waldungen, die in der Nähe von Wasserstraßen lagen, bildeten in dieser Hinsicht eine Ausnahme. In der neueren Zeit, mit der Entstehung und Ausdehnung der Eisenbahnen, haben sich diese Verhältnisse von Grund aus verändert. Der Holzhandel hat eine früher ungeahnte Bedeutung erlangt; er erstreckt sich auf alle Waldgebiete und auf fast alle Sortimente.

2. Die Zunahme der Kohlengewinnung. Sie hat zur Folge gehabt, daß bei der Verwendung von Holz der Zweck der Heizung, der früher an erster Stelle stand, sehr zurückgetreten ist. Es müssen deshalb solche Formen des Betriebs, welche vorzugsweise Brennholz erzeugen, wie Buchenhochwald auf mittelmäßigem Standort, Mittelwald und Niederwald, in andere umgewandelt werden, was meist eine Erhöhung der Umtriebszeit und des stockenden Holzvorrats notwendig macht.

3. Die Zunahme des Nutzholzverbrauchs. Sie erstreckt sich auf die wichtigsten Verwendungsarten des Holzes. Der Bedarf an Schneide- und Bauholz wächst mit dem Fortschritt der Industrie, der an Schwellenholz mit der Erweiterung der Eisenbahnnetze. Der Grubenholzverbrauch steht zu der fortgesetzt wachsenden Kohlenförderung in geradem Verhältnis. Der Verbrauch an Holz zur Her-

stellung von Schleifstoff und Zellulose hat eine außerordentliche Steigerung erfahren, die voraussichtlich bleibender Natur sein wird.

Bei richtiger Einsicht der Waldeigentümer gehen aus der modernen wirtschaftlichen Entwicklung sehr wohltätige Folgen für die Forstwirtschaft hervor. Durch den Handel wird es ermöglicht, daß die Maßnahmen der forstlichen Technik (Bestandespflege, Durchforstung) gleichmäßiger und vollständiger durchgeführt werden. Betreffs der Ertragsregelung aber ergibt sich, daß die strenge zeitliche Gleichmäßigkeit der Nutzungen, die früher für die einzelnen Reviere, oft sogar für Revierteile, angestrebt wurde, an Bedeutung verloren hat[1]). Die bei der Forsteinrichtung zu regelnde Nachhaltigkeit der Nutzung hat einen anderen Charakter erhalten. Da der Handel den Überfluß und Mangel nicht nur zwischen einzelnen Revieren und Landesteilen, sondern auch zwischen verschiedenen Ländern auszugleichen berufen ist, hat die wirtschaftliche Freiheit nicht nur für die Konsumenten, die statt Holz Ersatzstoffe verwenden, sondern auch für die Produzenten eine weit höhere Bedeutung erhalten, zumal eine Verpflichtung des Staates zur unmittelbaren Befriedigung des Holzbedarfs seiner Angehörigen nicht mehr besteht. Die wichtigste Grundlage für die Nachhaltigkeit der forstlichen Nutzungen liegt im Prinzip der Rentabilität, deren allgemeinste Forderung, entsprechend der Sachlage in anderen Wirtschaftszweigen, dahin geht, daß die Sortimente erzeugt werden, von denen man glaubt, daß sie den wirtschaftlichen Bedürfnissen am besten entsprechen, daß sie demgemäß am stärksten begehrt und im Verhältnis zu ihren Erzeugungskosten auch am besten bezahlt werden.

Die Reinertragslehre, welche durch die Forderung gekennzeichnet ist, daß alle Produktionskosten und Produktionsgrundlagen bei der Wirtschaftsführung in Rücksicht gezogen werden sollen, hat zwar kein besonderes Verfahren der Betriebsregelung zur Folge gehabt. Die meisten technischen Aufgaben der Forsteinrichtung werden von ihr nicht beeinflußt. Trotzdem ist die aus jenem Grundsatz hervorgehende Auffassung des Holzvorrats als Betriebskapital und die Forderung der Verzinsung dieses Kapitals auf die Ergebnisse der Betriebsregelung von großem Einfluß. Wichtige Aufgaben der Forsteinrichtung, wie insbesondere die Bestimmung der Umtriebszeit, der Bestandesdichte und der Betriebsart, sind davon abhängig. Alle Methoden, welche den normalen Vorrat und das normale Altersklassenverhältnis zur Grundlage haben, entbehren der tieferen Begründung, wenn dem Begriff des Normalen neben der physiologischen und technischen nicht auch eine ökonomische Begründung gegeben wird.

---

[1]) Dieser Grundsatz wurde für weitere Kreise zuerst auf dem Land- und Forstwirtschaftlichen Kongreß in Wien 1890 von von Guttenberg begründet und ist seit jener Zeit allgemein anerkannt.

Indem die Reinertragslehre die Forderung der Verzinsung des Vorrats aufstellt, war es nicht mehr — oder aber nicht mehr ausschließlich — die absolute Wertserzeugung, die für den Betrieb bestimmend war, sondern es wurde die Forderung ausgesprochen, daß die Ertragsleistung in einem richtigen Verhältnis zu den Grundlagen, auf denen sie beruht, stehen müsse. Um dieser Forderung, wenn auch nicht in strenger Form, zu entsprechen, mußte einerseits der Wert des Vorrats, andererseits der Zuwachs, sowohl der Masse als auch dem Werte nach, der gutachtlichen Schätzung oder der Berechnung unterzogen werden. Die Anwendung der Reinertragslehre erforderte deshalb eine größere Bestimmtheit bei der Bearbeitung der Wirtschaftsgrundlagen, als früher für notwendig erachtet wurde.

Die erste unmittelbare Anwendung der Reinertragslehre auf die Betriebsregelung wurde von Judeich[1]) gemacht, der die Hiebsreife der Bestände nach dem von Preßler angegebenen Verfahren lehrte. Die gleichen Grundsätze vertrat Kraft[2]) vom Standpunkt der praktischen Verwaltung. Als der entschiedenste Gegner der Reinertragslehre muß dagegen Borggreve[3]) genannt werden. Am Schlusse seiner gegen die Forstreinertragslehre gerichteten Schrift hob er hervor, daß man die Forderung einer Verzinsung nur hinsichtlich der in die Forstwirtschaft von außen eingebrachten Kosten, nicht aber hinsichtlich der im Walde selbst liegenden Produktionsgrundlagen stellen solle. Er stellte dem privatökonomischen Prinzip, welches Boden und Vorrat als Betriebskapital behandelt, das gemeinwirtschaftliche gegenüber, welches dahin gerichtet sein müsse, daß die absolute Wertserzeugung des Waldes, unabhängig von der Höhe des Vorratskapitals, eine möglichst hohe werde, was sowohl dem Interesse des Waldeigentümers als auch dem der Gesellschaft am besten entspreche. Den gleichen Standpunkt vertrat in der neuesten Zeit Michaelis[4]).

Von neueren Schriften, die das gesamte Gebiet der Forsteinrichtung behandeln und deshalb für die Zwecke systematischen Studiums am besten geeignet erscheinen, sind diejenigen von Graner[5]), Weber[6]), Stötzer[7]), v. Guttenberg[8]) und Weise[9]) hervorzuheben.

---

[1]) Die Forsteinrichtung, 1. Aufl. 1871; 6. Aufl., herausgegeben von Neumeister, 1904.

[2]) Über die Beziehungen des Bodenerwartungswertes und der Forsteinrichtungsarbeiten zur Reinertragslehre, 1890.

[3]) Die Forstreinertragslehre, 1878. Die Forstabschätzung, 1888.

[4]) Die Betriebsregulierung in den preußischen Staatsforsten, 1906.

[5]) Die Forstbetriebseinrichtung, 1889.

[6]) Lehrbuch der Forsteinrichtung mit besonderer Berücksichtigung der Zuwachsgesetze der Waldbäume, 1891.

[7]) Die Forsteinrichtung, 2. Aufl. 1908.

[8]) Die Forstbetriebseinrichtung, 1903.

[9]) Leitfaden für Vorlesungen aus dem Gebiete der Ertragsregelung, 1904.

Neben den selbständigen Schriften über das ganze Gebiet der Forsteinrichtung sind einzelne Teile derselben durch Artikel forstlicher Zeitschriften und besondere Abhandlungen gefördert worden. Bei der Menge des bezüglichen Materials kann an dieser Stelle auf dasselbe nicht eingegangen werden.

Von wesentlichem Einfluß auf die Entwicklung des Forsteinrichtungswesens waren endlich auch die Arbeiten der Vertreter der forstlichen Versuchsanstalten (v. Baur, Schuberg, Kunze, Schwappach, Grundner, Wimmenauer u. a.), welche sich die Aufstellung von Ertragstafeln und verwandte Arbeiten zum Ziele setzten[1]). Sie enthalten nicht nur wertvolle Hilfsmittel für die Elemente des Ertrags, sondern sie behandeln auch im unmittelbaren Anschluß an die Ertragsstatistik bestimmte Aufgaben (Bodenwert, Umtriebszeit) der forstlichen Betriebslehre.

Mehr Einfluß als die literarischen Arbeiten haben für die wirkliche Geschichte des Forsteinrichtungswesens die amtlichen Erlasse[2]) gehabt, nach welchen die Betriebsregelungen in den größeren Forsten, insbesondere in den Staatsforstverwaltungen zur Ausführung gelangt sind. Die Vorschriften über die Ausführung der Forsteinrichtungsarbeiten sind zum Teil in öffentlichen Instruktionen niedergelegt, zum Teil befinden sie sich nur in den Akten der leitenden Behörden und können nur durch unmittelbare Verbindung mit diesen eingesehen werden.

----

[1]) Vgl. 2. Teil, 4. Abschn., Die Aufstellung von Ertragstafeln.
[2]) Vgl. 5. Teil, 2. Abschn., Die jetzigen Forsteinrichtungsverfahren.

Erster Teil.

Die Vorarbeiten für die Aufstellung der Wirtschaftspläne.

Erster Abschnitt.

Die Feststellung und Abgrenzung des Holzbodens und Nichtholzbodens.

Im Bereiche der einzurichtenden Waldungen liegen häufig auch Nichtholzbodenflächen (Äcker, Wiesen, Gehöfte, Steinbrüche, Teiche usw.). Bevor die Pläne, welche die Bewirtschaftung des Waldes betreffen, angefertigt werden, müssen die Flächen, welche einer abweichenden Kulturart unterworfen werden sollen, voneinander getrennt und so die Holzbodenflächen festgestellt werden. Dabei ist zu erwägen, ob und welche Änderungen der bestehenden Verhältnisse vorzunehmen sind. In den meisten Ländern haben sich die Kulturarten den Standortsverhältnissen und der Geschichte der seitherigen Wirtschaft entsprechend ausgebildet. In der Ebene sind die von den Ortschaften am weitesten abgelegenen Flächen, im Gebirge die höchsten und steilsten dem Walde verblieben. Allein an vielen Orten ist das bestehende Verhältnis nicht so, daß es als ein unveränderliches angesehen werden dürfte. In dem Bestreben, den Wald zugunsten der Landwirtschaft zurückzudrängen, sind viele Waldeigentümer, namentlich Private, zu weit gegangen. Hierdurch sind in der Ebene und im Gebirgsland Ost- und Westdeutschlands umfangreiche Ödländereien entstanden [1]), deren Dasein dem Interesse eines Kulturstaates nicht entspricht. Sehr häufig bedürfen die Grenzen der Kulturarten einer Regelung, die vor Aufstellung der Betriebspläne vorzunehmen ist.

---

[1]) Die Ausdehnung der Ödländereien ist sehr bedeutend. Nach der Bodenstatistik des Deutschen Reichs vom Jahre 1900 nimmt das Öd- und Unland in Deutschland 2,1 Mill. ha (= 9,3% der Gesamtfläche) ein. Hierzu kommen noch 1,9 Mill. ha geringe Weiden. Bezüglich Preußens siehe die betreffenden Zahlen in des Verfassers Schrift: Die forstliche Statik, S. 288. Für Europa berechnet Grieb (Das europ. Ödland, 1898, S. 13) die gesamte Ödlandfläche auf 22 000 Quadratmeilen.

I. Bestimmungsgründe der Kulturarten.

1. Auf Grund von Berechnungen.

Der allgemeinste Grund der Kulturart auf Flächen, für deren Bewirtschaftung der Ertrag — nicht die Rücksicht auf Schutz und Schönheit — den Bestimmungsgrund bildet, liegt in der Forderung, daß der Boden durch die Bewirtschaftung einen möglichst hohen Ertrag ergeben soll. Der auf den Boden entfallende Ertrag (Bodenreinertrag) ergibt sich dadurch, daß vom Rohertrag, der im Wert der Erzeugnisse besteht, die Produktionskosten (abgesehen von den im Boden selbst liegenden) in Abzug gebracht werden. Die landwirtschaftlich zu nutzenden Flächen werden bonitiert und die Erträge nach Durchschnittssätzen bemessen; ebenso auch die Produktionskosten. Häufig werden diese letzteren aber auch nur nach Prozenten des Rohertrages in Abzug gebracht. Den Berechnungen des Reinertrages bei forstlicher Benutzung liegen Ertragstafeln oder Erfahrungssätze zugrunde, welche, meist geordnet nach 5 Standortsklassen, Haupt- und Vorerträge angeben. Die Werte der Sortimente, in welche die Erträge zu zerlegen sind, sowie die Kultur- und Verwaltungskosten sind nach den Durchschnittssätzen der zugehörigen Reviere einzusetzen. Der rechnerische Nachweis der Bodenwerte oder der Bodenrenten, die im Verhältnis von 100 zu p (dem Zinsfuß) stehen, kann erfolgen:

1. Nach der Formel des Bodenerwartungs- oder Ertragswertes. Dieser ist nach den üblichen Bezeichnungen:

$$= \frac{A_u + D_a \cdot 1{,}0\,p^{u-a} + D_b \cdot 1{,}0\,p^{u-b} + \cdots - c \cdot 1{,}0\,p^u}{1{,}0\,p^u - 1} - V.$$

2. Nach dem Reinertrag der durchschnittlichen Flächeneinheit des Waldes. Liegen einem normalen Betriebsverband u Flächeneinheiten in regelmäßiger Altersabstufung zugrunde, so ist der Bodenrein ertrag [1]) für die Flächeneinheit:

$$= \frac{A + D - N \cdot 0{,}0\,p - (c + v)}{u}.$$

2. Auf gutachtlichem Wege.

Wenn auch die genannten Rechnungsmethoden theoretisch richtig sind, so sehen sich die praktischen Vertreter beider Kulturarten doch zumeist auf eine gutachtliche Behandlung des vorliegenden Gegenstandes hingewiesen. Meist können die Erträge und Kosten der zu vergleichenden land- und forstwirtschaftlichen Betriebe nicht in so bestimmter Fassung

---

[1]) Vgl. des Verfassers Forstliche Statik, S. 223.

angegeben werden, wie es zur Durchführung einer zahlenmäßigen Rechnung erforderlich ist. Auch muß die Festsetzung der Kulturgrenzen oft schnell, während des Begehens der fraglichen Strecken, erfolgen, so daß eine genaue Rechnung nicht vorgenommen werden kann.

Die Bestimmungsgründe für die Kulturart, insbesondere für die Trennung des Waldes von Äckern und Wiesen, sind einerseits chemisch-physikalischer, andererseits ökonomischer Natur.

a) Standortsverhältnisse.

Beide Faktoren des Standorts, Boden und Lage, müssen bei der Bestimmung der Kulturart in Rücksicht gezogen werden. Zur Beurteilung des Bodens sind sowohl seine chemischen als auch seine physikalischen Eigenschaften von Bedeutung. Wegen des größeren Gehalts der landwirtschaftlichen Gewächse an anorganischen, dem Boden entzogenen Stoffen[1]) sind der Landwirtschaft meist die fruchtbareren Böden zugefallen. Auch in Zukunft wird dies geschehen, wenn auch die Landwirtschaft durch den Einfluß der künstlichen Düngung in der Neuzeit nach dieser Richtung weit unabhängiger geworden ist. Die physikalischen Eigenschaften des Bodens berühren die land- und forstwirtschaftlichen Kulturgewächse in der gleichen Richtung. Tatsächlich hat aber auch hier die Landwirtschaft die günstiger ausgestatteten Flächen in Betrieb genommen. Dasselbe ist hinsichtlich der Lage der Fall. Der Forstwirtschaft sind die höheren, rauhen, der Sonne abgewandten Lagen erhalten geblieben; sodann alle steilen Flächen, welche mit landwirtschaftlichen Werkzeugen nicht bearbeitet werden können.

b) Ökonomische Bestimmungsgründe.

Unter ihnen ist für den Standort der Kulturarten zunächst die Schwere der Erzeugnisse von Bedeutung. Die Transportkosten, welche erforderlich sind, um die Wirtschaftserzeugnisse von der Stätte, wo sie gewachsen sind, nach den Orten des Verbrauchs zu befördern, sind negative Posten. Sie fallen um so stärker in die Wagschale, je schwerer die Erzeugnisse im Verhältnis zu ihrem Werte sind. Holz verhält sich aber in dieser Beziehung ungünstiger, — abgesehen vom besten Spalt- und Schneideholz — als das Haupterzeugnis der Landwirtschaft. Hierin liegt ein Grund, der es wünschenswert erscheinen läßt, daß

---

[1]) Der Durchschnittszuwachs der Kiefer auf I. Standortsklasse beansprucht pro ha an Kali   Kalk u. Magnesia   Phosphorsäure   Stickstoff

Kali	Kalk u. Magnesia	Phosphorsäure	Stickstoff
3,5	12,2	1,6	11,3 kg

eine mittlere Roggenernte enthält dagegen

38,9	14,0	17,1	43,9 „

die Waldungen in möglichster Nähe der holzverbrauchenden Orte liegen[1]).

Auf der anderen Seite kommt bei der Bestimmung der Kulturart die Arbeit in Betracht, die mit der Betriebsführung verbunden ist. Je umfangreicher diese ist, um so mehr ist es erwünscht, daß die Betriebsflächen nahe dem Sitz des Betriebes, in der Nähe der Wohnorte der Arbeiter, gelegen sind. Am meisten Arbeit beansprucht der Gartenbau; an ihn schließen sich Weinberge, Äcker, Wiesen; am wenigsten Arbeit ist mit der Bewirtschaftung des Waldes verbunden. Hiernach erscheint es als dem Wesen der Sache am besten entsprechend, daß die Waldungen die Flächen einnehmen, welche von den Ortschaften am weitesten entfernt sind.

Die beiden genannten Faktoren wirken in der entgegengesetzten Richtung auf die ökonomische Lage des Waldes ein. Es ist aber aus den tatsächlichen Verhältnissen hinlänglich bekannt, daß die auf die Arbeit gerichteten Bestimmungsgründe einen stärkeren Einfluß ausgeübt haben. Die Waldungen nehmen nicht die den Städten und Dörfern nächstgelegenen Flächen ein, wie es von Thünens Theorie gemäß der Fall sein würde, wenn die Schwere den ausschließlichen Bestimmungssgrund der Kulturart bildete, sondern sie befinden sich jenseits der Feldgemarkungen in größerer Entfernung von den bewohnten Orten. Diesen tatsächlichen Verhältnissen entsprechend muß auch bei der Abgrenzung verfahren werden. Die Aufforstung zweifelhafter Flächen kann um so bestimmter in Aussicht genommen werden, je weiter sie von den Ortschaften entfernt sind. Umgekehrt hat man umsomehr Grund zur Anlage von Äckern und Wiesen, je näher die Flächen den Gutshöfen und Wohnorten der Arbeiter gelegen sind. Unter allen Umständen aber ist es für die Erhaltung und Ausdehnung des Waldes förderlich, wenn die Verbindung zwischen ihm und den Verbrauchsorten des Holzes möglichst erleichtert wird.

c) Sonstige Bestimmungsgründe.

Bei der Bestimmung der Kulturart muß ferner das in einem gegebenen Kulturgebiet bestehende Verhältnis von Äckern, Wiesen und

[1]) J. H. v. Thünen (Der isolierte Staat in Beziehung auf Landwirtschaft und Nationalökonomie, 3. Aufl., 1. Teil, S. 390), der die örtlichen Beziehungen zwischen den Produktions- und Konsumtionsgebieten sehr gründlich untersucht hat, gab den verschiedenen Zweigen der Bodenkultur mit Rücksicht auf die Schwere und Haltbarkeit ihrer Haupterzeugnisse nebenstehende Lage zu der die ausschließliche Absatzrichtung bildenden Zentralstadt M.

Fig. 1

Wald berücksichtigt werden: ebenso die mehr oder weniger zusammenhängende oder parzellierte Lage. Je weniger Wiesen und Äcker im Verhältnis zur Einwohnerzahl im Bereiche einer Gemarkung oder eines Wirtschaftsgebietes vorhanden sind, umsomehr ist das Bestreben auf eine Vermehrung des zur Erzeugung von notwendigen Lebensmitteln und Futterstoffen dienenden Geländes gerichtet. Demgemäß ist unter solchen Verhältnissen bei entsprechenden physikalischen Bedingungen auch ein höherer Reinertrag bei derjenigen Kulturart, an welcher Mangel herrscht, zu vermuten.

Auch die Eigentumsverhältnisse spielen bei der Bestimmung der Kulturart sehr häufig eine nicht unbedeutende Rolle. Zum nachhaltigen Betrieb der Waldwirtschaft sind in der Regel nur Personen geeignet, die einerseits genügendes Vermögen besitzen, um das für den Wald erforderliche Kapital in der unbeweglichen Form des stehenden Vorrats unterhalten zu können, und die andererseits am Walde ein dauerndes, über die eigene Lebenszeit hinausgehendes Interesse haben. Bei vielen Privatpersonen liegen diese Bedingungen aber nicht vor. Daher wird die Wahl der Kulturart für gegebene Flächen, auch wenn die Verhältnisse übrigens gleich sind, sehr häufig doch verschieden ausfallen.

Endlich sind auch die politischen Maßnahmen, welche den Handel mit Erzeugnissen des Bodens betreffen, nicht ohne Einfluß auf die Beschränkung oder Ausdehnung der Land- und Forstwirtschaft. Neben der Anlage von Eisenbahnen und Wasserstraßen, die auf die Rentabilität der Forstwirtschaft im besonderen Grade einwirken, kommen hier zunächst die Tarife der Beförderung in Betracht; sodann die Erschwerung bzw. Erleichterung der Einfuhr auswärtiger Rohstoffe. Jede Erschwerung der Einfuhr aus anderen Ländern durch Zölle bewirkt, daß der Bodenreinertrag höher ist, als er ohne Zoll gewesen sein würde. Ein Schutzzoll muß der heimischen Bodenkultur im Prinzip ebenso zugestanden werden wie der Industrie; und für die verschiedenen Zweige der Bodenkultur muß der Grundsatz der Gleichberechtigung anerkannt werden. Gegenteilige Richtungen haben nur zeitweilig Berechtigung. Die jetzige Zollpolitik des Deutschen Reiches, welche die Landwirtschaft in stärkerem Grade schützt als die Forstwirtschaft, hat demgemäß zur Folge, daß viele Böden, die sonst der Aufforstung unterzogen oder unbebaut bleiben würden, landwirtschaftlich benutzt werden. Die Verminderung der Tarife für die Beförderung der Rohstoffe auf den Eisenbahnen kommt dagegen in höherem Maße der Forstwirtschaft zugute, weil das Holz im Verhältnis zu seinem Wert schwerer ist als das Hauptprodukt der Landwirtschaft.

Wie die Verhältnisse auch liegen mögen, unter allen Umständen wird es erforderlich, daß die Gründe für die verschiedenen Kulturarten

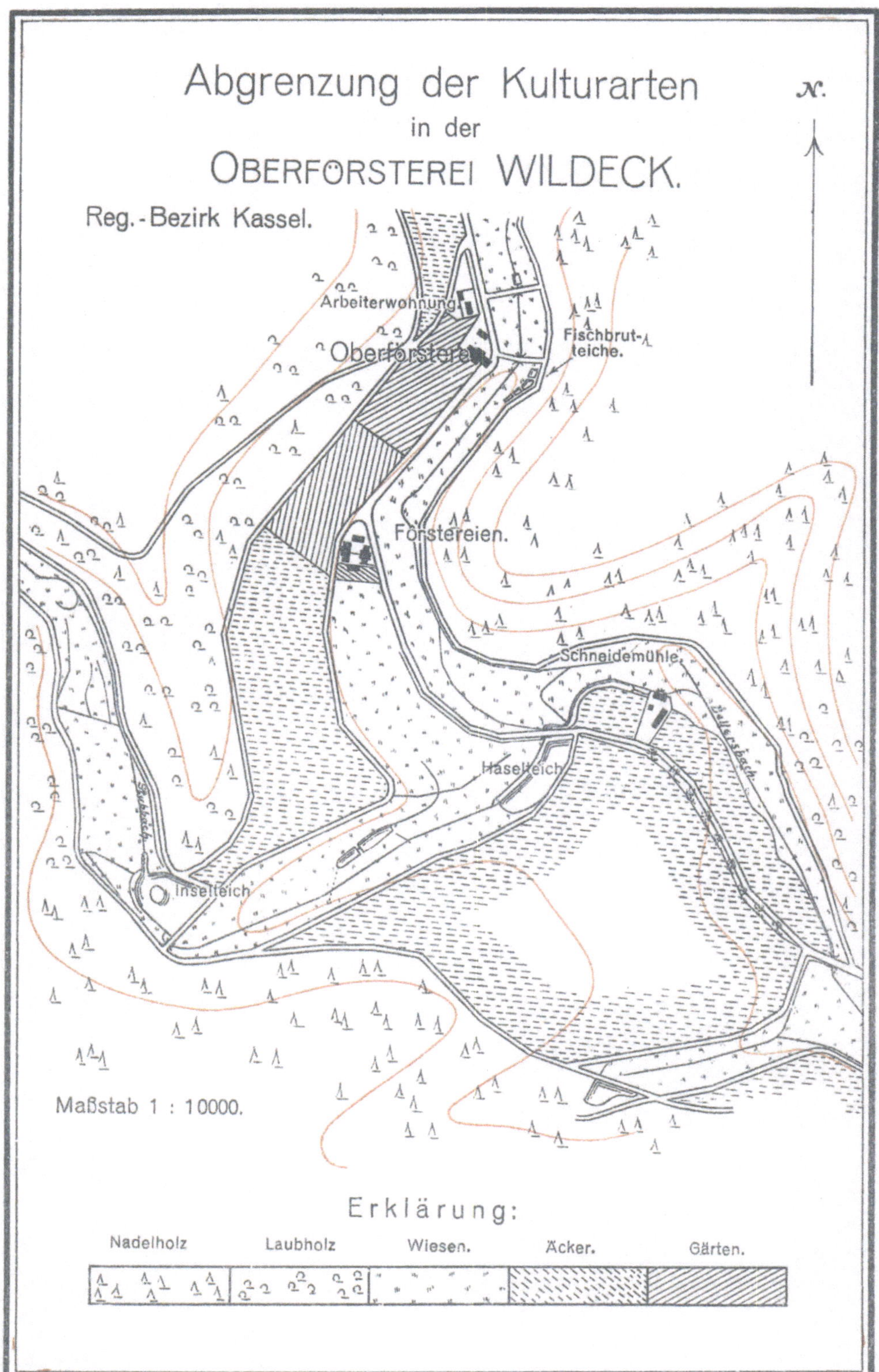
Abgrenzung der Kulturarten
in der
OBERFÖRSTEREI WILDECK.
Reg.-Bezirk Kassel.
N.
Arbeiterwohnung
Oberförsterei
Fischbrut-teiche.
Förstereien.
Schneidemühle.
Haselteich
Inselteich
Maßstab 1 : 10000.
Erklärung:
Nadelholz
Laubholz
Wiesen.
Äcker.
Gärten.

bei den Vorarbeiten der Forsteinrichtung der Erörterung unterzogen werden. Nur auf einer solchen Grundlage kann die Feststellung des Holzbodens und Nichtholzbodens zutreffend bewirkt werden.

II. Abgrenzung der Kulturarten.

a) Grundsätze.

Zur Abgrenzung des Waldes von Äckern und Wiesen ist von Wegen tunlichst ausgiebig Gebrauch zu machen. Dies liegt sowohl im Interesse des Waldes, da das abzufahrende Holz namentlich im Gebirge meist an den Waldrand geschafft werden muß, als auch des landwirtschaftlichen Geländes, das, wenn ein Randweg vorliegt, der Beschattung durch den angrenzenden Wald in geringerem Grade ausgesetzt ist. Auch für den Weg selbst ist es wünschenswert, daß er nicht beiderseits von Wald beschattet wird.

b) Beispiel.

Als Beispiel für eine nach den ausgesprochenen Grundsätzen durchgeführte Feststellung und Abgrenzung der Holzboden- und Nichtholzbodenflächen mögen die auf Tafel I[1]) dargestellten Teile der Oberförsterei Wildeck, Regierungsbezirk Kassel, dienen, mit deren Betriebsregelung der Verfasser im Jahre 1879 beschäftigt war. Zur Erläuterung sei folgendes bemerkt:

Die frühere Domäne Wildeck[2]) wurde im Jahre 1878 als selbständiges Wirtschaftsobjekt aufgehoben und die Bewirtschaftung der zu ihr gehörigen Flächen der Forstverwaltung übertragen. Der seitherige Betrieb war nicht mehr rentabel, weil den Wiesen eine rationelle Bewässerung ohne die Zuhilfenahme des Waldes nicht gegeben werden konnte. Auch wurden die Erträge der Wiesen in den engen Tälern durch die Beschattung des Waldes sehr beeinträchtigt. Die Äcker nahmen häufig Flächen ein, die nach den Standortsbedingungen sich besser zu Wald eigneten.

Bei der planmäßigen Regelung der Benutzungsweise, die durch den Vorstand der damaligen Taxations-Kommission für die Provinz Hessen-Nassau, O. Kaiser, in Verbindung mit der Betriebsregelung bewirkt wurde, ging das Bestreben dahin, daß die Fläche der Wiesen wegen dringenden Bedürfnisses an Futterstoffen so weit ausgedehnt wurde, als es die Standortsbedingungen gestatteten. Zu diesem Zwecke wurden im Bereiche der beiden Bachläufe Teiche angelegt, durch die eine Zurückhaltung des Wassers zur Zeit starken Abflusses und eine Bewässerung

---

[1]) Entnommen aus O. Kaiser, Beiträge zur Pflege der Bodenwirtschaft mit besonderer Rücksicht auf die Wasserstandsfrage, 1883, Karte 21.

[2]) O. Kaiser, a. a. O., S. 105 f.

zur wasserarmen Jahreszeit ermöglicht wurde. Die Ackerfläche wurde mit Rücksicht auf die weite Entfernung von den nächsten Ortschaften bedeutend eingeschränkt.

Die Regelung der Benutzung erfolgte derart, daß die den Forstgehöften nächsten Flächen den Forstbeamten als Dienstland überwiesen, die weiteren im Wege der Verpachtung genutzt wurden. Alle Flächen, für welche die Möglichkeit einer Bewässerung vorlag, wurden in Wiesen umgewandelt. Um sie im Ertrag zu heben, wurde der Wald in der Talsohle zurückgedrängt. Die für den landwirtschaftlichen Betrieb nicht geeigneten Flächen wurden zur Aufforstung bestimmt. Die Wiesen haben durch die Neuregelung der Kulturarten eine Vermehrung um 16 ha, das Ackerland hat eine Verminderung um 23 ha erhalten.

Die verschiedenen Kulturarten sind in dem vorliegenden Beispiel durch Wege voneinander abgegrenzt. Zum Teil bilden diese die Ausgänge von Holzabfuhrwegen. Sie mußten daher in Verbindung mit dem Waldwegenetz projektiert werden.

Wie die Tafel ersehen läßt, sind die zu beiden Talseiten angelegten Randwege mehrfach durch Übergänge miteinander verbunden. Diese können zugleich als Dämme für Teichanlagen dienen, die einerseits zur Bewässerung der Wiesen, andererseits zur Fischzucht erwünscht sind.

Zweiter Abschnitt.
Die vorbereitenden Maßnahmen für die Erhaltung des Schutzwaldes.

Bei den Vorarbeiten der Forsteinrichtung ist, insbesondere in den Waldungen des Gebirges, auch den Aufgaben, die der Schutzwald erfüllen soll, das Augenmerk zuzuwenden. Die Bedeutung des Schutzwaldes ist in der neueren Zeit in allen Kulturstaaten hervorgetreten. Viele Schäden, die weite Talgebiete betreffen, sind auf unrichtige Behandlung der oberhalb belegenen Waldungen zurückzuführen. Unter den Aufgaben, welche der Schutzwald erfüllen soll, steht die Zurückhaltung des Wassers an erster Stelle [1]). Nicht nur im Hochgebirge, wo sich Zerstörungen mancher Art durch die ungezügelten Kräfte

---

[1]) Die Bedeutung der Regelung des Wassers bei der Forsteinrichtung hervorgehoben zu haben, ist das Verdienst O. Kaisers. Vgl. dessen Schrift: Beiträge zur Pflege der Bodenwirtschaft, 1883, in welcher die auf die Wasserstandsfrage gerichteten Maßnahmen nach den Erfahrungen eigener praktischer Tätigkeit eingehend erörtert sind. In der neuesten Zeit hat Forstmeister Kautz auf Grund treffender Beobachtungen in seinem Wirtschaftsgebiet (Oberförsterei Sieber im Harz) die auf die Wasserpflege gerichteten Maßnahmen nachdrücklich hervorgehoben. Vgl. Zeitschrift f. Forst- und Jagdw. 1906 (Oktober), 1907 (Oktober), 1908 (September), 1909 (März).

der Natur am sichtlichsten zu erkennen geben, sondern auch in den deutschen Mittelgebirgen sind Gefahren durch raschen Wasserabfluß in bedenklicher Weise hervorgetreten.

Die Behandlung des Schutzwaldes ist, da sie mit den Eigentumsverhältnissen im engsten Zusammenhange steht, in erster Linie Gegenstand der Forstpolitik. Der beste Zustand für die Regelung der Schutzwaldungen liegt vor, wenn sich diese sämtlich im Eigentum des Staates befinden. Auf die Erwerbung von Waldungen, die einen Schutz ausüben sollen, ist deshalb bei der Einrichtung staatlicher Waldungen stets Bedacht zu nehmen. Da aber der Staat nicht imstande ist, alle Schutzwaldungen (auch die im weiteren Sinne) zu erwerben, so ist eine positive Richtung der Forstpolitik erwünscht, die den Staat in den Stand setzt, auf die Behandlung derjenigen Waldungen, die Schutzaufgaben zu erfüllen haben, einen Einfluß auszuüben. Für die Wirtschaftsführung kommen, um den Aufgaben des Schutzwaldes zu genügen, vorzugsweise forsttechnische Mittel in Betracht. Sie müssen einheitlich im Zusammenhang für die Waldungen desselben Flußgebietes ausgeführt werden. Bei der Forsteinrichtung sind alle hierher gerichteten Maßnahmen in Verbindung mit der Wegenetzlegung der planmäßigen Vorbereitung zu unterziehen.

Aus der Natur der Schäden, welche der Schutzwald abwenden soll, ergibt sich, daß die zu ergreifenden Maßnahmen in erster Linie auf die Erhaltung eines guten Bodenzustandes gerichtet werden müssen. Die stärksten Hochwassergefahren treten zur Zeit der Schneeschmelze und nach starken Regengüssen ein. Zu ihrer Abwehr muß erstrebt werden, daß die Erwärmung des Bodens verzögert und seine Fähigkeit zur Wasseraufnahme erhöht wird. Eine zu schnelle, frühzeitige Erwärmung wird durch schützende Bodendecken zurückgehalten. Die Fähigkeit der Wasseraufnahme hängt von der Zusammensetzung, dem Grad der Lockerheit und der Bekleidung des Bodens ab. Am besten verhalten sich Waldböden, welchen der durch die natürliche Zersetzung der Baumabfälle bei genügendem Luftzutritt gebildete Humus in vollem Maße erhalten geblieben ist. Hieraus ergeben sich die wichtigsten Forderungen, die an die Behandlung eines Schutzwaldes gestellt werden. Sie sind zunächst negativer Art. Dahin gehört insbesondere das Verbot der Nutzung des Bodenüberzugs, der Waldweide, der Anlage von Riesen, der Stockrodung.

Neben solchen negativen Mitteln kommen aber auch positive in Betracht. Von günstigem Einfluß sind alle Maßnahmen, welche auf die Herstellung gemischter Bestände, insbesondere die Erhaltung der Buche im Nadelholzwalde gerichtet sind[1]). Für den Schutzwald im

---

[1]) Vgl. den Abschnitt über Bodenpflege im 3. Teil.

strengeren Sinne kann sodann die Befestigung des Bodens durch Anlage von Flechtzäunen und Faschinen, die Bildung einer Bodennarbe durch Grassaat und Rasenplaggen, die Anzucht von Weidenhegern, Sträuchern und Waldbeständen im Wege der Kultur, die Verbauung von Wildbächen in Frage kommen.

Für den Schutzwald im weiteren Sinne, mit dem es die Forsteinrichtung in weit stärkerem Umfange zu tun hat, erstrecken sich die vorbereitenden Maßnahmen hauptsächlich auf die Regelung des Wasserabflusses. Wenn das Wasser sich selbst überlassen bleibt, so sucht es die nächsten Mulden und Terrainfalten zu erreichen. Die kleinen Wasserfäden, welche sich hier bilden, vereinigen sich; sie werden um so stärker, je weiter sie nach unten gelangen. Der Ansammlung des Wassers in den Mulden ist daher entgegenzutreten; sein Lauf muß aufgehalten oder in seiner Richtung verändert werden. Dies geschieht durch Gräben[1]), die je nach den örtlichen Verhältnissen im Bereiche der wasserführenden Mulden anzulegen sind. Sie werden horizontal hergestellt, wenn es sich lediglich darum handelt, das Wasser zu halten, mit schwachem Gefäll, wenn das Wasser abgeleitet werden soll. Mit einer solchen Anlage kann neben der Verminderung des Hochwassers der weitere Vorteil erreicht werden, daß das Wasser von Orten, wo es durch seinen Überfluß schadet, nach trockenen Orten geleitet wird, deren Ertragsfähigkeit durch Feuchtigkeitszufuhr gesteigert wird[2]). Da die Ansammlung des Wassers in den oberen Teilen der Gebirge ihren Ursprung hat, so ist es Regel, daß alle hierher gerichteten Arbeiten in den höchsten Teilen der Flußgebiete unterhalb der Wasserscheiden ihren Anfang nehmen und nach unten fortgesetzt werden.

Auch bei der Anlage von Wegen läßt sich auf die Regelung des Wassers einwirken. Die Hauptwege in Gebirgswaldungen erhalten oft Gräben an der oberen Seite. Das sich in diesen sammelnde Wasser muß an entsprechenden Stellen durch den Weg hindurch geführt und weiter geleitet werden. Meist werden die Durchlässe in den Mulden angelegt. Das Wasser fließt in diesen weiter. Wenn aber den Wasserschäden in unterhalb gelegenen Flußgebieten vorgebeugt werden soll, so ist das Wasser so zu leiten, daß es nicht in den Mulden bleibt; es muß, nachdem es die Mulde überschritten hat, seitlich abgeführt werden. Sofern es sich bloß um Grabenwasser (nicht um solches, welches in einer Mulde fließt) handelt, ist es empfehlenswert, daß Durchlässe da, wo die

---

[1]) Nähere Angaben zur Ausführung der Gräben für die Zwecke der Regulierung des Wassers macht O. Kaiser, a. a. O., S. 41—55, sowie Kautz, Zeitschr. f. F. u. J. 1909, S. 157 f.

[2]) Die zur Trockenlegung einzelner nasser Kulturflächen erforderlichen Entwässerungen müssen daher im Zusammenhang mit der Wasserregelung für größere Gebiete behandelt werden.

Wege Erhebungen des Geländes durchschneiden, angelegt werden. Von hier aus ist die Führung des Wassers auf trockene Hänge weit leichter.

Endlich ist auch die Anlage von Wasserbecken ein Mittel zur Zurückhaltung des Wassers. Wie die Talsperren in großem Maßstab zur Abwehr von Überflutungen und Hochwasserschäden dienen, so läßt sich ein ähnlicher Zweck in kleinerem Umfang und mit bescheideneren Mitteln durch die Ansammlung des Wassers in den kleinen Waldtälern erreichen. Die Übergänge der Randwege über Wasserläufe ergeben brauchbare Teichdämme. (Vgl. die Verbindungen der Randwege auf Tafel I.) Voraussetzung ist, daß sich das Gelände zur Teichanlage eignet. Die Wände dürfen nicht zu flach, aber auch nicht zu eng und steil sein; die Talsohle muß eine angemessene Breite haben und das Gefälle nicht zu stark sein. Solche Teiche können auch noch zu anderen Zwecken, insbesondere zur Fischzucht und zur Bewässerung von Wiesen dienen.

Die genannten Maßnahmen sind bei den Vorarbeiten der Betriebseinrichtung, insbesondere in Gebirgsforsten, ins Auge zu fassen. Wenn auch häufig keine vollständigen Pläne über die Mittel zur Zurückhaltung des Wassers aufgestellt werden können, so müssen doch die Grundzüge dafür entworfen und in Verbindung mit der Wegenetzlegung begründet werden.

Dritter Abschnitt.
Die Einteilung in ständige Wirtschaftsfiguren.

Die Einteilung in ständige Wirtschaftsfiguren, die meist Abteilungen genannt werden [1]), muß den anderen Vorarbeiten der Forsteinrichtung vorangehen.

Die Zwecke der Einteilung sind hauptsächlich folgende:

1. Die Erleichterung der Orientierung im Walde und auf den Karten. Alle Flächen, Linien, Punkte usw. müssen im Walde, auf den Karten und in den Wirtschaftsbüchern genau bezeichnet werden können.

2. Die Einteilung bildet die örtliche Grundlage für die Führung der Schläge. Bei der natürlichen Verjüngung muß eine gut abgegrenzte Fläche von bestimmter Größe in Angriff genommen werden, bei der künstlichen muß ein Rahmen für die Jahresschläge gegeben sein.

3. Die Linien, welche die Wirtschaftsfiguren begrenzen, dienen zum Aufsetzen und zur Abfuhr des eingeschlagenen Holzes. Sie bilden

---

[1]) In Preußen werden die ständigen Wirtschaftsfiguren in der Ebene Jagen, im Gebirge (wenigstens seither) Distrikte genannt.

4. die besten Ausgangspunkte zur Bekämpfung von manchen Naturschäden (Feuer, Wind, Insekten). Sie sind deshalb

5. die besten Grenzen der Hiebszüge.

6. Die Bildung der Bestandesabteilungen, welche für alle taxatorischen und geschäftlichen Maßnahmen die grundlegende Einheit bilden, ist nur auf Grund der Bildung ständiger Wirtschaftsfiguren möglich.

7. Für alle Messungen, die im Innern des Waldes vorzunehmen sind (von Bestandes- und Schlaggrenzen, Wegen u. a.) bilden die Linien des Einteilungsnetzes die Grundlage, an welche angeschlossen werden muß.

8. Begrenzung der Treiben.

Bei der Wiederholung von Forsteinrichtungsarbeiten ist die Einteilung nur der Prüfung zu unterwerfen.

Da die Einteilung einen ständigen Charakter tragen soll, so darf sie von den vorübergehenden Bestandesverhältnissen (Holzart, Betriebsart, Holzalter usw.) nicht beeinflußt, sie muß vielmehr auf die bleibenden Verhältnisse des Standorts gegründet werden.

I. Die Einteilung in der Ebene.

A. Grundsätze für den Entwurf.

In der Ebene erfolgt die Einteilung in der Regel durch ein System gerader Linien, die sich unter Winkeln kreuzen, welche ohne Grund vom rechten möglichst wenig abweichen sollen. Die Richtung dieser Linien wird hauptsächlich durch die Führung der Verjüngungsschläge bestimmt; es ist wünschenswert, daß deren Grenzen den Einteilungslinien parallel laufen. In den meisten Waldungen der Ebene ist die Einteilung unter dem Einfluß von Hartig, Cotta, Burckhardt u. a. im Laufe der ersten Hälfte des 19. Jahrhunderts vollzogen. Die bestehenden Verhältnisse müssen daher als eine geschichtlich gewordene Tatsache angesehen werden.

1. Geschichtliche Entwicklung.

Die ersten Einteilungen sind — soweit der Rückblick auf frühere Zustände ein Urteil gestattet — in den meisten großen Forsten nicht zu wirtschaftlichen Zwecken, sondern aus Gründen der Jagd bewirkt worden [1]. Sie waren daher nicht gleichmäßig und vollständig durch-

---

[1] v. Kropff, System und Grundsätze, 3. Kap. („Die mehrsten Forsten sind seit undenklichen Zeiten ohne Rücksicht auf die Holzart, höchst wahrscheinlich bloß behufs der Jagden, mittels 1½, mehrenteils aber 2, auch sogar 3 Ruthen breite durchgehauene Gestelle in ... Quadrate abgeteilt. Viele derselben enthalten auf jeder Seite 200 Ruthen. — Daß man bei dieser Teilung ... nicht zugleich beabsichtigt habe, eine Forstwirtschaft darauf zu begründen, scheint forstlich gewiß.“)

geführt. Als später das Bedürfnis hervortrat, zu wirtschaftlichen Zwecken eine systematische Einteilung vorzunehmen, wurde die Anlage derselben von der Umtriebszeit abhängig gemacht. Diese Art der Teilung war, wenn sie auch nicht immer streng durchgeführt wurde, sehr allgemein und von langer Dauer. v. Langen richtete schon in der Zeit von 1720 bis 1750 Waldungen in Norwegen, Dänemark und die braunschweigischen Staatsforsten nach den Grundsätzen der Flächenteilung ein. Von seinen Zeitgenossen und Nachfolgern, namentlich in den Schriften von v. Zan-thier [1]), Döbel [2]) wird diese Art der Einteilung vertreten. In den preußischen Staatsforsten kam sie durch die Instruktionen Friedrichs des Großen [3]) zur Anwendung.

Die in dieser Weise vollzogenen oder erstrebten Teilungen haben sich aber nicht lange behaupten können. Sie entsprachen nicht der allgemein gültigen Forderung, daß alle Bestimmungen der Forsteinrichtung der Wirtschaftsführung angepaßt werden müssen. Es wurde im Laufe der Zeit erkannt, daß die Einteilung unabhängig von den Bestandesverhältnissen und der Umtriebszeit gehalten werden müsse; sie soll einen dauernden Charakter tragen; ihre Bestimmungsgründe können daher nicht von Verhältnissen abhängig gemacht werden, die die Eigenschaft des Bleibenden in geringerem Grade besitzen. Trotz vieler gegensätzlicher Strömungen wurde die Richtigkeit dieses Standpunktes mehr und mehr eingesehen. In Preußen wurde die Bestimmung einer von der Umtriebszeit unabhängigen Einteilung durch den Einfluß von v. Burgsdorf, v. Arnim, Hennert gegen die Richtung v. Kropffs durchgeführt [4]). Sie kam zum Ausdruck in der Verfügung von 1796, in welcher die Jageneinteilung durchgehends angeordnet wurde. Später, in der Instruktion von 1819, wurde allgemein verfügt, daß die Waldungen der Ebene durch Hauptgestelle, die von Ost nach West, und durch Feuergestelle, die von Nord nach Süd liefen, in regelmäßige Jagen eingeteilt werden sollten.

Wie in Preußen ist auch in den meisten anderen Staaten bezüglich der Einteilung der Forsten in der Ebene verfahren. In Sachsen ist die Einteilung unter Cottas Einfluß von 1820—1830 in großem Umfang durchgeführt worden.

---

[1]) Abhandlungen über das theoretische und praktische Forstwesen, herausgegeben von Hennert, 1799.

[2]) Jägerpraktika, Anhang.

[3]) Vgl. 5. Teil, 1. Abschn., I.

[4]) Eine ausführliche Darstellung der damals bestehenden Gegensätze enthält v. Kropff, a. a. O., 4. Kap.: Von der veränderten Lage des Forsteinteilungsgeschäftes und der dazu erteilten Instruktionen seit 1786.

2. Richtung der Einteilungslinien.

a) Allgemeine Bestimmungsgründe.

Die Richtung der Einteilungslinien wird durch die Richtung und Aneinanderreihung der Schläge bestimmt. Man hat hierbei stets mehrfache Rücksichten zu nehmen: erstens auf die zu verjüngenden Bestände, den von ihnen eingenommenen Boden und die an ihrer Stelle zu begründenden Jungwüchse — zweitens auf die Umgebung des zu verjüngenden Ortes, welche durch die Beseitigung des vorhandenen Altholzes der Einwirkung der Sonne und des Windes ausgesetzt wird. Alle Orte, welche in der angegebenen Richtung gefährdet sind, bedürfen des Schutzes. Bei der Naturverjüngung wird der Schutz für Boden und Bestand durch die Stellung der Schläge bewirkt, bei der künstlichen Begründung soll er durch die Art der Schlagführung gegeben werden [1]. Der Abtrieb des alten Holzes wird, damit die freigelegte Schlagfront gegen Sturm gesichert ist, der herrschenden Windrichtung entgegen geführt. Der Boden darf, damit er nicht verwildert, nicht auf großen zusammenhängenden Flächen freigelegt werden; Jungwüchse von Holzarten, welche gegen Frost, Hitze und Unkrautwuchs empfindlich sind, bedürfen eines Schutzes gegen die Einwirkung dieser Faktoren. Vermeidung großer ungeschützter Kahlschläge ist deshalb die allgemeinste Regel, die für die Verjüngung gegeben werden muß.

b) Die Rücksicht auf den Sturm.

Der einflußreichste unter den Faktoren, welche die Richtung der Einteilungslinien bestimmen, ist der Sturm; durch die Maßnahmen, welche bei der Einrichtung gegen die Sturmgefahr getroffen werden, wird zugleich die Bildung der Hiebszüge [2] angebahnt, deren Richtung mit derjenigen der Wirtschaftsstreifen übereinstimmen soll.

Die schädlichsten Stürme wehen in Deutschland von Westen. Nach der neueren Statistik ist das Verhältnis der östlichen zu den westlichen Winden im oberen Teile des Luftraums etwa wie 1 zu 3, im unteren oft wesentlich anders [3]. Allerdings können, wie die neuere Statistik

---

[1] Aber auch für den Erfolg der natürlichen Verjüngung ist die Richtung der Hiebe von großem Einfluß. Vgl. Wagner, Die Grundlagen der räumlichen Ordnung im Walde, S 114 f.

[2] Vgl. 3. Teil, 2. Abschn.

[3] Wie Bargmann (Die Verteidigung und Sicherung der Wälder gegen die Angriffe und die Gewalt der Stürme, Allgem. Forst- und Jagdztg. 1904, S. 83) mitteilt, betrug in Brüssel die Zahl der Weststürme in den oberen Luftschichten 612, in den unteren 445; der Oststürme in den oberen Luftschichten 192, in den unteren 269. Wie sehr sich der Einfluß höherer Gebirge auf die Sturmrichtung geltend macht, zeigt u. a. die Sturmstatistik für Straßburg und die Höhen der Vogesen. In der Zeit von 1892—1902 war für Straßburg das Ver-

zeigt, auch von anderer Seite heftige Sturmschäden eintreten [1]). Allein gegen alle Möglichkeiten kann man sich nicht schützen. Bei den Maßnahmen der Forsteinrichtung muß eine Hälfte der Windrose als die wichtigste Sturmrichtung angesehen werden, und diese ist nach Lage der Verteilung von Wasser und Land die westliche. Es kommt hinzu, daß die westlichen Winde mit größerer Bodenfeuchtigkeit verbunden sind; oft sind die Bäume mit Anhang versehen. Beides verstärkt die schädliche Wirkung der Stürme.

Eine wichtige Frage, welche beim Entwurf des Einteilungsnetzes in Erwägung zu ziehen ist, geht dahin, welche Richtung die Gestelle im Verhältnis zur Hauptwindrichtung erhalten sollen. Im allgemeinen ist es seither als Regel angesehen, daß die Hauptgestelle parallel der herrschenden Windrichtung gelegt werden, so daß die bemantelte Front des Altholzes, der sog. Trauf, senkrecht zu ihr steht. Die Stämme sind nach dieser Seite am stärksten und tiefsten beastet und die Richtung der Äste stimmt dann mit der Hauptwindrichtung überein, was zweifellos als ein günstiges Moment in bezug auf die Widerstandsfähigkeit gegen Sturmgefahr anzusehen ist. Gleichwohl haben beachtenswerte Beobachtungen und Erörterungen [2]) der neueren Zeit zu dem Urteil geführt, daß die schräge Stellung des Mantels zur Hauptwindrichtung in ihrer Widerstandsfähigkeit gegen Sturm der senkrechten nicht nachstehe.

Mehr Bedeutung als der Stellung der Schlagfront des zu verjüngenden Bestandes muß dem Verhalten der Einteilungslinien in bezug auf die Sturmgefährdung der angrenzenden Abteilungen beigemessen werden. Bei der praktischen Behandlung der Aufgabe sind ferner die bestehenden Verhältnisse gebührend zu berücksichtigen. In den meisten Waldungen mit geregelter Wirtschaftsführung haben seit langer Zeit Einteilungen bestanden, wenn sie auch unvollständig und nicht systematisch durchgeführt waren. Ohne genügenden Grund darf man bestehende Einteilungen nicht verlassen. Nicht nur Gestelle, sondern auch Wege und Straßen sind schon früher in das Netz einbezogen worden. Abgesehen von besonderen Verhältnissen dieser Art, ergeben sich zwei wesentliche Verschiedenheiten in der Richtung der Teilungslinien:

1. **Die Hauptgestelle verlaufen parallel zur Hauptsturmrichtung, die Seitengestelle senkrecht dazu.** Die Einteilung ist alsdann,

---

hältnis der von Nord, Nordost und Ost wehenden Stürme zu den von Südwest, West und Nordwest kommenden wie 1,7 zu 1; für den 1394 m hohen Belchen wie 4 zu 9. — Bargmann a. a. O.

[1]) Starke Nordoststürme haben in der Neuzeit (1892, 1894, 1902) namentlich in den Vogesen, im Schwarzwald und in Norddeutschland, schädliche Südoststürme wiederholt im sächsischen Erzgebirge stattgefunden.

[2]) Eifert, Forstliche Sturmbeobachtungen im Mittelgebirge. — Allgem. Forst- und Jagdztg. 1903, S. 430.

wenn West die Hauptsturmrichtung bezeichnet, die auf Tafel II dargestellte: Die Schläge (a, b im Jagen 53) laufen in der Richtung von Nord nach Süd und werden in der Richtung von Ost nach West aneinandergereiht. Neben den Gestellen sind, wie die Tafel zeigt, auch durchziehende Straßen und Wasserläufe für die Einteilung benutzt.

Die vorliegende Art der Einteilung wurde im Jahre 1819 von G. L. Hartig durch die Instruktion für die preußischen Forstgeometer vorgeschrieben und daraufhin in Preußen fast überall durchgeführt; ebenso in den meisten andern Ländern mit ebenem und welligem Gelände. Auch viele andere Autoren haben sie bis zur neuesten Zeit in der Literatur vertreten [1].

Zieht man zunächst nur das Altholz in Rücksicht, so ist gegen den angegebenen Verlauf der Teilungslinien nichts zu erinnern. Die theoretische Frage, ob eine senkrechte oder schräge Stellung des Mantels gegen die Wirkung des Sturmes widerstandsfähiger ist, würde zu Änderungen bestehender, von Ost nach West gerichteter Einteilungen keine Veranlassung geben. Dagegen hat diese Anlage der Gestelle den Nachteil, daß die Schläge ihrer ganzen Ausdehnung nach von der Mittagssonne getroffen worden [2]. Hinsichtlich der Umgebung aber ist zu beachten, daß durch den Abtrieb einer Abteilung 3 seitlich angrenzende Abteilungen westlichen Winden ausgesetzt werden. Außer dem Hauptwind (West) werden auch seitliche aus der westlichen Hälfte der Windrose kommende Stürme (Südwest, Nordwest) gefährlich. Wird Jagen 53 (Taf. II) abgetrieben, so ist Jagen 81 dem Südwest, Jagen 31 dem Nordwest ausgesetzt. Um einen vollständigen Schutz gegen die von der westlichen Hälfte der Windrose kommenden Winde herbeizuführen, ist daher bei dieser Lage der Linien eine Bemantelung der angrenzenden 3 Jagen 31, 52 und 81 erforderlich. Auf eine Deckung nach drei Seiten wird nun aber auch, wo Sturmgefahr vorliegt, die Wirtschaft unbedingt einzurichten sein. Zwei Seiten sollen durch die Mantelbildung der Haupt-

---

[1] So namentlich K. Heyer, Waldertragsregelung, 3. Aufl., S. 82 unter Bezugnahme auf Zötl („Die Schläge müssen so angelegt werden, daß die Schlagfront von den Sturmwinden möglichst in senkrechter Richtung getroffen wird"); Judeich, Forsteinrichtung, 6. Aufl., herausgegeben von Neumeister, S. 276 („Die Wirtschaftsstreifen verlaufen in der Richtung des Hiebes, bei uns gewöhnlich sonach von Ost nach West"); O. Kaiser, Die wirtschaftliche Einteilung der Forsten, 1902, S. 136 („Bei neuen Einteilungen ist für die Richtung der Hauptgestelle in Deutschland die Lage von West nach Ost zu wählen, weil sie das Mittel der nach Norden und Süden abweichenden Windströmungen sein wird").

[2] Sofern Schäden durch die austrocknende Wirkung der Sonne in stärkerem Maße zu befürchten sind als solche durch Sturm, müssen die Schläge im Rahmen des vorliegenden Teilungssystems von Nord nach Süd aneinandergereiht werden. Vgl. Wagner, Die Grundlagen der räumlichen Ordnung im Walde, 1. Abschn., 4. Kap.

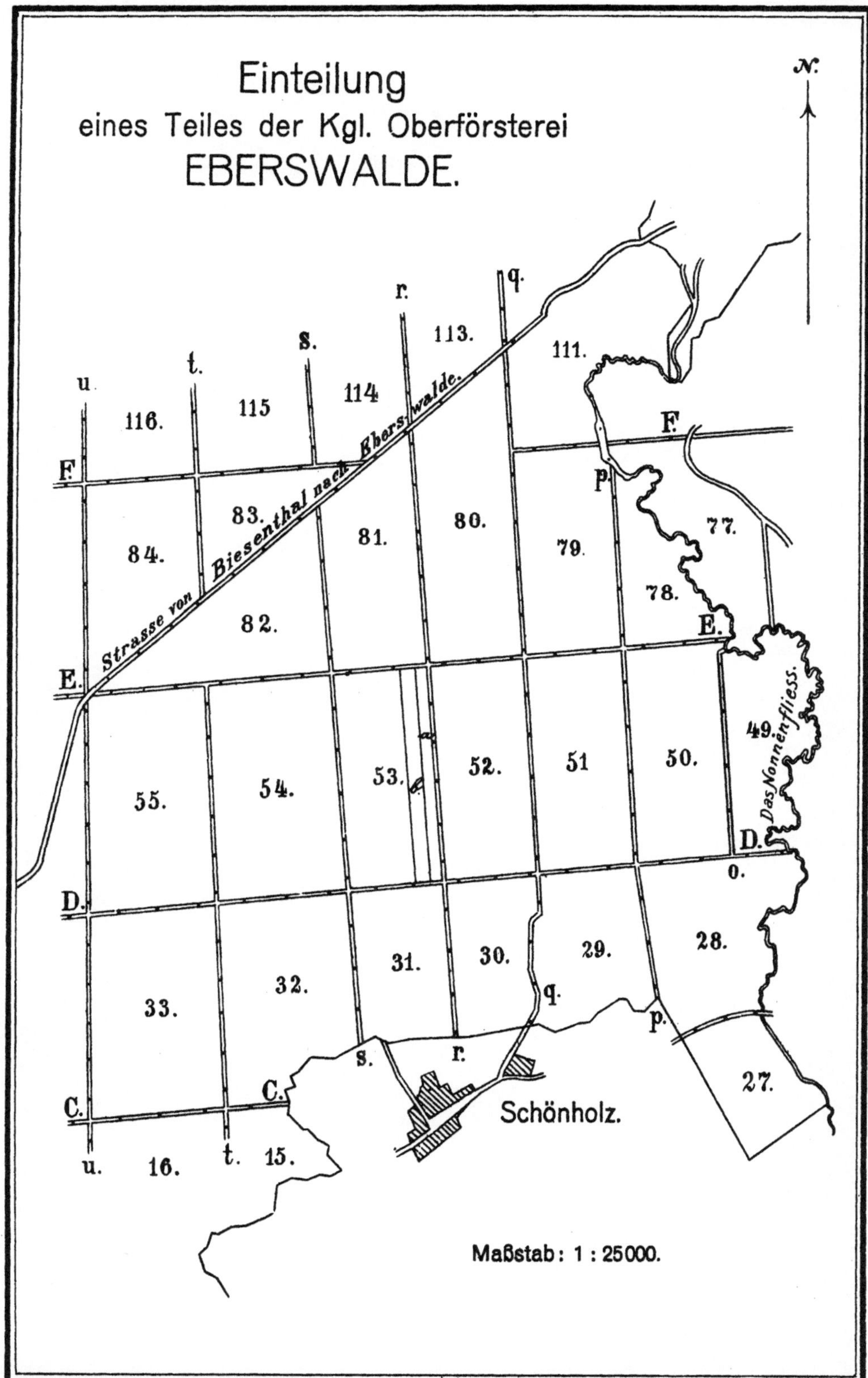
Einteilung
eines Teiles der Kgl. Oberförsterei
EBERSWALDE.
N.
q.
r.
113.
111.
s.
114
115
u.
116.
t.
F.
F.
P.
83.
81.
80.
79.
77.
84.
Strasse von Biesenthal nach Eberswalde.
78.
82.
E.
E.
Das Nonnenfliess.
49
55.
54.
53.
52.
51.
50.
D.
0.
D.
31.
30.
29.
28.
32.
33.
q.
s.
r.
p.
u. 16. t. 15.
Schönholz.
27.
Maßstab: 1 : 25000.

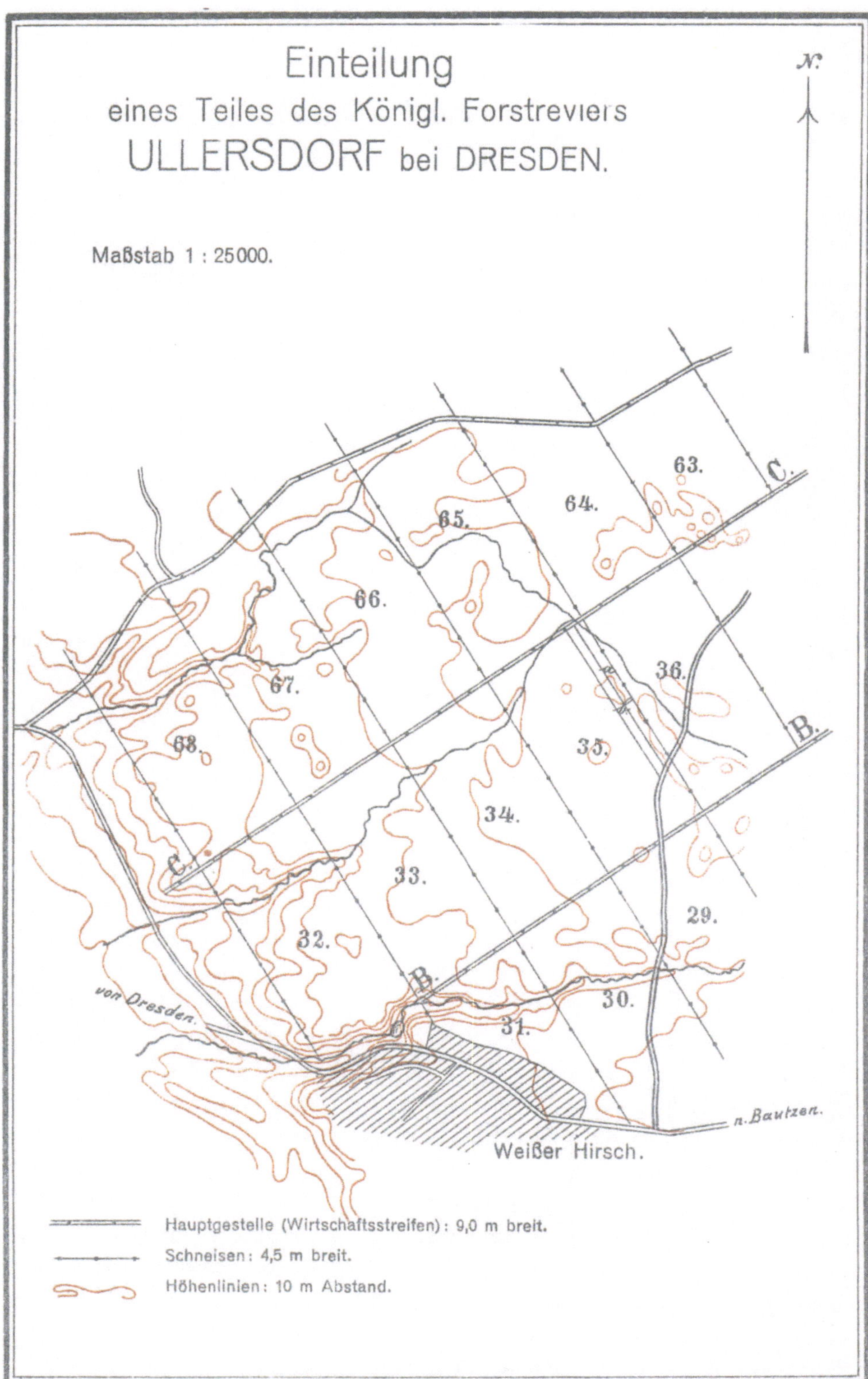
Einteilung
eines Teiles des Königl. Forstreviers
ULLERSDORF bei DRESDEN.
Maßstab 1 : 25000.
N.
63.
64.
65.
66.
67.
68.
36.
35.
34.
33.
32.
29.
30.
31.
C.
B.
C.
B.
B.
von Dresden.
n. Bautzen.
Weißer Hirsch.
Hauptgestelle (Wirtschaftsstreifen): 9,0 m breit.
Schneisen: 4,5 m breit.
Höhenlinien: 10 m Abstand.

gestelle (Wirtschaftsstreifen), die dritte durch die Hiebsfolge geschützt werden.

2. **Die Hauptgestelle stehen schräg** (in einem Winkel von
etwa 45⁰) **zur Hauptsturmrichtung.** Die Notwendigkeit des genannten Verfahrens, die gefährdete Umgebung von 3 Seiten gegen Sturm
zu schützen, hat Veranlassung gegeben, die Regel aufzustellen [1]), daß
die Richtung der Einteilungslinien nicht parallel zur Hauptsturmrichtung
verlaufen, sondern daß sie mit derselben einen Winkel von etwa 45⁰
bilden soll. Die Einteilung zeigt alsdann das auf Tafel III dargestellte
Bild: Die Schläge (a, b Abteilung 35) laufen von Nordwest nach Südost
und werden in der Richtung Nordost—Südwest aneinandergereiht.
Eine solche Lage der Schläge hat den Vorzug, daß Boden und Jungwuchs besser gegen die Nachmittagssonne geschützt sind, was bei der
großen Bedeutung, die der Frische für das Gedeihen der Kulturen bei
den meisten Holzarten zukommt, von günstiger Wirkung ist. Ein weiterer
Vorzug dieser Richtung gegen die erstgenannte besteht aber darin, daß
man hier nicht 3, sondern nur 2 Abteilungen gegen westlichen Wind
zu schützen braucht. Abteilung 36 bedarf, wenn Abteilung 35 abgetrieben
wird, des Schutzes gegen den Südwest-, Abteilung 29 gegen den Nord-
westwind. Die Abteilungen 34 und 65 sind dagegen nur östlichen Winden
ausgesetzt. Aber auch für etwa aus Südost kommende Stürme (wie sie
z. B. im sächsischen Erzgebirge häufig aufgetreten sind) verhält sich
diese Lage günstiger als die nach den Haupthimmelsrichtungen, weil
die Schlagfronten in diesem Falle der Sturmrichtung parallel laufen,
während sie bei der anderen Richtung von den Südostwinden schräg
getroffen werden.

Bei der praktischen Würdigung der Richtung der Einteilungslinien ist neben den bestehenden Verhältnissen, die man ohne triftige
Gründe nicht umgestalten soll, auch die Beschaffenheit des Bodens
und das Verhalten der vorherrschenden Holzart zu beachten. Auf dem
tiefgründigen Sandboden der Ebene tritt die brechende Wirkung des
Sturmes ganz zurück [2]), und der Schaden der Austrocknung ist bei
südlichen und östlichen Winden (auch wenn sie seltener auftreten)
stärker. Daß auch für viele namentlich härtere, mit Gesteinsbrocken
versehene Gebirgsböden, die aber doch ein tieferes Eindringen der Wurzeln

---

[1]) Denzin, Allgem. Forst- und Jagdztg., 1880, S. 126 f.; Borggreve,
Forstabschätzung, 1888, S. 289. („Aus Vorstehendem folgt, daß ein Schneisen-
system, welches die meistens rechteckigen Distrikte möglichst mit dem Winkel
und nicht mit einer Breitseite nach Westen richtet, die Herstellung und Einhaltung einer guten Bestandesordnung wesentlich erleichtert.“)

[2]) Dies zeigen sehr klar die Verjüngungen in der Oberförsterei Eberswalde
und vielen anderen norddeutschen Revieren, wo Anhiebe der Jagen von entgegengesetzten Seiten stattgefunden haben.

gestatten, Sturmschäden nicht zu befürchten sind, lehren die Erfahrungen, die in der neueren Zeit bei der Verjüngung nach dem Femelschlagverfahren gemacht sind [1]).

Eine abweichende Beurteilung der zweckmäßigsten Richtung der Einteilungslinien nach den Holzarten ergibt sich aus der Verschiedenheit der Ansprüche, welche von denselben in bezug auf Bodenfrische und unmittelbaren Lichtgenuß gestellt werden. Für die Fichte ist die Frische des Bodens oft der ausschlaggebende Faktor für die Erhaltung des Jungwuchses in den ersten Jahren. Daher ist es empfehlenswert, daß die Verjüngung von Norden her geleitet wird [2]). Bei der Kiefer ist dagegen ein ausgiebiger Lichtgenuß schon in der ersten Jugend Bedingung für eine gedeihliche Entwicklung. Daher hat sich hier die Schlagführung von Ost nach West am besten bewährt.

3. Größe und Form der Abteilungen.

a) Größe.

Die Größe der Abteilungen ist von dem Abstand der Gestelle abhängig. Oft haben bei der Feststellung derselben geschichtliche Verhältnisse mitgewirkt. Manche der jetzigen Teilungslinien haben der Einteilung schon seit alter Zeit zur Grundlage gedient. In Preußen waren die alten Jagen durch Linien von etwa 800 m Abstand begrenzt. Später wurden die derart gebildeten quadratischen Figuren halbiert, so daß Jagen von etwa 30 ha gebildet wurden. Übrigens ist die wünschenswerte Größe der Abteilungen vorzugsweise von folgenden Verhältnissen abhängig:

1. **Von den Eigentumsverhältnissen und dem Waldzusammenhang.** Bei kleinerem Waldbesitz sind kleinere Abteilungen erforderlich als bei großem. Bei häufigen Unterbrechungen des Waldes durch fremdes Eigentum, abweichende Kulturart u. a. gestalten sich die Abteilungen ganz von selbst kleiner als da, wo große zusammenhängende Waldflächen vorliegen.

2. **Von der Holzart.** Im Laubholz, wo weniger Naturschäden zu befürchten sind, von welchen große gleichaltrige Bestände im stärksten Maße betroffen werden, können die Ortsabteilungen größer sein als beim Nadelholz, wo die Teilungslinien die Grundlage für manche Maßnahmen des Forstschutzes (gegen Insekten, Feuer u. a.) bilden. Als ungefähre

---

[1]) Namentlich in Bayern (Forstamt Kelheim, Passau u. a.) und Böhmen (Forsten des Fürsten Schwarzenberg und Grafen Czernin).

[2]) In der Neuzeit ist der günstige Einfluß der Verjüngung von der Nordseite sehr eingehend in der Praxis (Revier Gaildorf in Württemberg) nachgewiesen und in der Literatur begründet von Wagner, Grundlagen der räumlichen Ordnung im Walde, 1907.

durchschnittliche Größe kann für Laubholz eine solche von 25 ha, für die Kiefer von 20 ha, für die Fichte von 15 ha angesehen werden.

3. Von der Schlagführung. Je schmaler die Schläge sind, und je allmählicher sie aneinandergereiht werden, um so mehr ist es erwünscht, daß die begrenzenden Linien nicht zu weit voneinander entfernt sind. Die erstrebte Einheit im Jagen wird sonst nicht herbeigeführt. Bei der natürlichen Verjüngung mit gleichmäßiger Schirmschlagstellung fallen die Gründe der Schmalschläge fort; die einheitlich zu behandelnden Flächen können daher größer sein.

b) Form.

Die Form der Abteilungen ist unter regelmäßigen Verhältnissen die eines Rechtecks, das seiner Ausdehnung nach durch das Verhältnis zweier angrenzenden Seiten bestimmt wird. Es kommen folgende Rechtecks formen in Betracht:

1. Das Quadrat. Wo große, breite Schläge zulässig sind, insbesondere aber bei Anwendung der natürlichen Verjüngung und wenn der Schutz des Bodens und der Jungwüchse durch Schirmschläge gegeben wird, ist das Quadrat, welches am wenigsten Umfang im Verhältnis zu seinem Flächeninhalt besitzt, die empfehlenswerteste Form der Abteilungen. Entsprechend dem geringsten Umfang ist aber die mittlere Fortschaffungsweite des Holzes aus dem Innern an die Gestelle am größten.

2. Ein Rechteck, das die schmale Seite der Hauptwindseite zukehrt [1]).

<table>
<tr><td>3</td><td>2</td><td>1</td></tr>
</table>

Die langen Seiten der Abteilungen werden alsdann durch die beiden Hauptlinien gebildet. Diese Lage beansprucht am meisten Fläche

---

[1]) Als Vertreter dieser Richtung sind zu nennen: Braun, Forstliche Grundeinteilung, 1871 („Immer soll die schmale Seite der Einteilungsrechtecke der herrschenden Windrichtung zugekehrt sein"); Burckhardt, Hilfstafeln für Forsttaxatoren, Anhang S. 104 („Der überwiegenden Vorteile wegen legt man die längste Seite der Abteilung an die Hauptbahn. Dies Verfahren nimmt allerdings mehr Hauptbahnen, also mehr Bahnfläche in Anspruch . . . . Im übrigen stehen alle Vorteile auf Seite dieses Verfahrens, welches einen geringern Verdämmungsrand fordert, die jungen Anlagen mehr gegen auszehrende Winde schützt, die Bestände weniger gegen solche Winde öffnet, die nicht aus der gewöhnlichen Sturmrichtung kommen, gegen Feuersgefahr bessern Schutz gewährt, auch die Abfuhr der Forstprodukte erheblich erleichtert . . .“). Für Frankreich ist der gleiche Standpunkt vertreten von Tassy, Études sur l'aménagement des forêts, 1872. Vgl. Das französische Verfahren der Forsteinrichtung im 5. Teil dieser Schrift, 3: Die Lagerung der Wirtschaftsflächen.

für die Einteilungslinien. Mit ihr ist ferner der Nachteil verbunden, daß, wenn die Schläge schmal bleiben, die Zeiträume, in welchen die Verjüngungen vollzogen werden, sehr lang sind. Wenn die Schläge aber breiter gemacht werden, so wird der Schutz der Kulturen beeinträchtigt und die Wirkung der Flankenwinde gefährlicher.

3. Ein ungleichseitiges Rechteck, welches die längere Seite der Hauptwindrichtung entgegenstellt. Vgl. Tafel II (Eberswalde) und III (Ullersdorf). Hierbei wird weniger Fläche für die Hauptgestelle erforderlich. Bei gleicher Breite der Schläge schreitet die Verjüngung der Abteilungen rascher voran. Den Jungwüchsen kommt der Seitenschutz zugute, und die Winde werden nach Möglichkeit zurückgehalten. Diese Form der Einteilung wird daher von den meisten Autoren vertreten. Sie ist demgemäß auch in den meisten Waldungen der Ebene zur Anwendung gelangt [1]).

Abweichungen von der regelmäßigen Form und Größe ergeben sich durch vorhandene Straßen und Holzabfuhrwege, die möglichst ausgiebig zur Einteilung zu benutzen sind; ferner durch Eisenbahnen, Wasserläufe, Außengrenzen.

B. Ausführung.

1. Darstellung der entworfenen Einteilungslinien auf der Karte.

Für die Ausführung des Einteilungsnetzes sind, da diese eine geometrische Arbeit ist, Karten in größerem Maßstabe erforderlich, welche die Grenzen des Waldes und die bestehenden Schneisen, Wege u. a. ersehen lassen. Auf einer solchen Karte werden die entworfenen Einteilungslinien zunächst mit Blei eingetragen. Dann sind die Winkel, welche dieselben mit vorhandenen Linien und untereinander bilden, zu messen; ebenso die Abstände der Durchgangspunkte der neuen Gestelle von vorhandenen Fixpunkten.

2. Absteckung der Einteilungslinien.

Nach den auf Spezialkarten gemessenen Winkeln und Entfernungen lassen sich die Einteilungslinien auf das Gelände übertragen. Die Abstände der Durchgangspunkte der Gestelle von gegebenen Punkten werden durch Messung mit dem Meßband, die Winkel mit einem Winkelinstrument festgelegt. Dadurch wird die Richtung der Gestelle bestimmt. Die Absteckung geschieht mit guten, geraden, 2 m langen, 2,5 cm starken, mit eiserner Spitze versehenen Stäben, die zur besseren Erkenn-

---

[1]) Außer in Preußen und Sachsen gilt auch in Württemberg (Forstl. Verhältnisse Württembergs, 1880, S. 201) und in Bayern die unter 3 genannte Form als Regel.

barkeit mit verschiedener Ölfarbe angestrichen sind. Man steckt bei neuen Arbeiten in der Regel die Seiten ab, welche als bleibende Grenzen der Abteilungen angesehen werden sollen. Nur wenn vorhandene Schneisen beibehalten werden, wird zwecks Sicherung der Bestandesränder die Mitte abgesteckt und die Lage des Schneisenrandes durch seitliches Ablegen bestimmt. Die Seiten, die sich zur Widerstandsfähigkeit gegen atmosphärische Gefahren bemanteln sollen, sind bei Linien, welche von Ost nach West laufen, die nördlichen — bei solchen von Nord nach Süd die östlichen. Bei Linien von Nordost nach Südwest werden in der Regel die südöstlichen, bei solchen von Nordwest nach Südost die nordöstlichen Ränder abgesteckt. Vgl. nachstehende Zeichnung.

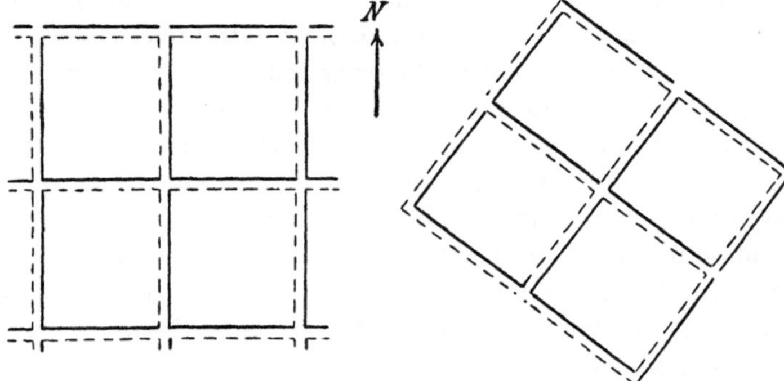

Fig. 2.

Die hier ausgezogenen Linien sollen sich, weil sie den Wirkungen der Sonne und des Windes am meisten ausgesetzt sind, rechtzeitig bemanteln. Etwaige Verbreiterungen, die oft später nötig werden, erfolgen dann stets von der abgesteckten und später zu versteinenden Linie nach der Wetterseite hin.

Mit Rücksicht auf die Bedeutung der bezeichneten, zu versteinenden Schneisenränder empfiehlt es sich, daß dieselben als Grenzen der Abteilungen angesehen werden. Die Mitte der Gestelle hierzu zu wählen, ist nicht empfehlenswert, weil sie nicht versteint werden kann; auch nicht die entgegengesetzten Seitenränder, weil sie Veränderungen ausgesetzt sind [1]).

Da die Linien mit Rücksicht auf den Anschluß, den sie untereinander haben sollen, ganz bestimmte Lage erhalten müssen, die bei der ersten Absteckung nicht erreicht wird, so ist es Regel, daß dieselbe wiederholt wird. Die erste Absteckung trägt einen provisorischen Charakter. Man muß dabei die Beseitigung von besseren Stämmen ver-

---

[1]) O. Kaiser, Die wirtschaftliche Einteilung der Forsten, 1902, S. 135 ff.

meiden. Erst wenn die Lage der Linien unzweifelhaft feststeht, wird die definitive Absteckung vollzogen, nach welcher dann auch der Aufhieb bewirkt wird. Nach Fertigstellung der Absteckung werden zugleich die zu versteinenden Punkte bestimmt.

3. Die Breite des Aufhiebs und die Pflege des Waldrandes.

In jüngeren Beständen, welche nicht vom Sturm zu leiden haben, pflegt man die Linien alsbald nach der Genehmigung der Einteilung in voller Breite aufzuhauen; sie können sich alsdann am besten bemanteln. Im Altholz ist man dagegen oft veranlaßt, zunächst nur schmale Linien aufzuhauen und den Gestellen die volle Breite erst bei der Verjüngung zu geben.

Als Bestimmungsgrund für die Breite der Gestelle kommt die Rücksicht auf Fahrbarkeit und auf manche Gefahren (Feuer, Sturm) vorzugsweise in Betracht. Bei fahrbaren Linien hängt die wünschenswerte Breite von der Bedeutung der Wege ab, zu denen sie die Grundlage abgeben. Hauptwege werden meist gehärtet; sie müssen eine 3 bis 4 m breite Fahrbahn erhalten und mit Fußwegen (beiderseits 1 m) und Gräben versehen werden. Hieraus ergibt sich eine Aufhiebsbreite von mindestens 10 m. Für Nebenwege entfallen die Fußbänke, bei durchlässigem Boden vielfach auch die Gräben. — Die Rücksicht auf Sturm steht namentlich bei der Fichte an erster Stelle. Hier sollen die Bestände zu beiden Seiten der Hauptgestelle Mäntel bilden, so daß sie den Flankenwinden Widerstand leisten können. Hierzu ist je nach der Bonität eine Breite von 6—10 m erforderlich. Bleibt der Bestand 1 m vom Rand entfernt, so können die Baumkronen der Randstämme beiderseits eine Breite von 4—6 m erlangen, was zur Bildung eines Mantels genügend ist [1]). Die Nebengestelle bedürfen nur geringer Breite (2—4 m), da hier der Schutz durch die Richtung des Hiebes und ev. durch Loshiebe bewirkt wird.

Wie die Verhältnisse auch liegen mögen, so ist unter allen Umständen bei der Einrichtung der Waldungen dahin zu wirken, daß sich an den Seiten der Hauptgestelle gute Waldränder bilden. Eine gute Bemante-

---

[1]) Die Breite der Hauptgestelle soll um so größer sein, je größer die Sturmgefahr ist, und je höher die Bestände sind, also breiter auf den besseren Standorten. Allgemeine Regeln lassen sich in dieser Beziehung nicht aufstellen. In den Wirtschaftsregeln der sächsischen Staatsforsten wird bestimmt, daß die Schneisen, um die Holzabbringung leichter und bequemer zu gestalten, 4,5 m aufgehauen werden und die Wirtschaftsstreifen eine Breite von 9 m erhalten sollen. Die Bemessung der Breite hat von der versteinten Linie aus zu erfolgen. In den Kieferrevieren der norddeutschen Ebene ist lediglich die Rücksicht auf die Fahrbarkeit bestimmend für die Breite der Gestelle. Daher liegen hier, wie Tafel II zeigt, auch keine durchgreifenden Verschiedenheiten in der Breite der Haupt- und Nebengestelle vor.

lung aller Abteilungen ist auch da, wo keine Bruchgefahr besteht, zur Sicherheit der Wirtschaft und zur Bodenpflege erwünscht. Als der beste Zustand eines Waldes erscheint der, daß jede Abteilung, sofern sie nicht mit anderen einen einheitlichen Hiebszug bildet, allseitig mit Mänteln bekleidet ist, so daß sie selbständig behandelt werden kann. Zur Herstellung guter Mantelbildung trägt die Vorschrift wesentlich bei, daß alle Kulturen wenigstens 1 m weit von Gräben und Wegen entfernt bleiben, so daß keine Veranlassung besteht, die Wurzeln beim Räumen der Gräben, die Kronen zur Trockenhaltung der Wege und bei Vermessungsarbeiten zu beschädigen. Was die Art der Kultur betrifft, so soll sie die Bildung tiefer starker Äste herbeiführen. Daher sind weitständige Verbände anzuwenden und kräftige Pflanzen zu wählen, weiterhin aber Durchforstungen zu unterlassen.

4. Die Versteinung der Einteilungslinien.

Nachdem das Einteilungsnetz fertig abgesteckt ist, muß es gesichert werden. Dies geschieht dadurch, daß die wichtigsten Punkte mit Steinmalen versehen werden. Als solche Punkte sind zu bezeichnen: die Schnittpunkte der Einteilungslinien untereinander, ihre Schnittpunkte mit Grenzen und Hauptwegen.

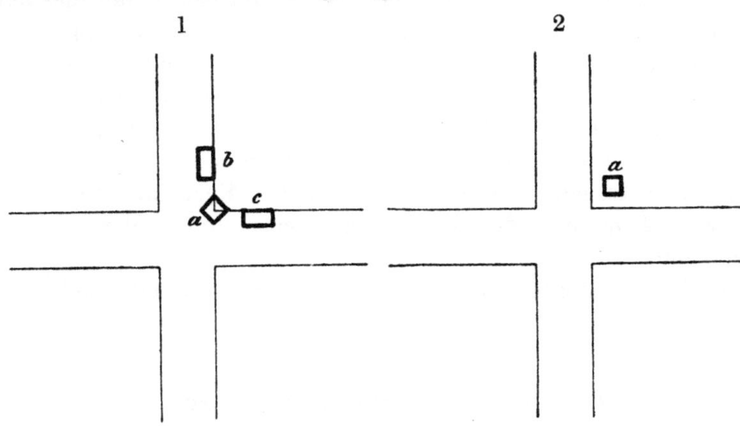

Fig. 3.

Zu den Steinen ist dauerhaftes Material zu verwenden. Sie werden in der Regel im oberen Teil auf eine Breite von mindestens 20 cm behauen, so daß sie auf allen Seiten mit Nummern versehen werden können. Sie sind senkrecht zu setzen und durch Einstampfen mit Erde zu befestigen. Die Steine werden entweder diagonal zu den Gestellen gesetzt, wie bei 1 der nachfolgenden Zeichnung, so daß die anzuschreibenden Nummern den Abteilungen, auf die sie sich beziehen, gegenüberstehen; oder ihre Seiten stehen parallel zu den Linien (wie bei 2).

Im ersten Falle erhält jede Steinseite eine, im anderen zwei Nummern.

Die Stellen, an welche die Steine (a) zu stehen kommen, sind in der Regel die genauen Schnittpunkte der Linien. Hier bedürfen sie der Sicherung gegen Beschädigungen. Sie wird durch Gräben (b, c) bewirkt. Um solche unnötig zu machen, kann es sich empfehlen, die Steine seitlich zu setzen. Sie können dann aber nicht mehr als unmittelbare Meßpunkte dienen.

5. Sonstige Punkte.

Nachdem die örtliche Festlegung der Einteilungslinien stattgefunden hat, muß ihre Aufmessung und Eintragung in die Spezialkarten bewirkt werden. Alsdann sind die Flächen der Abteilungen zu ermitteln und in ein Verzeichnis einzutragen. Die Messung der Abteilungen dient der weiteren Messung des inneren Details zur Grundlage. Für die Ausführung sind die Bestimmungen über die Forstvermessung maßgebend.

Die Numeration der Abteilungen erfolgt mit arabischen Ziffern, am besten entsprechend der Hiebsfolge, also so, daß sie im Norden beginnend in der Richtung nach Ost und West vorgenommen wird. Die Nummern werden meist auf die Jagensteine angeschrieben.

Anstatt sie auf den Steinen kenntlich zu machen, kann dies auch an seitlichen Bäumen oder Pfählen geschehen. In diesem Falle sollen die Steine nur die Vermessungspunkte bezeichnen und sichern. Sie werden dann als solche fortlaufend numeriert. Außer den angegebenen Hauptpunkten werden auch noch andere, namentlich etwaige Winkelpunkte, bei langen Linien auch gerade Strecken in bestimmtem Abstande mit Steinen versehen. Hierzu genügen in der Regel kleinere Steine. Es ist wünschenswert, daß von einem Steine zum andern gesehen werden kann.

Die Gestelle werden meist nur auf den Karten mit Buchstaben bezeichnet.

II. Die Einteilung im Gebirge.

A. Entwurf.

1. Hilfsmittel.

Zum Entwurf der Einteilung sind Karten mit Höhenlinien im Abstand von 10—20 m am geeignetsten. Sie lassen den Charakter des Terrains, welcher die Einteilung bestimmen muß, am besten erkennen. Auch die Umgebung des Waldes (Straßen, Eisenbahnen, Ortschaften) muß auf diesen Karten ersichtlich sein, weil sie auf die Richtung der Wege, deren Entwurf mit neuen Einteilungen verbunden wird, von Einfluß ist. Als Maßstab genügt, da man einen Überblick über ein größeres Waldgebiet gewinnen muß, derjenige der üblichen Wirtschafts- oder Bestandeskarten (etwa 1 : 25 000). In den meisten deutschen Staaten liegen jetzt Karten mit Höhenlinien, welche auch noch anderen Zwecken dienen und von anderen Behörden [1]) angefertigt werden, vor. Beim Mangel an solchen Karten müssen die Höhenunterschiede durch Nivellieren der wichtigsten Linien und Punkte (Höhen, Sättel, Talzüge, Schneisen, Ausgänge) vor Ausführung der Einteilung ermittelt werden.

2. Allgemeine Grundsätze.

Die wichtigste Aufgabe, der bei der Einteilung von Gebirgsforsten zu genügen ist, geht dahin, daß Flächen, welche verschiedene Wuchs- bedingungen haben, voneinander gesondert werden. Solche Verschieden- heiten geben sich oft schon im Auftreten der Holzarten und in der Be- standesbildung zu erkennen. Die bleibende Grundlage der natürlichen Bestandesverschiedenheiten liegt im Standort. Da die Unterschiede des Bodens nicht so bestimmt. wie es eine systematische Einteilung nötig macht, durch Linien getrennt werden können, so kommen für diese namentlich die Unterschiede der Lage in Betracht. Es sollen Flächen von verschiedener Höhenlage, Neigungsrichtung und Abdachung durch die wirtschaftliche Einteilung voneinander getrennt werden. Die Trennung der Expositionen erfolgt durch die natürlichen Linien des Geländes (Rücken und Mulden); die Höhenschichten und Abdachungs- grade müssen durch künstliche Linien, namentlich durch Wege, ge- schieden werden, die auch zum Zwecke der Holzabfuhr erforderlich sind. Soweit eine weitergehende Teilung der Flächen nötig wird, ist sie durch Schneisen zu bewirken.

3. Die Benutzung der natürlichen Linien[2]).

a) Rücken.

Als Grenze für ständige Wirtschaftsfiguren kommen zunächst die Haupthöhenzüge, welche entgegengesetzte Berghänge trennen, in Be- tracht. Sie scheiden nicht nur Flächen von verschiedener Bonität, sie bilden auch die natürlichen Grenzen in bezug auf manche Wirkungen der Natur (Anhang, Sturm). Außer den Hauptrücken, welche entgegen- gesetzte Hänge trennen, sind auch die seitlichen Rücken, welche den Krümmungen der Täler entsprechen, für die Einteilung von Bedeutung. Auch sie scheiden verschiedene, wenn auch nicht entgegengesetzte Hänge voneinander ab. Da sich die Lage zum herrschenden Wind mit der Neigungsrichtung ändert, muß der Hieb häufig bei einem

---

[1]) Insbesondere von der Topographischen Abteilung des Generalstabs.
[2]) Vgl. hierzu die Beispiele Tafel IV, VI und VIII.

Seitenrücken anfangen oder an ihm sein Ende erreichen. Seitliche Rücken bilden daher die von der Natur gegebenen Grenzen der Hiebszüge [1]).

b) Mulden.

Dieselbe Bedeutung wie die Rücken haben in bezug auf die Scheidung der Standortsbesonderheiten auch die Mulden. Über ihre Benutzung zur wirtschaftlichen Einteilung gilt mut. mut. das über die Rückenlinien Gesagte. Hat die Mulde einen ständigen Wasserlauf in bestimmter Lage, so wird dieser als Begrenzung angenommen; ist die Mulde schwächer ausgeprägt, so wird sie vergradet. Ist die Richtung der Mulde fahrbar und auf nur einer Seite durch einen Abfuhrweg aufgeschlossen, der auch das Holz von der gegenseitigen Wand aufnehmen soll, so gilt als Regel, nicht die Talrinne, sondern den nebenbefindlichen Weg als Grenze anzunehmen. Befindet sich dagegen jederseits der Mulde ein Abfuhrweg, oder wird das Holz der gegenseitigen Wand in einer anderen Richtung fortgeschafft als nach dem gegenseitigen Muldenrandweg, so ist die Talrinne, die dann meist stärker ausgeprägt ist und die Verbindung der gegenseitigen Hänge verhindert, als Grenze beizubehalten.

4. Das Wegenetz.

Die Wege, welche in erster Linie dem Zwecke der Abfuhr des Holzes dienen sollen, stehen zur Einteilung in vielseitiger Beziehung. Der Entwurf von Wegen muß deshalb im Zusammenhang mit der Einteilung und, wenn es sich um neue Anlagen handelt, gleichzeitig mit dieser bewirkt werden.

a) Die verschiedenen Arten von Wegen.

Die Anlage der Wege hängt einerseits von der Beschaffenheit des Terrains, andererseits von der Art der Bringung ab. Auch muß den ökonomischen Verhältnissen (Höhe des Einschlags, Holzpreise) Rechnung getragen werden. Nach ihrer wirtschaftlichen Bedeutung lassen sich die Wege in Haupt- und Nebenwege (oder Wege 1., 2., 3. Ordnung) einteilen. Nach dem Verhältnis zum Terrain sind zu unterscheiden: Wege, deren Lage durch das Terrain vorgeschrieben wird, und solche, deren Richtung lediglich nach den Zwecken der Wirtschaft bestimmt werden kann.

1. **Hauptabfuhrwege.** Die wichtigsten, am meisten Holz aufnehmenden und befördernden Wege sind in Gebirgsforsten diejenigen, welche, einen größeren Waldkörper durchziehend, die Höhen mit den

---

[1]) Vgl. die Beispiele zum 3. Teil, 2. Abschn. II (Bildung der Hiebszüge) Tafel X.

gegebenen Ausgängen in unmittelbare Verbindung bringen. Die Hauptrichtung solcher Wege wird meist durch das Terrain und den Holzabsatz ziemlich fest vorgeschrieben. Als Endpunkte sind in der Regel einerseits die geeignetsten Eingangsstellen bestehender Straßen, andererseits bestimmte Punkte der Höhen gegeben, unter denen die Gebirgssättel die wichtigsten sind. Geht der Holzabsatz von einer Bergwand über die sie begrenzende Höhe, so ist es unbedingt geboten, die Wege der beiderseitigen Hänge im Sattelpunkte derselben zu vereinigen [1]). Im anderen Falle, wenn jeder zweier entgegengesetzten Hänge ein besonderes Absatzgebiet hat, oder die beiderseitigen Abfuhrwege nach denselben Richtungen führen, ist die Sattelverbindung zwischen zwei entgegengesetzten Hängen kein unbedingtes Erfordernis. Immerhin bleibt aber auch bei einseitigen Absatzverhältnissen die Führung der Abfuhrwege bis zu den Sätteln wünschenswert. Sie nehmen alsdann das Holz, welches an die fahrbaren Höhenlinien gerückt ist, auf die einfachste Weise auf. Auch muß die Möglichkeit einer Erweiterung der Absatzrichtung stets ins Auge gefaßt werden.

Für die Verbindung der Endpunkte eines Hauptweges sind das Gefälle und die Rücksicht auf guten und billigen Ausbau die maßgebenden Momente. Über die Höhe und den Wechsel des Gefälles lassen sich keine allgemeinen Regeln aufstellen; sie werden bestimmt nach den vorliegenden Boden- und Absatzverhältnissen. Für längere Strecken gut auszubauender Wege wird, wenn der Holzabsatz nur nach unten gerichtet ist, 6% — wenn er auch aufwärts geht, 4% als ungefähre Grenze des Gefälles anzunehmen sein. Für kurze Wegstücke, für Ausgänge, bei vorliegenden Schwierigkeiten in bezug auf Bau- und Eigentumsverhältnisse, bei Benutzung gegebener Terrainlinien wird ein Gefälle von 10 und mehr Prozent sich oft nicht vermeiden lassen. — Gleichmäßiges Gefälle hat für die Fuhrwerke und Zugtiere (wenn die Wegstrecken nicht zu lang sind) entschiedene Vorzüge. Sehr häufig bleibt freilich die oft ausgesprochene Regel des gleichmäßigen Gefälles der Hauptabfuhrwege eine Theorie, die praktisch nicht auszuführen ist. Abgesehen von den Gefällwechseln, die sich durch die Vereinigung mit Nebenwegen ergeben, macht bei einigermaßen schwierigem Terrain die Notwendigkeit oder Zweckmäßigkeit, bestimmte Punkte, wie z. B. Felsenpässe, Übergänge über Bäche, Wiesen, Halbsättel und andere wichtige Punkte, festzuhalten und bei der Absteckung von ihnen auszugehen, die Regel, daß man den Abfuhrwegen gleichmäßiges Gefälle geben solle, wenigstens für lange Strecken unanwendbar. Am meisten wird diese dann befolgt werden müssen, wenn das durchschnittliche Gefälle ein hohes ist. Jede streckenweise Minderung desselben hat dann zur notwendigen Folge, daß man

---

[1]) Vgl. namentlich die Wege 2, 3, 4, 7 Tafel IV.

an anderen Strecken das wünschenswerte Maximum der Steigung überschreiten oder Kurven einlegen muß. Ist das durchschnittliche Gefälle eines Abfuhrweges dagegen ein geringes, so hat man in bezug auf die Wahl des Prozentsatzes größere Freiheit.

2. Talwege.[1]) Nach denjenigen Wegen, welche die Höhen oder das Innere größerer Waldungen mit den bestehenden Ausgängen verbinden, haben für die Holzabfuhr die Talrandwege die allgemeinste Bedeutung.

Zunächst ist beim Entwurf der Randwege darüber Bestimmung zu treffen, ob ein Tal mit einem oder mit zwei Randwegen ausgestattet werden soll. Dies ist abhängig von dem Grade der Trennung, welche durch das Tal gebildet wird. Ist dasselbe so scharf und tief eingeschnitten, daß das Holz mit den gewöhnlichen Mitteln nicht von einer zur anderen Seite geschafft werden kann, empfiehlt es sich, zwei Randwege zu legen; ebenso, wenn der Wasserlauf der Talrinne so stark ist, daß man ihn nicht überschreiten kann, oder wenn die Talsohle durch fremden Besitz oder von einer abweichenden Kulturart(Wiese)eingenommen wird. Andernfalls begnügt man sich mit einem Wege. In diesem Falle ist zu wählen, auf welcher Seite des Tals er gebaut werden soll. Hierfür liegen die Bestimmungsgründe in der größeren oder geringeren Schwierigkeit des Ausbaues und in der Leichtigkeit der Unterhaltung. Trockene Lagen verdienen stets den Vorzug vor feuchten. Oft kann es sich empfehlen, den Weg abwechselnd auf die eine und die andere Seite zu legen.

Das Gefälle eines Randweges wird durch dasjenige des Tals, in dem er liegt, bestimmt; nur streckenweise kann man den Weg höher oder tiefer legen, wozu Bauschwierigkeiten und das Einschneiden fremden Geländes oft Veranlassung geben. Im allgemeinen ist es wünschenswert, daß solche Wege dem Waldrande unmittelbar aufliegen und die Grenze des Waldes bilden. Hat aber ein Randweg nicht nur den Zweck, das über ihm liegende Holz nach der Fallrichtung des Tales zu befördern, sondern soll er auch Holz von den oberhalb des Tales liegenden Revierteilen aufnehmen, oder geht der Holztransport auch aufwärts nach der anderen Seite dieser Höhe, so muß der Talrandweg so konstruiert werden, daß er die Höhe, von welcher er Holz aufnehmen oder die er überschreiten soll, an demjenigen Sattelpunkte, welcher dem betreffenden Tale entspricht, erreicht [2]).

3. Andere, durch das Terrain vorgeschriebene Wege. Als solche sind besonders die Verbindungen der Gebirgssättel hervorzuheben. An den Sätteln enden die wichtigsten Abfuhrwege; es ist daher erwünscht, daß das hier zusammenkommende Holz nach allen

---

[1]) Vgl. die Wege 1 der Tafel IV, 3 und 5 der Tafel VI, 3, 6 und 7 der Tafel VIII.

[2]) Vgl. den Weg 1 der Tafel IV, 3 der Tafel VI.

Seiten befördert werden kann. Ferner gehören hierher Kopfwege, welche kopf- und kegelförmige Erhebungen abgrenzen; endlich Plateau-Randwege [1]), welche das ebene Plateau von dem unter ihm befindlichen Hange trennen. Da Plateau und Hang immer verschieden zu bewirtschaften sind, so ist bei entsprechender Größe eine Teilung wünschenswert.

4. **Aufschlußwege der inneren Waldteile.** Zur Ergänzung des Wegenetzes sind neben den unter 1 bis 3 hervorgehobenen Wegen weitere Wege erforderlich, welche zum Aufschluß der einzelnen Abteilungen dienen sollen. Sie werden den Hauptabfuhrwegen an passender Stelle so eingefügt, wie es für einen gleichmäßigen Aufschluß des ganzen Waldes erwünscht ist.

b) Die Benutzung der Wege zur Einteilung.

Für die Forsteinrichtung ist die Frage von Bedeutung, ob und inwieweit die Wege zur Bildung ständiger Wirtschaftsfiguren zu benutzen sind. Sofern Wege, ohne daß Opfer gebracht werden, eine für die Einteilung geeignete Lage haben oder erhalten können, ist ihre Benutzung geboten. Dies verlangt die Ökonomie der Flächenausnutzung und die Nachteile, die mit einer unnötigen Unterbrechung des Waldzusammenhanges verbunden sind. Alle Arten von Wegen können zur Einteilung in Frage kommen. Hauptabfuhrwege müssen in genügender Breite aufgehauen werden. Ihre Seiten können sich bemanteln, so daß sie die Eigenschaften der Wirtschaftsstreifen besitzen. Bedingung der Brauchbarkeit zu Teilungen ist aber, daß sie eine gestreckte Richtung haben, und daß der Abstand von den nächsthöheren und nächsttieferen Abteilungsgrenzen ein angemessener und nicht zu ungleichmäßiger ist. In dieser letzteren Hinsicht ist es erwünscht, daß die Fallrichtung des Weges mit der des unter ihm liegenden Tales oder der über ihm liegenden Höhe übereinstimmt [2]). Fällt ein Weg in anderer Richtung wie das unter ihm verlaufende Tal, so bildet er mit diesem und dem Streichen des Bergzuges, in dem er liegt, Winkel, die den Anforderungen, die bezüglich der Form der Abteilungen gestellt werden müssen, nicht entsprechen. Ist das Gefälle eines Talzuges ein geringes, so nähert sich ihm der Hauptabfuhrweg, der mit ihm korrespondierenden Fall hat, meist schneller, als es dem gleichmäßigen Abstand der Abteilungsgrenzen entsprechend ist.

Sind die nach den früher angegebenen Grundsätzen entworfenen Hauptabfuhrwege in der Lage, die ihnen mit ausschließlicher Berücksichtigung der Holzabfuhr gegeben ist, für die Einteilung nicht wohl geeignet, so ist, bevor dieselben abgesteckt werden, zu untersuchen, ob ihnen nicht durch Veränderung ihres Gefälles eine Lage gegeben werden

---

[1]) Siehe Weg 7 der Tafel V.
[2]) Wie z. B. beim Weg 2 auf Tafel IV.

kann, in der sie, unbeschadet des Abfuhrzweckes, zur Einteilung verwendet werden können. Diese Möglichkeit wird ausgeschlossen sein, wenn das durchschnittliche Gefälle eines Weges so hoch ist, daß man es nicht überschreiten will. Ist dasselbe dagegen ein geringes, so kann ein Wechsel zum Zwecke der Herstellung einer guten Einteilung empfehlenswert sein, um so mehr, als die durch einen solchen bewirkte Veränderung der Lage eines Weges auch hinsichtlich seiner Holzaufnahmefähigkeit, seines Abstandes von der Talsohle und seiner gestreckten Lage von Vorteil sein kann [1]). Diese letztere Rücksicht macht es im allgemeinen wünschenswert, daß die Abfuhrwege nach den seitlich vorliegenden Mulden stärkeren Fall haben als nach den Rücken. In kupiertem Terrain kann hierdurch die Länge eines Weges sehr erheblich abgekürzt werden.

Durch die Korrektur der Holzabfuhrwege werden indessen, insbesondere in hohem und steilem Gebirge, wo die Abfuhrwege in der Regel ein hohes Prozent haben müssen, selten sehr erhebliche Abweichungen von der mit ausschließlicher Rücksicht auf rationelle Holzabfuhr bestimmten Lage der Hauptwege bewirkt werden. Stets wird bei diesen der Zweck der Holzabfuhr als der wichtigere vorangestellt werden müssen. Anders verhält es sich mit den Nebenwegen. Sie können so konstruiert werden, daß sie für die Einteilung eine möglichst günstige Lage haben. Diese Regel ist zunächst von Einfluß auf die Einführungsstellen der Neben- in die Hauptwege. Wird eine Höhenschichtengrenze aus einem Haupt- und einem Nebenwege zusammengesetzt, so muß der letztere, sofern nicht schwierige Terrainverhältnisse zu einer sehr sorgfältigen Auswahl der Kurvenplätze nötigen, dem ersteren da eingeführt werden, wo dieser aufhört, selbst eine passende Begrenzung abzugeben. An gleichmäßigen Hängen wird dies meist von dem Abstande des Abfuhrweges von der begrenzenden Höhe oder dem Tale abhängen. In kupiertem Terrain sind die Schnittpunkte der Hauptwege mit flachen Mulden und stumpfen Rücken oft geeignete Stellen zur Aufnahme der Nebenwege. Durch ihre Benutzung wird der Vorteil erreicht, daß man die Schichtengrenzen möglichst strecken und den Wirtschaftsfiguren eine bessere Form und gleichmäßigere Flächengröße geben kann, als wenn man irgend welche andere Punkte dazu verwendet [2]).

5. Größe und Form der Abteilungen.

Damit eine Einteilung entworfen werden kann, müssen Bestimmungen über die durchschnittliche Größe und die wünschenswerte Form der Abteilungen gegeben werden. In dieser Hinsicht gestalten sich die Verhältnisse mannigfaltiger als in der Ebene.

---

[1]) Vgl. hierzu Weg 4 auf Tafel IV.
[2]) Vgl. die Wege 7 und 8 der Tafel IV.

a) Größe.

Die Größe der Abteilungen wird durch die unter I A 3 angegebenen Verhältnisse bestimmt. Außerdem ist auch die Geländebildung von Einfluß. Wo Mulden, Rücken und verschiedene Hänge häufig wechseln, werden schon durch Ausscheidung der vorliegenden Standortsverschiedenheiten kleinere Wirtschaftsfiguren gebildet als bei großen gleichmäßigen Hängen oder in sanft geneigten Lagen.

b) Form.

Sie wird durch die Winkel der Terrainlinien und die Biegungen der Wege eine unregelmäßige. Zu spitze Formen und Grenzen sind mit Rücksicht auf die Schlagführung zu vermeiden. Als ungefähres Muster für die Abteilungen kann auch im Bergland ein Rechteck angesehen werden, dessen Form durch das Verhältnis der vertikalen zur horizontalen Seite bestimmt wird. Auf dieses Verhältnis wirken hauptsächlich:

1. Die Neigung des Geländes. Je steiler die Hänge abfallen, um so größer ist bei einer bestimmten Länge der Linien der Unterschied zwischen den unteren und oberen Teilen eines Hanges, um so mehr Veranlassung liegt vor, die vertikale Seite nicht zu lang werden zu lassen.

2. Die Rücksicht auf die Schlagführung. Da die stärksten Stürme in der Richtung des Talzugs wehen, so ist es in Beziehung auf die Stürme erwünscht, daß die vertikalen Linien die breiten Seiten der Schläge bilden, die der Sturmrichtung entgegengeführt werden.

Da beiden Rücksichten nicht gleichzeitig genügt werden kann, und auch die Höhe des ganzen Berghangs für das Verhältnis der Seiten in Betracht kommt, so lassen sich allgemeingültige Regeln über dasselbe nicht aufstellen.

6. Die Zusammensetzung des Einteilungsnetzes.

Nach Maßgabe der über Größe und Form gegebenen Bestimmungen geht die Aufgabe des Einrichters dahin, einen gegebenen Waldteil so mit Wegen und anderen Teilungslinien zu durchziehen, daß er in gleichmäßige Schichten und regelmäßige Wirtschaftsfiguren zerlegt wird. Soweit die Terrainlinien und Schichtenwege hierzu nicht ausreichen, wird das Einlegen von Schneisen erforderlich. Sie werden senkrecht zu den Horizontalen in die Richtung des stärksten Gefälles gelegt.

Bei der Anlage des Einteilungsnetzes ist das Augenmerk dahin zu richten, daß eine möglichst direkte Abfuhr des Holzes aus dem Innern des Waldes nach den gegebenen Ausgängen ermöglicht wird; daß die Größe der einzelnen Abteilungen von der durchschnittlichen Größe nicht zu sehr abweicht; daß die zur Einteilung dienenden Wege und Linien als solche Zusammenhang haben und nicht ohne Grund unterbrochen werden; daß nicht mehr Fläche zu Wegen und Linien verwendet wird, als nötig ist. Es ist selbstverständlich, daß, sofern sich einzelne dieser Forderungen gegenseitig beschränken, nicht jeder völlig genügt werden kann.

7. Abweichungen.

Die vorstehenden Regeln über die Einteilung erhalten, wie die große Verschiedenheit der bestehenden Einteilung in den deutschen Forsten zeigt, durch die örtlichen Verhältnisse und die Geschichte der Wirtschaft vielfach Abweichungen. Eine Verallgemeinerung der Regeln ist daher nicht zulässig. Abweichungen ergeben sich durch folgende Verhältnisse:

a) Durch die Beschaffenheit des Geländes.

In sehr steilem Terrain sucht man der Kosten halber an Wegen möglichst zu sparen, ebenso da, wo Felsen und sonstige Bauschwierigkeiten die Anlage verteuern. Wird auf der anderen Seite das Terrain so schwach geneigt, daß die senkrecht zu den Horizontalen gezogenen Linien befahren werden können, oder verlaufen die Hänge so ebenmäßig, daß in der Richtung des Hanges gezogene gerade Linien gut fahrbar sind, so ist das dargestellte Verfahren gleichfalls nicht anwendbar. Die Einteilung kann dann auf ein System geradliniger, sich rechtwinklig kreuzender Schneisen basiert und die Wegnetzlegung, falls eine solche überhaupt noch erforderlich ist, auf einzelne diagonale Hauptwege beschränkt werden.

b) Durch die Art der Holzbringung.

Wenn auch Wege das wichtigste Beförderungsmittel des Holzes sind und es voraussichtlich auch bleiben werden, so ist doch häufig auf andere Bringungsarten Bedacht zu nehmen. Wo die Bedingungen für die Beförderung des Holzes durch Waldeisenbahnen gegeben sind, muß die Anlage von solchen ins Auge gefaßt werden. Man hat diesem Punkte beim Entwurf des Wegenetzes Rechnung zu tragen. Es ergeben sich dann für manche Linien Abweichungen in bezug auf das Gefälle, die gestreckte Lage und die Anlage der Kurven. Im Hochgebirge behält die Beförderung durch Riesen trotz mancher damit verbundener Mißstände jederzeit Bedeutung. Wo Seen und gute Wasserstraßen vorliegen, wird die Bringung durch Triften und Flößen an erster Stelle stehen, wenn auch der Wassertransport im ganzen zugunsten des Landtransportes mehr und mehr eingeschränkt wird.

c) Durch die wirtschaftlichen Verhältnisse.

Hier sind namentlich in Rücksicht zu ziehen: die Höhe des Einschlags, die Preise des Holzes, die dadurch bedingte Intensität der Be-

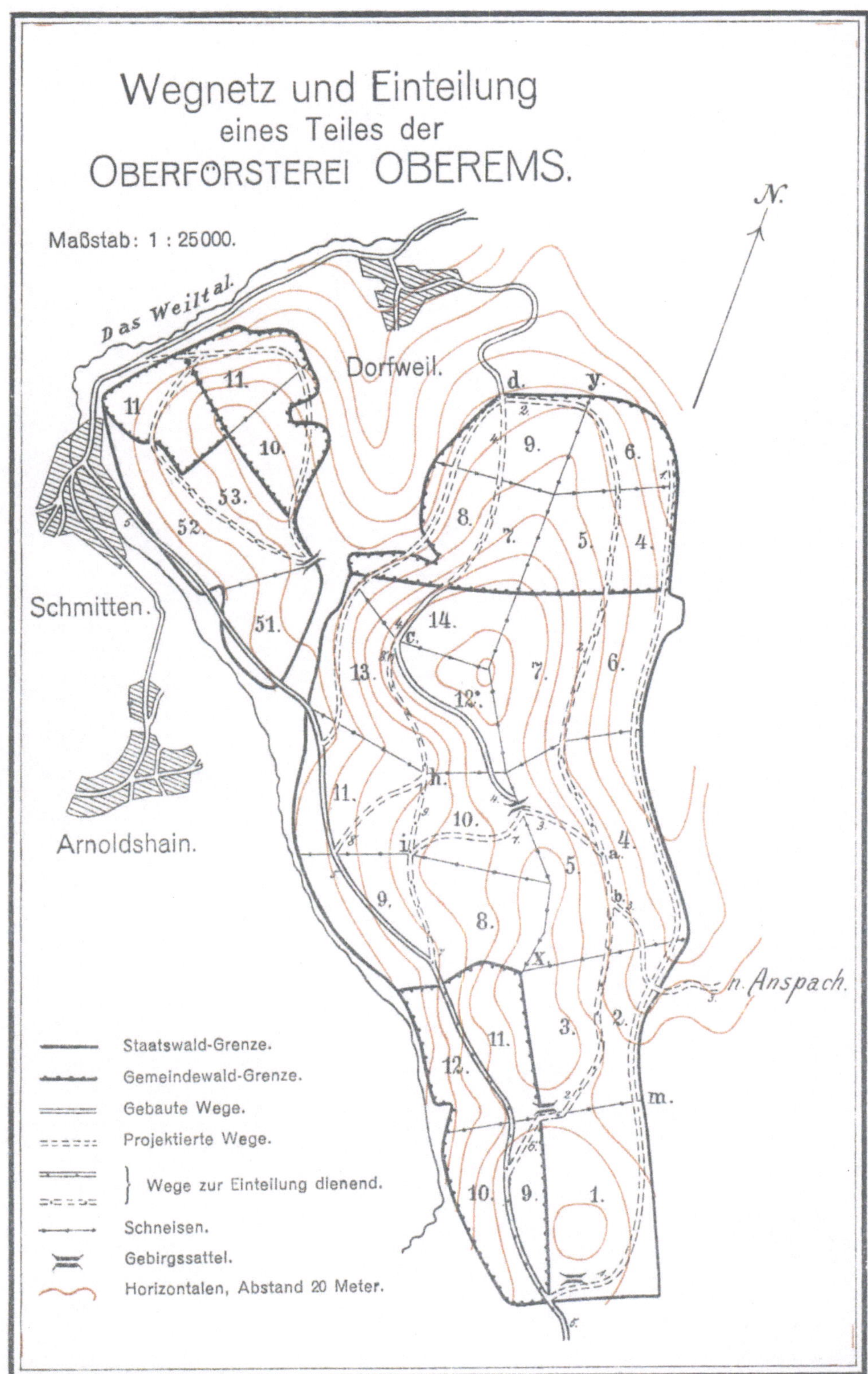

Wegnetz und Einteilung
eines Teiles der
OBERFÖRSTEREI OBEREMS.
Maßstab: 1 : 25000.
N.
Das Weiltal.
Dorfweil.
Schmitten.
Arnoldshain.
n. Anspach.
Staatswald-Grenze.
Gemeindewald-Grenze.
Gebaute Wege.
Projektierte Wege.
Wege zur Einteilung dienend.
Schneisen.
Gebirgssattel.
Horizontalen, Abstand 20 Meter.

triebsführung. Die Wegenetzlegung muß unter dem Gesichtspunkt der Rentabilität, nach den Grundsätzen der forstlichen Statik, behandelt werden. Für Länder mit ungünstigen Absatzverhältnissen und sehr niedrigen Holzpreisen sind kostspielige systematische Wegenetze nicht am Platze.

d) Durch den Zustand der vorhandenen Einteilung.

Wo eine gute Einteilung vorhanden ist, welcher sich die bestehende Wirtschaft angepaßt hat, wird man diese ohne dringende Gründe nicht verlassen; namentlich da nicht, wo sich an bestehender Einteilung gute Mäntel gebildet haben, auf deren Erhaltung in erster Linie bei der sturmgefährdeten Fichte Wert zu legen ist. Hier wird man nur allmählich vorgehen; manche Linien, die unter anderen Umständen fallen würden, wird man beibehalten, manche erst bei der Verjüngung ergänzen. Auch hinsichtlich der Vermeidung spitzer Winkel wird man bei der Schlagführung sturmgefährdeter Holzarten weit vorsichtiger sein müssen als im Laubholzgebiet. Ein eigentlicher Gegensatz gegen die unter 4 aufgestellten Grundsätze kann hieraus jedoch nicht abgeleitet werden, nur ein Beweis für die Unrichtigkeit des Generalisierens auch auf diesem Gebiet des Forstwesens. Wünschenswert ist es unter allen Umständen, daß das Nebeneinanderliegen von Wegen und geraden Teilungslinien an den Hängen möglichst vermieden wird.

Auch vorhandene Wege können Veranlassung sein, daß die Grundsätze der Einteilung eine Beschränkung erleiden.

8. Beispiele.

Einige Beispiele mögen die Art der Ausführung der angegebenen Regeln erläutern.

I. Einteilung eines Bergrückens mit den beiderseitigen Abhängen; Oberförsterei Oberems im Taunus, Reg.-Bez. Wiesbaden. — Tafel IV[1]).

Bis zum Jahre 1877 bestand eine nach den Grundsätzen G. L. Hartigs vollzogene geradlinige Einteilung. Beim Vorherrschen von Laubholz und der ziemlich ebenmäßigen Terrainbildung standen der Durchführung einer neuen, mit dem Wegenetz verbundenen Einteilung keine Bedenken entgegen.

Die Linie x—y teilt den kleinen, von Süden nach Norden verlaufenden Bergzug in 2 Teile, einen nach Westen und einen nach Osten abfallenden Hang. Der Holzabsatz geht nach entgegengesetzten Richtungen. Daher müssen Übergänge über die Höhe x—y hergestellt werden.

---

[1]) Ausgeführt vom Verfasser im Jahre 1877, ein charakteristisches Beispiel für die Einteilung und Wegenetzlegung in den preußischen Gebirgsforsten.

Für den westlichen Abhang ist die das Weiltal mit der Mainebene verbindende Straße 5 die wichtigste Grundlage des Holzabsatzes. Ihr müssen Wege aus dem Innern des Waldes zugeführt werden. Diese Aufgabe haben die Wege 6, 7 und 8. Der Weg 7 ist im unteren, Weg 8 im oberen Teil für die Einteilung des vorliegenden Hanges geeignet. Um eine durchgehende Teilung herzustellen, ist ein besonderer, beide Wege verbindender Zwischenweg, Nr. 9, eingelegt, der vom Rücken (bei i) in die Mulde (bei h) mit entsprechendem Gefälle gerichtet ist.

Für den Absatz in nördlicher Richtung dient der von dem Halbsattel bei c ausgehende Weg 4, welcher bei d einen vorhandenen Wegausgang erreicht. Als vertikale Einteilungslinien sind der Seitenrücken zwischen $\dfrac{8 \quad 9}{10 \quad 11}$ und die Mulde zwischen $\dfrac{10 \quad 11}{12 \quad 13}$ benutzt worden.

Für den östlichen Hang war zunächst ein Randweg längs der begrenzenden Mulde erforderlich. Da auf diesem Weg Holz nicht nur talabwärts, sondern auch nach Süden über die begrenzende Höhe befördert werden soll, so nimmt dieser Weg den Charakter eines Hauptweges an. Er mußte (entsprechend den Verkehrsstraßen über die Alpenpässe) derart angelegt werden, daß vom Sattel in 1 so lange mit dem zulässigen Gefälle (6%) abgesteckt wurde, bis beim Punkt m der Talrand erreicht war.

Vom Sattel in 3 führt ein im oberen Teil bereits ausgebauter Weg — Nr. 2 — nach dem nördlichen Ausgang bei d. Da dieser Weg den Hang ziemlich gleichmäßig durchzieht, so ist er als Einteilungslinie benutzt worden.

Um eine Verbindung des westlichen Hanges nach Osten herzustellen, ist der Weg 3 eingelegt, der im Hauptsattel der Linie x—y mit den Wegen 4 und 7 verbunden ist. Für seine Anlage war der Umstand maßgebend, daß der Ausbau von Wegen an jenem Hang durch felsiges Gelände sehr erschwert ist. Deshalb wurde für die am schwersten zu bauende Strecke auf Kosten des wünschenswerten Gefälles für die Wege 2 und 3 ein gemeinsames horizontales Stück a—b eingelegt.

Die weitere Einteilung ist durch senkrecht zu den Horizontalen liegende Schneisen bewirkt.

II. Einteilung eines großen abgeplatteten Bergkopfes bei Großalmerode, Reg.-Bez. Kassel. — Tafel V[1]).

Der oberste fast ebene Teil ist durch einen Plateaurandweg (7) von den Hängen geschieden. Zum Aufschluß des ganzen Waldes sind 2 Hauptwege (1 und 2) konstruiert. Die unteren Ausgänge A_1, A_2 der-

---

[1]) Entnommen aus O. Kaiser, Die wirtschaftliche Einteilung der Forsten, 1902, III. Abschnitt, 12, S. 81.

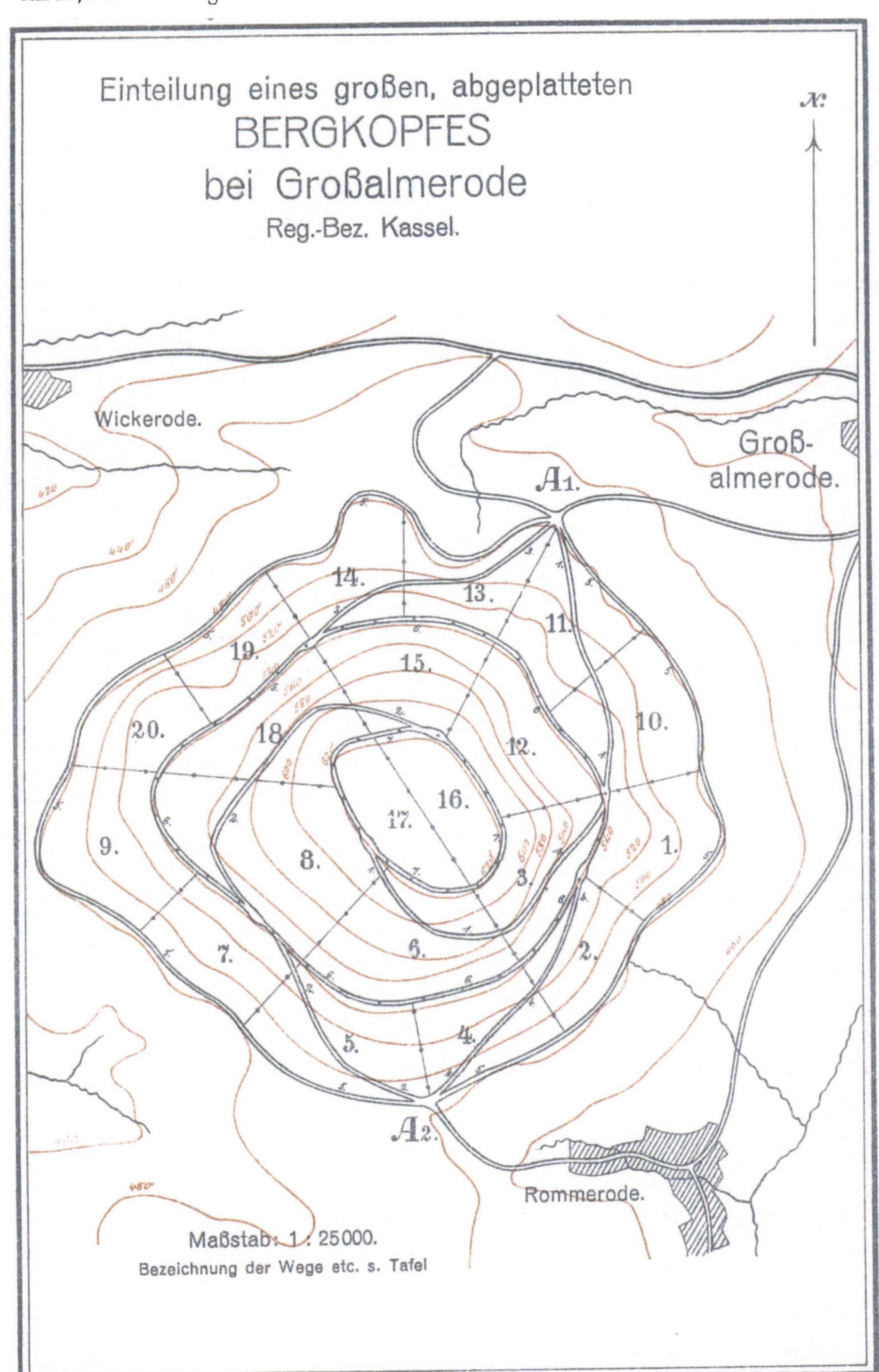
Einteilung eines großen, abgeplatteten
BERGKOPFES
bei Großalmerode
Reg.-Bez. Kassel.
N.
Wickerode.
Groß-
almerode.
A1.
A2.
Rommerode.
Maßstab: 1 : 25000.
Bezeichnung der Wege etc. s. Tafel

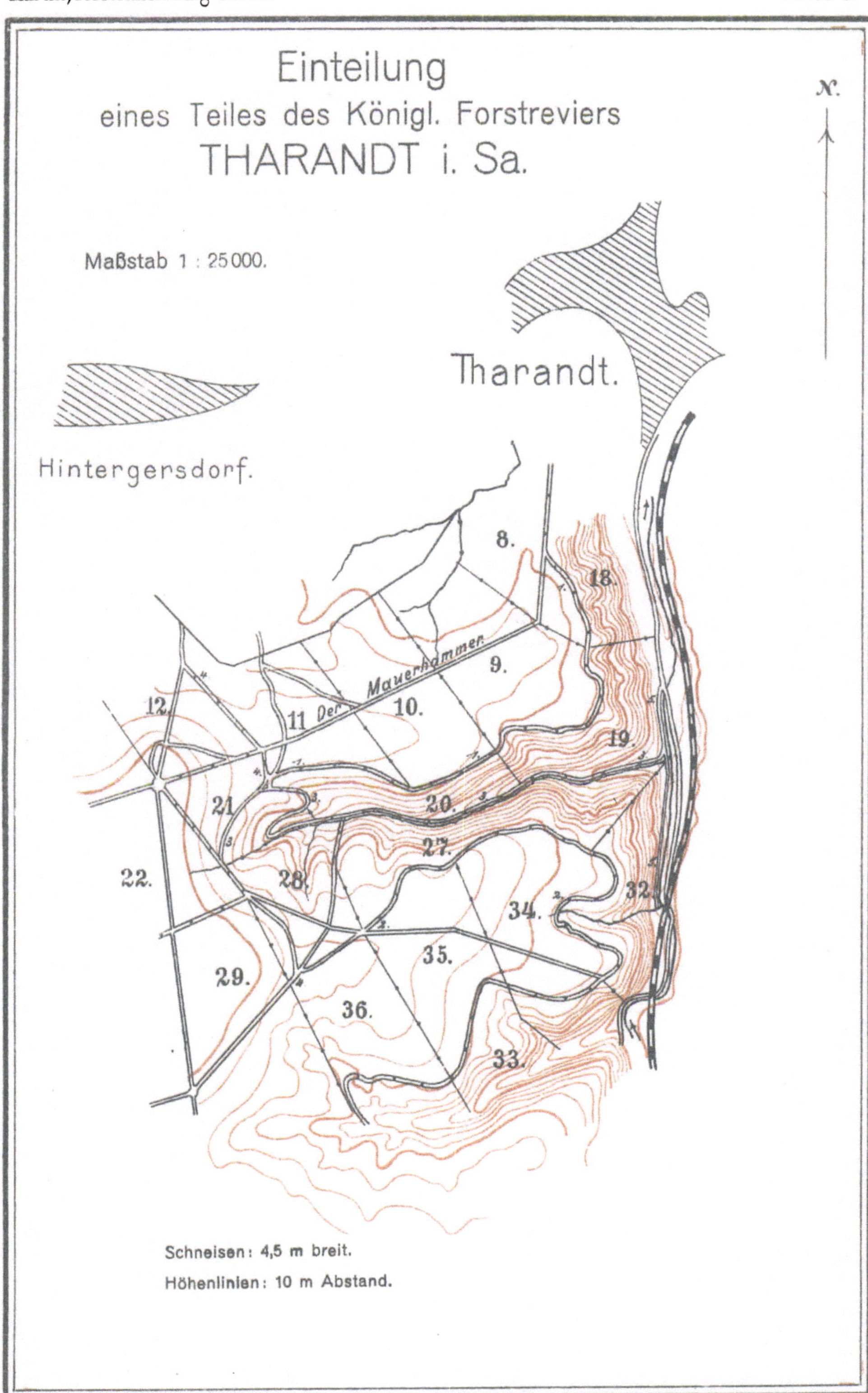
Einteilung
eines Teiles des Königl. Forstreviers
THARANDT i. Sa.
N.
Maßstab 1 : 25000.
Tharandt.
Hintergersdorf.
8.
18.
9.
Der Mauerhammer
12.
11.
10.
19.
21.
20.
27.
22.
28.
34.
32.
29.
35.
36.
33.
Schneisen: 4,5 m breit.
Höhenlinien: 10 m Abstand.

selben waren, wie die Karte zeigt, gegeben; für die oberen brauchten auf dem ebenen Plateau keine bestimmten Punkte eingehalten zu werden. Da die Hauptwege, um ihren Zweck zu erfüllen, ein tunlichst hohes Gefälle haben müssen, so waren sie zur Einteilung nicht geeignet; sie liegen diagonal zur Schichtung des Berges. Die Teilung des Hanges ist durch den horizontal oder mit ganz schwachem Gefälle geführten Weg 6 bewirkt. Der Basis des ganzen Kopfes liegt der Randweg Nr. 5 auf. Die weitere Einteilung erfolgt durch Schneisen, die senkrecht zu den Horizontalen verlaufen.

III. Teilung von Gelände verschiedener Neigungsgrade. Forstrevier Tharandt. — Tafel VI.

Auch hier lag wie im Beispiel I eine geradlinige, von Cotta begründete Einteilung vor. Im Gegensatz zum Beispiel I ist aber die Änderung derselben nur allmählich und mit tunlichster Belassung des bestehenden Rahmens vollzogen worden.

Die unteren Hänge sind sehr steil, die oberen sanft geneigt und nach allen Richtungen fahrbar. Mit Rücksicht auf die verschiedene Bewirtschaftung, die hieraus hervorgeht, waren beide Teile voneinander zu trennen. Dies geschieht durch die horizontal verlaufenden Wege 1 und 2. Weg 1 (der Judeichweg) ersetzt den früher zur Einteilung benutzten, die Abteilungen 9, 10, 11 durchziehenden Wirtschaftsstreifen (den sogen. Mauerhammer), eine der ältesten Linien der Cottaschen Vermessung.

Die Teilung des ebenen Teils erfolgt nach dem in Sachsen üblichen Verfahren durch Schneisen, die von Nordwest nach Südost verlaufen. Sie bilden den Rahmen für die Führung der Schläge. Der steile Revierteil wird durch die ihn durchziehende, mit einem Weg (3) ausgestattete Mulde geteilt. Da der sie durchfließende Wasserlauf schwach ausgeprägt ist und kein Hindernis für den Transport des Holzes bildet, so ist der Weg als Abteilungsgrenze bestimmt. Dieser hat nicht nur das über ihm liegende Holz nach unten zu schaffen, sondern er trägt den Charakter eines Hauptweges für die höheren Teile des Reviers. Er mußte deshalb mit dem oberhalb liegenden Waldteile in Verbindung gebracht werden. Zu diesem Zweck sind mehrere Kurven eingelegt worden. Zur weiteren Teilung sind Seitenrücken und Schneisen benutzt. Die unteren Teile der Hänge sind durch den Randweg 5, welcher gleichzeitig Kulturgrenze bildet, aufgeschlossen.

IV. Einteilung eines von starken Mulden und Rücken durchzogenen Gebirgsreviers: Unterwiesenthal im Erzgebirge[1]).

a) Die bestehende Einteilung. — Tafel VII.

Sie zeigt die in Sachsen vorherrschende Art der Teilung: Die Wirtschaftsstreifen A, B, C laufen von Nordost nach Südwest, sie haben eine Breite von 9 m. Die Schneisen verlaufen annähernd senkrecht dazu von Nordwest nach Südost und sind jetzt 4,5 m breit.

Die Absatzrichtung ist durch mehrere Haltestellen der Eisenbahn Cranzahl — Oberwiesenthal bestimmt. Der östlichen Haltestelle wird das Holz durch die von Cranzahl nach Unterwiesenthal führende Straße 1 zugeführt. Von ihr zweigt die gut ausgebaute Straße 2 ab, welche mit ihrem oberen Ende im Sattel der Abteilung 42 die Höhe zwischen dem Eisenberg und Fichtelberg erreicht. Das den vorliegenden Waldkörper westlich begrenzende Tal ist mit einer gut gebauten, vom gleichen Sattel ausgehenden Talstraße (3) ausgestattet. In den unteren Teilen des Reviers befinden sich noch einzelne Wege, die mit verschiedenem, meist hohem Gefälle direkt nach den nördlichen Absatzorten gerichtet sind. Dagegen besteht kein zusammenhängendes, das ganze Waldgebiet gleichmäßig aufschließendes Wegenetz.

b) Entwurf einer auf das Terrain begründeten, mit dem Wegenetz verbundenen Einteilung. — Tafel VIII.

Wenn der Grundsatz, daß durch die Einteilung Verschiedenheiten des Standortes voneinander gesondert werden sollen, zur Anwendung gebracht wird, so sind zunächst die ausgeprägten Terrainlinien möglichst ausgiebig zur Einteilung zu benutzen. Dies gilt sowohl von dem Hauptrücken als auch von den nach Norden auslaufenden Seitenrücken und den von Wasserläufen durchzogenen Tälern. Zum Aufschluß bilden die bestehenden Hauptwege von Sattel 42 (beim Treffpunkt der Wege 3 und 4) eine gute Grundlage. Es sind aber noch weitere Hauptwege erforderlich, die die schwierigen Teile des kupierten Geländes nicht umgehen, sondern durchziehen. Zu diesem Zweck ist Weg 4 und für den südlichen Teil Weg 5 entworfen. Sodann sind die Täler, welche in ihrem unteren Verlauf ein sehr mäßiges Gefälle haben, mit Wegen zu versehen (6, 7). Die weitere Einteilung hat zur Aufgabe, den von der Höhe des Eisenberges nach Norden gerichteten Hang, welcher Höhenunterschiede von fast 300 m umfaßt, in Schichten zu zerlegen, und zwar durch nivellierte Wege, welche an die Stelle der Wirtschaftsstreifen treten. Diese Aufgabe sollen die Wege 8, 10 und 11 erfüllen. Der Wege-

---

[1]) Ein charakteristisches Beispiel für die Einteilung und Wegenetzlegung in den sächsischen Staatsforsten.

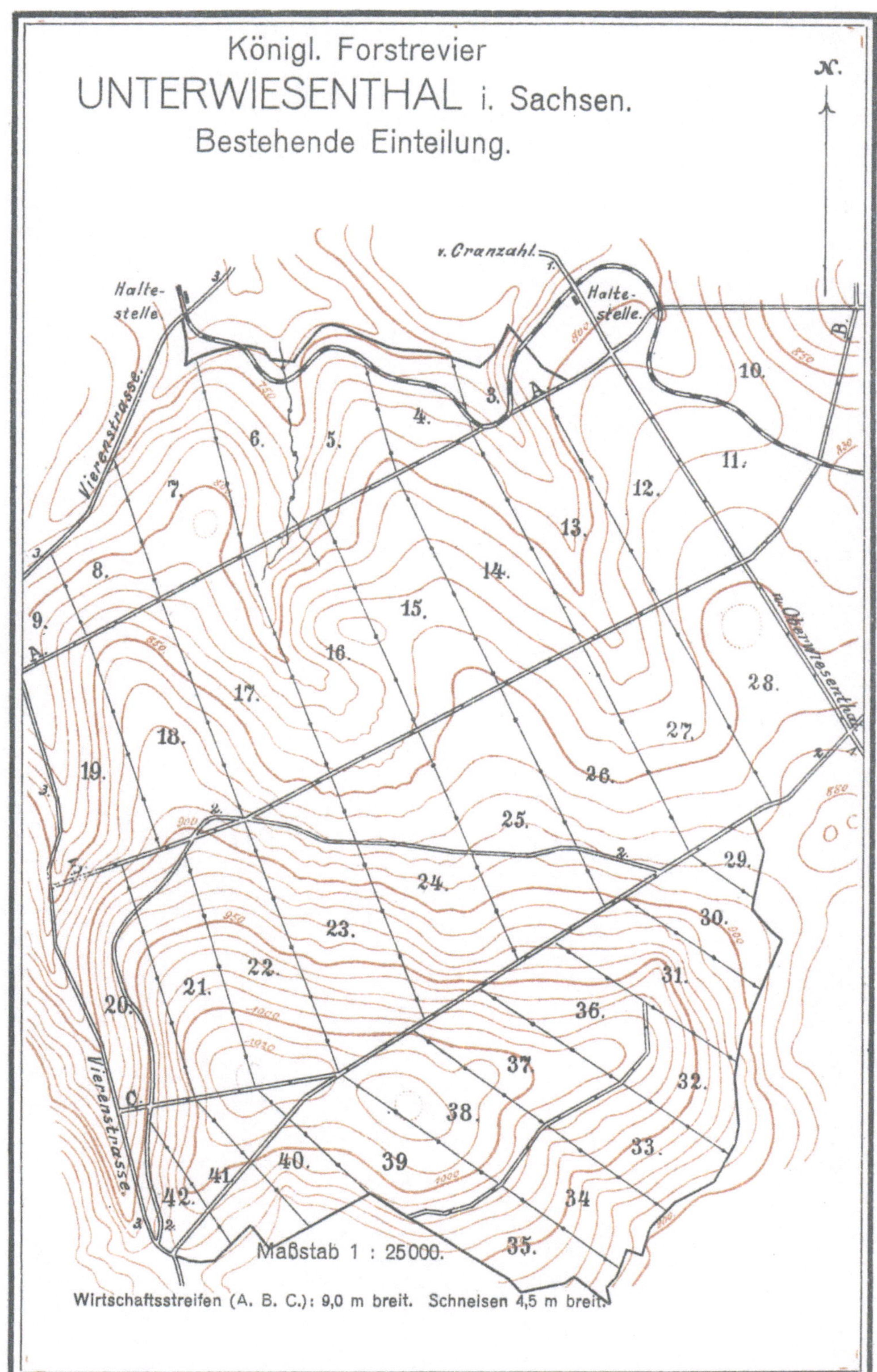
Königl. Forstrevier
UNTERWIESENTHAL i. Sachsen.
Bestehende Einteilung.
N.
v. Cranzahl.
Halte-stelle
Halte-stelle.
B.
Vierenstrasse.
A.
n. Oberwiesenthal.
C.
Vierenstrasse.
Maßstab 1 : 25000.
Wirtschaftsstreifen (A. B. C.): 9,0 m breit. Schneisen 4,5 m breit.

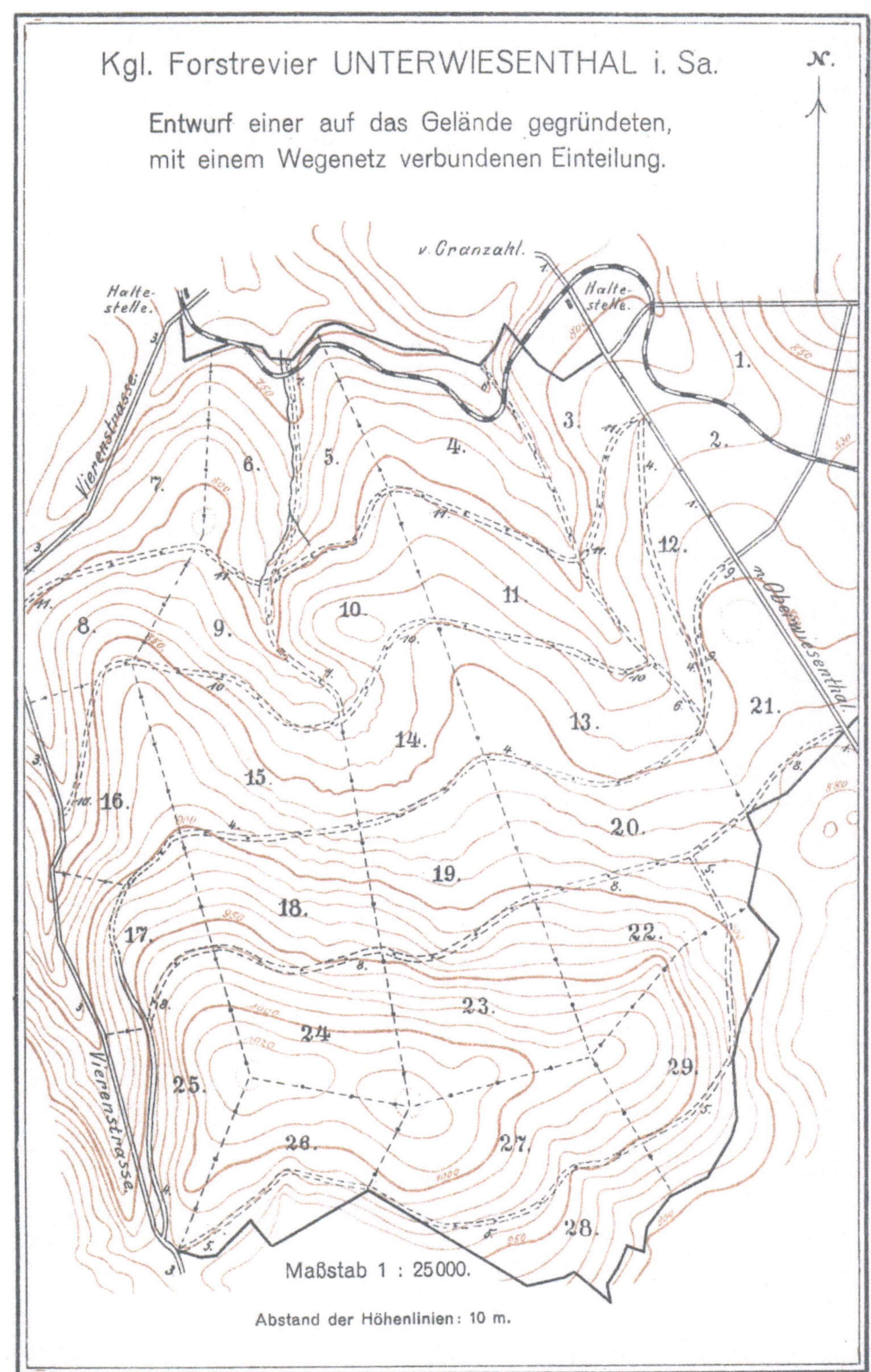
Kgl. Forstrevier UNTERWIESENTHAL i. Sa.
Entwurf einer auf das Gelände gegründeten,
mit einem Wegenetz verbundenen Einteilung.
N.
v. Cranzahl.
Halte-stelle.
Halte-stelle.
Vierenstrasse.
Vierenstrasse.
n. Oberwiesenthal.
1.
2.
3.
4.
5.
6.
7.
8.
9.
10.
11.
12.
13.
14.
15.
16.
17.
18.
19.
20.
21.
22.
23.
24.
25.
26.
27.
28.
29.
Maßstab 1 : 25000.
Abstand der Höhenlinien: 10 m.

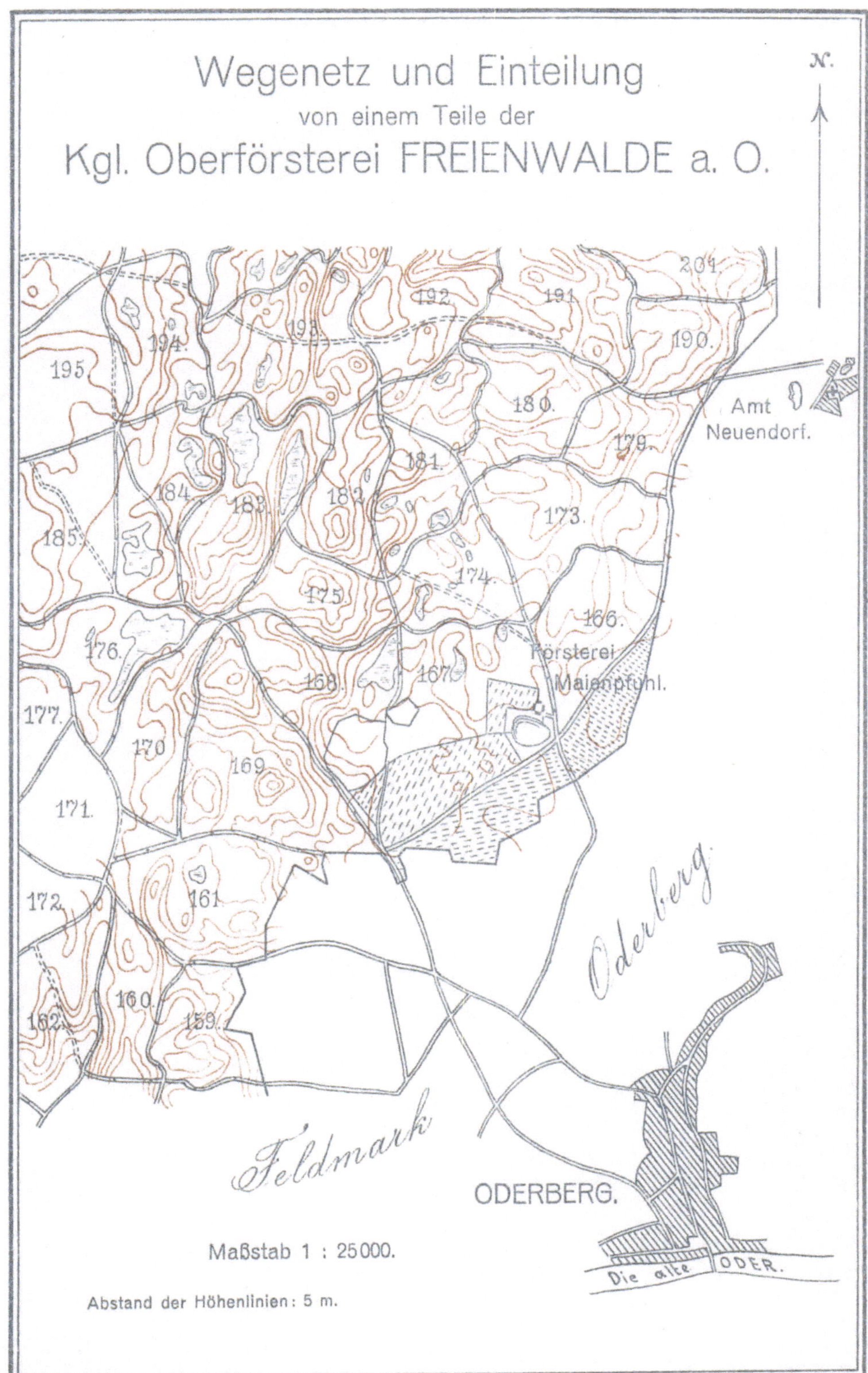
Wegenetz und Einteilung
von einem Teile der
Kgl. Oberförsterei FREIENWALDE a. O.
N.
201
192
191
190
194
193
195
180
Amt
Neuendorf.
179
181
173
184
183
182
185
166
174
Försterei
175
Maienpfuhl.
176
168
167
177
170
169
171
161
Oderberg
172
160
162
159
Feldmark
ODERBERG.
Maßstab 1 : 25000.
Die alte ODER.
Abstand der Höhenlinien: 5 m.

zug 11, welcher die unterste Schicht abgrenzt, besteht aus verschiedenen
Teilen, die ein entgegengesetztes Gefälle haben. Da die Abfuhr nur ab-
wärts erfolgt, so können die Wegestücke von den Rücken nach den Mulden
Fall haben, was eine für die Teilung wünschenswerte Vergradung des
ganzen Wegezuges zur Folge hat. Das gleiche gilt für die Teile des
Weges 10.

Ob nun bei der Einteilung in ständige Wirtschaftsfiguren im vorliegenden Falle (und ebenso in vielen anderen) eine mehr oder weniger
konservative Richtung eingehalten werden soll, hängt besonders von
dem Werte ab, der den bestehenden Verhältnissen beigelegt wird. In
dem vorliegenden Beispiel haben sich die Wirtschaftsstreifen beiderseits
bemantelt; sie haben seit langer Zeit der Wirtschaftsführung als Grundlage gedient; die Schläge werden gleichmäßig in der Richtung der vorliegenden Schneisen geführt und aneinander gereiht. Die Flächengröße
der Abteilungen ist so gleichmäßig, wie sie bei einer natürlichen Einteilung nicht zu erreichen ist. Dagegen hat die bestehende Einteilung
den Mangel, daß innerhalb der ständigen Wirtschaftsfiguren oft verschiedene Hänge und verschiedene Bonitäten vorkommen, was die Aufstellung der Betriebspläne und die Anwendung der Wirtschaftsregeln
erschwert. Es ist ferner ein Mangel, daß die breiten Wirtschaftsstreifen
unproduktive Flächen darstellen, welche keinem anderen Zweck als dem
der Teilung und Bemantelung dienen. Die Beibehaltung der vorhandenen
Einteilung führt ferner dazu, Kosten auf die Fahrbarmachung von Linien
zu verwenden, die an sich nicht zu Wegen geeignet sind.

Eine auf das Terrain gegründete Einteilung scheidet die Standorts-
verschiedenheiten weit besser aus; die dem Holzboden verloren gehenden
Flächen werden größtenteils zur Weganlage benutzt. Für die zum
Aufschluß der einzelnen Teile dienenden Nebenwege ist eine bessere
Grundlage gegeben.

V. Einteilung hügeligen Geländes in Norddeutschland. Oberförsterei Freienwalde a. O. — Tafel IX.

Die Einteilung im Hügellande weicht in wesentlichen Richtungen
von derjenigen im Gebirge ab. Die Höhen sind hier zu gering, als daß
eine Schichtenbildung Platz greifen könnte; die Wechsel der Expositionen
sind zu mannigfach, um sie in gleichmäßiger Weise der Einteilung zugrunde zu legen. Wegen der starken Unebenheiten des Hügellandes
sind gerade Linien als Wege ganz unbrauchbar.

Die Wegenetzlegung und Einteilung sind hier dahin gerichtet,
daß die Mulden zwischen den Hügeln möglichst ausgiebig von Wegen
durchzogen werden. In den oberen Teilen, wo das Gelände meist weniger
geneigt ist, lassen sich diese Muldenwege miteinander verbinden. Beide

Arten von Wegen sind möglichst ausgiebig für die Einteilung zu benutzen, wie dies Tafel IX, einen Teil des Schutzbezirks Maienpfuhl der Oberförsterei Freienwalde a. O. darstellend, ersehen läßt.

B. Ausführung.

Sofern es sich um neue Wegenetzlegungen und Einteilungen handelt, erfolgen die hier nur kurz anzudeutenden Arbeiten in nachstehender Folge:

1. Vorläufige Darstellung der entworfenen Linien auf der Terrainkarte.

Der Absteckung des Wege- und Einteilungsnetzes muß eine Darstellung der projektierten Linien mit Blei auf den unter A 1 genannten Terrainkarten vorausgehen. Dieselbe wird in der Regel erst nach einer eingehenden örtlichen Orientierung vorgenommen, welche sich auf die charakteristischen Merkmale des Geländes (Höhen- und Talzüge, Sättel, Felsen usw.) und auf den Zustand der vorhandenen Wege (Gefälle, Kosten, baulicher Zustand) zu erstrecken hat.

2. Die provisorische Absteckung.

a) Wege.

Die Absteckung der Wege erfolgt mit einem einfachen, leicht zu führenden Nivellierinstrument. In der Praxis vieler Staaten hat sich der bekannte Bosesche Senkelrahmen sehr gut bewährt. Zur Handhabung desselben sind 2 Personen erforderlich; die eine führt das mit dem Visierrahmen versehene Stativ, die andere die Scheibe. Ein Arbeiter hat die nötigen Pfähle zu beschaffen und an den einzelnen Stationen, wo das Instrument aufgestellt wurde, einzuschlagen. Der Abstand dieser Stationen ist je nach dem Terrain und dem Holzbestand verschieden, kleiner bei kupiertem Terrain und dichtem Holzbestand, größer an glatten Hängen und im hohen Holze. Alle für den Bau der Wege charakteristischen Punkte (z. B. Übergänge über Wasserläufe, Felsenpässe, nasse Stellen) sollen bei der Absteckung genau bezeichnet sein.

Maßgebend für den Gang der Absteckungen sind die unter A 4 angegebenen Grundsätze, die beim Abstecken ebenso wie beim Entwurf, nur mit bestimmterer Anlehnung an das vorliegende Gelände, in Anwendung zu bringen sind. Zuerst werden die Hauptabfuhrwege abgesteckt. In der Regel beginnt man dabei an den oberen oder unteren Ausgängen. Bisweilen ist man aber genötigt, bestimmte Stellen des Geländes von vornherein festzulegen und von ihnen als gegebenen Festpunkten auszugehen. Stets ist bei der Absteckung auf guten und billigen Ausbau, zweckmäßiges Gefälle und gestreckte Lage der Wege Rücksicht zu nehmen. Sofern keine Gründe zu Abweichungen vorliegen, werden die zwischen gegebenen Festpunkten liegenden Wegestrecken mit gleichmäßigem Gefälle abgesteckt. Auch wenn ein dahin gehendes Bestreben obwaltet, ergeben sich für lange Wege doch sehr häufig Abweichungen im Gefälle durch schwierige Baustellen (Felsen, nasse Stellen, Übergänge über Wasserläufe), beibehaltene vorhandene Wegstücke, Einführung anderer Wege durch Kurven, welche eine Ermäßigung des Gefälls wünschenswert machen, u. a. Verhältnisse.

b) Terrainlinien und Schneisen.

Die Absteckung gerader oder mit Winkeln versehener Einteilungslinien erfolgt mit Stäben. Die von der Natur gegebenen Terrainlinien sollen, wenn sie scharf ausgeprägt sind, möglichst genau abgesteckt werden, so daß die aufgehauenen Linien auf dem Rücken oder in der Mulde liegen. Um dieser Aufgabe gerecht zu werden, müssen Vorschriften über die Richtung und Breite des Aufhiebs gegeben werden. Im allgemeinen gilt auch im Gebirge der Grundsatz, daß diejenigen Seiten abgesteckt werden, die der Sonne und dem Wind ausgesetzt sind. Im allgemeinen sind dies Nord- und Ostseiten. Bei den häufigen Biegungen ergeben sich aber in dieser Beziehung weit mehr Meinungsverschiedenheiten und Schwierigkeiten als im ebenen Gelände. Die Aufhiebe und etwaige Verbreiterungen der Gestelle sollen von der abgesteckten Linie aus erfolgen. Diese bleibt unverändert.

Die im natürlichen Verlauf der Rücken und Mulden vorkommenden Biegungen machen Winkel erforderlich, namentlich dann, wenn scharfe Terrainbildungen vorliegen. Stumpfe Rücken und flache Mulden sind dagegen tunlichst zu vergraden. Die Schneisen werden an steilen Hängen senkrecht zu den Horizontalen, in der Richtung des stärksten Gefälles, gelegt. Die durch Verwerfung der horizontalen Richtung erforderlichen Winkel sind möglichst an die Wege zu legen.

3. Die definitive Absteckung.

Die endgültige Absteckung der Wege und Einteilungslinien wird erst vorgenommen, wenn für ein einheitlich zu behandelndes Waldgebiet keine Zweifel über die Ausführung aller Teile des vorliegenden Wege- und Einteilungsnetzes vorliegen. Bei der erstmaligen Absteckung ist dies meist nicht der Fall. Sie trägt deshalb einen provisorischen Charakter. Mit Rücksicht auf die Möglichkeit eintretender Änderungen muß daher mit Schonung vorhandener Bestände und wüchsiger Stämme verfahren werden. Bei der definitiven Absteckung muß die Festlegung dagegen in voller Schärfe, mit geometrischer Genauigkeit erfolgen, so daß danach der Aufhieb bewirkt werden kann.

Bei den Wegen ist zu beachten, daß die Absteckungen dem späteren Ausbau entsprechen und für diesen die Grundlage bilden sollen. Schwierige Stellen müssen deshalb genau bezeichnet werden. Mit Rücksicht auf die Abfuhr von Langholz, eine gute Abgrenzung der Hiebszüge und die Schlagführung ist es erwünscht, daß die Wege gestreckt werden. Dies geschieht dadurch, daß die Rücken und anderen Erhebungen des Terrains durchstochen, Mulden und Vertiefungen des Geländes aufgefüllt werden. Von dem Strecken ist daher so weit Anwendung zu machen, als es die vermehrten Kosten, die sich durch die Fortschaffung von Erde und Steinen in der Längsrichtung des Wegs ergeben, zulässig erscheinen lassen.

Bei der definitiven Absteckung der Teilungslinien sind die Punkte zu bestimmen, welche mit Steinen versehen werden sollen. Die Stationen der Wege werden mit Pfählen bezeichnet, an welche das Gefälle der betreffenden Strecke angeschrieben wird.

4. Karten und Schriften.

Nach Beendigung der Absteckung sind die Einteilungslinien so weit aufzumessen, daß ein hierauf beruhender Flächennachweis dem Betriebsplan zugrunde gelegt werden kann. Hinsichtlich der Wege empfiehlt es sich mit Rücksicht auf die Möglichkeit späterer Veränderungen ihrer Lage, daß die genaue Aufmessung insbesondere der Hauptabfuhrwege bis nach dem Ausbau verschoben wird.

Die Einteilung nebst Wegenetz ist nach Beendigung der Absteckung auf einer Terrainkarte mit farbigen Linien darzustellen. Über die gebildeten Wirtschaftsfiguren ist ein Verzeichnis anzufertigen, in welchem ihre Flächen nach endgültiger oder provisorischer Messung eingetragen werden. Die Wirtschaftsfiguren werden mit arabischen Ziffern bezeichnet. Die Numeration erfolgt nach den unter I B 5 angegebenen Grundsätzen. Mit Rücksicht auf die Orientierung empfiehlt es sich, daß zusammenhängende Terrainabschnitte nicht voneinander getrennt, sondern in sich fortlaufend numeriert werden.

Für die Wege werden Beschreibungen gefertigt, welche ihr Gefälle und ihre Lage angeben. Auch empfiehlt es sich, einen Anschlag über die Kosten des Ausbaues und der Unterhaltung beizufügen, denen jedoch wegen der Unsicherheit der Art des Ausbaues keine bindende Kraft gegeben wird.

Endlich ist eine Nachweisung über den erforderlichen Grunderwerb den schriftlichen Arbeiten, die der leitenden Behörde vorzulegen sind, beizufügen.

5. Versteinung und Sicherung.

Die Versteinung der Einteilungslinien erfolgt nach den für ebenes Gelände angegebenen Regeln. Versteint werden diejenigen Seiten der

Schneisen und Terrainlinien, welche definitiv abgesteckt sind. Bei der Bestimmung der Punkte, an welchen Steine stehen sollen, ist zu beachten, daß diese nicht durch den Ausbau und die Abfuhr gefährdet werden. An den Schnittpunkten von Schneisen mit Wegen sind sie oberhalb der Wegränder zu setzen. Auch die Winkelpunkte der Teilungslinien, welche keine Schnittpunkte sind, werden mit Steinen von kleineren Dimensionen versehen.

Die Sicherung der Wege erfolgt entweder durch sogen. Schablonen, Wegstücke von 4—6 m Länge, welche ein Stück des späteren Weges darstellen, oder durch schmale Einschnitte, sog. Niveauplatten. Solche werden an charakteristische Stellen der Wegzüge gelegt (an Biegungen, Gefällwechselpunkte, bei geraden Strecken im Abstand von 20—30 m). Zur Vermessung und zur Sicherung des Wegenetzes ist die Festlegung einzelner Punkte genügend. Zur raschen Aufsuchung der Wegezüge und zur Erleichterung des Begehens durch die Beamten ist es aber zweckmäßig, daß das ganze Wegenetz durch durchgehende Pfade gesichert wird. In dem auch im Gebirge vorkommenden ebenen oder schwach geneigten Gelände erfolgt die Sicherung, wie unter I B für ebenes Gelände angegeben wurde, durch Gräben und Hügel.

Vierter Abschnitt.

Die Ausscheidung der Unterabteilungen (Bestandesabteilungen). [1]

1. Begriff und Bedeutung.

Unter Bestandesabteilung (in Preußen Abteilung, in Süddeutschland Unterabteilung, in Hessen Gruppe) versteht man solche Teile der ständigen Wirtschaftsfiguren, welche bei der Aufstellung der Wirtschaftspläne als Einheit angesehen werden. Alle taxatorischen Arbeiten (Standorts- und Bestandesbeschreibung, Bonitierung, Massenermittelung usw.) werden auf die Unterabteilungen bezogen. Ebenso sind alle Wirtschaftsbücher (Hauungs- und Kulturpläne, Lohnzettel, Rechnungen, Kontrollbücher usw.) nach den Bestandesabteilungen zu ordnen. Ihre Bildung muß den anderen taxatorischen Vorarbeiten (Massen- und Zuwachsaufnahmen, Beschreibung usw.) vorangehen.

---

[1] Außer den Lehrbüchern über Forsteinrichtung ist hervorzuheben: Danckelmann, „Über die Bildung der Holzbodenabteilungen", Zeitschr. für Forst- und Jagdw., 1880. — Die Bestimmungen der größeren deutschen Forstverwaltungen über die Bildung der Bestandesabteilungen sind im 5. Teil enthalten.

2. Bestimmungsgründe für die Bildung der Unterabteilungen.

Sie liegen in den Verschiedenheiten der in einem Jagen vorliegenden Bestände. Hauptsächlich kommen in Betracht:

a) **Verschiedenheiten der Holzart.** Verschiedene Holzarten werden als Unterabteilungen ausgeschieden, wenn sie bei entsprechender Flächengröße und Form sich bestimmt voneinander absondern lassen. Dies ist namentlich bei reinen Beständen der Fall. In gemischten Beständen, in welchen zwei oder mehrere Holzarten in wechselndem Verhältnis auftreten, läßt sich die Sonderung der Holzarten nach der von ihnen eingenommenen Fläche oft nicht durchführen. Bei dieser ist deshalb nicht mechanisch nach allgemeinen Regeln zu verfahren. Vielmehr ist stets der Grad der Verschiedenheit zu berücksichtigen, den die betreffenden Holzarten in ihrem forstlichen Verhalten und ihrer Bewirtschaftung zeigen.

b) **Verschiedene Altersstufen derselben Holzart.** Sie werden als besondere Unterabteilung ausgeschieden, wenn sie in bezug auf den Ertrag oder die im Wirtschaftsplan festzusetzenden Maßnahmen nicht einheitlich behandelt werden können. Als Maß der Altersunterschiede, das zur Bildung von Unterabteilungen Ursache gibt, wird in der Regel die 20 jährige Abstufung angesehen, entsprechend der Bildung der Altersklassen und Periodenflächen in den Wirtschaftsplänen. Je nach der verschiedenen Bedeutung der Altersunterschiede für die wirtschaftlichen Maßregeln können diese Grenzen aber nicht genau eingehalten werden. Jüngere Orte, die noch der Nachbesserung oder Bestandespflege bedürfen, sind, auch bei gleichen Altersunterschieden, schärfer zu trennen als verschiedene Stufen der Stangen- und Baumhölzer.

c) **Verschiedenheiten in Wuchs, Schluß und Entstehung** geben nur dann zur Bildung von Unterabteilungen Veranlassung, wenn für einzelne Teile der Abteilung bestimmte wirtschaftliche Maßregeln (z. B. Abtrieb, Unterbau) nötig werden. So wird z. B. in einem Buchen-Stangenholz ein schlechtwüchsiger Teil, der in Nadelholz umgewandelt werden soll, von dem bessern, zu erhaltenden Teile abgeschieden.

d) **Verschiedenheiten des Standortes.** Wenn stärkere Standortsverschiedenheiten z. B. verschiedene Expositionen, nicht, wie es Regel ist, schon durch die Einteilung voneinander gesondert sind (vgl. 1. Abschn. II A 1), muß es in der Regel bei der Bildung der Unterabteilungen geschehen.

e) **Verschiedenheiten der Betriebsart** begründen die Bildung besonderer Betriebsverbände und müssen bei der Ausscheidung stets berücksichtigt werden (s. Teil III).

f) Endlich kann auch die Belastung von Teilflächen eines Jagens mit **Servituten** zur Bildung von Unterabteilungen Veranlassung geben.

3. Mindestgröße der Bestandesabteilungen.

Sie wird bestimmt: durch die Methode der Ertragsregelung, die Größe der Wirtschaftseinheit, die Intensität der Wirtschaft und die Form der Bestände. Als ungefähre Minimalgrenze kann unter mittleren Verhältnissen 0,5—1 ha angesehen werden. Bindende Vorschriften von allgemeiner Gültigkeit können jedoch auch nach dieser Richtung nicht gegeben werden. Um die Wirtschaftsführung nicht allzusehr zu erschweren, ist die Bildung der Unterabteilungen nach Möglichkeit zu beschränken.

4. Veränderungen der Bestandesabteilungen.

Durch wirtschaftliche Maßnahmen (z. B. Zusammenfassung mehrerer Bestände bei der Verjüngung) und durch das Eintreten von Naturschäden (z. B. Bildung größerer Blößen durch Wind- und Schneebruch) treten im Laufe einer Wirtschaftsperiode oft Verhältnisse ein, welche Veränderungen der Bestandesabteilungen zur Folge haben. Mit Rücksicht auf die für die Ertragsregelung erforderlichen Nachweise der Erträge und Produktionskosten sind solche Änderungen nicht weiter, als unbedingt nötig erscheint, auszudehnen. Sofern neue Bestandesabteilungen gebildet werden, sind die Grundlagen der alten in den Akten zu erhalten, so daß man beim Nachweis der Erträge und Produktionskosten auf die früheren Flächen zurückgehen kann.

5. Absteckung und Sicherung.

Die Grenzen verschiedener Unterabteilungen müssen örtlich deutlich erkennbar sein. Sie werden, wenn sie nicht in bestimmter Lage unzweifelhaft vorliegen, mit Stäben abgesteckt. Dabei ist darauf zu achten, daß unnötige Winkel vermieden werden. Die Sicherung der Grenzen erfolgt, wenn sie nicht durch vorhandene Merkmale (Altersgrenzen, Schneisen, Wege, Wasserläufe usw.) unnötig erscheint, durch schmale Aufhiebe, durch Hügel und Gräben oder auch durch Anstrich der Grenzbäume mit Ölfarbe.

6. Kartierung.

Nach der Aufmessung, die auf einfachem Wege zu erfolgen hat, werden die Unterabteilungen in die Spezial- und Wirtschaftskarten eingetragen. Sie werden durch kleine lateinische Buchstaben, die entsprechend der Nummerfolge der Jagen zu ordnen sind, bezeichnet.

7. Nichtholzbodenflächen.

Im Betriebsplan werden nur solche Flächen aufgeführt, welche der Holzzucht gewidmet sind. Nichtholzbodenflächen (Äcker, Wiesen, Baustellen usw.) erscheinen nur auf den Karten und in den ihre Benutzung betreffenden Nachweisungen.

Fünfter Abschnitt.

Die Beschreibung und Bonitierung des Standorts.

Da alle Naturkräfte, durch welche das Wachstum der Pflanzen zustande kommt, an den Standort gebunden sind, so bildet dieser die Grundlage und den Maßstab der forstlichen Produktion. Alle wirtschaftlichen Maßnahmen (Wahl der Holzart, Begründung, Erziehung usw.) sind vom Standort abhängig. Eine zutreffende Darstellung desselben muß deshalb den weiteren Vorarbeiten der Ertragsregelung vorausgehen.

I. Beschreibung.

Sie erfolgt in Übereinstimmung mit der von den Vertretern der forstlichen Versuchsanstalten gegebenen Anleitung [1]) (meist aber in kürzerer Fassung) und erstreckt sich auf Lage, Klima und Boden.

A. Lage.

Bezüglich der Lage ist die allgemeine geographische und die besondere örtliche zu unterscheiden.

1. Die allgemeine Lage.

Sie wird bestimmt:

a) Durch Angabe der geographischen Breite und Länge, letztere bezogen auf den Meridian von Ferro oder Greenwich.

b) Durch nähere Kennzeichnung des Waldgebiets, je nachdem dasselbe angehört:

> dem Küstenlande — bis zu 20 km vom Meere;
> größeren Flußniederungen;
> dem Flachland oder der Tiefebene — höchste Erhebung 300 m über Normalnull (NN);
> der Hochebene — mittlere Höhe über 300 m;
> dem Hügelland — höchste Erhebungen bis 500 m;
> dem Mittelgebirge — höchste Erhebungen über 500—1600 m:
> dem Hochgebirge — höchste Erhebungen über 1600 m.

2. Besondere örtliche Lage.

Zu ihrer Bestimmung dienen Angaben über:

a) die absolute Höhe über dem Meeresspiegel (NN). Als solche gilt die mittlere Höhe des betreffenden Ortes. Bei starken Höhenunter-

---

[1]) Anleitung zur Standorts- und Bestandesbeschreibung beim forstlichen Versuchswesen, 1909 (nach dem Beschluß des Vereins deutscher forstlicher Versuchsanstalten vom 3. Sept. 1908).

schieden kann auch die Angabe der höchsten und tiefsten Punkte angezeigt sein.

b) Neigungsrichtung und Neigungsgrad. Die Richtung wird nach der achtteiligen Windrose (Nord, Nordost, Ost usw.) bestimmt. Das Maß der Neigung ist nach Graden oder in Gefällprozenten anzugeben. Zur Bezeichnung der Bodenneigung dienen die Ausdrücke:

eben oder fast eben	bis zu 5°	oder	8 %	Neigung
sanft oder schwach geneigt	6—10°	,,	9—16 %	,,
abschüssig (lehn)	11—20°	,,	17—32 %	,,
steil	21—30°	,,	33—48 %	,,
sehr steil oder schroff	31—45°	,,	49—70 %	,,
sehr schroff	über 45°	,,	über 70 %	,,

c) Bodenausformung (flach, wellig, hügelig usw.).

d) Nachbarliche Umgebung. Hier ist zu bemerken, ob der zu beschreibende Ort frei, ungeschützt oder geschützt liegt, ob er nachteiligen Einwirkungen der Atmosphäre (Sturm, Anhang, Aushagerung, Frost usw.) in besonderem Grade ausgesetzt ist.

Die auf die allgemeine Lage eines Reviers bezüglichen Angaben sind in einer allgemeinen Revierbeschreibung niederzulegen. Die Beschreibung der einzelnen Abteilungen und Unterabteilungen ist in dem Betriebsplane kurz zu fassen, unter Weglassung aller Punkte, welche aus der allgemeinen Beschreibung hervorgehen.

B. Klima.

Das Klima, über das nur in der allgemeinen Revierbeschreibung Angaben zu machen sind, wird zum Zweck der Standortsbeschreibung gekennzeichnet:

1. durch die mittlere Jahrestemperatur;
2. durch die bekannte niedrigste Temperatur im Winter;
3. durch die mittlere Jahresmenge der Niederschläge;
4. durch die Verteilung der Niederschlagsmenge auf Sommer und Winter.

Diese Angaben werden in der Regel den Angaben der nächsten Wetterwarten entnommen. Insbesondere sind hier die Verhältnisse, welche Spät- und Frühfröste, Anhang und Sturmschaden betreffen, hervorzuheben.

C. Boden.

Der Boden ist nach dem Grundgestein, den chemisch-mineralischen Bestandteilen, den physikalischen Eigenschaften, dem Humusgehalt und dem lebenden Überzug zu beschreiben.

1. Grundgestein.

Die Grundgesteine, aus welchen der Boden hervorgegangen ist, werden nach ihrer geologischen Stellung (Formation und Unterabteilung) unter Beifügung des Gehalts an Mineralbestandteilen beschrieben. Hinsichtlich der Struktur ist zu berücksichtigen, ob die Gesteine fein- oder grobkörnig, fein- oder grobschieferig sind. Auch über das Maß der Zerklüftung und die Lage der Schichten können Angaben erwünscht sein.

Von alluvialen Bildungen sind besonders zu berücksichtigen: Auen: regelmäßiges Überschwemmungsgebiet der Flüsse; Sümpfe: Gelände mit weichem, wäßrigem, nicht tragendem Untergrund; Moor: mit Torfablagerung erfüllte, wasserreiche Gelände mit tragendem Boden, sofern die abgelagerten Humusmassen in entwässertem Zustande mindestens 2 dm Mächtigkeit besitzen. Die Moore werden je nach den vorherrschenden Pflanzen und der Art der Entstehung eingeteilt in Flachmoore, Zwischenmoore, Hochmoore und Brücher (mit Holzgewächsen bedeckte Flachmoore).

2. Bestandteile des Mineralbodens.

Die Zusammensetzung des Bodens wird entweder auf Grund chemischer Analyse oder (was bei den Vorarbeiten der Betriebspläne Regel ist) durch den vorherrschenden Gehalt an Sand, Lehm und anderen Hauptbestandteilen angegeben. Von Einfluß ist ferner die Beimengung von Steinen. Beim Vorherrschen von solchen sind, je nach der Größe der Teile, Schuttböden, Geröllböden, Grus- und Kiesböden zu unterscheiden. Nach dem chemisch-mineralischen Gehalt und der Größe der Bodenteile sind hervorzuheben:

Sandböden mit den Abstufungen: grobkörniger Sand mit 2—0,5 mm Durchmesser der Körner, mittelkörniger Sand mit 0,5—0,2 mm Durchmesser, feinkörniger mit 0,2—0,05 mm Durchmesser.

Staubsandböden, eingeteilt in kalkhaltige und kalkarme.

Lehmböden, unterschieden als sandiger oder milder Lehm, strenger oder schwerer Lehm.

Tonböden.

Mergelböden, Tonböden mit reichlichem Gehalt an kohlensaurem Kalk.

Kalkböden, aus der Verwitterung von Kalksteinen hervorgegangen.

Moorerdeböden.

3. Physikalische Eigenschaften.

a) Gründigkeit.

Die Mächtigkeit der von den Wurzeln durchdringbaren Bodenschicht wird als Gründigkeit bezeichnet. Man unterscheidet folgende Stufen:

sehr flachgründig: unter 1,5 dm, flachgründig: 1,5—3,0 dm, mittel-tief; 3,0—6,0 dm, tiefgründig: 6,0—12,0 dm, sehr tiefgründig: über 12 dm.

b) Bindigkeit.

Zu ihrer Kennzeichnung dienen folgende Bezeichnungen:

fest, wenn der Boden, völlig ausgetrocknet, sich nicht in kleine Stücke zerbrechen läßt;

streng: ein Boden, der sich, ausgetrocknet, zerbrechen, aber nicht zerreiben läßt;

mild: der Boden läßt sich in trockenem Zustande ohne sonderlichen Widerstand krümeln und in ein erdiges Pulver zerreiben;

locker: ein Boden, der sich in feuchtem Zustande zwar noch haltbar ballen läßt, trocken jedoch viel Neigung zum Zerfallen zeigt;

lose: in trockenem Zustand völlig bindungslos;

flüchtig: wenn der Boden vor dem Winde weht.

c) Durchlässigkeit.

Je nach dem Grad der Durchlässigkeit für Wasser sind zu unter-scheiden: durchlässige, ziemlich durchlässige, schwer durchlässige und undurchlässige Böden.

d) Frische.

Der Grad der Bodenfeuchtigkeit ist nach Maßgabe des mittleren Feuchtigkeitsstandes während der Wachstumszeit anzusprechen und in folgenden Abstufungen auszudrücken:

naß, wenn die Zwischenräume des Bodens vollständig von Wasser erfüllt sind, so daß dasselbe von selbst abfließt;

feucht, wenn ein Boden beim Zusammenpressen das Wasser noch tropfenweise abfließen läßt;

frisch, ein Boden, der dem Gefühl nach von Feuchtigkeit mäßig durchdrungen ist, ohne daß sich äußerlich Spuren von tropfbarem Wasser beim Zusammendrücken zeigen;

trocken, wenn nach erfolgter Durchnässung von Regen die Wasserspuren schon in einigen Tagen sich verlieren;

dürr, wenn aus dem Boden jede sichtbare Spur von Feuchtigkeit nach kurzer Abtrocknung wieder verschwindet.

e) Farbe.

Als solche sind die herrschende Farbe und der Farbenton, wie diese im trockenen Zustand des Bodens hervortreten, kurz anzugeben.

4. Humusgehalt.

Von großem Einfluß auf die Beschaffenheit des Bodens ist der Gehalt an Humus. Unter Humus werden in Zersetzung begriffene organische Substanzen (im Walde vorzugsweise aus Baumabfällen und Standortsgewächsen bestehend) verstanden. Die aus ihnen gebildete Decke wird als Bodenstreu bezeichnet. Diese lagert entweder unmittelbar dem Mineralboden auf, oder es finden sich zwischen beiden mehr oder minder mächtige Humusschichten, von denen zwei Formen zu unterscheiden sind:

Moder, zerkleinerte humifizierte Bodenstreu, welche dem Mineralboden lose gelagert aufliegt und ziemlich leicht weiter zersetzbar ist.

Trockentorf. Er besteht aus zusammenhängenden, meist dicht gelagerten, schneidbaren humosen Massen mit hohem Gehalt an leicht erkennbaren Pflanzenresten.

Gemenge von Humus und Mineralerde werden als Humuserden bezeichnet. Sie werden eingeteilt in:

a) Milde Humuserden.

Die beigemengten Mineralbestandteile lassen ihre natürliche, hauptsächlich durch Eisenverbindungen hervorgerufene Farbe noch deutlich erkennen. Hierher gehören:

1. Mullerdeböden. Bei ihnen sind die organischen Stoffe in vollkommener Verwesung begriffen. Der zersetzte Humus durchsetzt den Boden gleichmäßig und verleiht ihm eine dunkele Färbung.

2. Modererden. Bei diesen ist der Humus noch geformt erhalten.

b) Saure Humuserden.

Die beigemengten Mineralbestandteile sind infolge Wegführung leicht löslicher Anteile durch die Humussäuren weiß bis grau gefärbt.

1. Bleicherde. Durch Auslaugen unter Trockentorf entfärbter Mineralboden. Die löslichen Stoffe werden tiefer geführt und erzeugen Orterde oder Ortstein.

2. Moorerde (anmoorige Böden). Bei ihnen treten die Humusstoffe stärker hervor. Hierher gehören auch, ohne Rücksicht auf ihre mineralische Beschaffenheit, alle Böden, die von einer Moorschicht überlagert werden, deren Mächtigkeit im entwässerten Zustand weniger als 2 dm beträgt.

5. Die lebende Bodendecke.

Man bezeichnet einen Boden als:

nackt (offen), wenn der Mineralboden frei zutage liegt. Die Oberfläche kann dann flüchtig, mild, verkrustet, verhärtet sein;

be deckt: der Zustand des regelmäßig bewirtschafteten Waldbodens. Im Laubholz ist er mit einer Laubdecke, im Nadelholz mit Moos und Nadeln bekleidet;

benarbt (begrünt), wenn ihn die Bodenflora nur locker bedeckt:

verwildert, wenn die Bodenflora ihn vollständig verschließt und stark durchwurzelt.

Hinsichtlich der im Großen auftretenden, auf die Wirtschaftsmaßnahmen Einfluß übenden Pflanzenformen sind zu unterscheiden: Sträucher und strauchartige Holzgewächse; krautartige Blütenpflanzen; farnartige Gewächse; Gräser, und zwar breitblättrige, saftige Gräser und schmalblättrige (Angergräser); Moose (Astmoose, Haftmoose, Polstermoose, Torfmoose); Beerkräuter; Heide; Flechten.

6. Bodenprofil.

Die Beschaffenheit des Bodens in seinen vorherrschenden Schichten ist in Form eines Bodenprofils darzustellen. Zur Ermittelung desselben dienen Bodeneinschläge, deren eine Wand senkrecht scharf abgestochen wird. Als Schichten, die besonders zu beschreiben sind, kommen in Betracht:

die Streudecke;

die etwa auf dem Mineralboden auflagernden Humusformen (Trockentorf, Moder);

die vom Humus dunkeler gehaltene oberste Bodenschicht;

die meist durch gelbe bis braune Färbung gekennzeichnete Verwitterungsschicht;

unverwittertes Grundgestein (Untergrund).

7. Verbreitung der Wurzeln.

Für charakteristische Bestände ist, soweit es von wirtschaftlicher Bedeutung erscheint, die Zone der reichlichen Verbreitung der Faserwurzeln sowie die Ausbildung und Beschaffenheit der Herz- und Pfahlwurzeln anzugeben. —

Allgemeine Angaben, welche sich auf die Verhältnisse eines ganzen Reviers oder Revierteils beziehen, sind nur in der allgemeinen Revierbeschreibung niederzulegen, während die Angaben für den einzelnen Bestand kurz zu halten sind.

II. Bonitierung.

1. Zweck.

Im unmittelbaren Anschluß an die Beschreibung des Standorts muß auch seine Bonitierung — die Einschätzung in eine bestimmte Ertragsklasse — vorgenommen werden. Die Aufstellung guter Wirtschaftspläne ist ohne vorausgegangene Bonitierung nicht möglich. Diese ist insbesondere erforderlich:

a) Zur Begründung der Maßnahmen, die im Wirtschaftsplane vorgeschrieben werden. Von der Bonität ist die Wahl der Holzart abhängig, häufig auch die Art der Begründung und der Erziehung sowie die Umtriebszeit.

b) Als Grundlage für die Berechnung des Zuwachses und Vorrats. Da das Wachstum aller Holzarten nach der Standortsgüte verschieden ist, so kann der Verlauf des normalen und wirklichen Zuwachses nur für bestimmte Standortsklassen dargestellt werden. Ebenso muß auch der normale und wirkliche Vorrat nach der Bonität getrennt nachgewiesen werden.

2. Maßstab der Bonitierung.

Wie auf allen Gebieten der Bodenkultur, so wird auch in der Forstwirtschaft die Güte des Bodens nach der Menge der Produkte geschätzt, die in einer bestimmten Zeit erzeugt werden können. Gemäß der üblichen Führung der Wirtschaft, die es mit einer Summe verschiedenartiger Bestände zu tun hat, wird in der Regel nicht der Zuwachs einer bestimmten Altersstufe, sondern der Durchschnittszuwachs, der im Verlauf der Umtriebszeit erzeugt wird, der Bonitierung zugrunde gelegt.

Da die wirkliche Leistung einer Waldfläche nicht ausschließlich durch den Endertrag bestimmt wird, vielmehr auch die Vorerträge an derselben Teil haben, so kann als allgemeingültiger Maßstab der Leistungsfähigkeit nur der Gesamtdurchschnittszuwachs an Haupt- und Vorertrag dienen. Ebenso darf für einen genauen Nachweis des Ertrags auch das Reisig (das wegen seiner Wertlosigkeit bei der Betriebsführung oft außer acht gelassen wird) nicht unberücksichtigt bleiben. Sofern es sich aber um Bestände handelt, die gleichmäßig erzogen sind, kann als Maßstab der Bonität auch die Masse, die in einem bestimmten Alter (Umtriebszeit) vorliegt, bzw. der auf diese bezügliche Durchschnittszuwachs angenommen werden. Bei verschiedener Erziehung bildet diese jedoch keinen brauchbaren Vergleichsmaßstab. Auf derselben Fläche können vielmehr, auch abgesehen von Naturschäden, je nach dem Grade der Durchforstung, Lichtung usw. große Abweichungen in dem Massen- und Durchschnittszuwachs vorhanden sein.

Die dem Standort entsprechende, bei voller Bestockung zustande kommende Holzmassenerzeugung kann als die normale Ertragsfähigkeit (normale Bonität) angesehen werden. Seine wirkliche Leistung (konkrete Bonität) kann je nach dem Zustand der Bestockung von der normalen in stärkerem oder schwächerem Grade abweichen.

3. Methode der Bonitierung.

Sie erfolgt:

a) **Nach dem Zustand des Bodens und der Lage.** Dabei sind sämtliche Merkmale, welche unter I hervorgehoben wurden, der Beurteilung zu unterwerfen.

Beim Boden sind die chemischen und physikalischen Eigenschaften zu berücksichtigen. Der **chemische Gehalt** fällt um so stärker in die Wagschale, je ärmer der Boden an gewissen notwendigen Nährstoffen (Kalk, Phosphor, Kali, Magnesia) ist, und je mehr Ansprüche von den betreffenden Holzarten gestellt werden (Eiche und Buche im Verhältnis zu Kiefer und Fichte).

Die zur Ernährung der Bäume im Boden verfügbaren Stoffe werden selten vollständig ausgenutzt. Inwieweit dies geschieht, hängt von den **physikalischen** Eigenschaften des Bodens ab. Tiefgründigkeit ist für alle Holzarten mit tiefgehenden Wurzeln eine Grundbedingung guten Wachstums. Auch wenn sie für die naturgemäße Ausbildung der Wurzeln nicht nötig ist, wirkt sie, indem sie das Bedürfnis des Einzelstammes an Wachsraum beschränkt, zuwachssteigernd. — Ein gewisses Maß von Frische ist für die physiologische Tätigkeit aller Gewächse erforderlich. Wenn es merklich hinter dem der Holzart entsprechenden Maße zurückbleibt, wird die Zuwachsbildung sehr beeinträchtigt. Andererseits verhalten sich auch zu hohe Grade der Bodenfeuchtigkeit ungünstig. — Durch Lockerheit des Bodens wird die Ausbildung der Zaserwurzeln befördert. Sie ist mit einem hohen Maße von Lufteinwirkung verbunden, was auf alle chemisch-physikalischen Bodenvorgänge vorteilhaft einwirkt.

Von Einfluß auf die Zuwachsbildung ist stets der Gehalt an **Humus** und dessen Beschaffenheit, auf den durch die Maßnahmen der Wirtschaft ein Einfluß ausgeübt werden kann. Der bei regelmäßigem Luftzutritt (durch Laub, Nadeln und andere organische Abfälle) gebildete, mit dem Mineralboden sich mischende Humus verhält sich in chemischer und physikalischer Beziehung sehr günstig. (Die milden Humuserden, vgl. I C 4.) Er enthält die wichtigsten Nährstoffe für die Waldbäume, und die physikalischen Eigenschaften werden durch ihn vorteilhaft beeinflußt. Anders verhält sich der bei ungenügendem Zutritt der Zersetzungsfaktoren gebildete Rohhumus. „Dichte, geschlossen auf dem Mineralboden lagernde, fast immer an freien Säuren reiche humose Schichten sind überwiegend schädlich für den Boden." (Ramann.)

Bezüglich der **Lage** sind die ihr eigentümliche Wärmemenge und Wärmeverteilung im Verhältnis zu den Ansprüchen der in Betracht kommenden Holzarten bei der Bonitierung zu würdigen. Dabei ist zu beachten, daß sich alle Holzarten in den mittleren Lagen ihrer natürlichen Verbreitungsgebiete in bezug auf ihre nachhaltigen Massen- und Wertsleistungen in der Regel am günstigsten verhalten.

Die mit der vertikalen Erhebung oder der nördlichen Lage verbundene Wärmeabnahme setzt die Bonität auch bei sonst gleichen Bedingungen stark herab. Aber auch eine zu milde Lage ist, trotzdem sie die Entwicklung beschleunigt, für die nachhaltige Ertragsfähigkeit nicht günstig, weil hier manche Naturschäden in verstärktem Maße erscheinen und Konkurrenten der Holzgewächse auftreten.

b) **Nach der Beschaffenheit des Holzbestandes,** wie er sich im Höhenwuchs und der Vollständigkcit der Bestockung darstellt.

Die für die Bonitierung erforderlichen Merkmale der Bestände sind im zweiten Teil 1. Abschnitt (Massenzuwachs) und 4. Abschnitt (Ertragstafeln) angegeben. Für gutachtliche Schätzung der Bonität bildet die Höhe das einfachste, am leichtesten anzuwendende Hilfsmittel. Bei dessen Anwendung ist jedoch die Geschichte der betreffenden Bestände zu berücksichtigen. Je nach der Entstehung (Naturverjüngung, Saat, Pflanzung) und äußeren Einflüssen (Verbiß, manche Insektenschäden) können auch bei gleicher Standortsgüte Abweichungen in der Höhe vorliegen.

4. Zahl der Standortsklassen.

Da alle Verschiedenheiten in der Lage und im Bodenzustand auf die Ertragsfähigkeit von Einfluß sind, so ist die Zahl der vorkommenden Standortsverschiedenheiten eine sehr große. Die Bildung einheitlicher, vergleichbarer Ertragsklassen ist deshalb auf Wirtschaftsgebiete zu beschränken, die in bezug auf die klimatischen Verhältnisse nicht zu große Abweichungen zeigen (z. B. mitteldeutsche Gebirgsforsten, süddeutsche Gebirgsforsten, nordostdeutsche Ebene usw.). Auch innerhalb einer solchen Beschränkung machen sich viele Unterschiede im Wuchse der Bestände geltend. Manche können sich aber annähernd gegenseitig aufheben, manche sind zu unbedeutend, um bei der Bonitierung berücksichtigt zu werden. Man bildet, von kleineren Abweichungen absehend, in Deutschland meist 5 Bonitätsstufen. Die beste wird mit I, die geringste mit V bezeichnet. Durch das Vorkommen verschiedener Bonitäten innerhalb desselben Bestandes werden häufig Zwischenstufen erforderlich, die am besten nach Zehnteln der Fläche angegeben werden, so daß die Flächenanteile, die jeder Bonität zukommen, in Zahlen ausgedrückt werden können.

5. Ergänzungen zur Bonitätsbestimmung.

Der Bonität muß stets die Holzart beigefügt werden, auf welche sie sich beziehen soll. In gemischten Beständen ist der Standort nach der vorherrschenden Holzart einzuschätzen, nach der eingemischten nur dann, wenn ihr besonderer Wert beigelegt wird. In Überführungsbeständen ist neben der Bonität der vorhandenen auch diejenige der anzubauenden Holzart anzugeben.

Das Verhältnis, in dem die Bonitäten verschiedener Holzarten zueinander stehen, hat keine allgemeine Gültigkeit. Manche Faktoren des Standorts wirken auf das Wachstum verschiedener Holzarten in verschiedenem Grade ein. So wird z. B. die Bonität einer Fläche für die Eiche durch die Abnahme der Wärme in sehr viel stärkerem Grade herabgesetzt als für Buche oder Nadelholz. Die Frische hat für die Ertragsfähigkeit der Fichte, Lockerheit und Tiefgründigkeit für die der Kiefer große Bedeutung.

Die Standortsgüte ist unter manchen Umständen Veränderungen ausgesetzt. Als gleichbleibend sind in der Regel nur die Lage und die tieferen Bodenschichten anzusehen. Dagegen können im Bereich der oberen Bodenschicht durch die Einwirkung von Sonne und Wind, welche den Boden aushagern, durch Veränderungen des Grundwasserstandes, durch Zunahme der Humusschichten und starke Verunkrautung Änderungen in der Bonität eintreten, unter Umständen in einem Maße, daß ein Wechsel der Holzart erforderlich wird.

6. Die Reduktion verschiedener Bonitäten.

Bei manchen Methoden der Ertragsregelung ist es erforderlich, daß verschiedene Bonitäten aufeinander reduziert werden, so daß die Flächen, welche in den Plänen aufgeführt werden, als gleichwertig erscheinen. Man bezeichnet alsdann die beste oder mittlere Bonität mit 1 und drückt die andere durch einen Dezimalbruch aus, der das Verhältnis ihres Wertes zu jener bezeichnen soll.

Der Maßstab, nach welchem die Flächenreduktion bewirkt wird, ist je nach dem Zweck, zu dem sie vorgenommen wird, verschieden.

Soll das Verhältnis des wahren wirtschaftlichen Wertes dargestellt werden, so sind die Ertragswerte des Bodens zu ermitteln und aufeinander zu reduzieren. Diese Art der Reduktion ist für alle Aufgaben, welche eine Veräußerung betreffen, am Platze. Für die Ertragsregelung ist sie dagegen wegen der großen Unterschiede in der Höhe der genannten Werte nicht anwendbar. — Soll das Ertragsvermögen ausgedrückt werden, so muß die Reduktion nach dem Durchschnittszuwachs, den die betreffende Fläche bei richtiger Behandlung hervorbringt, bewirkt werden. — Soll endlich die Bedeutung der vorhandenen Holzbestände zum Ausdruck gebracht werden, so muß nach diesen reduziert werden. In den beiden letzten Fällen kann die Reduktion auf die Masse beschränkt oder auch auf die Werte ausgedehnt werden.

Mit Rücksicht auf die Unsicherheit der zahlenmäßigen Nachweise ist die Reduktion bei der Ertragsregelung tunlichst zu beschränken. Sofern sie Platz greift, wird sie nach der auf die Masse beschränkten Ertragsfähigkeit vorgenommen.

Sechster Abschnitt.

Bestandesbeschreibung.

Von einer guten Bestandesbeschreibung wird verlangt, daß sie in kurzer Fassung die charakteristischen Merkmale der Bestände angibt; aller Angaben, welche nach dem Stande der Verhältnisse als selbstverständlich angesehen werden müssen, hat sich der Taxator dagegen grundsätzlich zu enthalten. Die Kürze der Beschreibung ist dadurch begründet, daß die Beamten, welche von den Wirtschaftsplänen Gebrauch machen, mit den allgemeinen Verhältnissen der Reviere (welche in einer generellen Beschreibung nachgewiesen werden) bekannt sind.

Auch für die bei der Bestandesbeschreibung anzuwendenden Ausdrücke wird die von den Vertretern der forstlichen Versuchsanstalten verfaßte Anleitung befolgt. Die wichtigsten Angaben erstrecken sich auf folgende Punkte.

I. Holzart.

Es sind zu unterscheiden: reine Bestände — wenn neben der herrschenden andere Holzarten nur in einem untergeordneten, wirtschaftlich bedeutungslosen Maße vorkommen (mit weniger als 5 % der Stammgrundfläche) — und gemischte Bestände, in welchen neben der vorherrschenden noch andere Holzarten in beachtenswerter Menge (mit mehr als 5 % Stammgrundfläche) auftreten.

Reine Bestände gestatten die kürzeste Behandlung. Sind hier keine besonderen Verhältnisse geltend zu machen, so kann von einer eigentlichen Beschreibung abgesehen werden; sie sind durch Holzart und Alter gekennzeichnet. In gemischten Beständen ist die Holzart, welche die größte wirtschaftliche Bedeutung besitzt, voranzustellen. In der Regel ist dies diejenige, welche der Masse nach vorherrscht. Doch können auch Abweichungen hiervon vorkommen. So kann in Mischungen von Eiche und Buche die Eiche als Hauptholzart angesehen werden, wenn sie auch an Stammzahl und Masse zurücksteht. Kommen mehrere Holzarten in gleichem Grade vor, so wird dies durch koordinierende Bindewörter (Buche und Eiche, Fichte und Kiefer) kenntlich gemacht; sind die eingemischten Holzarten in schwächerem Grade vertreten, so werden sie mit subordinierenden Bindewörtern (Buche mit

Esche, Eiche usw.) beschrieben. Die Art der Mischung wird bei der Beschreibung durch bezeichnende Eigenschaftswörter angegeben. Man unterscheidet horstweise, streifenweise, reihenweise, stammweise Mischungen. Der Grad der Mischung wird durch Zehntel ausgedrückt. Soweit es nötig erscheint, ist der Beschreibung auch die forstliche Bedeutung der Mischung beizufügen.

II. Alter.

1. Natürliche Altersklassen. (Wuchsklassen.)

Im regelmäßigen Hochwald, für welchen der Nachweis der Altersklassen am meisten Bedeutung hat, werden folgende Abstufungen unterschieden:

Anflug (bei den leichtsamigen), Aufschlag (bei den schwersamigen Holzarten), Schonung oder Kultur: Der Jungbestand von der Bestandesbegründung bis zum Beginn des Bestandesschlusses.

Dickung: Vom Beginn des Schlusses bis zum Beginn der natürlichen Reinigung.

Stangenholz: Vom Beginn der Bestandesreinigung bis zu einer durchschnittlichen Stammstärke von 20 cm in Brusthöhe, eingeteilt in geringes Stangenholz (bis 10 cm) und starkes Stangenholz (von 10 bis 20 cm durchschnittlicher Stammstärke).

Baumholz: Bestände von über 20 cm durchschnittlicher Stammstärke.

Im Mittelwald sind bezüglich des Oberholzes zu unterscheiden: Laßreidel, die einmal, Oberständer, die zweimal, und ältere Oberholzholzklassen, die mehrmals übergehalten sind.

Im Plenterwald werden diejenigen Wuchsklassen, welche vorherrschen und am meisten Bedeutung haben, vorangestellt.

Für den Niederwald genügt die Angabe des Alters der Jahresschläge.

2. Zahlenmäßige Altersklassen.

Da die Altersklassen-Tabelle, welche bei allen Methoden der Ertragsregelung eine wichtige Grundlage der Betriebspläne bildet, auf dem zahlenmäßigen Alter beruht, so muß dies bei der Beschreibung genau untersucht und dargestellt werden.

Die Ermittelung des Alters erfolgt entweder durch Zählung der Jahresringe an Stämmen der herrschenden Klassen — an jüngeren Stämmen auch der Höhentriebe — oder nach der Angabe der Wirtschaftsbücher. In ungleichaltrigen Beständen mit scharf getrennten Altersstufen von verschiedener wirtschaftlicher Bedeutung (unterbaute Bestände, Besamungs- und Lichtschläge, Mittelwald) sind die Alter der verschiedenen Stufen gesondert zu ermitteln und einzutragen. In ungleichaltrigen Beständen, deren Glieder einen einheitlichen Bestand bilden, ist ein mittleres Alter nach Maßgabe der eingenommenen Flächen oder der erzeugten Massen einzuschätzen. Bei scharfer flächenweiser Abgrenzung der Altersstufen kann das mittlere Bestandesalter auch mittels einer Formel [1]) berechnet werden.

Räumden (zu 0,1—0,3 bestanden) und Blößen (unter 0,1 bestanden) werden im Wirtschaftsplan einer bestimmten Altersklasse nicht zugeteilt. In Verjüngung begriffene Bestände (Samenschläge, Lichtschläge usw.) werden entweder ganz der Altholz- oder ganz der Jungholzklasse (voll verjüngte Abteilungen) oder beiden Klassen bzw. auch den Blößen und Räumden anteilig zugewiesen. Unterbaute Bestände gehören den betreffenden Altholzklassen an.

III. Bestandesbeschaffenheit.

1. Entstehung.

Angaben über die Entstehung der einzelnen Bestände sind nur erforderlich, wenn sie erkennbar und für die Behandlung nach irgendeiner Richtung von Einfluß ist. Dies ist besonders der Fall, wenn Stockausschlag und Kernwuchs nebeneinander vorkommen. Auch Unterschiede von Saat und Pflanzung können für die Art der Nachbesserung, die Durchforstung, die Zeit der Hiebsreife von Einfluß sein.

2. Wuchs.

Über den Wuchs der Bestände sind bei der Beschreibung nur dann Angaben erforderlich, wenn er von dem dem Standort entsprechenden Wuchse wesentliche Abweichungen zeigt. Insbesondere erscheint dies angezeigt, wenn wegen mangelhaften Wuchses Teile des betreffenden Bestandes einer besonderen Behandlung unterworfen werden sollen. (Z. B. Abtrieb eines 60 jährigen Buchenbestandes zur Umwandlung in Fichten.)

3. Stellung.

Sie wird durch bezeichnende Eigenschaftswörter (gedrängt, geschlossen, räumlich, licht) bezeichnet. Etwa vorkommende Unvollkommenheiten sind zu unterscheiden als Lücken und Fehlstellen in jüngeren, Räumden und Blößen in älteren Beständen. Das Maß der Abweichung vom vollkommenen Bestandesschluß ist nach Zehnteln durch den Vollbestandsfaktor auszudrücken.

---

[1]) Eine solche ist u. a. aufgestellt von Gümbel: A (mittleres Alter) $=$ $\dfrac{f_1\,a_1 + f_2\,a_2 + \cdots}{f_1\,f_2\,\cdots}$, worin $f_1\,f_2\,\cdots$ die von den verschiedenen Alterstufen $(a_1\,a_2)$ eingenommenen Flächen bezeichnen.

IV. Ertragscharakteristik.

Um der Ertragsfähigkeit zahlenmäßigen Ausdruck zu geben, wird im Anschluß an die Beschreibung für die einzelnen Bestände ein Vollertragsfaktor festgestellt, der das Verhältnis ausdrückt, in welchem die vorliegenden Bestände hinsichtlich der zu erwartenden Erträge zu dem gleichaltrigen Bestand der normalen, bei der Aufstellung der Betriebspläne benutzten Ertragstafel stehen. Diese Ertragsfaktoren stimmen meist mit den Vollbestandsfaktoren überein, können bei verschiedener Bestandesgeschichte aber auch von diesen abweichen. Übrigens sind die Bestandesmerkmale, welche Masse und Zuwachs bestimmen, im Anschluß an die Beschreibung aufzuführen. Hierzu gehört:

a) Bestandesmittelhöhe.
b) Die Kreisflächensumme.
c) Der Holzmassenvorrat am Haupt- und Zwischenbestand.
d) Der Massenzuwachs nach seinem Durchschnitt und in Prozenten der vorhandenen Masse.
e) Der Wertzuwachs, ausgedrückt als Prozent vom Wert des vorhandenen durchschnittlichen Festmeters.
f) Das Weiserprozent.

Die letztgenannten Merkmale sind nur insoweit zu ermitteln, als ihre Feststellung wirtschaftliche Bedeutung hat. Dies ist hauptsächlich für die älteren Bestände, deren Nutzung in der nächsten Periode in Frage kommt, der Fall.

Siebenter Abschnitt.

Die Ermittelung der Holzmassen.

I. Methoden der Holzmassen-Aufnahme.

Die Art der Holzmassenermittelung ist stets von ihrem Zweck abhängig. Sie kann erfolgen:

1. Zum Zwecke des Ankaufs oder Verkaufs einzelner stehender Holzbestände oder ganzer Waldungen. Hierbei ist der Wert des Bodens und der Holzmassen getrennt nachzuweisen.

2. Zu forststatischen Untersuchungen, insbesondere zum Nachweis über den Massenzuwachs, den Wertzuwachs und die Umtriebszeit.

3. Zur Ermittelung des Vermögens der Waldeigentümer, die namentlich für die Zwecke der Besteuerung und Beleihung des Waldes nötig wird.

4. Zur Feststellung des Gesamtvorrats einer Betriebsklasse oder Wirtschaftseinheit, der zur Beurteilung der Rentabilität nachgewiesen werden muß.

5*

5. Zur Bestimmung des Holzgehaltes der haubaren Bestände behufs Ermittelung des Abnutzungssatzes.

Je nach dem verschiedenen Zweck ist auch die Methode und der zu fordernde Genauigkeitsgrad der Holzmassenaufnahme verschieden. Zur Ausführung forststatischer Untersuchungen ist die größte Genauigkeit erforderlich. Auch zum Zweck des Verkaufs — ganzer Waldungen oder einzelner Jahresschläge — ist in der Regel eine möglichst genaue Aufnahme vorzunehmen. Zur Darstellung des Vorrats als Grundlage der Betriebsregelung und zur Ermittelung des Vermögens des Waldeigentümers genügt eine allgemein gehaltene, auf Grund der Altersklassentabelle und des Durchschnittszuwachses geführte Massenermittelung [1]). Bei der Ertragsregelung wird meist für die Bestände, welche im vorliegenden Wirtschaftszeitraum zur Abnutzung kommen, ein genauer, auf die einzelnen Orte gerichteter Nachweis der Holzmasse geführt, während die übrigen Bestände nach Maßgabe der Altersklassen zusammengefaßt werden.

1. Aufnahme ganzer Bestände.

Die Stärke der Stämme wird mit der Kluppe gemessen. Da es allgemein üblich ist, das liegende Holz nach dem Durchmesser zu sortieren, so verdient auch die Aufnahme desselben den Vorzug vor der Umfangmessung, die keinen größeren Genauigkeitsgrad ergibt.

Von Kluppen [2]) gibt es eine große Menge verschiedener Konstruktionen. Erforderlich ist, daß die Kluppe leicht geht, daß sie sich nicht wirft, und daß sie festgestellt werden kann. Die Abstufung des Maßstabs ist dem Zweck und dem geforderten Genauigkeitsgrad der Aufnahme anzupassen. Zu Untersuchungen über den Zuwachs muß sie genau nach einzelnen Zentimetern bzw. nach Bruchteilen von solchen bewirkt werden. Für die Aufnahme zu Zwecken der Massenberechnungen der haubaren Bestände zur Etatsbestimmung genügt dagegen eine Abstufung von 4 zu 4 cm. Die Grenze für die Zugehörigkeit der Stämme wird dann auf die Mitte dieser Differenz gelegt.

---

[1]) Da hiernach von anderen Zweigen des Forstwesens (Forstverwaltung, Forstbenutzung, Versuchswesen, Waldwertrechnung und forstliche Statik) an die Schärfe und Genauigkeit der Holzmassenermittelungen weit höhere Ansprüche gestellt werden als von der Forsteinrichtung, die im wesentlichen auf Schätzung angewiesen ist, so empfiehlt es sich, die Holzmeßkunde (ebenso wie die Flächenmessung) als einen besonderen Zweig der forstlichen Betriebslehre anzusehen. Die nachfolgenden Bemerkungen beschränken sich auf den Standpunkt der Forsteinrichtung.

[2]) Über die Konstruktion von Kluppen und Höhenmessern vgl. die Lehrbücher der Holzmeßkunde (von Baur, Kunze, Schwappach, U. Müller, Wimmenauer) und einzelne Lehrbücher der Forsteinrichtung, insbesondere Stötzer, 2. Aufl., S. 38—69.

Die Kluppierung der Stämme erfolgt stets getrennt nach Holzarten, auch dann, wenn diese später zu Gruppen (Buche u. a. Harthölzer, weiche Laubhölzer, Nadelholz) vereinigt werden. Auf Grund der vollzogenen Messungen werden für die einzelnen Holzarten die Stärkeklassen übersichtlich dargestellt. Aus den Abschlüssen der Kluppmanuale ergibt sich, aus welchen Stammklassen die Bestände zusammengesetzt sind. Derartige Nachweise sind auch zu anderen Zwecken der Betriebsführung von Interesse.

Die Höhen sind mit einem Höhenmesser, wie solche von Faustmann, Weise u. a. konstruiert sind, zu ermitteln. In der Regel werden mehrere Stärkeklassen zu einer Höhenklasse zusammengefaßt. Bei gleichem Standort entsprechen den stärkeren Durchmessern auch größere Höhen. Die Unterschiede der Höhen sind aber weit kleiner als diejenigen der Durchmesser.

Die vollständige Aufnahme aller Stämme ist Regel in Beständen, deren Schluß unregelmäßig unterbrochen ist; so insbesondere in Besamungs- und Lichtschlägen, beim Oberholz des Mittelwaldes, im Plenterwald, sofern hier Holzmassenaufnahmen gemacht werden; ferner bei unregelmäßigen Bestandesmischungen. Im regelmäßigen Hochwald kann sie namentlich in starken, stammarmen Orten, wo eine gleichmäßige Bestandesbildung selten ist, und die volle Aufnahme weniger Zeit erfordert als in stammreichen Beständen, empfehlenswert sein. Abgesehen hiervon gibt der Mangel an brauchbaren Erfahrungssätzen und Ertragstafeln oft Veranlassung, die Bestände vollständig zu kluppen.

2. Aufnahme von Probeflächen.

Mit Rücksicht auf den Aufwand an Zeit und Kosten, welcher mit der Aufnahme ganzer Bestände verbunden ist, kann die Arbeit der Messung unter Umständen auf Teile der Fläche — Probeflächen oder Probebestände — beschränkt werden. Probeflächen sind dann am Platze, wenn sie annähernd den mittleren Verhältnissen der betreffenden Bestände entsprechen, so daß man die Resultate des Probebestandes nach dem Verhältnis der Flächen unmittelbar auf den ganzen Bestand übertragen kann. Dies ist nur bei gleichartigen Standortsverhältnissen in reinen Beständen der Fall. Ungleichheit in Standort, Mischungsgrad und Schluß schließen die Anwendung von Probeflächen aus. Empfehlenswert ist es aber, daß bei entsprechenden Verhältnissen nicht nur in den haubaren, sondern auch in jüngeren Beständen, die meist gleichmäßiger beschaffen sind, Probeflächen gelegt werden. Sie dienen als Grundlage für die Berechnung von Zuwachs und Vorrat und zur Begründung der angewandten Ertragstafeln.

3. Benutzung der Erfahrungen der seitherigen Wirtschaft.

Wo eine gute Buchführung vorliegt, kann man sehr häufig die Erfahrungen der Praxis, die beim früheren Abtrieb gleichartiger Bestände gemacht sind, unmittelbar zur Massenschätzung benutzen. Sie geben zugleich die Sortimente an, welche zu erwarten sind. Voraussetzung dabei ist aber, daß die Standorts- und Bestandesverhältnisse der früher genutzten und der abzuschätzenden Bestände gleich sind. Liegen dagegen andere Bedingungen vor, sind insbesondere andere Durchforstungsverfahren eingehalten, so muß von einer unmittelbaren Anwendung früherer Erträge Abstand genommen werden; ebenso auch, wenn Naturschäden eingetreten sind, durch welche der Schluß der Bestände ungleichmäßig unterbrochen ist.

4. Schätzung nach dem Augenmaß.

Sie besteht darin, daß man die zu schätzenden Orte durchgeht und, im Anschluß an die Beschreibung, nach dem vorliegenden Bestandeszustand und auf Grund der Erfahrungen, die unter entsprechenden Verhältnissen gemacht und in den Wirtschaftsbüchern niedergelegt sind, ihre Holzmasse gutachtlich einschätzt.

Die Bedeutung der Okularschätzung ist in der Literatur sehr verschieden beurteilt worden. Seitens der Freunde einer sehr exakten Behandlung des Forstwesens ist auf die Fehler hingewiesen, die mit ihr verbunden sein können. Es kommt jedoch nicht auf die möglichen Fehler, sondern vielmehr darauf an, inwieweit ein geübter Taxator Fehler zu vermeiden imstande ist. In der Praxis hat die Schätzung weit mehr Freunde gehabt. Zu ihrer Begründung ist zunächst geltend zu machen, daß sie nicht willkürlich erfolgt, sondern auf bestimmte Faktoren zurückzuführen ist. Die Höhe kann bei der Beschreibung der Bestände leicht gemessen werden; die Formzahlen regelmäßiger Hochwaldbestände liegen innerhalb gewisser, nicht sehr weiter Grenzen, die Stammgrundfläche kann für gleichaltrige reine Bestände nach den Ertragstafeln ohne große Fehler eingeschätzt werden. Es ist eine durch die Erfahrung bewiesene Tatsache, daß auf diesem Gebiete bei längerer Tätigkeit eine nicht zu unterschätzende und unbenutzt zu lassende Fähigkeit erlangt wird, zumal wenn Erfahrungssätze und andere Hilfsmittel vorliegen [1].

---

[1] Sehr charakteristisch sind in dieser Beziehung die Ergebnisse der sächsischen Forsteinrichtungsanstalt. Nach Mitteilung von Schulze — Allgem. Forst- und Jagdztg., Juli 1901 — haben die bis dahin durchgeschlagenen Bestände im Durchschnitt des ganzen Landes 5,5 $^0/_0$ mehr ergeben als die Schätzung unterstellt hatte. Bis zu einem gewissen Grade war eine solche Differenz beabsichtigt. Es ist wünschenswert, daß die Ertragsschätzungen vorsichtig gehalten werden.

Sodann muß man sich vor Augen halten, daß eine genaue zahlenmäßige Übereinstimmung zwischen Schätzung und Nutzung auch bei der besten Aufnahme nicht möglich ist. Es ist ein Irrtum, zu meinen, man könne eine gute Ertragsregelung dadurch erzielen, daß man die Stämme aller Abteilungen, deren Verjüngung in den nächsten 10 oder 20 Jahren eingeleitet oder durchgeführt werden soll, ausmißt. Diese Annahme ist durch die Praxis vieler großen Betriebe widerlegt. Die Wirtschaft läßt sich nicht in einen festen Rahmen einzwängen. Bei der natürlichen Verjüngung hängt der Gang der Abnutzung von dem Eintritt der Samenjahre und der Entwickelung der Jungwüchse ab. Ein Zustand, bei dem alles gekluppte Holz genutzt wird, darf nie eintreten. Bei der künstlichen Bestandesbegründung ist die wirkliche Nutzung von der Aneinanderreihung der Schläge abhängig. Diese läßt sich mit Sicherheit nicht im voraus feststellen. Bei Lichtungshieben und Nutzungen, die durch Naturschäden erfolgen, können die Erträge überhaupt nur gutachtlich angesetzt werden. Wenn man aber weiß, daß die tatsächliche Abnutzung von der Schätzung aus wirtschaftlichen Gründen weit mehr abweicht, als den stärksten Fehlern, welche mit der Schätzung verbunden sein können, entspricht, so tritt die Bedeutung der exakten Nachweise offenbar zurück. Die Art der Massenschätzung muß sich der Wirtschaft anpassen. Es ist deshalb meist richtiger, daß von der geschätzten Masse einer gegebenen Abteilung ein gewisser Anteil (je nach dem Verhältnis ein Drittel oder die Hälfte oder zwei Drittel) gutachtlich zur Abnutzung bestimmt, als wenn die ganze Masse der betreffenden Bestände ausgemessen und als Bestandteil des Etats behandelt wird. Ob nun aber der zu nutzende Teil der vorhandenen Masse in einzelnen Fällen um 10 bis 20 % höher oder niedriger bemessen wird, ist ziemlich gleichgültig. Der Betriebsplan muß in dieser Beziehung, entsprechend den natürlichen Bedingungen der Forstwirtschaft, genügende Elastizität besitzen. Das Mehr oder Weniger einzelner Bestände wird durch die Hiebsergebnisse anderer aufgewogen.

Als Resultat der vorstehenden Erwägung ergibt sich, daß die genannten 4 Methoden sämtlich Berechtigung haben. Man wird vollständige Aufnahmen ganzer Bestände namentlich bei unregelmäßigen Verhältnissen (für Bestände, deren Schluß unregelmäßig unterbrochen ist) verlangen müssen. Aber man kann nicht sagen, daß der Fortschritt auf diesem Gebiet auf eine Zunahme exakter Berechnungen gerichtet wäre. Eher darf man das Gegenteil aussprechen: Je besser das Personal geschult, je geregelter die Wirtschaft, je besser die Buchführung ist, um so mehr kann von der umständlichen Berechnung der Holzmassen Abstand genommen werden [1]).

---

[1]) Vgl. hierzu den 2. Abschnitt des 5. Teils, aus dem hervorgeht, daß nicht

II. Die Berechnung der Holzmassen.

Die auf Grund von Okularschätzung oder nach den Erfahrungen der Praxis gemachten Schätzungen werden unmittelbar in den Maßen ausgedrückt, unter denen sie in die Pläne eingesetzt werden (1 Festmeter Derbholz oder Gesamtholz). Zur Ermittelung der mit der Kluppe und dem Höhenmesser aufgenommenen Bestände sind dagegen noch Berechnungen vorzunehmen. Die Ergebnisse der Aufnahme liegen zunächst in der Form einer Summe von Stämmen vor, die auf Festmeter zu reduzieren sind. Die Berechnung der gekluppten Bestände erfolgt:

A. Mittelst Formzahlen [1]).

1. Begriff der Formzahl.

Die Formzahl (f) im gewöhnlichen Sinne des Wortes drückt das Verhältnis aus, in welchem der Inhalt eines Baumes zum Inhalt einer Walze steht, die gleiche Höhe und die Stärke des Brusthöhen-Durchmessers des betreffenden Stammes besitzt. Ist i der Inhalt des Baumes, g die Kreisfläche in Brusthöhe, h die Höhe, so ist $f = \dfrac{i}{g\,h}$. Formzahlen können aber auch auf den Kegel oder andere regelmäßige Körperformen bezogen werden.

---

nur in Sachsen, sondern auch in Hessen und den süddeutschen Staaten in neuerer Zeit von der Schätzung in zunehmendem Maße Anwendung gemacht ist.

[1]) Der Begriff der Formzahl wurde im Jahre 1800 vom Oberförster Paulsen in die Holzmeßkunde eingeführt, welcher in Hundeshagens „Beiträge zur gesamten Forstwissenschaft" eine Anleitung zur Schätzung der Massen mit Hilfe der Formzahl veröffentlichte. Seit jener Zeit ist auf die Ermittelung der Formzahl besonderer Wert gelegt und eine Menge von gründlicher Arbeit auf sie verwendet worden. Unter den älteren Schriftstellern ist hier besonders Hoßfeld zu nennen; ferner Cotta, Hilfstafeln für Forsttaxatoren, 1821; Klauprecht, Holzmeßkunst, 1842; Smalian, Beitrag zur Holzmeßkunst, 1837; König, Forstmathematik, 1. Aufl., 1835; Burckhardt, Hilfstafeln für Forsttaxatoren. In der neueren Zeit haben die Vertreter des forstlichen Versuchswesens die Ermittelung der Formzahlen in ihr Arbeitsprogramm aufgenommen. So insbesondere Baur, Formzahlen u. Massentafeln für die Fichte, 1890; Schubert, Formzahlen und Massentafeln für die Weißtanne, 1891; Kunze, Die Formzahlen der gem. Kiefer und der Fichte, Thar. Jahrb., Suppl. II und V; Die Formzahlen der gem. Kiefer und der Fichte, Thar. Jahrb., Suppl. VII und VIII; Schwappach, Formzahlen und Massentafeln für die Kiefer 1890, für die Eiche 1905; Grundner, Formzahlen und Massentafeln für die Buche, 1898; Weise, Formzahlen der Kiefer, Zeitschr. für Forst- und Jagdwesen, 1881; Schiffel, Wuchsgesetze normaler Fichtenbestände, 1904. Auch in die von den Vertretern des forstl. Versuchswesens aufgestellten Ertragstafeln sind die Formzahlen aufgenommen. Vgl. den Abschnitt über Ertragstafeln.

2. Unterscheidungen.

a) Nach den Baumteilen: Schaft- und Baumformzahlen.

b) Nach den Sortimenten: Derbholzformzahlen, Reisholzformzahlen und Formzahlen der Gesamtmasse.

c) Nach der Höhe, in welcher die Grundfläche (g) gemessen wird: echte Formzahlen (die von Preßler und Smalian u. a. empfohlen werden), welche sich auf die Grundfläche in einer bestimmten Höhe des Baumes (z. B. $^1/_{20}$) beziehen, und Brusthöhen-Formzahlen, bei welchen g in der Höhe von 1,3 m über dem Boden liegt. Wegen der Einfachheit der Messungen werden in der Praxis nur Brusthöhen-Formzahlen angewandt, obwohl die echten Formzahlen die Form des Baumes richtiger zum Ausdruck bringen.

d) Ferner sind noch absolute Formzahlen hervorzuheben, welche sich nur auf denjenigen Teil des Schaftes beziehen, welcher sich oberhalb des Meßpunktes befindet. Das unterhalb desselben befindliche Stück wird besonders berechnet.

3. Bestimmungsgründe der Formzahlen.

Als solche sind hervorzuheben:

a) Die Länge der Stämme. Alle Untersuchungen über die Formzahlen führen zu dem Ergebnis, daß sie mit der Höhe der Bäume abnehmen. Der Grund dieser Erscheinung liegt darin, daß die Kreisfläche in 1,3 m Höhe (wo die Messung erfolgt) bei langem Holz relativ (im Verhältnis zur Baumhöhe) tiefer liegt als bei kurzen Stämmen. Hieraus geht weiter hervor, daß die Formzahlen verschieden sind, einmal nach dem Alter, sodann nach der Bonität[1]). Mit dem Alter, insbesondere solange ein lebhafter Höhenwuchs vorliegt, nehmen sie ab; zur Bonität stehen sie in entgegengesetztem Verhältnis.

b) Das Verhältnis der Jahrringbreite in den verschiedenen Stammteilen. Werden anhaltend in den unteren Stammteilen breitere Ringe angelegt als in den oberen, so ist die Folge davon, daß die Formzahlen für das Schaftholz niedriger werden. Das Verhältnis der Jahrringe hängt aber in erster Linie vom Wachsraum ab. Derselbe wirkt nicht nur auf die absolute Breite des Stärkezuwachses ein, sondern auch auf das Verhältnis in verschiedenen Stammteilen. Freier Stand

---

[1]) Es betragen z. B. die Baumformzahlen der Kiefer nach den Ertragstafeln von Schwappach:

	40	60	80	100 J.
Alter				
auf II. Standortskl.	0,628	553	524	509
auf IV. ,,	688	608	574	556
Für die Fichte:				
II. Standortskl.	736	621	571	539
III. ,,	972	764	658	599

wirkt dahin, daß in den unteren Teilen nicht nur absolut, sondern auch relativ breitere Ringe gebildet werden; gedrängter Stand wirkt nach der entgegengesetzten Richtung.

c) Die Bildung der Baumkrone. Das Verhältnis der Jahrringe in den verschiedenen Baumhöhen steht mit der Bildung der Krone in ursächlichem Zusammenhang. Im allgemeinen ist der abfällige Schaft die Folge eines tiefen Kronenansatzes. Bei einem tiefen Ansatz der Krone ist diese im Verhältnis zum Durchmesser breiter und umfangreicher; ihr Anteil an der Holzmasse des Baumes ist größer als bei Stämmen mit hochangesetzten Kronen. Dieselben Wuchsbedingungen, durch welche die Schaftformzahl vermindert wird, wirken hiernach zu einer Steigerung der auf die Äste entfallenden Holzmasse. Die Baumformzahlen, welche aus Ast- und Schaftholz zusammengesetzt sind, können daher unter sehr verschiedenen Wuchsbedingungen gleich sein.

4. Bedeutung der Formzahlen.

Daß die Formzahl eine gute Hilfe für die Berechnung der Holzmasse bildet, kann nicht bestritten werden. Sie wird in dieser Beziehung stets in Anwendung bleiben. Weitergehende Bedeutung wissenschaftlicher oder praktischer Art kann ihr dagegen nur bedingt zugesprochen werden. Die Baumformzahl gibt weder den physiologischen Gesetzen des Baumwuchses noch dem ökonomischen Verhalten des Stammes Ausdruck. Sollte sie zu den Gesetzen der Stammbildung in Beziehung gesetzt werden, so müßte, wie Preßler, Smalian u. a. betont haben, die echte Formzahl (in $^1/_{20}$ Höhe) angewandt werden. Dies ist aber für praktische Zwecke nicht möglich. Auch zur Beurteilung des Wertes kann die Formzahl nur in beschränktem Maße dienen. Der Form des Baumes, welche für die Verwendbarkeit so große Bedeutung hat, kann nur die Schaftformzahl Ausdruck geben, jedoch nur dann, wenn Stämme von annähernd gleicher Höhe verglichen werden. Sofern jedoch verschiedene Höhen in Frage kommen, werden die Unterschiede vorzugsweise durch die relative Höhe der Maßstelle bewirkt. In der Tat ergibt sich die eigentümliche Erscheinung, daß die längsten, mit der besten Form ausgestatteten Stämme der guten Bonitäten die kleinsten Formzahlen besitzen, dagegen die kurzen Stämme der geringsten Bonitäten die höchsten.

Ist die Formzahl hiernach nur in beschränktem Maße geeignet, als ein Merkmal für die Beschaffenheit der Stämme zu dienen, so muß man sie durch andere Faktoren ergänzen, welche die Form besser kennzeichnen. In dieser Beziehung kommen insbesondere in Betracht:

a) Der Abfall. (Abnahme des Durchmessers mit der Höhe.) Er ist für die wichtigsten Verwendungsarten namentlich beim Nadelholze, vielfach aber auch beim Laubholz von Bedeutung.

b) Das Verhältnis von Länge und Durchmesser in Brusthöhe. In der wesentlichsten Richtung mit a) übereinstimmend, hat das Verhältnis namentlich für Untersuchungen am stehenden Holz, wo der Abfall nicht gemessen werden kann, Bedeutung.

c) Der Ansatz der Krone. Er steht mit allen Stärkezuwachs und Stammform betreffenden Aufgaben in Verbindung. Bei der Aufstellung der Wirtschaftspläne muß deshalb ein Urteil darüber abgegeben werden, welche Höhe des Kronenansatzes angestrebt werden soll.

B. Nach Massentafeln.

Massentafeln sind tabellarische Verzeichnisse, welche für die Durchmesser und Höhen der wichtigsten Holzarten den Massengehalt direkt angeben. Man ist dabei der Berechnungen, die nach A zu machen sind, überhoben. Eine wesentliche Abweichung der Methode liegt hierbei aber nicht vor.

Unter den älteren Arbeiten auf diesem Gebiet sind die bayrischen Massentafeln [1] hervorzuheben, die auf der Messung einer großen Zahl Stämme der Hauptholzarten beruhen. Sie wurden später in Metermaße umgerechnet und so auch in Preußen und anderen Ländern angewandt [2] In neuerer Zeit haben die Vertreter des forstlichen Versuchswesens die Aufstellung der Massentafeln übernommen[3].

C. Durch Messung von Probestämmen.

Als noch keine genügenden Erfahrungssätze über den Gehalt der Stämme in bestimmter Stärke und Höhe vorlagen, sah man sich, um diese zu ermitteln, veranlaßt, im Einzelfalle Untersuchungen darüber vorzunehmen. Es wurden Probestämme ausgewählt, die entweder für den ganzen Bestand oder für die einzelnen Stärkeklassen als Muster dienen sollten. Ihre Stärke wurde so bestimmt, daß die ganze Stammgrundfläche durch die Zahl der zugehörigen Stämme dividiert wurde. Der Inhalt wurde entweder durch sektionsweise Messung oder durch Aufarbeitung in die üblichen Sortimentsmaße bestimmt [4]. Seitdem aber Erfahrungssätze über den Holzgehalt in genügendem Maße zur Verfügung stehen, wird für die Zwecke der Forsteinrichtung von Messungen dieser Art selten Anwendung gemacht.

---

[1] Massentafeln zur Bestimmung des Inhalts der vorzüglichsten deutschen Waldbäume, bearbeitet im Forsteinrichtungsbureau des Kgl. Bayer. Finanzministeriums, 1846.

[2] Behm, Massentafeln zur Bestimmung des Holzgehaltes stehender Bäume an Kubikmetern fester Holzmasse, 2. Aufl., 1886.

[3] Grundner und Schwappach, Massentafeln zur Bestimmung des Holzgehaltes stehender Waldbäume und Waldbestände, 3. Aufl., 1907.

[4] So namentlich bei dem früher häufig angewandten Verfahren von Draudt, zuerst veröffentlicht in der Allgem. Forst- und Jagdztg. 1857.

Zweiter Teil.

Die ökonomischen Grundlagen [1] der Ertragsregelung.

Alle Erträge der Forstwirtschaft beruhen auf dem Massen- und Wertzuwachs, der jährlich oder periodisch an den Beständen erfolgt. Damit dieser nachhaltig erzeugt und genutzt werden kann, muß ein bestimmter Vorrat von Holzbeständen verschiedener Altersstufen vorhanden sein.

Erster Abschnitt.

Der Massenzuwachs.

Ihre eigentliche Stellung hat die Lehre vom Zuwachs in der forstlichen Statik. [2] Die auf ihn gerichteten Untersuchungen machen eine der wesentlichsten Aufgaben des forstlichen Versuchswesens aus. Da aber der Zuwachs die wichtigste Grundlage des Ertrags und der beste Maßstab des Hiebssatzes ist, so muß ihm auch bei der wissenschaftlichen Begründung der Methoden der Ertragsregelung und bei der praktischen Ausführung der Forsteinrichtungsarbeiten die gebührende Würdigung zuteil werden.

I. Grundbedingungen der Zuwachsbildung.

Der Höhenwuchs wird durch die Verlängerung der Längsachse bzw. auch der Seitentriebe, der Stärkenzuwachs durch den abwärts gehenden Saftstrom hervorgebracht. Er wird in der Form von Ringen angelegt, die das früher gebildete Holz umkleiden. Bestimmend für die Höhe des Zuwachses sind:

1. Die Standortsverhältnisse.

Beide Faktoren des Standorts, Boden und Lage, sind auf die Zuwachsmenge von Einfluß. Es kommen dabei alle Verhältnisse in Betracht, welche bei der Bonitierung hervorgehoben wurden.

---

[1] Nach der naturwissenschaftlichen Seite sind diese Grundlagen Gegenstand besonderer Fachzweige (namentlich der Standortslehre und Physiologie).
[2] Vgl. des Verfassers Forstliche Statik, 1905, 1. Teil, 1. Abschn.

a) Der Boden wirkt sowohl durch seinen chemischen Gehalt als auch durch seine physikalischen Eigenschaften auf die Holzmassenerzeugung ein. Von Einfluß auf diese ist ferner der Gehalt an Humus und dessen Beschaffenheit.

b) Die mit der Lage verbundene Wärmemenge und Wärmeverteilung haben auf die Dauer und die Intensität der Zuwachsbildung Einfluß. Im allgemeinen erzeugen alle Holzarten in den mittleren Lagen ihrer natürlichen Verbreitungsgebiete nachhaltig den höchsten Zuwachs. In zu rauhen Lagen (nach den nördlichen und oberen Grenzen) ist die Zeit der Zuwachsbildung zu kurz; in zu milden treten Konkurrenten um die Bodennährstoffe (andere Holzarten und Standortsgewächse) auf, welche die verfügbaren Nährstoffe des Bodens für sich ausnutzen.

2. Die Bestandesverhältnisse.

Der Standort bildet den Maßstab für den Zuwachs, der auf einer Fläche erzeugt werden kann (den normalen Zuwachs). Was aber auf einem gegebenen Standort wirklich an Holzmasse erzeugt wird, ist von dem Zustand der vorhandenen Bestände abhängig. Die in dieser Hinsicht vorliegenden Bestimmungsgründe des wirklichen Zuwachses sind auf die Beschaffenheit der Kronen und Wurzeln zurückzuführen. Es gehört zu den Zielen einer guten Forsteinrichtung, daß ein möglichst hoher Zuwachs nachhaltig erzeugt wird. Damit ein solcher zustande kommt, müssen folgende Bedingungen hergestellt werden:

a) Der gegebene Wurzelbodenraum muß möglichst vollständig (mit tunlichst geringen zeitlichen und räumlichen Unterbrechungen) von den Baumwurzeln durchzogen und ausgenutzt werden. Diese Forderung führt ganz allgemein zu der Regel vollständiger Bestockung.

b) Es müssen möglichst viele gesunde Wachstumsorgane der unmittelbaren Einwirkung des Sonnenlichts ausgesetzt sein. Da die beschienene Oberfläche eines Baumes im Verhältnis zu dem Raum, den er einnimmt, um so größer ist, je gestreckter die letzterzeugten Höhentriebe gewesen sind, so folgt das Maximum an Massenzuwachs in regelmäßigen Hochwaldbeständen der Periode des lebhaftesten Höhenwuchses [1]. Nach Beendigung des letzteren kann auch durch die Ausbildung der Seitentriebe, welche eine Wölbung der Krone zur Folge haben, auf eine Vermehrung der beschienenen Blattfläche und eine

---

[1] Das Maximum des Zuwachses der Höhe tritt z. B. bei der Fichte I. Standortskl. im 40. Jahre, das Maximum des laufenden Massenzuwachses im 50. Jahre ein (Schwappach, Wachstum und Ertrag normaler Fichtenbestände in Preußen, 1902). Entsprechend verhält es sich bei allen Holzarten und auf allen Standortsklassen.

Steigerung des Zuwachses eingewirkt werden [1]). Von Einfluß auf den Zuwachs ist ferner auch die Blüten- und Fruchtbildung. Die Stoffe, welche hierzu verwendet werden, gehen für den Massenzuwachs verloren. Die Samenerzeugung tritt um so früher ein, je milder das Klima ist, und je größerer Wachsraum den Stämmen zuteil wird.

Eine Beeinträchtigung des Zuwachses wird gemäß vorstehenden Bedingungen auch bei voller Gesundheit und Wuchskraft der Bäume herbeigeführt: durch mechanische Hindernisse im Boden, welche die Entwickelung der Wurzeln beeinträchtigen; durch Bodenüberzüge, welche den Baumwurzeln Bodennährstoffe entziehen; durch Umwandlung von Blattknospen in Blütenknospen.

3. Die Beschaffenheit des Holzes.

Mit der Dichtigkeit des Holzes, die im Trockengewicht ihren Maßstab findet [2]), und seinem Gehalt an Bodennährstoffen [3]), der im Aschengehalt zum Ausdruck kommt, steht der Massenzuwachs cet. par. in umgekehrtem Verhältnis.

Zufolge der vorstehenden Bestimmungsgründe ergeben sich Abweichungen im Massenzuwachs:

a) Nach Holzarten.

Holzarten mit dichtem Baumschlag, welche imstande sind, die Bodenkraft für sich, ohne daß Standortsgewächse entstehen, auszunutzen (Buche, Tanne, Fichte) leisten cet. par. mehr als lichtkronige, unter welchen stärkere Bodenüberzüge auftreten. Holzarten von geringem Trockengewicht und geringem Aschengehalt (Kiefer, Fichte, Tanne) können aus einem gegebenen Fonds von Bodennährstoffen mehr Zuwachs, seinem Volumen nach bemessen, erzeugen als schwerere Hölzer mit reichem Aschengehalt. Diejenigen Holzarten, welche geringes Gewicht

---

[1]) Dies zeigen die Ergebnisse vieler Zuwachsuntersuchungen nach Lichtungshieben (z. B. in Vorbereitungsschlägen, dunkeln Besamungsschlägen, beim v. Seebachschen Betriebe u. a.).

[2]) Weber, Lehrbuch der Forsteinrichtung, 1891, S. 141, stellte deshalb den Satz auf, daß die verschiedenen bestandbildenden Holzarten auf den für sie geeigneten Standorten unter übrigens gleichen Verhältnissen durchschnittlich jährlich nahezu gleiche Gewichtsmengen Trockensubstanz liefern (I. Standortskl. 3000 bis 4000 kg — ohne Vorerträge, II. Kl. 2500 bis 3000 kg usw.

Nach den neueren Ertragstafeln ist z. B. der Durchschnittszuwachs der Fichte auf mittl. (III.) Standortsklasse = 10,2 fm., der der Buche = 7,3 fm., das spezifische Trockengewicht ist 0,47 und 0,72.

[3]) Die Beziehungen der Holzmassenerzeugung zum Aschengehalt gelten jedoch nur in allgemein gehaltenem Sinne; zahlenmäßige Verhältnisse lassen sich hierfür nicht aufstellen, am wenigsten bezüglich solcher Nährstoffe, die in reichem Maße vorhanden sind. Vgl. Ramann, Forstl. Bodenkunde usw., 1893, § 82 u. 88.

mit dichtem Baumschlag verbinden, erzeugen den höchsten, diejenigen, bei welchen entgegengesetzte Verhältnisse vorliegen, den geringsten Zuwachs [1]).

b) Nach Betriebsarten.

Der Niederwald verhält sich hinsichtlich des Zuwachses, den er hervorbringt, schon deshalb sehr ungünstig, [2]) weil dieser Zuwachs vorzugsweise aus Reisholz besteht, das reich an Bodennährstoffen ist. Auch vermag er, wenn nicht besondere Mittel angewandt werden [3]), die Bodenkraft nicht so vollständig und nachhaltig zu erhalten, wie es in Beständen, die aus Kernwüchsen bestehen, der Fall ist.

Auch der Mittelwald vermag die Standortskräfte für die Zuwachsbildung nicht genügend nutzbar zu machen. Auch bei ihm besteht fast die Hälfte der erzeugten Masse aus Reis- und Astholz, das reich an Bodennährstoffen ist. In der Schwierigkeit der Bodendeckung durch die verschiedenalterigen Baumklassen und der Häufigkeit der Blüten- und Fruchtbildung liegen weitere Ursachen, die den Durchschnittszuwachs herabdrücken [4]).

Im Plenterwald können, wenn er aus wüchsigen mittleren Altersklassen in guter Verteilung gebildet wird, die Bedingungen des Zuwachsmaximums sehr wohl vorliegen; wegen der Schwierigkeit, die einzelnen Stämme zur Zeit ihrer Reife zu nutzen, wegen des ungünstigen Einflusses der älteren Stämme auf die Entwicklung der in ihrer Nähe befindlichen jüngeren, wegen der unausbleiblichen Fällungs- und Räumungsschäden und seiner ungünstigen Bedingungen für die Nachzucht von Lichtholzarten wird durch ihn gleichwohl im großen Betriebe den Anforderungen des Zuwachsmaximums nicht genügt werden.

---

[1]) Das Maximum des Durchschnittszuwachses (Derb- u. Reish.) auf III. Standortskl. wird für Fichte zu 10,2 fm, für Kiefer zu 6,7 fm, für Eiche zu 6,1 fm. angegeben (Ertragstafeln von Schwappach).

[2]) Jede umfassende Statistik ergibt hierfür Belege, in größtem Maßstabe diejenige Frankreichs, welche den Ertrag des Niederwaldes für den Staatswald zu 0,8 fm., für den Gemeindewald zu 1,3 fm angibt (Statistik des Ackerbauministeriums, Paris 1878).

[3]) Wie es z. B. bei der Haubergswirtschaft der Fall gewesen ist, die Jahrhunderte lang betrieben wurde, ohne daß eine Rückgang des Bodens eintrat.

[4]) Ergebnisse der Statistik, die den Mittelwald gegenüber dem Hochwald in einem günstigen Licht erscheinen lassen, beruhen entweder darauf, daß die Mittelwälder bessere Standorte einnehmen als die betreffenden Hochwälder, oder daß für die letzteren die auf die Durchforstungen entfallenden Erträge zum Vergleichsnachweis nicht einbezogen sind. Dies ist namentlich hervorzuheben gegenüber der Statistik Frankreichs, in welcher der Ertrag des Hochwaldes zu 2,91 fm., der des Mittelwaldes zu 4,26 fm. pro ha angegeben wird, und derjenigen Badens, Statistische Nachweisungen für das Jahr 1907. Hier wird — Anlage 8 — der jährliche Zuwachs der Domänenwaldungen für Hochwald zu unter 5 fm, für Mittelwald zu über 5 fm. graphisch dargestellt.

Der regelmäßige Hochwald wird in seiner nachhaltigen Zuwachsleistung von keiner anderen Betriebsart übertroffen. Bei guter Begründung wird der Boden frühzeitig gedeckt und dauernd (vom Dickungsalter bis zur Verjüngung) voll ausgenutzt. Das Durchschnittsfestmeter enthält am wenigsten Reisholz, am meisten ausgereiftes Derbholz. Die Blüten- und Fruchtbildung wird durch den geschlossenen Stand der Stämme zurückgehalten. Die Förderung des Zuwachses im Wege der Läuterung und Durchforstung läßt sich am besten durchführen.

c) Nach dem Alter.

In der Jugend ist der Zuwachs bei allen Holzarten sehr gering. Der Luftraum und der Boden werden nur unvollständig ausgenutzt. Im höheren Alter (je nach der Holzart früher oder später) läßt die Wuchskraft nach. Die meisten Bestände stellen sich licht; es entstehen stärkere Bodenüberzüge, und es tritt häufiger Blüten- und Fruchtbildung ein. In den mittleren Altersstufen, vom jüngeren Stangen- bis zum angehenden Baumholz, ist der Zuwachs bei allen Holzarten am höchsten.

d) Nach der Bestandesstellung.

Die Extreme des weiten und gedrängten Standes entsprechen nicht den an die Wirtschaft zu stellenden Forderungen. Bei einem zu weiten Stande wird weniger Zuwachs erzeugt, weil die Bodenkraft nicht gehörig ausgenutzt wird und die Samenbildung frühzeitiger und häufiger eintritt. Bei zu dichtem Stande wird der dem Standort entsprechende Zuwachs nicht hervorgebracht, weil die Wachstumsorgane schwächlich ausgebildet sind. Der mittlere Schlußgrad (wie ihn mäßig geführte Durchforstungen zur Folge haben), der Lichtschluß (nach starken Durchforstungen eintretend) und eine schwache Unterbrechung des Schlusses verhalten sich hinsichtlich der Zuwachserzeugung am besten.

Die wichtigsten Mittel, die bei der Betriebsregelung angewendet werden, um den Zuwachs zu fördern, liegen hiernach in der Wahl der dem Standort entsprechenden Holzart; in einer Begründung, durch die der Boden rechtzeitig gedeckt wird; in der Bestandespflege, die sich auf den Aushieb von Holzarten, die dem Standort nicht entsprechen, zu erstrecken hat; in der Ausführung der Durchforstungen, durch welche eine vorteilhafte Bestandesstellung dauernd aufrecht erhalten wird; in der Herstellung gemischter Bestände, insbesondere im Unterbau von Lichtholzarten, durch welchen der bei diesen im Stangenholzalter eintretende Rückgang des Zuwachses ergänzt wird; in der Ausnutzung des Lichtungszuwachses, insbesondere während der Zeit der Verjüngung; in der richtigen Bestimmung der Umtriebszeiten und in der rechtzeitigen Nutzung zuwachsarmer Bestände.

II. Der laufende Zuwachs.

Unter dem laufenden Zuwachs wird der von Jahr zu Jahr oder der von Periode zu Periode an einem Baum oder Bestand erfolgende Zuwachs verstanden. Angaben über ihn bedürfen stets der näheren Ergänzung in bezug auf die Zeit oder das Alter, in welchem er gebildet ist. Bei allen Messungen, die an Bäumen oder Beständen vorgenommen werden, ist es zunächst stets der laufende Zuwachs, der als Ergebnis hervortritt. Er bildet daher den Ausgangspunkt und die Grundlage für alle weiteren Untersuchungen und Folgerungen, die an den Zuwachs geknüpft werden.

Die Eigentümlichkeit des laufenden Zuwachses, die in seiner Abhängigkeit vom Alter liegt, tritt insbesondere beim regelmäßigen, gleichalterigen Hochwaldbetrieb hervor. Für den Plenter- und Mittelwald lassen sich diese Beziehungen nicht ausdrücken, da hier ein den ganzen Bestand betreffendes, bestimmtes Alter überhaupt nicht nachgewiesen werden kann.

Beim Niederwald können die Massenangaben in der Regel auf den Durchschnittszuwachs beschränkt werden; ein zahlenmäßiger Nachweis des Zuwachses in den einzelnen Jahren der Umtriebszeit ist weder nötig noch ausführbar.

In seinem zeitlichen Verlauf zeigt der Zuwachs gewisse gleichmäßige Erscheinungen. Er beginnt, wie alles organische Wachstum, mit kleinen Beträgen, erreicht ein Maximum und nimmt dann allmählich wieder ab. Je nach den äußeren Bedingungen kann aber dies allgemeine Verhalten des laufenden Zuwachses der Zeit und dem Grade nach mannigfache Abweichungen erleiden. Um den Zuwachs bestimmter zum Ausdruck zu bringen, muß man auf seine einzelnen Teile eingehen.

A. Der Höhenzuwachs.

Er folgt bei jeder Holzart den ihr eigentümlichen Wachstumsgesetzen. Die Wirkungen physiologischer Gesetze sind aber, wie es bei allen organischen Bildungen der Fall ist, von den äußeren Bedingungen abhängig, unter welchen sie zur Betätigung kommen. Als Bestimmungsgründe für den Höhenwuchs kommen zunächst die Standortsverhältnisse in Betracht. Zur Standortsgüte steht die Höhe unter übrigens gleichen Umständen annähernd in geradem Verhältnis. Beide Faktoren des Standorts, Boden und Lage, wirken auf den Höhenwuchs ein. Beim Boden kommen die chemischen und physikalischen Eigenschaften, insbesondere Tiefgründigkeit, Lockerheit und Frische zur Geltung. Mit der Lage ist stets eine gewisse Wärmesumme und Wärmeverteilung verbunden, durch welche die Dauer und Intensität der Vegetation sowie das Auftreten mancher Wuchsstörungen bestimmt wird. Wegen der unmittelbaren Beziehungen zwischen Standortsgüte und Höhenwuchs kann dieser als der einfachste, in den meisten Fällen genügende Maßstab der Bonität angesehen werden. Bei der Einschätzung der Bestände für die Zwecke der Ertragsregelung ist aber ferner zu beachten, daß auf den Höhenwuchs auch äußere Einwirkungen von Einfluß sind, sowohl solche, die von seiten der Natur, als auch solche, welche durch wirtschaftliche Maßnahmen herbeigeführt werden. Unter den ersteren sind namentlich Fröste hervorzuheben, welche die Höhentriebe in außerordentlichem Maße zurückhalten; ferner Wild, Weidevieh, manche Insekten. Unter den praktischen Maßnahmen ist insbesondere das Belassen einer senkrechten Beschirmung zu nennen. Diese hält den Höhenwuchs zurück. Daher zeigen natürliche Verjüngungen, in welchen die Mutterbäume lange übergehalten sind, große Unterschiede des Jungwuchses, sowohl in ihren einzelnen Teilen, als auch beim Vergleiche mit solchen, die rechtzeitig geräumt sind. Sofern äußere Hemmungen irgendwelcher Art nicht mehr vorliegen, wird die Höhe auf einem gegebenen Standort durch den Wachsraum bestimmt, wie aus den Stammklassen der Bestände zu ersehen ist.

Für manche Bestimmungen der Wirtschaftspläne, insbesondere für die Begründung und Erziehung gemischter Bestände, hat das Verhältnis des Höhenwuchses verschiedener Holzarten größere Bedeutung als der Höhenwuchs an sich. Holzarten, die schneller wachsen als andere, erhalten durch diese Fähigkeit einen Vorsprung, durch den sie bei ihrer weiteren Entwickelung begünstigt werden. Daher muß die Erziehung in gemischten Beständen so geleitet werden, daß diejenige Holzart, welche das Ziel der Wirtschaft bilden soll, in der Ausbildung ihres Höhenwuchses der ihr beigesellten Holzart voransteht. — In Verbindung mit dem relativen Höhenwuchs muß bei den Bestimmungen der Wirtschaftspläne über die Begründung gemischter Bestände auch die Fähigkeit der betreffenden Holzarten, Schatten zu ertragen, berücksichtigt werden [1]).

B. Der Stärkezuwachs.
1. Der Stärkezuwachs des einzelnen Stammes.

Der Zuwachs der Kreisfläche stellt sich als ein Ring dar, der das früher gebildete Holz umkleidet. Trotz mancher Abweichungen der Baumschäfte von der regelmäßigen Form nimmt man bei allen allgemeinen Betrachtungen den Querschnitt des Baumes als einen Kreis an, der aus regelmäßigen konzentrischen Schichten besteht. Ist der Durchmesser des Kreises $= d$ und die Breite des Jahrringes $= \dfrac{1}{n}$ cm, so ist der Umfang

---

[1]) Auf Grund der genannten Eigenschaften stellte G. Heyer bestimmte Regeln für die Anlage gemischter Bestände auf, die für die Betriebsregelung von grundlegender Bedeutung sind. Vgl. K. Heyer, Waldbau, 5. Aufl. v. Heß, 1906, S. 45 flg.

des Baumes $= d\,\pi$, die Kreisfläche $= \dfrac{d^2\,\pi}{4}$, der Kreisflächen-zuwachs $d\,\pi \cdot \dfrac{1}{n}$, das Zuwachsprozent $= \left(d\,\pi \cdot \dfrac{1}{n} : \dfrac{d^2\,\pi}{4}\right) 100 = \dfrac{400}{n\,d}$. Der Zuwachs des einzelnen Stammes ist hiernach von der Jahrring-breite und dem Durchmesser abhängig. Da auch die Kreisfläche das Produkt der früheren Jahrringbreiten ist, so sind alle den Zuwachs betreffenden Verhältnisse auf die Jahrringbreite zurückzuführen.

Die Bestimmungsgründe des Stärkenzuwachses sind dieselben wie beim Höhenzuwachs: Standort, Alter und Wachsraum. Indessen ergeben sich doch gewisse Unterschiede, die für die Stammbildung von Einfluß sind. Der Höhenzuwachs erreicht früher sein Maximum; der Stärken-zuwachs ist anhaltender; die Höhe gelangt in einem bestimmten Alter beinahe zum Abschluß; der Durchmesser nimmt fortgesetzt, so lange der Baum überhaupt wächst, zu. Daraus ergibt sich, daß das Verhältnis der Höhe zur Stärke, welches für manche Verwendungsarten der Hölzer von Wichtigkeit ist, mit dem Alter eine Abnahme zeigt. Sodann ist der Wachsraum auf das Verhältnis von Höhe und Stärke von Einfluß. Je mehr derselbe eingeengt ist, um so mehr wird die Ausbildung des Durchmessers nicht nur absolut, sondern auch im Verhältnis zur Höhe zurückgehalten. Hiernach sind die Formen der Stämme im Bestande andere als im freien Stande. In den Beständen ergeben sich wieder Unter-schiede der Form nach den Stammklassen. Bei den stärksten Stämmen des Bestandes ist das Verhältnis der Durchmesser zur Höhe am größten, daher auch die Abnahme des Durchmessers bei zunehmender Höhe am stärksten. Die am meisten zurückgebliebenen Stämme zeigen die ent-gegengesetzten Verhältnisse.

Der Stärkezuwachs ist ein bestimmter Maßstab für die Wuchskraft eines Baumes. Ob und wie diese Fähigkeit zum Ausdruck kommt, hängt aber nicht nur von den inneren Gesetzen des Baumwuchses ab, auf die die Wirtschaft keinen Einfluß hat, sondern auch von den äußeren Wachs-tumsbedingungen, deren Regelung eine der wichtigsten Aufgaben der Forsteinrichtung ist. Je nachdem das Wachstum der Stämme durch die Maßnahmen der forstlichen Technik zurückgehalten oder befördert wird, kann der Stärkezuwachs in den verschiedenen Altersstufen sehr ver-schieden sein. Bei ungehemmter Entwicklung ist die Jahrringbreite zur Zeit der lebhaftesten Wuchskraft am stärksten. Da jedoch Breit-ringigkeit in der Jugend mit Ästigkeit des Stammes verbunden ist, so muß die natürliche Fähigkeit der Bäume zur Bildung breiter Jahr-ringe in der Jugend durch vollen Schluß der Bestände beschränkt werden. Die Erreichung des weiteren Wirtschaftszieles, daß Stämme von ge-nügender Stärke erzeugt werden sollen, verlangt, daß die im Bestand ver-bleibenden Stämme, sobald die Grundlage einer guten Form gelegt ist, durch Erweiterung ihres Wachsraumes im Wuchse gefördert werden. Die Rücksicht auf hohe Werterzeugung fordert also, daß die großen Unterschiede in den Jahrringbreiten, welche sich beim freien Walten der Natur oft ausbilden, nach Möglichkeit vermindert werden. Das durch die Erziehung zu erstrebende Ideal geht dahin, daß die im Bestande verbleibenden Stämme mit Anlegung gleicher Jahrringe erwachsen.

Bei der Anordnung und Ausführung der Durchforstungen und Lichtungen, welche auf die Hebung des Stärkezuwachses gerichtet sind, ist ferner zu beachten, daß die Jahrringe in den einzelnen Teilen des Stammes nicht gleich sind, sondern daß je nach den Wuchsbedingungen mehr oder weniger große Verschiedenheiten auftreten. Diese Unterschiede sind von Einfluß auf die Form der Stämme. Die Anlage von breiten Ringen in den oberen Stammteilen bewirkt eine Zunahme der Vollholzigkeit, die neben der Astreinheit für die wichtigsten Verwendungsarten des Holzes von Bedeutung ist.

Im allgemeinen besteht die Regel, daß die Breite der Jahrringe (abgesehen vom unregelmäßigen Wurzelanlauf) von unten bis zur grünen Krone eine Zunahme zeigt. Innerhalb der Krone ist die Ringbreite eine ziemlich gleiche, so daß hier die Form des Baumes einem Kegel entspricht, wie sie demnach beim freien Stande am ganzen, bis unten beasteten Stamme erzeugt wird. Je höher die Krone angesetzt ist, um so entschiedener besteht die Tendenz des Breiterwerdens der Ringe nach oben, um so geringer sind die Unterschiede der Durchmesser zwischen den unteren und oberen Stammteilen. Der Ansatz der Krone, welcher hiernach auf die Stammform großen Einfluß ausübt, ist vom Wachsraum der Stämme abhängig. Gedrängter Stand treibt die Kronen in die Höhe, bei weitem Stand bleiben die unteren Äste am Leben. Auf den Wachsraum ist daher nicht nur die Stärke der Jahrringe, sondern auch ihr gegenseitiges Verhältnis in den verschiedenen Baumhöhen zurückzuführen. Eine streng mathematische Darstellung dieses Verhältnisses ist jedoch nicht ausführbar [1]).

2. Kreisflächenzuwachs und Stammgrundfläche in Beständen.

Im Bestande tritt als der zweite Bestimmungsgrund für den Kreisflächenzuwachs die Stammzahl hinzu, die für den Charakter der Bestände stets ein wesentliches Merkmal bildet. Das Produkt von Stammzahl und Stärkezuwachs des einzelnen Stammes ist der Kreisflächenzuwachs, das Produkt von Stammzahl und Kreisfläche die Stammgrundfläche des Bestandes.

---

[1]) Ihm hat Preßler, Gesetz der Stammbildung — Lehrsatz Nr. 4 — bestimmten Ausdruck zu geben versucht.

a) Stammzahl [1]).

Die Stammzahl, die bei einem gewissen Alter vorliegt, ist zunächst von der Holzart abhängig. Holzarten mit dichter Stellung der Triebe, Knospen und Blätter bedürfen, um eine bestimmte Menge organischer Arbeit zu leisten, weniger Raum; ihre Bestände können daher auf einer gegebenen Fläche eine größere Stammzahl enthalten als solche aus lichtbedürftigen Holzarten. Bei gleicher Holzart und gleicher Erziehung liegt der wichtigste Bestimmungsgrund der Stammzahlen in der Standortsgüte. Zur Standortsgüte steht die Stammzahl in umgekehrtem Verhältnis, weil die Entwicklung aller Gewächse auf gutem Boden und in milder Lage rascher erfolgt als auf schlechtem Boden und in rauher Lage. — Aber auch bei gleichen natürlichen Wachstumsbedingungen können die Stammzahlen der Bestände sehr verschieden sein. Zunächst kommt die Bestandesbegründung in Betracht. Gelungene Vollsaaten liefern die stammreichsten Bestände. Ihnen folgen natürliche Verjüngungen, dann Streifensaaten, Plätzesaaten, Büschelpflanzungen usw. Die geringsten Stammzahlen haben weitständige Einzelpflanzungen. Weiterhin ist die Führung der Durchforstungen [2]) von Einfluß auf die Stammzahl. Je nach dem Anfang, der Wiederholung, der Art und dem Grade der Durchforstungen bilden sich in den verschiedenen Altersstufen sehr verschiedene Stammzahlen aus.

Bei der Aufstellung der Regeln über die Bestandesdichte, die in den Wirtschaftsplänen auszusprechen sind, muß auch über die mit zunehmendem Alter erfolgende Stammzahlabnahme ein Gutachten abgegeben werden. Wenn auch in den wirklichen Beständen eine strenge Gesetzmäßigkeit in dieser Hinsicht nicht vorliegt, so empfiehlt es sich doch, bei der Begründung der Regeln für die Bestandeshaltung von regelmäßigen Beständen, für die solche Gesetze gegeben werden können, auszugehen. Denkt man sich einen Bestand aus Stämmen von gleichem Durchmesser, gleicher Krone und gleichem Abstand, so ist die Stammzahl vom Wachsraum des einzelnen Stammes abhängig. Wird dieser gleich dem Quadrat des Durchmessers der Krone (k) $= k^2$ gesetzt, so ist die Stammzahl $= \dfrac{f}{k^2}$. Um aber die Veränderung der Stammzahlen, welche bei den Durchforstungen erfolgt, zu begründen, ist der relative Wachsraum, wie man das Verhältnis der Krone zur Kreisfläche des Schaftes

---

[1]) Beispiele für die hier aufgestellten Regeln ergeben alle Ertragstafeln.

[2]) Auf die veränderten Anschauungen über die Führung der Durchforstungen sind die großen Abweichungen, die die neueren Normalertragstafeln der preußischen Versuchsanstalt gegenüber den früheren erkennen lassen, zurückzuführen (z. B. Kiefer II. Bon., Alter 100 J.: Stammzahl nach den Tafeln von 1889 = 525, von 1908 = 413; Fichte II. Bon., 100 J.: Stammzahl nach den alten Tafeln = 715, nach den neuen = 496).

in Brusthöhe nennen kann, oder die Abstandzsahl [1]), in welcher man
das einfache Verhältnis der Durchmesser von Krone und Schaft ausdrücken kann, zu bestimmen. Wird der Durchmesser der Krone als
Vielfaches des Stammdurchmessers $= d \cdot s$ und $k^2 = d^2 \cdot s^2$ gesetzt,
so ist die Stammzahl

$$= \frac{f}{s^2 \cdot d^2}.$$

Ist s für die Periode der Durchforstungen eine konstante Größe,
so nimmt die Stammzahl im Verhältnis der Quadrate der Durchmesser
ab. Für die wirklichen Bestände lassen sich diese Zahlen zwar nicht
streng aufrecht erhalten; allein es ist eine Folge der Beziehungen von
Krone und Durchmesser, daß die Abnahme der Stammzahlen bei rationeller Behandlung der Bestände eine so bedeutende ist, wie es die
neueren Ertragstafeln [2] erkennen lassen.

b) Kreisflächenzuwachs.

Der Kreisflächenzuwachs der Bestände setzt sich aus der Stammzahl und der Kreisflächenzunahme der einzelnen Stämme zusammen.
Für einen Normalbestand in dem angegebenen Sinne ist er

$$= \frac{f}{s^2 \cdot d^2} \cdot d\,\pi \cdot \frac{1}{n}.$$

Kann hierin $\frac{1}{n}$, die Jahrringbreite, als konstante Größe angesehen
werden, so ergibt sich, daß der Kreisflächenzuwachs in umgekehrtem
Verhältnis zum Durchmesser steht. Auch dieser Satz enthält eine (wenn
auch nicht scharfe) Anwendung durch die neueren Ertragstafeln.

c) Stammgrundfläche.

In einem normalen Bestand der angegebenen Beschaffenheit
findet die Stammgrundfläche in der Formel

$$g = \frac{f}{s^2 \cdot d^2} \cdot \frac{d^2 \pi}{4}$$

ihren Ausdruck. Da hier d^2 im Zähler und Nenner gleich vorkommt,
so folgt, daß die Stammgrundfläche g von der Stärke der Stämme und

---

[1]) Das Verhältnis des Durchmessers der Krone zu dem des Schaftes in Brusthöhe bezeichnet unter den angegebenen Umständen das Wesen der von König
(mit anderer Fassung) in die Forstwirtschaft eingeführten Abstandszahl. Wenn
diese auch für die Zwecke der Holzmassenermittelungen überflüssig ist, so hat
sie doch als charakteristisches Merkmal für den Grad der Bestandesdichte allgemeine und bleibende Bedeutung.

[2]) Insbesondere von Grundner, Untersuchungen im Buchenhochwald,
1904, und Schwappach, Fichte, 1902; Kiefer, 1908.

damit auch vom Alter, welches die Stärke bestimmt, unabhängig ist [1]). Auch diese Regel kommt in den Ergebnissen der forstlichen Statistik [2]) zum Ausdruck.

C. Der Massenzuwachs.

1. Verlauf.

Im regelmäßigen Hochwald zeigt der Massenzuwachs, der das Produkt aus Höhen- und Stärkezuwachs ist, folgenden Verlauf:

In der ersten Jugend ist das Wachstum aller Holzarten ein sehr geringes. Die Blätter und Wurzeln sind noch spärlich ausgebildet; sie können die für die Zuwachsbildung nötigen Stoffe aus dem Boden und der Luft nur unvollständig aufnehmen.

Im Dickungsalter erfolgt eine starke Steigerung des Zuwachses. Die Wurzeln vermögen vom Dickungsalter ab den Boden besser auszunutzen; die Konkurrenz der Standortsgewächse wird von den Holzpflanzen erfolgreich überwunden; der Höhenwuchs ist ein lebhafter. Berechnungen des Zuwachses begegnen auch in diesem Alter wegen der unregelmäßigen Form der Stämme, der großen Stammzahl und der schnellen Stammausscheidung Schwierigkeiten.

Im jüngeren und mittleren Stangenholzalter pflegt der laufende Zuwachs am höchsten zu sein [3]). Die Verhältnisse liegen in diesem Alter nach jeder Richtung für die Zuwachsbildung am günstigsten. Die Wurzeln vermögen den Boden in horizontaler und vertikaler Richtung vollständiger zu durchziehen; der Längenwuchs hat seine lebhafteste Periode überschritten; die Form der Baumkrone ist daher eine gestreckte. Es findet ferner noch keine den Zuwachs merklich beeinflussende Blüten- und Samenbildung statt; Standortsgewächse können sich wegen der dichten Stellung der Kronen bei den Schattenholzarten gar nicht, bei den lichtkronigen Holzarten noch nicht in stärkerem Maße einfinden.

Im höheren Stangenholzalter wird der Zuwachs fast aller Holzarten in den Ertragstafeln übereinstimmend als ein allmählich abnehmender bezeichnet. Die Ursachen seines Sinkens liegen darin, daß der Höhenwuchs in dieser Periode rasch abnimmt. Die Kronen erhalten

---

[1]) Der Verfasser hat deshalb in der Forstlichen Statik den Satz aufgestellt: „Die Kreisflächensumme, welche in den Beständen verbleibt, soll, sobald die Herstellung guter Stammformen bewirkt ist, keine wesentlichen Änderungen erleiden.“

[2]) Vgl. die angegebenen Ertragstafeln. In denjenigen für die Kiefer zeigt g vom 80. oder 90. Jahre an sogar eine Abnahme. (g ist mit 80 Jahren = 30,4 qm, mit 100 J. = 30,1 qm, mit 120 J. = 28,5 qm, mit 140 J. = 26 qm.)

[3]) In den neueren Normalertragstafeln wird auf der mittleren Standortsklasse das Maximum des laufenden Zuwachses bei Kiefer mit 40 J., bei Fichte und Buche mit 55 Jahren angegeben.

daher eine stumpfere Form; ihre Oberfläche wird kleiner. Bei lichtkronigen Holzarten pflegt sich ein stärkerer Bodenüberzug zu bilden, der in Verbindung mit der natürlichen oder künstlichen Lichtstellung, welche in diesem Alter eintritt, zuwachsmindernd wirkt.

Im Baumholzalter pflegt der Zuwachs in noch stärkerem Maße zu sinken. Die genannten Ursachen der Abnahme sind hier in höherem Grade wirksam. Auch die jetzt häufiger eintretende Blüten- und Samenbildung trägt zu einer Verminderung des Zuwachses bei.

Bei den natürlichen Verjüngungen reiht sich an das geschlossene Baumholz die Periode der Verjüngung an. Die Ergebnisse der Zuwachsuntersuchungen in Vorbereitungs- und dunklen Besamungsschlägen bestätigen die Regel, daß das Sinken des laufenden Zuwachses auch im Baumholzalter durch zweckmäßige Schlagstellungen aufgehalten werden kann. Später tritt mit der lichteren Stellung, der häufigen Blüten- und Samenbildung, dem Auftreten von Standortsgewächsen, der Entwickelung des Jungwuchses ein rasches Abnehmen des Zuwachses der Mutterbäume ein. Da aber gleichzeitig hiermit] die Entwickelung des jungen Bestandes erfolgt, so verhalten sich Naturverjüngungen in bezug auf den Zuwachs gegenüber dem Kahlschlag, bei dem die Periode sehr geringer Zuwachsleistung unvermeidlich ist, stets günstig.

Nach der Menge der angegebenen wirksamen Umstände ist zu folgern, daß es nicht möglich ist, bestimmte Zahlen von allgemeiner Gültigkeit über den laufenden Zuwachs festzustellen. Auch die vorliegenden Ertragstafeln dürfen nicht in diesem Sinne aufgefaßt werden. Legt man normale Bestände der angegebenen Beschaffenheit zugrunde, so ergibt sich, daß, so lange die Höhe eine Funktion der Stärke ist und die Jahrringbreite unverändert bleibt, keine Abnahme des Zuwachses erfolgt. In diesem Falle kann die Gehalts- oder Formhöhe als Vielfaches des Durchmessers $=$ d h ausgedrückt werden. Für den Zuwachs eines Normalbestandes kann man die Formel

$$\frac{f}{s^2 \cdot d^2} \cdot d\pi \cdot \frac{1}{n} d h$$

($=$ Stammzahl $\times$ Jahrring $\times$ Gehaltshöhe) aufstellen. Der Zuwachs erscheint hier als konstante, von der Stärke und demnach auch vom Alter unabhängige Größe. Sobald aber, wie es schon im Stangenalter der Fall ist, h im Verhältnis zu d abnimmt, sinkt, auch beim Gleichbleiben der Jahrringe, der Faktor d h und damit auch der Zuwachs. Tatsächlich wird die Abnahme des letzteren in stärkerem Maße erfolgen, da den Bedingungen des Gleichbleibens der Jahrringe auch in den besten Beständen nicht entsprochen werden kann. Es treten Störungen durch Naturschäden, Blüten- und Fruchtbildung ein, welche eine Zuwachsminderung bewirken. Trotzdem läßt ein Eingehen auf die Bestandteile des Zuwachses, verbunden mit seinen Grundbedingungen, erkennen, daß durch eine gute

Erziehung die Unterschiede des laufenden Zuwachses, entsprechend dem Gleichbleiben seiner Quellen [1]), vermindert werden können.

2. Der Einfluß von Lichtungen auf den Massenzuwachs.

Nach einer Umlichtung der Krone findet eine Steigerung des seitherigen Stärkenzuwachses, ein sog. Lichtungszuwachs, statt. Derselbe erfolgt bei allen Holzarten, auf allen Standortsklassen und in allen wirtschaftlich in Betracht kommenden Lebensaltern, ist aber zur Zeit der natürlichen Wachstumsenergie (vor dem 60.—80. Jahre) und bei dichtkronigen, schattenertragenden Holzarten (Buche, Tanne) am stärksten. Der Lichtungszuwachs findet in den Grundbedingungen der Zuwachsbildung eine genügende physiologische Erklärung. Ein zahlenmäßiger Nachweis der Höhe des Lichtungszuwachses von allgemeiner Gültigkeit ist wegen der Menge der wirksamen Einflüsse (Bodenveränderung, Samenerzeugung, Einwirkung von Insekten und atmosphärischen Beschädigungen) nicht möglich.

Bei der Aufstellung von Wirtschaftsplänen muß ein Gutachten darüber abgegeben werden, ob und wie vom Lichtungszuwachs Anwendung gemacht werden soll. Da durch die Lichtung, welche den Zuwachs der einzelnen Stämme steigert, eine Zunahme des Zuwachses auf der ganzen Fläche gegenüber dem Vollbestand nach den Grundbedingungen der Zuwachsbildung nicht herbeigeführt wird, so hat der Lichtungszuwachs entweder die Aufgabe, die Stadien geringen Zuwachses, die insbesondere in den ersten Jahren nach der Verjüngung vorliegen, zu ergänzen, oder der Zuwachs eines gelichteten Hauptbestandes bedarf selbst der Ergänzung durch einen andern Bestand. Im ersten Falle findet die Anwendung bei der natürlichen Verjüngung und bei Schirmschlägen statt, im zweiten Falle beim Lichtungsbetrieb mit Unterbau.

Für die Ausnutzung des Lichtungszuwachses hat der Verfasser [2]) a. a. O. folgende Regeln aufgestellt, die bei der Forsteinrichtung, insbesondere bei der Begründung der Schlagstellungen, der Naturverjüngung, der Anlage der Schirmschläge, der Einführung des Überhalt- und Lichtungsbetriebs zu beachten sind:

1. Die Lichtstellung der Stämme, an denen der Lichtungszuwachs erfolgen soll, darf weder zu früh noch zu spät erfolgen. Zu frühzeitige Umlichtungen haben die Folge, daß ästige, abfällige Schaftformen erzeugt werden. Die Lichtung darf andererseits aber auch nicht

---

[1]) Vgl. Borggreve, Forstabschätzung, S. 31. „Hiernach kann man mit den angedeuteten Einschränkungen den Satz aufstellen: Der jährliche Holztrockengewichtszuwachs noch nicht fruktifizierender Bestände ist ceteris paribus annähernd proportional der Gesamtgröße ihrer jeweiligen Blattoberfläche — oder noch kürzer: Der Gewichtszuwachs ist eine Funktion der Belaubung".

[2]) Forstliche Statik, S. 73—74.

zu spät vorgenommen werden, weil bei den meisten Holzarten im höheren Alter die Fähigkeit des Lichtungszuwachses abnimmt.

2. Die Gewöhnung der Stämme an den umlichteten Stand muß allmählich erfolgen. Daher haben den Lichtungen in der Regel kräftige Durchforstungen voranzugehen. Aus gleichem Grunde sind zur Umlichtung vorzugsweise die herrschenden Stammklassen geeignet, welche am gleichmäßigsten bekront sind und sich den veränderten Wachstumsbedingungen am besten anzupassen vermögen. Je mehr die Gefahr des Schnee- und Windbruchs vorliegt, um so mehr muß die Unterbrechung des Schlusses und die Freistellung beschränkt werden.

3. Wenn mit der Lichtung nachteilige Einwirkungen für den Boden verbunden sind, wie es namentlich bei lichtkronigen Holzarten, sofern ein natürlicher Unterstand fehlt, der Fall ist, so muß zur Schonung des Bodens rechtzeitig ein Unterbau, der in der weiteren Ausnutzung des Lichtungszuwachses größere Freiheit gewährt, vorgenommen werden.

4. Wenn mit der Lichtung die Erziehung eines jungen Bestandes, der das spätere ökonomische Ziel der Wirtschaft bilden soll, bewirkt wird, so muß die Zeit und der Grad der Lichtung durch die Bedürfnisse des Jungwuchses an Licht bestimmt werden.

5. Eine dauernde Mischung von Lichtwuchsstämmen mit einem nachwachsenden Bestande ist in der Regel nicht anzustreben, weil die positive Wirkung des Lichtungswuchses durch die nachteiligen Einwirkungen auf den jungen Bestand überwogen wird.

3. Die Verteilung des laufenden Zuwachses.

a) Auf die Stammklassen.

Durch die Verschiedenheiten der Veranlagung der Einzelstämme und der äußeren Wuchsbedingungen bilden sich in allen Beständen verschiedene Stammklassen aus: vorherrschende, herrschende, zurückbleibende und unterdrückte. An den zurückgebliebenen Stämmen sind die Wachstumsorgane mangelhaft ausgebildet; sie können deshalb den der Fläche entsprechenden Zuwachs nicht leisten. An den vorwüchsigen Stämmen, welche schlechte Formen haben, wird der auf die Flächeneinheit entfallende Zuwachs durch die frühzeitige und stärkere Samenerzeugung beeinträchtigt. An den herrschenden Stammklassen ist der Zuwachs im Verhältnis zu dem Wachsraum, den sie einnehmen, und im Verhältnis zu ihrer Masse nachhaltig am günstigsten.

Die Verteilung des Zuwachses auf die Stammklassen [1]) ist deshalb

---

[1]) Untersuchungen hierüber sind u. a. ausgeführt von: Speidel, Beiträge zu den Wachstumsgesetzen des Hochwaldes, 1893; Grundner, Allgem. Forst- u. Jagdz. 1888; Martin, Folgerungen der Bodenreinertragsth. § 106. Vgl. des Verf. Forstl. Statik, S. 76.

beachtenswert, weil sie zum Durchforstungsbetrieb, welcher bei der Aufstellung von Wirtschaftsplänen geregelt werden muß, in Beziehung steht. Nach dem angegebenen Verhalten der Stammklassen ist man zu der Folgerung geneigt, daß durch starke Durchforstungen, nach welchen alle oder die meisten Glieder des Bestandes den Charakter von herrschenden Stämmen tragen, der Zuwachs am meisten gefördert wird. Um jedoch den Einfluß der Durchforstungen in dieser Hinsicht nicht zu überschätzen, ist zu beachten, daß durch starke Durchforstungen eine raschere Zersetzung des Humus stattfindet. Hierdurch erfolgt eine Zuwachssteigerung, die von der Schlagstellung unabhängig ist. Sodann ist die Bemessung des Zuwachses nach dem Umfang der Kronen oder der Stärke der Stämme nicht einwandfrei. Die stärkeren vorwüchsigen Stämme nutzen mehr Boden und Luftraum aus, als dem Umfang ihrer Kronen entspricht; bei den zurückgebliebenen ist es umgekehrt. Ferner können die Bedingungen der starken Durchforstung nicht gleichmäßig wiederholt werden; ihre Wirkung ist keine nachhaltige. Die Gesamtleistungen der Bestände sind bei Anwendung mäßiger und starker Durchforstungsgrade nicht wesentlich verschieden [1]). Die wichtigsten Bestimmungsgründe für die Führung der Durchforstungen liegen in dem Einfluß, den sie auf den Wert der verbleibenden Stämme ausüben.

b) Auf Haubarkeits- und Vornutzungserträge.

Von den Stämmen, welche die Bestände zusammensetzen, scheidet ein Teil mit zunehmendem Bedarf an Wachsraum von Jahr zu Jahr oder von Periode zu Periode aus dem Hauptbestande aus und bildet den sog. Nebenbestand, der in einer geregelten Wirtschaft (abgesehen von bleibendem Bodenschutzholz) im Wege der Durchforstung genutzt wird. Demgemäß kann auch der Zuwachs in einen am bleibenden Bestand erfolgenden Teil, der den Hauptbestand bildet, und einen bei der Durchforstung zu nutzenden Teil zerlegt werden. Das Verhältnis, in welchem diese beiden Teile des Zuwachses stehen, ist von grundlegender Bedeutung für die Höhe der Vorerträge und ihren Anteil am Gesamtertrag. Es kann nachgewiesen werden:

1. Nach direkten Untersuchungen an Beständen. Man teilt die Stämme bei der Aufnahme in solche des Hauptbestandes und solche des Nebenbestandes und schätzt mit Hilfe von Untersuchungen an

---

[1]) Dies wurde geltend gemacht von Lorey, Ertragstafeln für die Fichte, 1899, S.108; Behringer, Über den Einfluß wirtschaftlicher Maßregeln usw., 1891. Aus der neuesten Zeit sind namentlich die Ertragstafeln der Fichte und Kiefer der preuß. Versuchsanstalt hervorzuheben. Trotz der sehr verschiedenen Durchforstungsgrade zeigt der Durchschnittszuwachs so geringe Unterschiede, daß sie praktisch unbeachtet bleiben können.

gefällten Stämmen den Zuwachs, der an beiden Teilen im Laufe der bevorstehenden Periode zu erwarten ist [1]).

Diese Methode ist jedoch in den meisten Fällen nicht durchführbar, weil der sogenannte Nebenbestand oft nicht klar genug erkennbar ist und vom Hauptbestand nicht mit genügender Schärfe unterschieden werden kann. Auch finden zwischen beiden Bestandesteilen allmähliche Übergänge statt, so daß im Laufe der Wirtschaftsperiode, namentlich für solche Bestände, welche erst am Schlusse derselben durchforstet werden, wesentliche Änderungen des ursprünglichen Verhältnisses eintreten.

2. Nach der Erfahrung und den statistischen Ergebnissen der Praxis. Diese können stets wertvolle Hilfsmittel für die Schätzung abgeben. Wenn die für eine bevorstehende Periode zu untersuchenden Bestände den früher behandelten gleich oder ähnlich sind, und wenn die Durchforstung in derselben Weise, wie es früher geschehen ist, bewirkt werden soll, so würde diese Methode der Ertragsschätzung der Vorerträge völlig genügen und jede andere überflüssig machen. Beides ist jedoch nicht immer der Fall.

3. Nach Ertragstafeln [2]). Die Normalertragstafeln der forstlichen Versuchsanstalten geben außer den Haubarkeitserträgen auch die Vornutzungserträge von Jahrfünft zu Jahrfünft an. Die Methode, diese Angaben direkt zu benutzen, ist die einfachste. Für regelmäßige Bestände, die im Sinne der vorliegenden Tafeln behandelt werden sollen, sind die Sätze derselben direkt anwendbar. Trotzdem sind auch gegen diese Methode Einwendungen zu erheben. Die Tafeln erstrecken sich auf Normalbestände, während es die Praxis häufig mit mehr oder weniger unregelmäßigen Beständen zu tun hat. Dann ist aber auch der Begriff des Normalen kein fester. Der Wechsel in den Ansichten über diesen Begriff ist die Ursache, daß die Tafeln Veränderungen unterliegen.

4. Nach der Theorie gleichbleibenden relativen Wachsraums. Wie früher hervorgehoben wurde, ist beim Gleichbleiben des relativen Wachsraums (oder der Abstandszahl), das nach Erreichung guter Stammformen empfehlenswert ist, die Stammgrundfläche g unverändert. Die Bestände nehmen alsdann nur in dem Maße zu, als die Höhen oder Gehaltshöhen größer werden. Sämtlicher Kreisflächenzuwachs wird durch die Vornutzung entfernt. Die Masse des ausscheidenden Bestandes ist daher gleich dem Produkt aus Kreisflächenzuwachs, Höhe und Formzahl [3]).

---

[1]) Findet Anwendung bei der Betriebseinrichtung der österreichischen Staats- und Fondsforste nach der Instruktion für die Betriebseinrichtung von 1901, Formular zur Bestandesbeschreibung, S. 110.

[2]) Vgl. den 4. Abschnitt über Ertragstafeln.

[3]) Weiteres hierüber siehe im 3. Teil, 4. Abschn.

Eine allgemein anwendbare Methode zur Bestimmung der Vornutzungserträge gibt es nicht. Man kann jedoch aus jeder der genannten Methoden gewisse Bestandteile und Gedanken benutzen, um die Ansätze der Wirtschaftspläne in Beziehung auf die Durchforstungserträge und ihr Verhältnis zur Hauptnutzung zu begründen.

4. Die Einschätzung des Zuwachses.

Der Zuwachs wird bei den Arbeiten der Forsteinrichtung in der Regel durch Schätzung bemessen, da eine scharfe Rechnung wegen der Mannigfaltigkeit der Bestandes- und Wuchsformen nicht tunlich ist. Wünschenswert ist es aber, daß solche Schätzungen durch genügende Untersuchungen am stehenden und liegenden Holz eine zahlenmäßige Grundlage erhalten. Solche müssen deshalb bei der Ertragsregelung vorgenommen werden.

Die Berechnung des Zuwachses kann erfolgen:

1. Durch Abzug der Masse eines Baumes oder Bestandes zu Anfang von derjenigen am Ende einer Wuchsperiode. Die betreffenden Messungen erfolgen mittels Stamm-Analysen. Für Bestände werden sie an Mittelstämmen vorgenommen, welche entweder den ganzen Bestand oder die verschiedenen Stammklassen repräsentieren.

2. Mittels des Zuwachsprozents. Da das Zuwachsprozent nicht nur zum Zweck der Zuwachsmessungen, sondern auch zum Nachweis der Hiebsreife der Bestände und der Verzinsung angegeben werden muß, so ist ein eingehender Nachweis desselben für ältere Bestände erforderlich. Das Massenzuwachsprozent beruht in allen Beständen vorzugsweise auf der Zunahme des Durchmessers; doch muß auch der Höhenzuwachs beachtet werden.

a) Durchmesserzuwachsprozent.

Ist $\dfrac{1}{n}$ die Breite des Jahrrings, so ist das Prozent der Durchmesserzunahme $\dfrac{2}{n}$ (doppelte Jahrringbreite) mal $\dfrac{100}{d} = \dfrac{200}{n.d}$.

Ist die Jahrringbreite gleich der seitherigen durchschnittlichen, so ist, wenn das Alter des Querschnitts mit a bezeichnet wird, das Zuwachsprozent

$$p = \frac{100}{a}, \text{ da alsdann } d = \frac{2a}{n}.$$

b) Kreisflächenzuwachsprozent.

Das Prozent der Kreisflächenzunahme ergibt sich aus dem Verhalten des Zuwachsrings $= d\,\pi\,\dfrac{1}{n}$ zu der vorhandenen Kreisfläche $= \dfrac{d^2\,\pi}{4}$. Es ist hiernach

$$p = \frac{400}{n\,d}\ ^{1)}.$$

Sofern die Jahrringbreite zur Zeit der Untersuchung gleich der durchschnittlichen gesetzt werden kann, ist, da alsdann $d = \dfrac{2\,a}{n}$,

$$p = \frac{200}{a}\,.$$

c) Massenzuwachsprozent.

Sofern auf den Höhenwuchs keine Rücksicht genommen wird, gilt das von der Kreisfläche abgeleitete Prozent auch für den Massenzuwachs. Die Schafthöhe, in welcher die die Fläche betreffenden Verhältniszahlen der Masse des Baumes entsprechen, liegt meist zwischen 0,4 und 0,5 der Baumhöhe [2]). Durch Vollholzigkeit wird sie nach oben, durch Abholzigkeit nach unten gerückt. Beim liegenden Holze sind hiernach die oberen Enden der Schneidestämme und die Mitten der Baumstämme geeignete Abschnitte, um Zuwachsprozente, die für den ganzen Baum Geltung haben, abzuleiten.

Wird das Zuwachsprozent am stehenden Holz in Brusthöhe mittels des Zuwachsbohrers ermittelt, so ist sowohl mit Rücksicht auf die zu tiefe Lage des Maßpunktes als mit Rücksicht auf den Höhenwuchs die Konstante 400 entsprechend zu erhöhen [3]).

Das Zuwachsprozent läßt sich auch aus der Differenz der Massen am Anfang und Schluß einer Wuchsperiode ableiten. Ist M_{a+t} die Masse im Jahre $a + t$, M_a diejenige im Jahre a, so ist das Zuwachsprozent

$$p = \frac{M_{a+t} - M_a}{M_{a+t} + M_a} \cdot \frac{200}{t}\ ^{4)}.$$

---

[1]) Formel von Schneider, Jahrbuch zum Forst- u. Jagdkalender für Preußen pro 1853.

[2]) Preßler, Gesetz der Stammbildung, 10. Lehrsatz: „Das Zuwachsprozent der Stärkenfläche der Stammitte ist ziemlich einerlei mit dem Zuwachsprozent der Stammasse."

[3]) Borggreve, Forstabschätzung, S. 48 ff. („Weitere Untersuchungen haben ergeben, daß das Zuwachsprozent in der Stammitte in der Regel das 1,20—1,25 fache des in ca. 1 m Höhe von der Abhiebsfläche ermittelten beträgt.")

[4]) Formel von Preßler.

III. Der Durchschnittszuwachs.

Bei der Feststellung des Hiebssatzes (die eine der wichtigsten Aufgaben der Forstbetriebsregelung bildet), ist nicht der laufende Zuwachs einer bestimmten Altersstufe, sondern der Zuwachs, welcher im Durchschnitt der Umtriebszeit oder im Durchschnitt aller Bestände einer Wirtschaftseinheit erfolgt, entscheidend.

Der Durchschnittszuwachs kann entweder in räumlichem oder zeitlichem Sinne aufgefaßt und dargestellt werden. Der auf die Fläche bezogene Durchschnittszuwachs bezeichnet den Durchschnitt vom Zuwachs der Bestände eines Reviers oder eines Wirtschaftsverbandes. Die für diesen Durchschnittszuwachs zugrunde zu legende Einheit ist 1 ha Holzbodenfläche. Zeitlich wird der Durchschnittszuwachs auf ein bestimmtes Bestandesalter, am häufigsten auf die Umtriebszeit bezogen. Der Durchschnittszuwachs kann ferner auf den Hauptbestand beschränkt bleiben oder auch den ausscheidenden Bestand und die früher erfolgten Ausscheidungen umfassen; er kann auf die gesamte Holzmasse oder, wie es in Ländern mit sehr extensiver Wirtschaft geschieht, auf das hauptsächlichste Sortiment (z. B. handelsfähiges Nutzholz) bezogen werden.

1. Der Haubarkeitsdurchschnittszuwachs.

Er ist von der Masse (m), die zu Ende der Umtriebszeit vorhanden ist, und von der Umtriebszeit selbst abhängig $= \dfrac{m}{u}$. Wenn der laufende Zuwachs, der während der Umtriebszeit erfolgt, auf den Hauptbestand beschränkt bleibt, so ist die Summe des laufenden Zuwachses der Summe des entsprechenden Durchschnittszuwachses gleich, so daß prinzipielle Gegensätze in bezug auf die Frage, ob der laufende oder durchschnittliche Zuwachs dem Etat zugrunde zu legen ist, nicht vorliegen. In der Wirklichkeit ist nun aber weder die Masse zur Zeit der Haubarkeit noch die Umtriebszeit eine feste Größe. Vielmehr sollen beide durch die Maßnahmen der Forsteinrichtung geregelt werden. Daher dürfen auch Untersuchungen über das Verhalten des Haubarkeitsdurchschnittszuwachses nicht umgangen werden.

Im regelmäßigen Hochwald zeigt der Durchschnittszuwachs trotz der physiologischen Abweichungen der einzelnen Holzarten ein im wesentlichen übereinstimmendes Verhalten. Da die Bestände zufolge der Beziehungen zwischen Kronen- und Schaftdurchmesser, sobald der Höhenzuwachs aufhört, ihre Massen nicht im Verhältnis des Alters vermehren können, so muß auch der Durchschnittszuwachs, welcher von Masse und Alter bestimmt wird, abnehmen. Diese Abnahme tritt in allen Ertragstafeln hervor [1]), insbesondere bei denjenigen Holzarten, welche sich frühzeitig licht stellen und einen großen Wachsraum zu ihrer Entwicklung nötig haben. Eine ähnliche Wirkung, wie sie unter Umständen durch natürliche Verhältnisse erzeugt wird, bringen aber auch die künstlichen Eingriffe in die Bestandesverhältnisse hervor. Durch eine jede Durchforstung wird die Masse des bleibenden Bestandes vermindert. Der Durchschnittszuwachs nimmt alsdann, unabhängig von den wirklichen Leistungen des Bestandes, ab [2]). In noch höherem Grade ist dies bei Lichtungen der Fall. Hieraus geht hervor, daß der **Haubarkeitsdurchschnittszuwachs keinen Maßstab der Produktionsfähigkeit des Bodens bilden kann.** Wenn er auch geeignet ist, um die Bestände unter Zugrundelegung einer bestimmten Bewirtschaftung zu kennzeichnen, so darf ihm doch niemals eine so allgemeine Bedeutung als Maßstab der Bonitäten und der auf ihnen beruhenden weiteren Rechnungen und Folgerungen beigelegt werden, als es von manchen Seiten, insbesondere von den Vertretern der Vorratsmethoden, geschehen ist.

2. Der Durchschnittszuwachs an Gesamtmasse.

Auch die Vorerträge müssen in bezug auf ihre ökonomischen Leistungen gewürdigt werden. Je mehr die forsttechnische und die volkswirtschaftliche Entwicklung fortschreitet, um so regelmäßiger können die Durchforstungen ausgeführt werden, um so größer ist der Anteil, den sie am Gesamtertrag haben. Alle Verhältnisse, welche die Betriebsregelung zu ordnen und nachzuweisen hat, finden im Gesamtzuwachs und im Gesamtertrag ihren Ausdruck. Die Fähigkeit eines Standorts, einen bestimmten Ertrag hervorzubringen, und die Fähigkeit einer Holzart, auf einem gegebenen Standort einen bestimmten Ertrag zu leisten, wird nur durch den Gesamtzuwachs nachgewiesen, nicht aber ausschließlich durch den Teil desselben, welcher in den bleibenden Bestand übergegangen ist und erst am Schluß der Umtriebszeit zur Nutzung kommt. Dasselbe gilt in bezug auf die Geschäftsführung und Verwertung. Ebenso muß für alle staatswirtschaftlichen und politischen Aufgaben der Forstwirtschaft immer der gesamte Durchschnittszuwachs zum Nachweis gebracht werden. Der Gesamtertrag, dem der

---

[1]) Vgl. den Abschnitt über Ertragstafeln.

[2]) Hieraus ergeben sich die großen Unterschiede der neueren Ertragstafeln gegenüber den früheren. Der Haubarkeitsdurchschnittszuwachs der mittleren Standortsklasse wird von Schwappach wie folgt angegeben:

			60	80	100	120 Jahre
Fichte	III	1890	7,5	7,5	7,2	6,8 fm
„		1902	6,4	6,1	5,5	4,7 „
Kiefer	III	1889	4,9	4,4	4,0	3,6 „
„		1908	4,3	3,8	3,2	2,7 „

Gesamtdurchschnittszuwachs entspricht, ist überall Grundlage und Ziel des forstlichen Betriebes.

Werden die Vornutzungen bei der Bestimmung des Durchschnittszuwachses gehörig berücksichtigt, so ergibt sich, daß die Kulmination desselben sehr viel später erfolgt. Bei den meisten Holzarten wird sie um etwa 30 Jahre hinausgeschoben.

3. Das Verhältnis des Durchschnittszuwachses zum laufenden Zuwachs.

Der Gang des Durchschnittszuwachses wird durch den des laufenden Zuwachses bestimmt. Da im Durchschnittszuwachs stets die kleinen Beträge, mit denen der laufende Zuwachs beginnt, enthalten sind, so muß er zunächst stets kleiner sein als der laufende Zuwachs desselben Alters. Er steigt so lange, als er vom laufenden Zuwachs übertroffen wird, da der Bestandesmasse alsdann jährlich mehr als der seitherige Betrag hinzugefügt wird. Der Durchschnittszuwachs erreicht sein Maximum, wenn er mit dem laufenden zusammenfällt. In der Abnahme dieses letzteren ist auch die Ursache für eine sinkende Tendenz des Durchschnittszuwachses, die später eintritt, enthalten. Da nun aber schon der laufende Zuwachs, wie unter II C 1 hervorgehoben wurde, bei einer guten Wirtschaftsführung, entsprechend dem gleichmäßigen Bodenzustand, der gleichen Wurzelkraft und dem gleichbleibenden Blattvermögen der Bestände, im Stangen- und angehenden Baumholzalter ein gleichmäßiges Verhalten zeigt, so muß der Durchschnittszuwachs, bei dem alle Veränderungen immer allmählicher erfolgen, dieses Verhalten der Gleichmäßigkeit in noch stärkerem Grade zeigen. Tatsächlich enthalten alle Erfahrungstafeln, welche den Durchschnittszuwachs auf Grund richtiger Grundlagen ermittelt haben, klare Nachweise dieses Verhaltens [1]).

Insbesondere tritt das Gleichbleiben des Durchschnittszuwachses bei den Schatten ertragenden Holzarten hervor, die physiologisch so veranlagt sind, daß sie die Quellen des Zuwachses (Boden und Luftraum), die lange Zeit hindurch in gleicher Weise zur Verfügung stehen, vollständig ausnutzen. Bei den lichtkronigen Holzarten wird allerdings mit der Abnahme dieser Fähigkeit auch ein Sinken des Durchschnittszuwachses hervorgerufen. Indessen bei ihnen kann einer starken Abnahme des Zuwachses im höheren Alter durch den Unterbau entgegengetreten werden.

Der Durchschnittszuwachs ist immer nur in absoluten Beträgen, nicht in Prozenten auszudrücken, weil keine Masse vorliegt, auf die

---

[1]) Für die Fichte III. Bonität ist z. B. der Durchschnittszuwachs

für u =	70	80	90	100	110	120 Jahre
	9,9	10,1	10,2	10,2	10,1	9,9 fm.

er bezogen werden könnte. Dem Durchschnittszuwachs eines Bestandes von m Jahren hat weder die Anfangsmasse im Jahr 0 noch die Endmasse im Jahr m zugrunde gelegen; vielmehr eine wechselnde Masse, als deren Durchschnitt (wenn sie in Zahlen ausgedrückt werden soll) das Mittel aus der Anfangsmasse 0 und der Endmasse $m = \dfrac{m}{2}$ einzusetzen wäre.

Zweiter Abschnitt.

Wertzuwachs.

I. Erklärungen.

Unter dem Wertzuwachs wird die Werterhöhung verstanden, welche sich mit wachsendem Alter durch die Zunahme der Dimensionen und die Verbesserung der technischen Eigenschaften des Holzes für die Durchschnittseinheit eines Bestandes (oder für das ausschlaggebende Sortiment, d. i. das Schaftholz) ergibt. Da der nachhaltige Massenzuwachs, wie am Schlusse des vorigen Abschnitts hervorgehoben wurde, unter verschiedenen Wachstumsbedingungen, insbesondere bei verschiedenen Umtriebszeiten und verschiedenen Graden der Bestandesdichte annähernd gleich sein kann, so ist klar, daß er für sich allein keinen genügenden Bestimmungsgrund für die Behandlung der Bestände abgeben darf. Bestimmtere Folgerungen als aus dem Massenzuwachs lassen sich für die Wirtschaftsführung aus dem Prinzip, Holz von hohem Werte zu erziehen, ableiten. In der Praxis, insbesondere bei Ausführung der Bestandesbegründung, Läuterung und Durchforstung, wird dieser Grundsatz allgemein anerkannt und betätigt. Daher muß ihm auch bei der Betriebsregelung die gebührende Würdigung zuteil werden.

Der Wert des Holzes liegt in seiner Brauchbarkeit zur Befriedigung wirtschaftlicher Bedürfnisse. Diese besteht, je nach dem Zwecke des Wirtschaftssubjekts, entweder in der unmittelbaren Verwendung des Holzes oder in seiner Fähigkeit, als Gegengabe für ein anderes Gut zu dienen. Die erste Art des Wertes heißt Gebrauchswert, die andere Tauschwert. Bei der Ertragsregelung müssen beide Wertarten berücksichtigt werden.

Der Gebrauchswert des Holzes ist einerseits von seinen technischen Eigenschaften (Dauer, Spaltbarkeit, Festigkeit, Härte, u. a.) abhängig, andererseits von seinen Dimensionen. Die Verschiedenheiten des Gebrauchswertes sollen in den Sortimenten einen Ausdruck finden, die deshalb so gebildet werden müssen, daß sie der Verwendungsfähigkeit entsprechen.

Für den Nachweis des Wertzuwachses des Holzes ist stets der Tauschwert zugrunde zu legen. Dieser wird in dem üblichen Umlaufs mittel (Edelmetall) ausgedrückt. Veränderungen im Werte des letzteren, die im Laufe längerer Zeit eintreten, brauchen beim Nachweis des Wertes und der Wertzunahme des Holzes in der Regel nicht beachtet zu werden, weil sich die statistischen Nachweise, die zum Zwecke der Ertragsregelung zu geben sind, meist auf kürzere Perioden erstrecken. Sofern sie berücksichtigt werden sollen, muß ihnen in anderer Weise [1]) Rechnung getragen werden.

II. Die Bestimmungsgründe für den Wert und den Wertzuwachs.

1. Gebrauchswert.

Die Ursachen, welche den Gebrauchswert bestimmen, sind, wie beim Massenzuwachs, auf die Standorts- und Bestandesverhältnisse zurückzuführen.

a) Standortsverhältnisse.

Boden und Lage sind von Einfluß auf die Beschaffenheit des Holzes. Der Einfluß des Bodens macht sich zunächst in der Schaftbildung geltend. Dem ungestörten Eindringen der Wurzel in einen tiefgründigen Boden steht auch ein gerader Schaft gegenüber. Hemmnisse, die sich der Ausbildung der Wurzel entgegenstellen. kommen dagegen auch in der Schaftform zum Ausdruck. Sodann ist der Nahrungsreichtum, die Lockerheit und Frische des Bodens von Einfluß auf die Stammbildung. In einem lockeren, nahrungsreichen Boden bilden sich auf gleicher Fläche weit mehr Wurzeln aus. Die Stämme brauchen deshalb weniger Raum zur Ausbildung gleicher Stammstärken, als unter entgegengesetzten Verhältnissen. Demgemäß ist die Stammzahl auf nahrungsreichem Boden eine größere; die Triebe sind länger, die Astreinheit und Vollholzigkeit vollständiger. Gewisse Sortimente können sich überhaupt nur auf gutem Boden ausbilden. Allgemeine Beziehungen zwischen der Güte des Bodens und der Qualität des Holzes lassen sich aber nicht aufstellen[2]).

Bestimmteren Einfluß als der Boden übt die Lage auf die Beschaffenheit des Holzes aus. Von der Lage, welche mit einer bestimmten Wärmesumme und Wärmeverteilung verbunden ist, hängt das Verhältnis der Bestandteile der Jahrringe ab. Je längere Zeit die Holzbildung unter dem Einfluß intensiver Sommerwärme erfolgt, im Vergleich

---

[1]) Namentlich bei der Begründung der Höhe der Verzinsung des Waldkapitals. In der Vermutung der Zunahme der Holzpreise liegt ein Motiv für die Unterstellung niedriger Zinsfüße.

[2]) Es ist bekannt, daß manche Böden von mittlerer Beschaffenheit besseres Holz erzeugen als mineralisch reichere. (Verhalten der Kiefer auf tiefgründigen Sandböden gegenüber Basalt- und anderen chemisch reichen Eruptivböden.)

zu der physiologischen Tätigkeit im Frühjahr, um so größer ist der dichtere Teil der Jahresringe [1]), um so größer das Gewicht, mit dem stets wichtige technische Eigenschaften im Zusammenhange stehen. Auch manche Schäden des Holzes, die durch mangelhaftes Ausreifen der Jahresringe und durch atmosphärische Einwirkungen (Sturm, Schnee, Duftanhang) herbeigeführt werden, haben in der Lage ihre Ursache.

Im allgemeinen gilt die Regel, daß die besten Qualitäten einer Holzart in ihrem Standortsoptimum erzeugt werden. Nähert man sich der nördlichen Grenze ihres natürlichen Auftretens, so wird in der Regel wahrgenommen, daß die Wärmemenge zu gering ist: der Höhenwuchs nimmt ab, mit ihm auch die Astreinheit; die Fähigkeit, geschlossene Bestände zu bilden, hört auf. Schneller tritt die gleiche Erscheinung dem Beobachter bei einer Wanderung vom Fuß nach der Höhe der Gebirge entgegen. Aber auch eine zu hohe Wärme ist für die Beschaffenheit des Holzes nicht günstig. In einem zu milden Klima erwacht die Vegetation frühzeitig. Dadurch entstehen breite Frühjahrsringe mit lockerem Gefüge. Es kommt hinzu, daß in einem zu milden Klima gewisse Schäden der organischen Natur (durch Pilze, Insekten), welche die Beschaffenheit des Holzes ungünstig beeinflussen, in verstärktem Grade auftreten.

b) Bestandesverhältnisse.

Von ihnen sind namentlich Stärke, Astreinheit und Vollholzigkeit abhängig. Das Verhältnis von Krone und Schaft, welches diese Eigenschaften bestimmt, ist eine Folge des Wachsraumes, der den Stämmen im Bestande gegeben wird. Je größer er ist, um so größer ist nicht nur die Stammstärke, sondern auch die Astmenge, um so tiefer sind die Kronen angesetzt, um so abfälliger ist die Stammbildung. Jede Erweiterung des Wachsraumes enthält hiernach Ursachen zu positiven und negativen Folgen für den Gebrauchswert des Holzes. Es ist eine Aufgabe sowohl der Forsteinrichtung als der ausführenden Wirtschaft, ein Optimum der Bestandesdichte herzustellen, bei welchem die angegebenen Mängel nach Möglichkeit vermindert, die Vorzüge befördert werden. Namentlich ist es zur Berechnung des normalen Vorrats und zur Begründung des Abnutzungssatzes unerläßlich, daß ein solches Optimum, welches in einfach gehaltenen Ertragstafeln seinen besten zahlenmäßigen Ausdruck findet, festgestellt wird.

Die zur Erhöhung des Gebrauchswertes dienenden Mittel, die bei der Aufstellung der Wirtschaftspläne ihren Ausdruck finden, liegen zunächst in der Art der Begründung. Gleichmäßigkeit und Vollständig-

---

[1]) Hierauf beruht die gute Beschaffenheit des Holzes mancher Holzarten, z. B. der Lärche in Hochgebirgslagen.

keit der Jungwüchse ist von bleibendem Einfluß auf die Beschaffenheit des Holzes. Sodann ist die Bestandespflege, welche schlechte Stämme ausscheidet, in reinen und gemischten Beständen eine wichtige Maßnahme zur Erzeugung guter Holzqualität. Auch die Ästung, namentlich die Beseitigung von trockenen Ästen, kann eine günstige Wirkung auf die technische Verwendbarkeit ausüben. Im weiteren Bestandesleben, vom Dickungsalter bis zur Haubarkeit, liegt in der Regelung des Wachsraums das wichtigste Mittel für die Zunahme des Wertes. Endlich ist die Bestimmung der Umtriebszeit von großer Bedeutung. Da Astreinheit und Stärke des Holzes mit wachsendem Durchmesser fortgesetzt zunehmen, so ist die Wertsteigerung eine dauernde, unbegrenzte. Je höher die Umtriebszeit, um so besser ist die Qualität. Auch nach der Gewinnung des Holzes können noch manche Mittel zur Verbesserung der technischen Eigenschaften in Anwendung gebracht werden, was unter Umständen bei der Würdigung einer Holzart zu beachten ist.

2. Tauschwert.

Die wichtigste Grundlage für den Preis des Holzes ist der Gebrauchswert. Er ist die Ursache, daß im Verkehr Tauschwerte gezahlt werden, und der Maßstab für ihre Höhe. Sobald das Holz eine Stärke erreicht, die es zu gewissen Verwendungsarten fähig macht, steigen auch die Preise. Ebenso macht sich jede technische Eigenschaft, die einer Holzart oder einem Sortiment eigentümlich ist, in den Preisen geltend; jede Erfindung, durch welche neue Gebrauchswerte hervorgerufen oder vorhandene Gebrauchswerte erhöht werden, hat alsbald auch auf den Tauschwert Einfluß.

Trotz dieses ursächlichen Zusammenhanges beider Wertarten kann der Tauschwert der Hölzer bei gleicher Gebrauchsfähigkeit nach Zeit und Ort sehr verschieden sein. Von Einfluß auf seine Höhe sind fast alle Verhältnisse, welche den wirtschaftlichen Kulturzustand eines Landes bestimmen. In ihnen liegt zugleich der Grund dafür, daß die Preise des Holzes von der sonst ziemlich allgemein gültigen Regel, daß die Tauschwerte durch die Produktionskosten bestimmt werden, abweichen. Mit dem Fortschreiten der allgemeinen Landeskultur nehmen die Holzpreise zu [1]), ganz unabhängig von den auf die Holzerzeugung verwandten Kosten. Steigernd auf die Holzpreise wirkt die Abnahme der Urwaldungen, die früher ohne Aufwendung von Produktionskosten erwachsen sind; ferner die Zunahme des Holzverbrauchs durch die wachsende Bevölkerung, sowie Erfindungen, die in der Verwendbarkeit des Holzes

---

[1]) In Sachsen wurde z. B. das durchschnittliche Festmeter im Jahrzehnt 1854—63 zu 10,30 M, 1864—73 zu 11,49 M, 1874—83 zu 13,28 M, 1884—93 zu 13,80 M, 1894—1903 zu 15,23 M verwertet.

gemacht werden, und andere Verhältnisse. Andererseits können aber Erfindungen von Ersatzstoffen für Nutz- und Brennholz den Tauschwert des Holzes in der umgekehrten Richtung beeinflussen. — In örtlicher Hinsicht ist die Lage des Waldes zu den Verbrauchsstätten ein Grund der Verschiedenheit der Holzpreise. Diese werden an den Verbrauchsorten bestimmt. Die infolge der Schwere des Holzes und der Entlegenheit der Waldungen bedeutenden Transportkosten sind negative Faktoren, die den Waldpreis [1]) herabdrücken. Der Ausbau von Wegen innerhalb und außerhalb des Waldes, das Vorhandensein von Eisenbahnen und Wasserstraßen tragen daher gerade beim Holze zur Hebung der Waldpreise bei. Endlich können auch manche politische Maßnahmen, insbesondere die Bestimmungen über die Beförderung des Holzes auf Land- und Wasserwegen, die Erschwerung der Einfuhr durch Zölle, ihre Erleichterung durch Handelsverträge mit auswärtigen Staaten auf die Preise des Holzes Einfluß üben.

III. Die Ermittelung des Wertes und Wertzuwachses.

Die Ermittelung des Wertzuwachses erfolgt, entsprechend der Untersuchung des Massenzuwachses, dadurch, daß die Bestandeswerte zweier oder mehrerer Altersstufen voneinander abgezogen werden. Hierdurch läßt sich die Wertzunahme sowohl nach ihrem absoluten Betrage als auch im Verhältnis zu den vorhandenen Bestandeswerten, als Wertzuwachsprozent, ausdrücken. Um in solcher Weise vergleichbar zu sein, müssen die betreffenden Bestände gleiche Entwicklungsbedingungen gehabt haben, insbesondere in bezug auf die Standortsgüte. Nach dieser sind deshalb alle Untersuchungen getrennt zu halten. Auch in bezug auf den Grad der Bestandesdichte muß annähernde Übereinstimmung stattfinden.

Als Wertart kann zur Ermittlung des Wertzuwachses nur der reale Verbrauchswert, den die Bestände zur Zeit der Untersuchungen besitzen, in Frage kommen (nicht der Kosten- und Erwartungswert). Die Einheit, auf welche die Wertzahlen zu reduzieren sind, ist das Durchschnittsfestmeter der Bestände. Dasselbe wird derart ermittelt, daß die Sortimente, welche es zusammensetzen, in Prozenten der Gesamtmasse ausgedrückt und daß für die einzelnen Sortimente die Durchschnittspreise eingesetzt werden. Bedingung der Brauchbarkeit der so gewonnenen Zahlen ist aber, daß die Sortimente richtig gebildet sind, d. h. so, daß sie dem

---

[1]) Relativ (im Verhältnis zum Holzwert) fallen die Transportkosten um so stärker als negative Elemente des Reinertrags in die Wagschale, je geringer der Holzwert ist. Deshalb muß das Wirtschaftsziel um so bestimmter und ausschließlicher auf die Erzeugung guter, starker Sortimente gerichtet werden, je weiter die Waldungen von den Verbrauchsstellen entfernt sind.

Gebrauchswert und den technischen Eigenschaften tunlichst entsprechen.

Der Nachweis der Sortimente kann erfolgen;

1. Nach den Ergebnissen der Einschläge von Beständen verschiedenen Alters.

2. Durch Aufarbeiten von Probestämmen. Als solche sind entweder die Mittelstämme der Bestände oder der in diesen zu bildenden Stammklassen zu wählen.

3. Durch Analysen von Probestämmen eines Bestandes, indem man aus dem Zuwachsgang eines Stammes die Sortimente, welche er früher besessen hat, ableitet und die entsprechenden Werte nach den jetzigen Preisen einsetzt.

Als das für die Praxis am besten geeignete Verfahren ist das unter 2 genannte zu bezeichnen. Die Probestämme müssen in der Regel nach mehreren Stärkeklassen gebildet werden, da sich die vorkommenden Unterschiede der Gebrauchswerte im Mittelstamm des ganzen Bestandes nicht genügend ausgleichen. Übrigens wird sich die Ermittelung des Wertzuwachses an die von den Versuchsanstalten gegebenen Vorschriften [1]) für die Messung von Probestämmen zum Zwecke der Massenermittelung anzuschließen haben.

Da die geringwertigen Sortimente auf den Wert des durchschnittlichen Festmeters nur wenig Einfluß haben, so wird es für die Zwecke der Forsteinrichtung häufig genügen, daß die angegebenen Untersuchungen auf das wichtigste Sortiment beschränkt bleiben. Dies ist das Holz des Schaftes. Sein Wert wird am besten durch den Nachweis des Verhältnisses der Stammklassen, die die Bestände zusammensetzen, dargestellt. Die Wertzunahme des Schaftholzes ist für die wirtschaftlich wichtigsten Altersstufen eine ziemlich gleichmäßige [2]), dem Stärkezuwachs entsprechende. Ein stärkeres Nachlassen des Wertzuwachses deutet darauf hin, daß die Hiebsreife der betreffenden Bestände eingetreten ist.

---

[1]) Ganghofer, Das forstl. Versuchswesen, 1881, XIV — Arbeitsplan für die Aufstellung von Holzertragstafeln, § 12.

[2]) Für Bestände, deren Jahrringbreite ihrer seitherigen durchschnittlichen annähernd gleich ist, wie es unter dem Einfluß kräftiger Durchforstungen und Lichtungen lange Zeit hindurch der Fall sein kann, läßt sich die Wertzunahme des Schaftholzes in bestimmten Zahlen darstellen. Ist für einen Stamm vom Alter a und dem Durchmesser d der Wert des durchschnittlichen Festmeters $= w$, so ist für das Alter $a + 1$ der Wert

$$w_1 = w \cdot \frac{d + \dfrac{d}{a}}{d} = w \left(1 + \frac{1}{a}\right).$$

Die Wertzunahme ist daher $= \dfrac{w}{a}$, das Prozent derselben $= \dfrac{100}{a}$. In der Praxis ergeben sich jedoch Abweichungen von einer dahingehenden Regel durch die Abnahme des Stärkezuwachses und durch Fehler des Holzes.

Sofern die Verschiedenheiten im Wertzuwachs für die Haubarkeits-
und Vornutzung nachgewiesen werden sollen, müssen die Untersuchungen
getrennt für Haupt- und Nebenbestand geführt werden. Oft wird es
jedoch genügen, den Wert des Durchforstungsholzes in Prozenten des
Hauptbestandes auszudrücken.

Aus den Bestimmungsgründen für den Wertzuwachs ergibt sich,
daß die Resultate der vollzogenen Wertermittelungen nur für bestimmte Orte (Reviere, Revierteile) und eine bestimmte Zeit Gültigkeit
besitzen — im Gegensatz zum Gebrauchswert, der von Zeit und Ort
unabhängig ist. Zwischen verschiedenen Revieren bestehen oft große
Unterschiede, die, abgesehen von Zufälligkeiten, in den unter II genannten Verhältnissen ihre Ursache haben. Gleichwohl läßt ein um-
fassender Überblick über die Entwickelung der Holzpreise und eine nach
den Regeln der Statistik geordnete Darstellung der Betriebsergebnisse
keinen Zweifel, daß im Gange des Tauschwertes des Holzes ebenso wie
aller anderen Wirtschaftsgüter mehr Ordnung und Regel obwaltet,
als man nach der Menge der einzelnen Ergebnisse vermutet.

Dritter Abschnitt.

Der Vorrat.

I. Begriff und Bedeutung.

Unter dem Vorrat, Materialvorrat (v) wird die Summe der auf dem
Stocke befindlichen Bestände verstanden, welche zur Führung eines
nachhaltigen forstlichen Betriebs vorhanden sein müssen. Der Vorrat
bildet den wesentlichsten Teil des Betriebskapitals der Forstwirtschaft.
Er ist für den Zustand der Wälder in hohem Maße charakteristisch;
seine vorhandene und angestrebte Höhe ist von Einfluß auf deren Behandlung und den Grad der jährlichen oder periodischen Nutzung;
deshalb muß ihm eine eingehende Begründung zunächst nach der forsttechnischen Seite, die Gegenstand der Betriebsregelung ist, gegeben
werden. Da der Vorrat aber auch einen wesentlichen Bestandteil des
Volksvermögens bzw. des Vermögens des Waldeigentümers bildet,
so muß diese Begründung auch in volkswirtschaftlicher Richtung
erfolgen.

Der Vorrat ist ursprünglich Naturgabe. Wald war früher im Überschuß vorhanden; er war nicht Gegenstand der planmäßigen Erzeugung,
sondern er wurde im Wege der Okkupation genutzt. Auf niederen Kulturstufen bildet der Wald sogar häufig ein Hindernis der wirtschaftlichen
Entwickelung und der Befriedigung der notwendigen, meist auf Lebens-
mittel gerichteten Bedürfnisse. Allgemein und mit logischer Notwendigkeit können Wälder daher nach ihrer Entstehung und ihrem Zweck

dem Kapitalbegriff nicht untergeordnet werden. Unter den rechtlichen und wirtschaftlichen Verhältnissen der höheren Kulturstufen muß jedoch der Vorrat der in geregeltem Betrieb stehenden, auf die Erzeugung von Holz bewirtschafteten Wälder als ein durch die Wirkung der wirtschaftlichen Produktionsfaktoren erzeugtes Betriebskapital angesehen werden. Die Merkmale des Kapitalbegriffs [1]) sind ihm eigentümlich.

Von dem beim nachhaltigen Betrieb zu unterhaltenden Vorrat scheidet zwar alljährlich ein Teil (die ältesten hiebsreifen Bestände) aus und nimmt dadurch den Charakter des umlaufenden, in andere Wirtschaftszweige übergehenden Kapitals an. An Stelle dieses Entzugs tritt jedoch durch Kultur und Zuwachs alsbald ein Ersatz. Seinem Gesamtbetrage nach bildet der Vorrat eine bleibende Grundlage der Wirtschaft. Er trägt daher den Charakter des stehenden Kapitals.

Aus der Auffassung des Vorrats als Betriebskapital geht unmittelbar hervor, daß er mit der Forderung der Verzinsung zu belasten ist. Von einem höheren Vorrat muß auch eine höhere Leistung verlangt werden als von einem niedrigen. Der absolute Ertrag (Maximum des Waldreinertrags, der Werterzeugung) ist daher kein genügender Maßstab der Wirtschaft.

Wenn der Vorrat nach den allgemeinen wissenschaftlichen Erklärungen auch als Betriebskapital angesehen werden muß, so ist doch für viele von ihm abhängige Fragen zu beachten, daß er bestimmte Eigentümlichkeiten besitzt, die es verhindern, daß die vom beweglichen Kapital abgeleiteten Regeln der Verzinsung ohne weiteres auf ihn übertragen werden können. Als besondere Eigentümlichkeiten des Vorrats sind in dieser Richtung hervorzuheben:

a) Das Verbundensein mit dem Boden.

Wenn der Vorrat vom Boden getrennt wird, hört der ihm eigentümliche Charakter als forstliches Betriebskapital auf; er wird in umlaufendes Kapital verwandelt und scheidet aus der Forstwirtschaft aus. Die Verbindung mit dem Boden gibt dem Vorrat eine eigentümliche Schwerfälligkeit, durch die seine Verwendung auf den Zweck der Holzerzeugung beschränkt wird. Auch als Grundlage für Anleihen, wodurch der Boden zur Beschaffung von beweglichem Kapital benutzt werden kann, ist er nur in beschränktem Maße geeignet.

---

[1]) Wie er z. B. gegeben wird von Hermann („jede dauernde Grundlage einer Nutzung, die Tauschwert hat"), von Roscher („jedes Produkt, welches zu fernerer Produktion aufbewahrt wird") u. a.

b) Die lange Dauer der Erzeugung und die Schwierigkeit des Ersatzes.

Die Hiebsreife des Holzes tritt erst am Schlusse einer langen Umtriebszeit ein. Deshalb haben Veränderungen in der Höhe des Vorrats lang dauernde Wirkungen. Die Ergänzung eines zu niedrigen Vorrats kann nur im Laufe längerer Zeit bewirkt werden. Ein Raubbau am Vorratskapital ist daher mit sehr ungünstigen Folgen verknüpft. Hierin liegt, in Verbindung mit der Möglichkeit des Eintretens von Naturschäden, die Ursache, weshalb vielfach, in erster Linie von der Staatsforstverwaltung, ein konservativerer Standpunkt eingehalten wird, als es sonst zulässig erscheinen würde. Andererseits kann aber auch ein zu hoher Vorrat, abgesehen von seiner ungenügenden Verzinsung, Mißstände zur Folge haben.

Aus den genannten Eigenschaften geht hervor, daß zum Eigentum am Walde und zur Führung der Forstwirtschaft nur solche Personen (Staat, Korporationen, Großgrundbesitzer), geeignet sind, welche am Zustand der Forstwirtschaft nachhaltiges Interesse haben und genügendes Vermögen besitzen, um die Nutzung des Vorrats bis zur Zeit der Hiebsreife hinauszuschieben.

II. Bestimmungsgründe für die Höhe des Vorrats.

Die Ursachen, durch welche die Höhe des Vorrats bestimmt wird, sind einerseits auf forsttechnische, andererseits auf ökonomische Verhältnisse zurückzuführen.

a) Forsttechnische Bestimmungsgründe.

Als solche sind hervorzuheben:

1. Die Standortsverhältnisse. Je besser sie sind, um so größer sind die Massen, welche auf der Flächeneinheit stehen, um so höher ist auch der Wert der Masseneinheit. Das Produkt aus Masse und Wert, welches den Vorrat darstellt, muß daher in noch stärkerem Verhältnis abweichen als seine einzelnen Faktoren [1]). Wegen des Einflusses der Standortsverhältnisse sind Nachweise des Vorrats nach den Bonitäten getrennt zu ermitteln.

2. Die Bestandesverhältnisse. Hier kommen in erster Linie die Altersklassen, dann die Vollständigkeit der Bestockung (nach Schluß, Wuchs und dem Vorhandensein von Schäden) in Betracht. Je besser die Bestände begründet und erzogen sind, um so höher ist — wenn auch nicht immer die Masse, so doch der Wert des Vorrats.

---

[1]) Nach den Ertragstafeln der Fichte von Schwappach verhalten sich die Massen auf I. und IV. Standortsklasse annähernd wie 2 zu 1, die Vorratswerte dagegen wie 3 zu 1.

3. **Die Umtriebszeit.** Da die alten Bestände stets den größten Teil des Vorrats bilden, so nimmt dieser auf der durchschnittlichen Flächeneinheit mit wachsender Umtriebszeit zu, und zwar in stärkerem Maße, als der Zahl der Jahre der Umtriebszeit entsprechend ist [1]).

4. **Die Betriebsart.** Der Niederwald hat das geringste Vorratskapital, er ist in dieser Hinsicht die extensivste Betriebsart. Auch der Mittelwald und die ihm verwandten Bestandesformen tragen in bezug auf Kapital einen extensiven Wirtschaftscharakter. Regelmäßiger Hochwald und der Plenterwald machen das wertvollste Vorratskapital erforderlich.

5. **Die Art der Wirtschaftsführung.** Die Eigentümlichkeit des Vorrats, welche in einer abgestuften Folge von Beständen besteht, ist ein charakteristisches Merkmal der nachhaltigen Betriebsführung, während es der aussetzende Betrieb nur mit einzelnen Beständen zu tun hat.

b) Ökonomische Bestimmungsgründe.

Als solche sind von Bedeutung;

1. **Das ökonomische Prinzip der Wirtschaft,** das entweder auf einen möglichst hohen Waldreinertrag oder einen möglichst hohen Bodenreinertrag gerichtet ist. Die Theorie des größten Waldreinertrags, für welche nur die absolute Leistung der Wirtschaft maßgebend ist, ohne daß auf die Höhe des ihr zugrunde liegenden Betriebskapitals Rücksicht genommen wird, führt zu höheren Umtriebszeiten, zu einer dichteren Haltung der Bestände und damit auch zur Erhaltung höherer Vorräte. Die Bodenreinertragslehre tritt zufolge der ihr eigentümlichen Forderung einer angemessenen Verzinsung des Vorrates einer zu hohen Kapitalanhäufung entgegen. Sie führt daher zu stärkeren Durchforstungen und kürzeren Umtriebszeiten.

2. **Die nach Zeit und Ort vorliegende volkswirtschaftliche Kulturstufe.** Für alle Wirtschaftszweige gilt der Grundsatz, daß sie mit Zunahme der wirtschaftlichen Entwickelung intensiver, unter Aufwendung einer größeren Menge von Kapital, betrieben werden. Hiernach muß auch das Betriebskapital der Forstwirtschaft beim Fortschreiten der wirtschaftlichen Kultur zunehmen.

Da die Erzielung eines hohen Bodenreinertrags allgemeines Prinzip der Bodenkultur bildet, so sind in den genannten ökonomischen Bestimmungsgründen entgegengesetzte Tendenzen enthalten. Das erstgenannte Prinzip verbietet die Erhaltung eines zu hohen Vorrats, das

---

[1]) Nach des Verfassers „Folgerungen der Bodenreinertragstheorie für die Erziehung usw." § 25 und 75 verhält sich der Wert des Holzvorratskapitals der Buche bei 60jähriger zu dem bei 120 jähriger Umtriebszeit annähernd wie 1 zu 4; bei der Kiefer für die gleichen Umtriebszeiten wie 1 zu 3,5.

andere verlangt eine Zunahme des Vorrats mit wachsendem Kulturfortschritt. Trotz dieser gegensätzlichen Wirkungen kann man nicht sagen, daß sie einen Widerspruch enthalten. Sie bestätigen vielmehr die allgemeine Regel, daß die Gestaltung der Wirtschaft, wie aller anderen Verhältnisse des menschlichen Lebens, unter entgegengesetzten Einflüssen erfolgt; sie bewirkt, daß extreme Richtungen, welche nachteilige Folgen haben, vermieden werden.

III. Die Schätzung des Vorrats.

Wie bei der Ermittelung der Holzmassen der einzelnen Bestände hervorgehoben wurde, so muß sich auch die Schätzung des Vorrats je nach dem Zweck, dem sie dienen soll, verschieden gestalten. Für den Zweck des An- und Verkaufs werden genaue Nachweise des Vorratskapitals erforderlich; zum Zwecke der Betriebsregelung genügen einfache Schätzungen, für die bei geregelter Forsteinrichtung deren Vorarbeiten, die vorliegenden Ertragstafeln und die Ergebnisse der Wirtschaft meist genügende Grundlagen geben.

Die Berechnung des Vorrats erstreckt sich einerseits auf seine Masse, andererseits auf seinen Wert.

1. Masse.

Die Einschätzung des Vorrats kann erfolgen:

a) **Nach dem Haubarkeitsdurchschnittszuwachs**[1]). Wenn der Vorrat nur nach der Bedeutung, die er für die Erfüllung des Etats an Haubarkeitsnutzung besitzt, nachgewiesen werden soll, so kann er nach dem Haubarkeitsdurchschnittszuwachs berechnet werden. Der Vorrat jeder Altersstufe ist alsdann das Produkt von Haubarkeitsdurchschnittszuwachs $\left(\dfrac{m}{u} = z\right)$ und Alter (a).

Da bei diesem Verfahren der Einfluß der Bestandesdichte, die insbesondere für die Erträge aus Vornutzungen und Lichtungen im nächsten

---

[1]) Als Urheber dieses Verfahrens wird der Verfasser des von der Wiener Hofkammer 1788 erlassenen Dekrets angesehen, welches die Berechnung des Wertes eines forstmäßig behandelten (mit normaler Altersstufenfolge versehenen) und eines nicht forstmäßig behandelten Waldes vorschreibt. Später wurde dies Verfahren auf die Ertragsregelung übertragen, namentlich von K. André, Ökonomische Neuigkeiten, 1811, und E. André, Versuch einer zeitgemäßen Forstorganisation, 1823. Vgl. die Vorratsmethoden im 5. Teil. Allgemein ist das vorliegende Verfahren der Vorratsberechnung von K. und G. Heyer vertreten — Waldertragsregelung, 3. Aufl., § 34 u. 36. („Man findet die Größe des normalen Vorrats, indem man das Alter einer jeden Stufe mit dem normalen Haubarkeitsdurchschnittszuwachs multipliziert und die Produkte addiert." Entsprechend soll auch beim Nachweis des wirklichen Vorrats verfahren werden.)

Wirtschaftszeitraum von Bedeutung ist, nicht zur Geltung kommt, so ist dasselbe, wenigstens allgemein, nicht richtig.

b) **Nach dem wirklichen Holzgehalt**[1]). Wenn der wirkliche Gehalt des Vorrats, den ein Revier zur Zeit der Aufnahme der Wirtschaftspläne besitzt, nachgewiesen werden soll — wie es meist der Fall ist — so ist die Schätzung des Vorrats nach dem vorliegenden Holzmassengehalt zu bewirken. Sie erfolgt in älteren, unregelmäßigen Beständen in der Regel durch spezielle Holzmassenaufnahmen, in gleichmäßigen älteren und mittleren Beständen durch Okularschätzung oder nach Ertragstafeln, in jüngeren Beständen vorzugsweise nach letzteren.

c) **Nach dem Altersklassen-Verhältnis.** Bei den meisten in der Praxis angewandten Verfahren der Ertragsregelung ist der Vorrat in der Regel nur in der Form der Altersklassen-Tabelle, die nach den vorkommenden Holzarten abgeschlossen wird, dargestellt worden. Um hiernach den Vorrat nach seiner Eigenschaft als Betriebskapital in einheitlicher Fassung darzustellen, müssen die Bestände auch nach den Bonitäten geordnet werden.

Eine nach Holzarten geordnete abgeschlossene Altersklassen-Tabelle gibt dem Vorrat einen klaren Ausdruck, der für manche Verhältnisse besser geeignet ist als ein in Festmetern oder Geldwerten ausgedrückter Vorratsnachweis [2]). Für viele Aufgaben der Ertragsregelung, insbesondere für den Wertzuwachs und die Hiebsreife, ist jedoch das Altersklassenverhältnis unzureichend.

2. Werte.

Unbedingt richtige Methoden zum Nachweis der Werte des Vorrats gibt es nicht. Gegen jede Art der Berechnung lassen sich Einwände erheben. Für die seitherige Behandlung seitens der Staatsforstverwaltungen war der Umstand maßgebend, daß die über den Wert des Waldes erlassenen Bestimmungen meist mit Rücksicht auf Veräußerungen gegeben wurden. Bei solchen sind die Interessen eines Käufers oder Verkäufers zu vertreten, und alle Nachweise müssen mit möglichster Genauigkeit gegeben werden. Wenn es sich aber nicht um Veräußerungen, sondern um die bleibende forstliche Betriebsführung handelt, so kann der

---

[1]) Dies Verfahren wird von den meisten Autoren der Ertragsregelung, insbesondere von Hundeshagen, Carl, Judeich, Stötzer u. a. vertreten. Vgl. den Abschnitt über die Vorratsmethoden im 5. Teil.

[2]) Wie erfolgreich ein durch die Altersklassen dargestellter Nachweis des Vorrats zur Beurteilung und Vergleichung der Waldzustände verschiedener Länder und zur Begründung der auf die Ertragsregelung gerichteten Maßnahmen verwendet werden kann, hat sich in der neuesten Zeit sehr klar ergeben durch die „Eingehende Begründung zum Antrag des Reichsrates Grafen zu Toerring-Jettenbach an die Kammer der Reichsräte vom 7. Febr. 1908, die Nutzungen aus den bayerischen Staatswaldungen betreffend", München 1908.

Wertnachweis einfacher gehalten und ohne Rücksichtnahme auf persönliche Interessen geführt werden.

Die Berechnung des Wertes kann erfolgen:

a) Nach dem Kostenwert, der für den einzelnen Bestand oder Gruppen von Beständen (Altersstufen derselben Bonität nach der Formel

$$H_k = C\,1, op^m + (B + V)\,(1, op^m - 1) - D_a\,.\,1, op^{m-a}$$

zu ermitteln ist.

Kostenwerte kommen hauptsächlich für regelmäßige jüngere Bestände, sofern deren Erzeugungskosten nach der vorliegenden Statistik mit annähernder Vollständigkeit und Genauigkeit nachgewiesen werden können, zur Anwendung. Für ältere Bestände, die den wichtigsten Teil des Vorrats bilden, sind sie wegen Mangels genügender Rechnungsgrundlagen und wegen des Einflusses der langjährigen Verzinsung der Produktionskosten ungeignet.

b) Nach dem Erwartungswert. Für den Einzelbestand besteht die Formel:

$$H_e = \frac{A_u + D_q\,.\,1, op^{u-q} - (B + V)\,(1, op^{u-m} - 1)}{1, op^{u-m}}$$

Für jüngere Bestände sind Erwartungswerte aus entsprechenden Gründen, wie Kostenwerte für ältere, nicht anwendbar. Die Verteilung der Erträge auf Haupt- und Vornutzung hängt von der nicht immer vorausbestimmbaren Behandlung der Bestände (Art und Grad der Durchforstung, Lichtung) ab. Der Wert der End- und Vorerträge läßt sich meist nicht mit genügender Bestimmtheit einschätzen. Erwartungswerte sind deshalb für die Zwecke der Forsteinrichtung in der Regel nicht anzuwenden.

c) Nach dem Verbrauchswert, der sich aus dem Produkt der vorhandenen Masse und dem Wert des Durchschnittsfestmeters ergibt. Dieser ist nach dem Verhältnis der Sortimente zu berechnen, welches durch den Einschlag von Probestämmen ermittelt werden kann.

Der Verbrauchswert ist für ältere und mittlere Bestände, welche den wichtigsten Bestandteil des Vorrats ausmachen, sofern es sich nur um die eigene bleibende Wirtschaft, nicht um Veräußerungen handelt, am meisten zu empfehlen. Für die Zwecke der Forsteinrichtung hat er schon deshalb am meisten Bedeutung, weil er dem Wertzuwachs, welcher zur Begründung der Umtriebszeit nachzuweisen ist, zugrunde gelegt werden muß.

V. Die Bedeutung des normalen Vorrats für die Betriebsregelung.

1. Begriff des normalen Vorrats.

Der Vorrat, welcher sich für eine normale Betriebsklasse oder Wirtschaftseinheit berechnet, wird normaler Vorrat (n v) genannt. Man denkt sich denselben aus einer Reihe von regelmäßig abgestuften Beständen zusammengesetzt, von denen das älteste Glied u (oder u — 1) Jahre, das jüngste 1 Jahr alt (oder unangebaute Blöße) ist. An Stelle der jährlichen Gliederung kann zum Nachweis des normalen Vorrats eine periodische Gliederung mit Abstufungen von 10 oder 5 Jahren eingesetzt werden.

Entsprechend der allgemeinen Regel der Vorratsbestimmung kann der normale Vorrat nachgewiesen werden:

a) **Nach Ertragstafeln.** n v ergibt sich durch Aufsummierung einer alle Altersstufen umfassenden Normalertragstafel. Da diese meist nach Jahrfünften abgestuft sind, so sind, um dem jährlichen Betrieb Ausdruck zu geben, die einzelnen Glieder mit 5 zu multiplizieren. Die jüngsten Altersklassen, welche in den Tafeln nicht enthalten sind, werden entweder unberücksichtigt gelassen oder sie werden gutachtlich zugesetzt.

b) **Nach dem Haubarkeitsdurchschnittszuwachs.** Da dieser für alle Altersstufen gleich ist, so erscheint n v als eine regelmäßige Reihe, deren erstes Glied $= \dfrac{m}{u}$ oder z, das letzte $= \dfrac{m}{u} u$ oder $= m$ ist. Der Vorrat ist verschieden, je nachdem das erste Glied als einjährige Kultur oder als unbestockte Blöße angenommen wird. Es ist

$$n\, v_1 = z + 2\,z + \dots + (u-1)\,z + uz = \frac{u\,.\,uz}{2} + \frac{uz}{2}$$

$$n\, v_2 = o + z + 2\,z + \dots + (u-1)\,z = \frac{u\,.\,uz}{2} - \frac{uz}{2}.$$

Wird uz $= Z$ gesetzt, so ist

$$n\, v_1 = \frac{uZ}{2} + \frac{Z}{2}; \; n\, v_2 = \frac{uZ}{2} - \frac{Z}{2}; \; \text{im Mittel } nv = \frac{uZ}{2}.$$

2. Das Verhältnis der Nutzung zum Vorrat im Normalwald.

Im Normalwald ist die Nutzung gleich dem Zuwachs. Wird nur der Haubarkeitsertrag berücksichtigt, so ist der Zuwachs und die ihm entsprechende Nutzung gleich der ältesten Altersstufe z. Wird nun der normale Vorrat nach dem Haubarkeitsdurchschnittszuwachs berechnet, so ist das Verhältnis der Nutzung, ausgedrückt als Prozent

$$= \left(Z : \frac{uZ}{2}\right) 100 = \frac{200}{u}.$$

Dieser Quotient wird nach dem Vorgang von Paulsen [1]) und Hundeshagen [2]) als Nutzprozent berechnet. Es ist jedoch zu beachten, daß das wirkliche Verhältnis der Nutzung zum Vorrat weit größer ist, weil erstens in das Nutzprozent die Durchforstungsbeträge nicht einbezogen sind. Machen diese z. B. $^1/_3$ der Gesamtmasse oder die Hälfte der Haubarkeitsmasse aus, so erhöht sich das Prozent auf $\dfrac{300}{u}$. Zweitens erhöht sich das Verhältnis der Nutzung zum Vorrat, wenn es auf den Wert bezogen wird. Der Wert der Endmasse ist weit höher als der durchschnittliche Wert des Vorrats.

3. Der wirkliche Vorrat (w v).

Der wirkliche Vorrat zeigt gegenüber dem normalen mehr oder weniger starke Abweichungen, die ihre Ursache haben:

a) **In der Unregelmäßigkeit der Altersklassen.** Beim Vorherrschen der hohen Altersklassen ist der wirkliche Vorrat bei voller Bestockung größer, im umgekehrten Falle niedriger als der normale.

b) **In der Unvollständigkeit der Bestände nach Schluß und Wuchs.** Der Grad der Unregelmäßigkeit ist bei der Beschreibung der Bestände gutachtlich anzugeben.

Die Berechnung des wirklichen Vorrats erfolgt bei Vergleichung nach derselben Methode wie die des normalen. Werden bei Berechnung von w v Ertragstafeln zugrunde gelegt, so sind die Sätze derselben mit einem Vollertragsfaktor, der das Verhältnis des vorhandenen Bestandes zu einem normalen Bestand gleichen Alters angibt, zu multiplizieren.

Die Darstellung des Vorrats erfolgt am einfachsten derart, daß die auf der durchschnittlichen Einheit der Holzbodenfläche stehende Holzmasse angegeben oder graphisch dargestellt wird [3]).

---

[1]) Kurze praktische Anweisung zum Forstwesen, verfasset von einem Forstmann und herausgegeben von G. F. Führer, Fürstl. Lipp. Kammerrat, 2. Aufl., 1797.

[2]) Vgl. die Methode der Ertragsregelung im 5. Teil, 1. Abschn. (Vorratsmethoden).

[3]) Es gereicht in hohem Maße zur Kennzeichnung des Waldzustandes und zur Darstellung der getroffenen Maßnahmen, daß z. B. für Sachsen der Holzvorrat pro ha seit 1844 regelmäßig nachgewiesen wird. (Entwicklung der Staatsforstwirtschaft im Königr. Sachsen. Thar. Forstl., Jahrb. 47. Band, Tab. 4). Dasselbe geschah in Baden aus Anlaß der Methode der Ertragsregelung. Vgl. den 2. Abschnitt des 5. Teils sowie die Statistischen Nachweisungen für das Jahr 1907 nebst allgemeinen Mitteilungen, bearbeitet aus Anlaß der 10. Hauptversammlung des Deutschen Forstvereins in Heidelberg. In Sachsen ist hiernach der Vorrat in den letzten 3 Jahrzehnten ziemlich gleich geblieben, in Baden hat er sich im Hochwald von 240 auf 280 fm pro ha erhöht.

4. Herstellung des normalen Vorrats.

Der wirkliche Vorrat soll durch die Betriebsregelung dem normalen näher gebracht werden. Die Mittel hierzu liegen:

a) In der Hebung des Zuwachses. Da der Vorrat die Folge des vorausgegangenen Zuwachses ist, so tragen alle Mittel, durch welche der Zuwachs gehoben wird, zur Herbeiführung des normalen Vorrats bei.

b) In dem Grad der Abnutzung. Bei zu hohem Vorrat wird mehr, bei zu geringem Vorrat weniger genutzt als der Zuwachs, der Maßstab der Nutzung im Normalwald ist. Die allgemeine Formel für die in Zuwachs und Vorrat ausgedrückte Nutzung ist daher

$$= z + \frac{w\,v - n\,v\ ^{1)}}{a},$$

wobei a einen bei der Aufstellung des Betriebsplanes festzustellenden Zeitraum bedeutet.

Vierter Abschnitt.

Ertragstafeln.

I. Zweck, Inhalt und Umfang.

Um dem Zuwachs und Vorrat zahlenmäßigen Ausdruck zu geben, werden die Resultate der darüber angestellten Untersuchungen in tabellarischen Nachweisungen, Ertragstafeln, zusammengestellt. Sie finden bei manchen Arbeiten der Forsteinrichtung, insbesondere bei der Bonitierung und der Einschätzung der Holzmassen jüngerer Bestände, sowie zu Aufgaben der Waldwertrechnung und der forstlichen Statik Anwendung.

Die Angaben der Ertragstafeln werden nach Standortsklassen, deren in der Regel 5 gebildet werden, getrennt gehalten. Die wesentlichsten Bestandteile der Tafeln betreffen:

1. Die Elemente des Hauptbestandes: Stammzahl, Stammgrundfläche, Mittelhöhe, mittleren Durchmesser, Masse (getrennt nach Derb- und Reisholz), Formzahl.

2. Den ausscheidenden Bestand nach Stammzahl, Stammgrundfläche, Mittelhöhe, Masse.

3. Den Zuwachs an Derb- und Reisholz. Insbesondere muß angegeben werden:

a) Die Verteilung des Gesamtzuwachses auf Haupt- und Vornutzung;

b) der Durchschnittszuwachs an Haubarkeits- und Gesamtmasse;

c) der laufende Zuwachs der Gesamtmasse, in absoluten Zahlen und nach Prozenten.

---

[1]) Vgl. hierzu den Abschnitt über die Vorratsmethoden im 5. Teil.

Aus den Tafeln lassen sich auch die normalen Vorräte durch Aufsummierung der Holzmassen aller Altersstufen sowie die Nutzungsprozente ableiten.

Die Abstufung der Alter, für welche Zahlen eingesetzt werden, erfolgt nach Jahrfünften. Die ersten 2—3 Jahrzehnte bleiben unberücksichtigt. Etwaige Ansätze derselben, die z. B. für den Nachweis des Vorrats erforderlich werden, müssen eingeschätzt werden.

Ertragstafeln der angegebenen Vollständigkeit haben namentlich für regelmäßige nach dem Alter abgestufte Hochwaldungen Bedeutung. Es sind dabei nur die Bestände, deren Schluß noch nicht in stärkerem Maße unterbrochen ist, aufzunehmen. Die Massen der in natürlicher Verjüngung begriffenen Bestände gestalten sich nach dem Gang der Verjüngung zu verschieden, als daß einer schematischen Darstellung Wert beigelegt werden könnte. Sie bedürfen im konkreten Falle stets der besonderen Aufnahme. Andere Betriebsarten haben zu geringe Bedeutung; sie zeigen auch in ihrer Gestaltung zu große Unterschiede, als daß eine Norm über ihren Massengehalt in Ertragstafeln gegeben werden könnte. Namentlich ist dies beim Mittel- und Plenterwald der Fall. Die Wirtschaft des Niederwaldes aber beruht in der Hauptsache auf der Fläche. Die Nachweise über die Masse können in einfacher Fassung (nach dem Durchschnittszuwachs) gegeben werden.

Auch bezüglich der Holzarten muß eine Beschränkung der Ertragstafeln Platz greifen. Nur solche Holzarten sind zu einer Bearbeitung in solchen geeignet, welche auf ausgedehnten Flächen in reinen Beständen vorkommen. Gemischte Bestände zeigen in ihrer Zusammensetzung zu viel Verschiedenheit, um in Ertragstafeln behandelt werden zu können.

II. Unterscheidungen.

Die Ertragstafeln können entweder nach dem Umfang des Geltungsbereichs, den sie haben sollen, oder nach dem Charakter der Bestände, die ihnen zugrunde liegen, unterschieden werden.

1. Nach dem Umfange ihres Geltungsbereiches sind allgemeine und örtliche Ertragstafeln zu unterscheiden. Da alle Faktoren des Bodens und der Lage auf den Ertrag von Einfluß sind, so kann es für größere Wirtschaftsgebiete mit ungleichen Standortsverhältnissen Ertragstafeln von allgemeiner Gültigkeit nicht geben. Solche dürfen sich vielmehr nur auf Gebiete beziehen, deren klimatische Grundlagen nicht sehr verschieden sind.

2. Nach der Art der Bestände kann man reale, normale und ideale Ertragstafeln unterscheiden.

Reale Tafeln geben dem Verhalten der Bestände Ausdruck, wie sie in dem betreffenden Waldgebiet auf großen Flächen vorkommen.

Normale Ertragstafeln beziehen sich auf regelmäßige Bestände, welche von Störungen im Wuchs und Schluß nicht zu leiden gehabt haben. Nach den Beratungen der Vertreter der forstlichen Versuchsanstalten [1]) sind unter normalen Beständen solche zu verstehen, „welche nach Maßgabe der Holzart und des Standorts bei ungestörter Entwicklung als die vollkommensten anzusehen sind. Gleichartigkeit muß bestehen im Standort, Alter, Schluß und Masse." Der Begriff der Vollkommenheit kann jedoch sehr verschieden aufgefaßt werden.

Ideale Ertragstafeln können solche genannt werden, welche einem bestimmten Wirtschaftsprinzip oder einem bestimmten Grundgedanken Ausdruck geben. So kann z. B. der Aufbau der Bestände durch die Idee beherrscht werden, daß nach Herstellung einer guten Schaftform die Stammgrundfläche eine bestimmte Höhe nicht überschreiten soll. Die Bestände nehmen alsdann im Verhältnis der Gehaltshöhen zu. Der hierüber herausgehende Teil des Zuwachses wird im Wege der Durchforstung entfernt. Zur unmittelbaren Schätzung sind derartige Bestände nicht geeignet; dagegen enthalten sie ein bestimmtes Ziel, das für die Maßnahmen der Forsteinrichtung von Wert sein kann.

III. Methoden der Aufstellung von Ertragstafeln.

Die Aufstellung von Ertragstafeln kann erfolgen:

1. Durch einmalige Aufnahme der Masse mehrerer Bestände von verschiedenem Alter auf gleichem Standort und Ergänzung der Zwischenglieder durch Interpolation [2]).

2. Durch wiederholte Aufnahme der Massen einer Mehrzahl von Beständen verschiedenen Alters.

3. Durch Stammanalysen. Man sucht den Mittelstamm eines Bestandes und stellt für diesen durch Messung der Durchmesser und Höhen sowohl die gegenwärtige Masse als auch diejenige in früheren Zeitabschnitten fest. Die Massen in den verschiedenen Altersstufen eines solchen Bestandes ergeben sich durch Multiplikation der Masse des Mittelstammes mit der Stammzahl. Diese wird für die verschiedenen Altersstufen durch die Unterstellung gefunden, daß die Stammzahlen zu den Stammstärken in einem bestimmten Verhältnis (z. B. in umgekehrtem zum Quadrate der Durchmesser) gestanden haben [3]).

---

[1]) Ganghofer, a. a. O., § 6.

[2]) Dies Verfahren ist namentlich von G. L. Hartig begründet und in der Instruktion von 1819 für die Abschätzung der Königl. Preuß. Staatsforsten angeordnet worden.

[3]) Das hier bezeichnete Verfahren wurde zuerst (1824) durch den bayer. Salinen-Inspektor Huber und mit einigen Abweichungen später von Th. und R. Hartig zur Anwendung gebracht. Näheres hierüber siehe Stötzer, Forsteinrichtung, 2. Aufl., S. 155 ff. Der Anwendung dieses sog. Weiserverfahrens steht

In der neueren Zeit erfolgt die Aufstellung ven Normalertragstafeln durch die forstlichen Versuchsanstalten [1]) nach dem Entwurf der preußischen Versuchsanstalt, vereinbart bei den Beratungen in Eisenach, Bamberg, Wiesbaden und B.-Baden 1874—80 [2]). Dabei kommt das unter 2 genannte Verfahren zur Anwendung.

Die zu den Ertragstafeln erforderlichen Massenermittelungen erfolgen nach dem Kahlhiebs- oder Probestamm-Verfahren.

Beim Kahlhiebsverfahren werden die Stämme auf der ganzen Fläche eingeschlagen, in die üblichen Sortimente aufgearbeitet und diese nach Maßgabe der zu ermittelnden Faktoren auf Festgehalt reduziert. Beim Probestammverfahren sind die Stämme der Versuchsflächen zu kluppen und nach Klassen (meist 5) mit gleichen Stammzahlen zu ordnen. Die Massenermittelung erfolgt durch Messung der für die einzelnen Klassen gebildeten Probestämme.

Die Erhebung soll sich ausschließlich auf möglichst normale und gleichartige Bestände erstrecken. Die Größe der zu untersuchenden Bestände soll mindestens 0,25 ha betragen.

IV. Bedeutung der Ertragstafeln für die Forsteinrichtung.

1. Folgerungen.

Da die vorliegenden Ertragstafeln der forstlichen Versuchsanstalten auf gründlicher Bearbeitung eines reichen Materials beruhen, so können auch wertvolle Folgerungen für die Behandlung der Bestände aus ihnen gezogen werden. Insbesondere ist der Nachweis des Verlaufs des Massenzuwachses für zahlreiche Aufgaben von grundlegender Bedeutung. Um jedoch Mängel und Unrichtigkeiten bei ihrer Anwendung zu ver-

---

aber der Umstand entgegen, daß die Mittelstämme von einer zur anderen Wuchsperiode nicht dieselben bleiben, sondern infolge des Ausscheidens schwächerer Stämme im Wege der Durchforstungen mit zunehmendem Alter in die stärkeren Klassen rücken.

[1]) Hierher gehörige Ertragsnachweise sind namentlich mitgeteilt von: Baur, Die Fichte in bezug auf Ertrag, Zuwachs und Form, 1876; Die Rotbuche, 1881. Kunze, Beitrag zur Kenntnis des Ertrags der Fichte, Thar. Forstl. Jahrb., Suppl. 1878, 1883, 1888; der gem. Kiefer, das. 1883, 1890; der Rotbuche, das. 1890. Lorey, Ertragstafeln für die Weißtanne, 1897; für die Fichte, 1899. Weise, Ertragstafeln für die Kiefer, 1880. Wimmenauer, Ertragsuntersuchungen im Buchenhochwald. Allgem. Forst- und Jagdztg. 1880, 1885, 1889, 1893 u. a. Jahrg. Schuberg, Aus deutschen Forsten: Mitteilungen über Wuchs und Ertrag I. Weißtanne, 1888; II. Rotbuche, 1894. Schwappach, Wachstum und Ertrag normaler Fichtenbestände, 1890 und 1902; ebenso für Kiefer, 1893 und 1908; Rotbuche, 1893; Eiche, 1905. Grundner, Untersuchungen im Buchenhochwalde, 1904. Eichhorn, Ertragstafeln für die Weißtanne, 1902.

[2]) Vgl. Ganghofer, Das forstliche Versuchswesen, 1. Bd., XIV — Arbeitsplan für die Aufstellung von Holzertragstafeln.

meiden, hat man sich die Bedingungen, unter denen sie entstanden sind, gegenwärtig zu halten und den Abweichungen der konkreten Verhältnisse Rechnung zu tragen. Der Rückblick auf die Geschichte der Ertragstafeln bleibt in dieser Hinsicht lehrreich.

Die alten Tafeln (von Burckhardt, Baur u. a.) erstreckten sich nur auf den Hauptbestand. Nach den auf diesen beschränkten Ergebnissen wurde von Baur [1]) eine Reihe von Sätzen aufgestellt, die teils fast selbstverständlich waren, teils unrichtigen Folgerungen eine Stütze boten. Zu diesen gehörte namentlich der Satz, daß der Durchschnittszuwachs des Hauptbestandes frühzeitig kulminiert, und daß diese Kulmination früher auf guten als auf geringen Böden eintritt. Die frühe Kulmination schien niedrige Umtriebszeiten zu begründen, das Verhalten auf verschiedenen Bonitäten schien dahin zu führen, daß die Umtriebszeiten auf guten Bonitäten niedriger seien als auf schlechten. Beide Folgerungen sind jedoch, wie Borggreve[2]) zutreffend hervorhob, unrichtig. Beim Nachweis des Einflusses des Zuwachses auf die Umtriebszeit müssen stets auch die auf die Vorerträge entfallenden Teile desselben berücksichtigt werden, wodurch die Umtriebszeit erhöht wird [3]). Das Verhältnis der Umtriebszeit auf verschiedenen Bonitäten wird aber in der Regel mehr durch die die Werte als durch die die Masse betreffenden Faktoren bestimmt. Es kann je nach dem Wirtschaftsziel ein sehr verschiedenes sein.

2. Anwendbarkeit der Tafeln.

Ferner lassen die allgemein vorliegenden Tafeln erkennen, daß der Begriff des Normalen, dem sie Ausdruck geben, in seinen Elementen sehr verschieden sein kann. Vom waldbaulichen und physiologischen Standpunkt aus ist nichts dagegen zu erinnern, wenn z. B. für 80 jährige Fichten II. Standortsklasse sowohl Bestände mit einer Stammzahl von 600 und einem durchschnittlichen Festgehalt des Stammes von 1 Festmeter als auch Bestände mit 1200 Stämmen und einem Gehalt des Durchschnittsstammes von $\frac{1}{2}$ Festmeter als normale bezeichnet werden. Ebenso können, wie die neueren Mitteilungen aus dem f. Versuchs-

---

[1]) Die Fichte in bezug auf Ertrag, Zuwachs und Form, S. 44 ff.

[2]) Die Forstabschätzung, 1888, S. 98 ff.: Ertragstafeln und Umtrieb, insbesondere die Tafeln S. 104 und 105.

[3]) Nach den neuen Ertragstafeln kulminiert der Durchschnittszuwachs des bleibenden Bestandes: Bei der Buche (Grundner, III. Bon.) zwischen 80 und 100 Jahren, bei der Fichte (Schwappach, III. Bon.) zwischen 65 und 70 Jahren, bei der Kiefer (Schwappach, III. Bon.) mit 25 Jahren; der Durchschnittszuwachs der Gesamtmasse dagegen auf denselben Standortsklassen bei der Buche zwischen 110 und 120 Jahren, bei der Fichte zwischen 90 und 100 Jahren, bei der Kiefer zwischen 60 und 70 Jahren.

wesen Preußens ersehen lassen, Kiefernbestände mit 30 qm und solche mit 40 qm Stammgrundfläche normalen Charakter im Sinne der Definition der Versuchsanstalten besitzen [1]). Ein Urteil über den Begriff eines normalen Bestandes kann endlich nicht gegeben werden, ohne daß auf das Prinzip der Wirtschaft eingegangen wird. Die Waldreinertragslehre hat bei konsequenter Anwendung stammreichere Bestände zur Folge als die Bodenreinertragslehre, welche durch die Forderung der Verzinsung einer zu hohen Kapitalaufhäufung entgegentritt.

Aus den angegebenen Gründen geht hervor, daß die bestehenden Ertragstafeln der Versuchsanstalten bei der Forsteinrichtung nicht einfach nach ihren Zahlen übernommen werden können, auch nicht als Norm, die man mit einem Vollertragsfaktor berichtigt. Es ist vielmehr erforderlich, daß bei der Forsteinrichtung Untersuchungen über den Vorrat, Massen- und Wertzuwachs angestellt und daß die Ergebnisse solcher Untersuchungen in einem Gutachten niedergelegt werden, das zur Begründung der Umtriebszeiten und Durchforstungsgrade zu verwenden ist. Die Normalertragstafeln können hierbei aber wertvolle Hilfsmittel bilden.

V. Geldertragstafeln.

Die Aufstellung von Tafeln, welche den Wert der Bestände angeben, gründet sich auf das Verhältnis der Sortimente, welche in einem bestimmten Alter vorliegen. Diese werden auf Grund von Stammanalysen oder nach flächenweisen Abtrieben in Prozenten angegeben, wie im 2. Abschnitt für den Wertzuwachs hervorgehoben wurde.

Die Untersuchungen über den Wert sind stets nach Standortsklassen getrennt zu halten, da einer besseren Standortsklasse bei gleichem Alter immer höhere Werte entsprechen. Als Altersabstufung genügt aber eine 10 jährige.

Um solche Tafeln zusammenzustellen, ist gleiche Sortierung und gleiche Aufarbeitung des benutzten Materials erforderlich. Auch müssen die Bestände, welche in dieser Richtung benutzt werden, gleichmäßig behandelt sein. Auf Grund solcher Nachweisungen lassen sich Werttafeln konstruieren, indem für die Sortimente nach den Prozenten, mit denen sie vertreten sind, die durchschnittlichen Preise der letzten Jahre eingesetzt werden. Es empfiehlt sich, die Untersuchungen auf charakteristische Altersstufen (etwa von 40, 60, 80, 100, 120 usw. Jahren) zu beschränken, die übrigen im Wege der Interpolation nach gleichen Differenzen einzusetzen.

---

[1]) Beispiele, daß solche Differenzen tatsächlich vorliegen, ergeben namentlich die neueren Mitteilungen aus dem f. Versuchswesen Preußens (Ertragstafeln von Schwappach für Fichte und Kiefer).

Wegen der zeitlich und örtlich eintretenden Veränderungen der Preise haben Geldertragstafeln immer nur beschränkte Bedeutung. Sie müssen für jedes Revier besonders aufgestellt und bei der Erneuerung der Betriebsregelung der Prüfung unterzogen werden.

Fünfter Abschnitt.
Der Boden.
I. Erklärungen.
1. Der Boden als ökonomischer Produktionsfaktor.

Nach der nationalökonomischen Auffassung über die Quellen der Gütererzeugung kann der Boden als Naturgabe aufgefaßt, er kann aber auch dem Kapitalbegriff unterstellt werden. Wegen seiner wirtschaftlichen Besonderheiten und bei der Bedeutung, die er in rechtlicher, sozialer und wirtschaftlicher Hinsicht besitzt, empfiehlt es sich, ihn als besonderen Produktionsfaktor zu behandeln.

Der Boden ist bei seiner ökonomischen Wirkung stets mit anderen Elementen der Gütererzeugung verbunden, und zwar mit Naturkräften (Wärme, Luft, Feuchtigkeit u. a.); mit Naturgaben (organischen Abfällen und Rückständen); mit Kapital (Gebäude, Meliorationen, Gewächsen) und mit der Wirkung vorausgegangener Arbeit (Lockerung durch frühere Kulturen). Am Bodenerzeugnis ist deshalb der Anteil, welchen der Boden für sich nach seiner ursprünglichen Beschaffenheit an demselben hat, nicht nachweisbar. Selbst eine theoretische Begriffsbestimmung des Bodens ist wegen seines Zusammenhanges mit Gewächsen und deren Rückständen in einwandfreier Weise nicht möglich [1]).

Die wichtigsten Eigenschaften des Bodens, die ihn vom Kapital im gewöhnlichen Sinne des Wortes unterscheiden, sind:

a) Seine Unbeweglichkeit. Auch bei den am wenigsten beweglichen Kapitalien (Häusern, Holzbeständen) ist diese Eigenschaft nie in gleichem Maße vorhanden wie beim Boden. Durch seine Unbeweglichbeit gewährt der Bodenbesitz ein hohes Maß von Sicherheit, das ihn zur Verpfändung in besonderem Grade geeignet macht.

b) Seine Unvermehrbarkeit. Sie hat in Verbindung mit dem zunehmenden Bedarf der wachsenden Bevölkerung zur Folge, daß der Wert des Bodens mit dem Fortschritt der wirtschaftlichen Kultur steigt. Auch die Theorie des größten Bodenreinertrags als bestimmendes Element der Bodenkultur hat in dieser Eigenschaft ihre bleibende Grundlage.

---

[1]) Vgl. **Ramann**, Forstl. Bodenkunde, 1893, § 31.

2. Die Bodenrente.

Bodenrente ist das Einkommen, welches die Benutzung des Bodens seinem Eigentümer gewährt [1]). Sie ist gleich dem Reinertrag des Bodens, der sich ergibt, wenn alle Aufwendungen von Kapital und Arbeit, die außer dem Boden zum Zwecke der Produktion gemacht sind, vom Rohertrag abgezogen werden.

Daß die Bodenrente einen besonderen Bestandteil des Ertrags der Wirtschaft oder des Einkommens des Eigentümers bildet, geht daraus hervor, daß verschiedene Grundstücke, die mit gleichen Aufwendungen von Kapital und Arbeit behandelt sind, zufolge ihrer Beschaffenheit und ihrer Lage ungleiche Reinerträge ergeben. Diese Unterschiede der Erträge können, da andere Ursachen nicht vorliegen, nur in der Verschiedenheit des Bodens ihre Quellen haben. Die Bodenrente ergibt sich hiernach durch den Überschuß, welchen die Kultur des Bodens über die auf ihn gerichteten Aufwendungen an Kapital und Arbeit hervorbringt [2]).

Wie die Unterschiede in den Erträgen die Realität der Rente nachweisen, so ergeben sie auch die Ursache und den Maßstab für ihre Höhe. Verschiedenheiten ergeben sich für die forstliche ebenso wie für die landwirtschaftliche Grundrente:

a) Durch die verschiedene Fruchtbarkeit des Bodens.

b) Durch die verschiedene Entfernung der Grundstücke von den Betriebsstätten, Verbrauchsorten und vorhandenen Verkehrsstraßen [3]).

Die Bodenrente steht zum Bodenwert in demselben Verhältnis wie der Zins zum Kapital. Wenn der Bodenwert bekannt ist, so wird mit gegebenem Zinsfuß die Rente bestimmt. Ebenso ergibt sich der Bodenwert aus der bekannten Rente und dem Zinsfuß. Wegen der Sicherheit und Annehmlichkeit des Grundeigentums, seiner sozialen und politischen Bedeutung und der Aussicht auf die zukünftige Steigerung seiner Erträge steht der Rentenzinsfuß niedriger als der Zinsfuß beweglicher Kapitalien.

Da die ökonomischen Wirkungen von Boden und Kapital in dem Erzeugnis, dem reifen Holz, in inniger Verbindung auftreten, so ist, entsprechend dem Verhältnis in anderen Wirtschaftszweigen, eine

---

[1]) Nach der Theorie von D. Ricardo, Grundgesetze der Volkswirtschaft, 2. Hauptstück: „Rente ist derjenige Teil des Erzeugnisses der Erde, welcher dem Grundherrn für die Benutzung der ursprünglichen und unzerstörbaren Kräfte des Bodens bezahlt wird.“

[2]) Ricardo, a. a. O.: „Rente ist der Unterschied zwischen den Reinerträgen zweier gleicher Mengen von Kapital und Arbeit in ihrer Anwendung auf den Boden.“

[3]) v. Thünen, Der isolierte Staat in Beziehung auf Landwirtschaft und Nationalökonomie, 3. Aufl., 1875. („Man denke sich eine sehr große Stadt, in der Mitte einer fruchtbaren Ebene gelegen . . Wie wird die größere oder geringere Entfernung von der Stadt auf den Landbau einwirken, wenn dieser mit der höchsten Konsequenz betrieben wird?“)

scharfe Sonderung zwischen der Rente des Bodens und dem Zins des Vorrats aus dem Wertbildungsprozeß nicht nachweisbar. Eine Zerlegung beider Elemente des Ertrags kann nur mittels Rechnung abgeleitet werden. Diese macht aber immer Unterstellungen erforderlich, die keine allgemein bleibende Geltung besitzen, vielmehr dem Wechsel unterworfen sind. Dasselbe gilt von den Ergebnissen der Rechnung, den Bodenreinerträgen.

II. Die Bodenrente und Bodenwerte als Grundlage und Folge der forstlichen Produktion.

Mißverständnisse über die Bedeutung des Bodens als ökonomische Grundlage und des Bodenreinertrages als Ziel der Produktion sind häufig aus dem Umstand hervorgegangen, daß, wie es in vielen Gebieten der Volkswirtschaft der Fall ist, die Rente des Bodens und die Tauschwerte seiner Erzeugnisse wechselseitig im Verhältnis von Ursache und Folge stehen. Sie müssen deshalb nach dieser zweifachen Richtung betrachtet werden.

1. Bodenrente als Ursache der Tauschwerte.

Da die Nutzung des Bodens einen Bestandteil der Produktionskosten des Holzes ausmacht, welche nach der theoretischen Regel der allgemeinen Wirtschaftslehre den Bestimmungsgrund für das Mindestmaß des Tauschwertes enthalten, so muß die Bodenrente als eine Ursache der Holzpreise angesehen werden. Als solche tritt sie in der Formel für den Bestandeskostenwert [1] hervor, nach welcher die Werte jüngerer Bestände zu berechnen sind. Zu diesem Zweck muß der Bodenwert in bestimmten Zahlen ausgedrückt werden. Auch bei Veräußerungen und anderen Aufgaben der Forstwirtschaft sind die Bodenwerte als feste Größen zu ermitteln.

2. Bodenrenten und Bodenwerte als Folge der Wirtschaft.

Der auf den Boden entfallende Ertrag ergibt sich dadurch, daß von der Werterzeugung eines Bestandes oder einer Wirtschaftseinheit (dem Rohertrag) alle Produktionskosten mit Ausnahme der Bodenrente abgezogen werden [2]. Die Bodenrente erscheint somit als eine Folge [3] einerseits der übrigen Produktionskosten, andererseits der Er-

---

[1] Vgl. die Formel im 3. Abschn. S. 110.

[2] Diese Regel ist bereits enthalten in König, Forstmathematik, 4. Aufl., § 420 (Ermittelung der rohen und reinen Wertzunahmeprozente sowie der Bodenwerte von Waldgrundstücken).

[3] A. Smith, Volkswohlstand, 1. Buch, 11. Kap. („Hohe oder niedrige Löhne und Gewinne sind die Ursachen hoher oder niedriger Preise, hohe oder niedrige Rente ist deren Wirkung"). D. Ricardo, Grundges. der Volkswirtschaft, II („Das

träge. Er muß bei der Wirtschaftseinrichtung als unbekannte Größe angesehen werden; er soll sich erst aus der Wirtschaft entwickeln [1]). Die Mittel, um den Bodenreinertrag herbeizuführen und zu steigern, liegen entsprechend der genannten Auffassung einerseits in der Verminderung der Kosten, andererseits in der Steigerung der Erträge. Alle Maßnahmen, durch welche die Erträge in höherem Maße zunehmen als die Produktionskosten, tragen zu einer Erhöhung der Bodenrente bei. Hiernach kann (was schon von den ersten Autoren der Wirtschaftslehre begründet ist) auch das Bestreben, den Bodenreinertrag zu erhöhen, nicht im Gegensatz zu volkswirtschaftlichen Anforderungen stehen [2]), wie bisweilen unter dem Eindruck hypothetischer Rechnungsergebnisse angenommen ist.

Bei der Forsteinrichtung ist auf eine Erhöhung der Bodenrente insbesondere hinzuwirken:

a) Durch die Förderung des Massen- und Wertzuwachses. Je größer beide sind, um so größer ist der Überschuß des Ertrags über die Kosten.

b) Durch die Abnutzung solcher Bestände, welche ihren Kapitalwert ungenügend verzinsen.

Abgesehen von den Mitteln der forstlichen Technik wird eine Zunahme der Bodenrenten mit dem Fortschritt der Volkswirtschaft, der eine Zunahme des Holzbedürfnisses zur Folge hat, herbeigeführt.

III. Berechnungen.

Wegen des unter II 1 angegebenen Verhältnisses, wonach der Boden Ursache der Preise und Bestandteil der Produktionskosten ist, muß ein Bodenwert bei der Forsteinrichtung berechnet oder eingeschätzt werden. Auch wenn er, wie es meist der Fall ist, nur letzteres geschieht, müssen einer solchen Schätzung rechnungsmäßige Grundlagen gegeben werden. Alle Nachweise der Bodenwerte sind nach Holzart und Standortsklassen getrennt zu halten.

Die Berechnung kann erfolgen:

a) als Kostenwert, der sich nach dem Ankaufspreis plus den etwa aufgewendeten Meliorationskosten ergibt. Da der Boden im großen forstlichen Betriebe nicht Gegenstand des Kaufs und Tausches ist, so kann diese Methode nur selten Anwendung finden.

Steigen der Rente ist immer die Folge des zunehmenden Wohlstandes in einem Lande").

[1]) Helferich, Sendschreiben an Judeich, Forstl. Blätter 1872, II:- Bodenwert als Kostenpunkt der Holzerzeugung.

[2]) A. Smith, a. a. O. („Ein jeder Fortschritt in dem Zustand der menschlichen Gesellschaft wirkt dahin, entweder unmittelbar oder mittelbar die wirkliche Bodenrente zu erhöhen").

Der Wert, den der Boden für den Waldbesitzer bei der eigenen Bewirtschaftung besitzt, ist ein Erzeugungswert, dessen Eigentümlichkeit am besten durch die Berechnung

b) als Erwartungswert entsprochen wird. Derselbe wird gefunden durch Diskontierung der zu erwartenden Erträge abzüglich der auf den gleichen Zeitpunkt reduzierten Kosten nach der bekannten Formel [1]):

$$B_e = \frac{A_u + D_a \cdot 1{,}0\,p^{u-a} + D_b \cdot 1{,}0\,p^{u-b} + \ldots - c \cdot 1{,}0\,p^u}{1{,}0\,p^u - 1} - V$$

Diese Formel, mathematisch korrekt hergeleitet, entspricht den Verhältnissen des aussetzenden Betriebs und ist anzuwenden, wenn der Wert für ein aus der Forstwirtschaft ausscheidendes Grundstück nachgewiesen werden soll. Die Forsteinrichtung hat es aber vorzugsweise mit dem nachhaltigen Betrieb zu tun, ohne daß auf Eigentumswechsel Rücksicht zu nehmen ist. Die Formel unterstellt ferner ein Gleichbleiben ihrer Bestandteile. Für die wirkliche Sachlage ist es aber charakteristisch, daß alle Elemente der Formel einen variablen Charakter tragen.

c) Nach den Bodenrenten (als Rentierungswert). Beim nachhaltigen Betrieb ist nicht die einzelne Fläche für sich in ihrer Leistung zu untersuchen, sondern sie ist als Teil eines Ganzen, der Wirtschaftseinheit, zu betrachten. Unterstellt man eine aus u Flächeneinheiten und u regelmäßig abgestuften Altersklassen bestehende Wirtschaftseinheit (Normalwald), und bezeichnet man mit A die jährlichen erntekostenfreien Abtriebserträge, mit D die Summe der jährlichen Vorerträge aus Durchforstungen und zufälligen Ergebnissen, mit N das normale Holzvorratskapital, mit c und v die jährlichen Ausgaben für Kultur, Verwaltung, Schutz usw., so ist die jährliche Rente für die Flächeneinheit

$$= \frac{A + D - (c + v) - N \cdot 0{,}0\,p\ [2])}{u}$$

Nach der Bodenrente läßt sich bei gegebenem Zinsfuß auch der Wert des Bodens ermitteln. Ein Prolongieren und Diskontieren der Werte der Erträge und Produktionskosten ist hiernach zum Nachweis der Bodenrente und Bodenwerte nicht erforderlich.

---

[1]) Von Faustmann, Neue Jahrbücher der Forstkunde, 1853.

[2]) Anwendungen dieser Formel hat der Verfasser bereits in seinen Folgerungen der Bodenreinertragstheorie gemacht; er wird sie auch bei der Fortsetzung der forstlichen Statik zugrunde legen.

Sechster Abschnitt.
Das Waldkapital.

I. Erklärungen.

1. Das Waldkapital.

Wenn auch der Boden durch seine Unbeweglichkeit und Unvermehrbarkeit charakteristische Eigentümlichkeiten wirtschaftlicher und sozialer Natur besitzt, die ihm die Eigenschaft eines besonderen Produktionsfaktors geben, der anderen Faktoren nicht einfach koordiniert werden kann, so wird es zum Nachweis der Rentabilität doch erforderlich, ihn mit dem Vorrat zu einer mathematischen Einheit zu verbinden. Boden (B) und Vorrat (N, normaler Vorrat) bilden zusammen das Waldkapital, das als die notwendige Grundlage jeder geordneten Wirtschaft anzusehen ist.

2. Das Grundkapital.

Preßler führte zum Nachweis der Rentabilität das sog. Grundkapital ein [1], „welches den physischen wie finanziellen, den materiellen und wirklichen Grund darstellt, auf und in welchem alle Holzwirtschaft fußt und wurzelt". Dieses Grundkapital umfaßt außer dem Boden noch ein Kapital, als dessen Zinsen die jährlichen Ausgaben für Steuern, Verwaltung, Schutz und Kultur zu betrachten sind. Ein solches Kapital existiert nicht; es ist eine fingierte Größe, die aber, da sie stetigen Schwankungen ausgesetzt ist, für längere Zeit nicht festgestellt werden kann. Es entspricht dem Sachverhalte besser, daß man die jährlichen Kosten ihrem wirklich verausgabten Betrage nach von den Erträgen in Abzug bringt, wie es auch in der Praxis allgemein geschieht.

3. Das Verhältnis der Nutzung zum Waldkapital.

Dem Produktionsfonds $B + N$ steht die Nutzung, welche aus den Enderträgen (A) und den Vorerträgen (D) zusammengesetzt ist, gegenüber. In einem Normalwald ist dieser Endertrag gleich dem Zuwachs des Hauptbestandes, der Vorertrag gleich der Summe aller von den Durchforstungen ergriffenen Zuwachsteile.

Das Verhältnis der Nutzung zum Waldkapital, bezogen auf die Einheit 100, ist

$$= \frac{A + D}{B + N} \, 100.$$

---

[1] Allgem. Forst- und Jagdzeitung 1860; Der rationelle Waldwirt und sein Waldbau des höchsten Reinertrags, 1858.

Es drückt das von **Paulsen** und **Hundeshagen** [1]) in die Forstwirtschaft eingeführte Nutzprozent aus mit Einschluß der Vorerträge und mit Ausdehnung auf den Wert der Nutzungen. Um das reine Wertzunahmeprozent darzustellen, sind von A + D zunächst die Gewinnungskosten abzuziehen, sodann auch sämtliche jährlichen Kosten. Werden diese mit c (sämtliche Kulturkosten) und v (jährliche Ausgaben für Verwaltung, Schutz, Steuern) bezeichnet, so ist das Verhältnis des reinen Ertrages zum Waldkapital (bezogen auf 100)

$$= \frac{A + D - (c + v)}{B + N}\, 100.$$

II. Die Verzinsung des Waldkapitals.

Um das Verhältnis zwischen Ertrag und Produktionsfonds zu regeln, muß ein Zinsfuß in die Rechnung eingesetzt werden. Er ist für viele Aufgaben der Betriebsregelung, insbesondere für die Umtriebszeit, von Bedeutung; seine Begründung unterliegt aber besonderen Schwierigkeiten. Im allgemeinen gelten nachstehende Regeln.

1. Die Höhe des Zinsfußes.

Trotzdem im allgemeinen in der Nationalökonomie die Regel eines gleichmäßigen, landesüblichen Zinsfußes vertreten wird, so bestehen doch bei der Forstwirtschaft durch die lange Dauer zwischen Begründung und Ernte der Bestände Verhältnisse, welche bedingen, daß der Zinsfuß niedriger ist als bei der Anlage der gewerblichen Kapitale. Die Ursachen sind:

a) Die lange ununterbrochene Wirksamkeit des Waldkapitals, die in diesem Maße im gewerblichen Leben fast niemals vorkommt.

b) Die im allgemeinen, trotz vieler die einzelnen Bestände treffenden Gefahren, im großen bestehende Sicherheit der Wirtschaftsführung.

c) Die mit dem allgemeinen und forstlichen Kulturfortschritt eintretende Zunahme der Erträge.

d) Die beim Fortschreiten der volkswirtschaftlichen Entwicklung eintretende Abnahme des landesüblichen Zinsfußes.

e) Die Gebundenheit des Bodens und Vorrats. Mit Rücksicht auf diese kann in Frage kommen, ob nicht eine besondere Einschätzung des Holzvorrates [2]) „nach Maßgabe des erzielbaren Gewinns unter Anwendung des laufenden Zinsfußes als Kapitalisierungsfaktor" in Anwendung zu bringen wäre. Dem Wesen des forstlichen Betriebs und dem Charakter

---

[1]) Vgl. die Bemerkung S. 112 sowie das Verfahren von **Hundeshagen** im 5. Teil.

[2]) Nach **Helferich**, Sendschreiben an **Judeich**, Forstl. Blätter 1872.

des Holzvorrats wird aber durch eine Herabsetzung des Zinsfußes besser Rechnung getragen als durch ermäßigte Einschätzung der Vorratswerte.

2. Unterschiede des forstlichen Zinsfußes.

Einflußreicher als eine allgemein gehaltene Begründung des Zinsfußes ist für die Gestaltung der Betriebspläne die Forderung, daß der forstliche Zinsfuß nicht gleich sein, sondern daß er je nach den vorliegenden wirtschaftlichen Verhältnissen verschieden sein muß. Die Ursachen, welche zur Anwendung verschiedener Zinsfüße trotz der dabei unvermeidlichen subjektiven Auffassungen Veranlassung geben können, liegen in folgendem:

a) In dem verschiedenen Grade der Gebundenheit. Beim Vorhandensein von großen Flächen zusammenhängender Altholzbestände kann die Wirtschaft wegen der technischen Maßnahmen und der Absatzverhältnisse nur allmählich einer höheren Verzinsung entgegengeführt werden.

b) In dem verschiedenen Grade der Stetigkeit und Sicherheit der Wirksamkeit des Waldkapitals. Die Stetigkeit des Waldkapitals kann durch Schäden der Natur, durch andere Betriebsstörungen und die Verjüngung vermindert werden. Die Sicherheit der Erträge ist nach den vorkommenden Naturschäden verschieden, und die Annahme, daß die Werte des Holzes in Zukunft steigen werden, tritt je nach den obwaltenden Verhältnissen in verschiedenem Grade hervor. Indem man diese Grundsätze würdigt, ergeben sich Verschiedenheiten des Zinsfußes.

1. Nach Holzarten. Für Holzarten, die von Naturschäden wenig zu leiden haben (Buche, Eiche) ist ein niedrigerer Zinsfuß anzuwenden als für solche, welche in stärkerem Maße davon betroffen werden (Kiefer, Fichte).

2. Nach der Umtriebszeit. Alle Gründe, welche für einen niedrigen forstlichen Zinsfuß angeführt werden, kommen bei hohen Umtriebszeiten in stärkerem Maße zur Geltung. Die Möglichkeit hoher Umtriebszeiten ist an die Voraussetzung gebunden, daß die Bestände bis zu höherem Alter von stärkeren Schäden verschont bleiben. Auch die Vermutung, daß der Tauschwert des stärkeren Holzes in höherem Maße steigen wird als der des schwachen, übt eine gleiche Wirkung. Dieser grundlegenden Anschauung entsprechen auch ältere und neuere Anordnungen der Praxis [1]).

---

[1]) Namentlich in den Bestimmungen der preußischen Staatsforstverwaltung. In der Anleitung zur Waldwertberechnung von 1866, § 6, Fußnote, wird bemerkt: „Je länger ein Zeitraum ist, für welchen ein Kapital ohne Unterbrechung und ohne daß die mit der Veranlagung ... verbundene Mühe, Kosten usw. ... eintreten, mit Zins auf Zins werbend sicher angelegt wird, um so geringer kann der Zinsfuß

3. Anwendung des Zinsfußes.

Wegen der Menge der unwägbaren Einflüsse forsttechnischer und ökonomischer Natur kann man die Verzinsung des Vorrats in präzisen unanfechtbaren Zahlen nicht nachweisen. Man wird auch hier häufig den Weg des Gutachtens wählen müssen, dem aber gründliche Zahlennachweise beizufügen sind. Die Forderung einer bestimmten Höhe der Verzinsung kann aber nicht verlangt werden, da die Verzinsung in der Forstwirtschaft die Folge einer Menge forsttechnischer und volkswirtschaftlicher Verhältnisse ist. Immer aber ist es von Bedeutung, bei der Betriebsregelung die Mittel festzustellen, welche ergriffen werden können, um die Rentabilität günstiger zu gestalten. Sie stimmen mit den Mitteln zur Hebung der Bodenreinerträge überein.

In der Praxis wird die Verzinsung des Waldkapitals bei der Einrichtung der sächsischen Staatsforsten [1] nachgewiesen.

---

sein." Und in der Verfügung vom 15. Mai 1905, betreffend Waldwertsberechnungen, wird unter 10 bestimmt: „Bei Zugrundelegung eines 80 jährigen und kürzeren Umtriebsalters sind in der Regel 3 % — bei Annahme eines höheren Abtriebsalters in der Regel $2\frac{1}{2}$ % Zinseszinsen auch für Kapitalisierungen in Ansatz zu bringen."

[1] Vgl. den 2. Abschnitt des 5. Teils, III (Sachsen).

Dritter Teil.

Die Aufstellung der Wirtschaftspläne.

Die in materieller Hinsicht wichtigste Aufgabe der Forsteinrichtung geht dahin, für die zukünftige Bewirtschaftung bestimmte Regeln aufzustellen, die teils allgemein gehalten, teils mit Bezug auf die einzelnen Bestände gegeben werden müssen. Solche Wirtschaftsregeln werden nach ihren Grundlagen durch die Standortsverhältnisse — nach ihren Zielen durch die ökonomischen Aufgaben der Wirtschaft bestimmt. Sie müssen mit der nötigen Klarheit und Bestimmtheit gegeben werden, ohne aber den Wirtschafter über das gebotene Maß einzuschränken.

Die wichtigsten Aufgaben der Wirtschaftspläne für den regelmäßigen Hochwald betreffen:

1. Die Aufstellung der Betriebsklassen, mit der zugleich ein Urteil über Betriebsart, Holzart und Umtriebszeit zu verbinden ist.

2. Die Regelung der Hiebsfolge.

3. Die Bestimmung der Hiebsreife, sowohl im allgemeinen, mit Unterstellung regelmäßiger Verhältnisse, als auch mit Rücksicht auf die einzelnen vorliegenden Bestände.

4. Die Feststellung des Abnutzungssatzes an Haubarkeits- und Vornutzungen.

5. Die Bestimmungen über den Hauungs- und Kulturbetrieb.

6. Die Maßregeln hinsichtlich der Bodenpflege.

7. Die formale Darstellung der Pläne.

Hierzu kommt noch:

8. Die Aufstellung der Wirtschaftspläne für andere Betriebsarten (Plenterwald, Mittelwald, Niederwald).

Erster Abschnitt.

Die Bildung der Betriebsklassen.

Durch die Bildung von Betriebsklassen sollen diejenigen Bestände einer Wirtschaftseinheit zu einem Verbande zusammengefaßt werden, welche innerhalb des Zeitraums, für welchen der Wirtschaftsplan aufgestellt wird, einer gleichartigen Bewirtschaftung unterworfen werden, verschieden zu bewirtschaftende Bestände sind dagegen durch Zuweisung zu verschiedenen Verbänden voneinander zu trennen [1]). Eine solche Ordnung der Glieder eines Reviers erleichtert die Aufstellung von Wirtschaftsregeln; die Betriebsführung erhält dadurch die erforderliche Bestimmtheit.

I. Bestimmungsgründe für die Bildung der Betriebsklassen.

Verschiedenheiten in der Bewirtschaftung, welche Anlaß geben können, Betriebsklassen zu bilden, erstrecken sich insbesondere auf die vorkommenden Betriebsarten, Holzarten und Umtriebszeiten. Dauernden Abweichungen in dieser Richtung liegen meist Verschiedenheiten des Standorts zugrunde. Sofern die rechtlichen Verhältnisse in einem Revier verschieden sind, können auch sie zur Bildung besonderer Betriebsklassen Veranlassung geben.

Wegen des angegebenen Zusammenhanges hat man mit der Bildung der Betriebsklassen zugleich die auf Betriebsart, Holzart und Umtriebszeit bezüglichen Erwägungen vorzunehmen. Inhaltlich stimmt daher eine Begründung der Betriebsklassen mit der Festsetzung der Bestimmungen über Holzart, Betriebsart und Umtriebszeit fast überein.

1. Würdigung der Betriebsart.

Je nach der Entstehung und Zusammensetzung der Bestände werden bekanntlich Niederwald, Mittelwald, Plenterwald und regelmäßiger Hochwald als besondere Betriebsarten unterschieden.

a) Der Niederwaldbetrieb.

Er ist beschränkt auf Holzarten, die vom Stocke ausschlagen. Da die Stöcke in höherem Alter an Ausschlagfähigkeit verlieren, so werden die durch sie gebildeten Bestände im Laufe längerer Zeit lückig. Der Niederwald ist daher, wenn nicht besondere Maßnahmen zu seiner Pflege getroffen werden, nicht imstande, den Boden dauernd in gutem Zustand zu erhalten. Eine vollständige Ergänzung der Bestockung im Wege der Kultur ist wegen der Verschiedenheit des Wachstums von Kernwüchsen und Stockausschlägen erschwert. Der Forderung einer möglichst hohen Holzerzeugung genügt er nicht [2]). Noch ungünstiger verhält

---

[1]) Hiermit ist zugleich ein Urteil über die kleinsten Teile, welche die Betriebsklasse zusammensetzen, ausgesprochen. In der Regel sind dies die einzelnen Bestände (Unterabteilungen, Gruppen). Unter Umständen können aber auch Bestandesteile abgeschieden werden, sofern diese von ihrer Umgebung, namentlich betreffs der Zeit der Hiebsreife, verschieden zu behandeln sind. Vgl. Schilling, Die letzte Einheit in der Betriebsklasse, Zeitschr. f. Forst- und Jagdw. 1910.

[2]) Eine Begründung ist im 1. Abschn. des 2. Teil, I (Grundbedingungen der Zuwachsbildung) gegeben.

sich der Niederwald in ökonomischer Beziehung. Das hauptsächlichste Sortiment, welches er liefert, ist geringwertiges Reisig, das in volkswirtschaftlicher Hinsicht keine Bedeutung hat. Der Niederwald steht daher zu den Anforderungen der Wirtschaft, die auf eine möglichst ausgiebige Erzeugung gebrauchsfähiger Nutzhölzer gerichtet sind, im Gegensatz. Nur wenn nicht Holz, sondern Rinde das Ziel der Wirtschaft bildet, kann seine Erhaltung angezeigt sein. Da aber der Wert der Rinde in der Neuzeit in starkem Maße abgenommen hat — im Gegensatz zum Nutzholz, dessen Wert überall eine steigende Tendenz besitzt — so muß auch das Gebiet des Eichen-Schälwaldes, der einträglichsten Art des Niederwaldes, beim Fortschritt der volkswirtschaftlichen Verhältnisse tunlichst eingeschränkt werden. Die vorhandenen Niederwaldungen sind deshalb, sofern nicht besondere Verhältnisse ihre Erhaltung wünschenswert machen, so schnell in Hochwald umzuwandeln, als es die Vermögensverhältnisse des Waldeigentümers gestatten. Die Überführung erfolgt entweder dadurch, daß man die Stockausschläge nach kräftiger Durchforstung wachsen läßt, oder aber im Wege der Kultur, die, wenn es sich um schutzbedürftige Holzarten handelt, unter einem aus den gelichteten Stockausschlägen gebildeten Schirmbestand vorgenommen wird.

b) Der Mittelwaldbetrieb.

Aus der langen Dauer, während welcher der Mittelwald nebst ähnlichen Betriebsformen an vielen Orten herrschend war, ist zu entnehmen, daß er zeitweise den Ansprüchen, die an den Wald gestellt wurden, entsprochen hat. Die Gründe seiner Einführung und Erhaltung lagen in dem schnellen Wuchs der Stockausschläge, in der Einsicht, daß zur Erzeugung von Brennholz weit kürzere Zeiträume nötig sind als für Nutzholz, und in dem starken Zuwachs der freigestellten Oberholzstämme. Der Mittelwald bildet für Holzarten, welche zu ihrer Entwicklung weiten Wachsraum bedürfen, gute Wuchsbedingungen. Er ist daher reicher an Licht fordernden Holzarten (Eiche, Ahorn, Esche, Rüster, Pappel u. a.) als der regelmäßige Hochwald. Trotzdem vermag er den volkswirtschaftlichen Aufgaben der Wirtschaft nur selten zu genügen. In bezug auf die Fähigkeit, den Boden zu decken und zu verbessern, verhält er sich nicht günstig, wie sich ergibt, wenn nicht die guten Böden, die er häufig einnimmt, mit schlechteren, sondern wenn Böden von gleicher Beschaffenheit, wie sie im Hochwald vorliegen, zur Vergleichung mit diesem herangezogen werden. Der Mittelwald verhält sich in bezug auf den Boden nicht günstig, weil es schwerer ist, Stockausschläge und Kernwüchse zu einem einheitlichen, den Boden deckenden Schirm zu verbinden, als dies beim Hochwald geschieht. Aus diesem Grunde, sowie wegen der starken Reisholzerzeugung und der häufigen

Blüten- und Fruchtbildung, steht der Mittelwald hinsichtlich der nachhaltigen Massenerzeugung dem Hochwalde nach [1]). Was die Wertleistung betrifft, so wird der Durchschnittswert der Ertragseinheit durch die hohen Reisholzprozente, welche das Unterholz und das kronenreiche Oberholz ergeben, sehr herabgedrückt. Hierzu treten Mängel in bezug auf die Beschaffenheit der Stämme. Die wichtigsten Eigenschaften, auf welche man durch die Maßnahmen der Technik einwirken kann, Astreinheit und Vollholzigkeit, werden im Mittelwald zufolge der frühzeitigen Freistellung nicht genügend ausgebildet. Daher wird in den meisten Gebieten, wo noch Mittelwald besteht, bei der Betriebseinrichtung die Überführung in den Hochwald vorzuschreiben sein [2]). Sie erfolgt entweder (beim Vorhandensein wüchsiger und hinreichender jüngerer Oberholzklassen) derart, daß den vorhandenen Beständen durch Enthaltung des Aushiebs von Oberholz und durch die Durchforstung des Unterholzes der Charakter eines ungleichaltrigen Hochwaldes zuteil wird, oder im Wege der Kultur unter dem Schirm von Stockausschlägen und schwächeren Oberholzklassen.

c) Der Plenterbetrieb.

Zugunsten des Plenterbetriebs, der sich beim ausschließlichen Walten der Natur infolge der ungleichen Lebensdauer der Bäume überall ausbildet, wird geltend gemacht, daß er den Boden in gutem Zustand erhält, daß er hinsichtlich der Massenerzeugung bei voller Bestandesbildung und entsprechender Zusammensetzung der Altersklassen keiner anderen Betriebsart nachsteht, daß Stämme von sehr guter Beschaffenheit in ihm erwachsen, daß er von Schäden der organischen und anorganischen Natur weniger zu leiden hat als gleichaltrige Bestände einer Holzart, und daß er für die Zwecke des Schutzes und der landschaftlichen Schönheit am besten geeignet ist. Gleichwohl kann seine Wiedereinführung im großen Maßstab in absehbarer Zeit nicht in Frage kommen. Ein guter Bodenzustand kann auch im gleichaltrigen Hochwald erhalten werden. Die Bedingungen für eine hohe Zuwachsleistung sind im Plenterwald wegen des Einflusses der älteren Stammklassen auf die neben ihnen befindlichen jüngeren und aus praktischen Gründen (Fällung und Räumung) schwieriger herzustellen als im schlagweisen Hochwald. Die wertvollen Stämme, durch die der Plenterbetrieb ausgezeichnet ist, geben keinen richtigen Ausdruck seiner durchschnittlichen Leistung. Die Entwickelung der meisten jüngeren Stämme wird durch die senk-

---

[1]) Vgl. die Note 4 S. 79.

[2]) Eine Ausnahme bilden sehr gute Standorte mit guter Absatzlage für geringe Brennholzsortimente, wie sie z. B. in den badischen Mittelwaldungen der Rheinebene vorliegen. Hier bildet der Eschen-Mittelwald eine sehr gut rentierende Betriebsart.

rechte und seitliche Beschirmung gehemmt. Der praktische Betrieb ist mit vielen Schwierigkeiten und Störungen verbunden, die bewirken, daß die wirklichen Zustände des Plenterwaldes von dem idealen, den seine Vertreter vor Augen haben, stark abweichen. Am meisten steht seiner Einführung der Umstand entgegen, daß die ständige Beschattung, die im Plenterwald vorliegt, zu wenig Jungwuchs zur Entwicklung kommen läßt. Namentlich finden die Lichtholzarten (Kiefern, Eichen) im Plenterwald nicht die ihnen entsprechenden Wuchsbedingungen. Aus diesem Grunde sind die alten Plenterwaldungen in Hochwald übergeführt worden. Eine Rückkehr zum Plenterwald erscheint hiernach im großen Betrieb, abgesehen von Schutz- und Schönheitswaldungen, nicht angezeigt.

d) Der regelmäßige Hochwald.

Die Erkenntnis der den genannten Betriebsarten eigentümlichen Mängel läßt darüber keinen Zweifel, daß der regelmäßige, nach Altersklassen abgestufte Hochwald in seinen ökonomischen Leistungen alle anderen Betriebsarten übertrifft. Sowohl bei der natürlichen Verjüngung als bei künstlicher Begründung kann die Bodenkraft dauernd erhalten werden. Für die Zuwachsbildung sind im regelmäßigen Hochwald durch die vollständige Ausnutzung des Bodens, die Einschränkung des Reisigprozentes und Zurückhaltung der Samenerzeugung die besten Bedingungen gegeben. Durch den senkrecht freien Stand der Stämme wird der Höhenwuchs, durch den seitlichen Schluß die Astreinheit gefördert. Der Stärkezuwachs, der in stammreichen Hochwaldbeständen oft ungenügend ist, kann im Wege des Durchforstungs- und Lichtungsbetriebs gefördert werden. Der Gefahr der Bodenverschlechterung, die bei großen ungeschützten Kahlschlägen vorliegt, muß bei der natürlichen und künstlichen Bestandesbegründung durch die Richtung, Stellung und Ausdehnung der Verjüngungsschläge und durch die Art der Kultur entgegengetreten werden.

2. Würdigung der Holzart.

Das Verhalten der vorhandenen Holzarten muß vor Aufstellung der Wirtschaftspläne gründlich untersucht und die Möglichkeit der Einführung anderer Holzarten in Erwägung gezogen werden. Gelegenheit, Änderungen der Holzart vorzunehmen, besteht hauptsächlich für die Bestände, deren Verjüngung im nächsten Wirtschaftszeitraum vollzogen werden soll. Aber auch im Wege der Durchforstung und Läuterung kann auf die Ausdehnung oder Verminderung der Anteilnahme einzelner Holzarten an der Bestandesbildung hingewirkt werden.

Bei der Beurteilung der Holzarten ist neben den Standortsverhältnissen und dem ökonomischen Verhalten auch die Sicherheit der Betriebsführung, welche der einen oder anderen Holzart in höherem oder geringerem Maße zukommt, zu berücksichtigen.

a) Standortsverhältnisse.

Hinsichtlich des Bodens führt die Beobachtung der natürlichen Beziehungen zwischen dem Gehalt desselben an Nährstoffen und dem Verbrauch durch die Zuwachsbildung zu der Folgerung, daß die in chemischer Hinsicht reicheren Böden den anspruchsvolleren Holzarten (edeln Laubhölzern) zufallen. Die physikalischen Eigenschaften des Bodens beeinflussen den Wuchs der meisten Holzarten in der gleichen Richtung. Tiefgründigkeit ist in erster Linie für Holzarten mit einer tiefgehenden Wurzel Bedingung gedeihlicher Entwicklung; aber auch bei anderen Holzarten wird der Massen- und Wertzuwachs durch sie gehoben. Ein gewisser Grad von Lockerheit und Durchlüftung fördert den Wuchs aller Holzarten ungemein. Die Frische des Bodens ist für alle Holzarten von günstigem Einfluß, während die Extreme der Feuchtigkeit ungünstig wirken. Nur wenige Holzarten (Esche, Erle, Weide) beanspruchen ein über die Frische hinausgehendes Maß von Feuchtigkeit.

Von der Lage ist die Wärmemenge und die Wärmeverteilung, die Stärke und Art der atmosphärischen Niederschläge sowie das Eintreten mancher Schäden der anorganischen Natur abhängig. Unter den wichtigsten deutschen Holzarten macht die Eiche die höchsten, Fichte und Kiefer die geringsten Ansprüche an die Wärme, Tanne und Buche stehen in der Mitte. Bei der Bestimmung der Holzart für die zu verjüngenden Orte ist stets zu beachten, daß sich alle Holzarten innerhalb der natürlichen, durch eine bestimmte Wärme ausgezeichneten Verbreitungsgebiete bezüglich ihrer nachhaltigen Leistung am besten verhalten. Nach den beiderseitigen positiven und negativen Wärmegrenzen (in horizontaler und vertikaler Richtung) nimmt die Menge und die Güte der Produktion ab, und manche Gefahren werden gesteigert.

b) Ökonomische Verhältnisse [1]).

Ein Urteil über die Wertleistung der Holzarten, die Gegenstand der Wirtschaft sein sollen, kann entweder durch den Nachweis ihrer Gebrauchsfähigkeit, die auf den substantiellen und formalen Eigenschaften des Holzes beruht, gegeben werden — oder durch den Nachweis des Tauschwertes, der im üblichen Wertmaßstab auszudrücken ist. Um der Güte des Holzes bestimmten zahlenmäßigen Ausdruck zu geben, sind die Preise des Durchschnittsfestmeters, getrennt nach Standort und Altersstufen, nachzuweisen [2]); oder es sind derartige Berechnungen

---

[1]) Näher auf diese einzugehen, ist Aufgabe der forstlichen Statik.
[2]) Vgl. den Abschnitt über den Wertzuwachs im 2. Teil, S. 98 ff.

auf die wichtigsten Sortimente, welche für den Betrieb ausschlaggebend sind, zu beschränken.

c) Die Sicherheit der Wirtschaftsführung.

Bei der Abwägung der Leistungen verschiedener Holzarten muß auf die mannigfachen Gefahren der organischen und anorganischen Natur, denen sie ausgesetzt sind, Rücksicht genommen werden. Die örtlichen Erfahrungen sind dabei möglichst ausgiebig zu benutzen. Im allgemeinen sind die Nadelhölzer Naturschäden in stärkerem Grade ausgesetzt als die Laubhölzer. Je besser die Standortsverhältnisse einer Holzart entsprechen, um so mehr ist sie befähigt, Naturschäden zu widerstehen und von stattgehabten Schäden sich zu erholen. — Sodann ist das Verhalten der Holzart zum Boden von Einfluß auf die nachhaltige Sicherheit der Wirtschaft. Holzarten mit dichtem Baumschlag vermögen den Boden gegen die Wirkung von Sonne und Wind besser zu schützen als lichtkronige. Je mehr die klimatischen Verhältnisse die Zersetzung des Bodens und das Entstehen von Bodenüberzügen befördern, um so notwendiger ist für Holzarten, die sich licht stellen, die Erhaltung eines schützenden Unterstandes, während in kühlen Lagen und auf untätigen Böden die unmittelbare Einwirkung der Sonne und Luft meist günstig wirkt.

Eine allgemein gehaltene Beurteilung des forstlichen Verhaltens der Hauptholzarten führt für die großen Wirtschaftsgebiete Deutschlands zu dem Resultat, daß die Eiche in milden Lagen und auf gutem Boden am meisten leistet, die Buche mit den ihr einzumischenden Laub- und Nadelhölzern dem kräftigen Boden eines gemäßigten Klimas am besten entspricht, die Fichte die herrschende Holzart in Gebirgsforsten, die Kiefer auf dem Sandboden der Ebene ist.

Eine Vereinigung der genannten Rücksichten ist unter Umständen durch die Anlage gemischter Bestände herbeizuführen, auf die deshalb in den durch den Standort vorgeschriebenen Schranken, namentlich für Lichtholzarten, bei der Aufstellung der Wirtschaftspläne Bedacht zu nehmen ist.

3. Feststellung der Umtriebszeit.

Da die Ermittelung der normalen Altersklassen, deren Darstellung zur Begründung der jährlichen oder periodischen Flächenabnutzung erfolgen muß, von dem Verhältnis des Umfanges der Altersstufen zur Umtriebszeit $\left(= f \dfrac{20}{u} \right)$ abhängig ist, und ebenso die normale Hiebsfläche durch die Umtriebszeit bestimmt wird, so können zu Berechnungen der genannten Betriebsgrundlagen nur Bestände gleicher Umtriebszeit zusammengefaßt, — verschiedene Umtriebszeiten müssen dagegen getrennt gehalten werden.

Die Umtriebszeit, welche der Berechnung der normalen Altersklassen und Hiebsflächen zugrunde zu legen ist, wird zunächst von den Untersuchungen über die Hiebsreife bestimmt, sodann von dem Altersklassenverhältnis oder dem Stande des Vorrats. Mit Rücksicht auf die vorzunehmenden Berechnungen wird die Umtriebszeit in der Regel auf Jahrzehnte abgerundet. — Näheres siehe im Abschnitt über die Hiebsreife.

II. Beschränkung der Betriebsklassen.

Bei Berücksichtigung der genannten Bestimmungsgründe scheint die Zahl der Betriebsklassen eines Reviers so groß sein zu müssen, als den Kombinationen aus den vorkommenden Betriebsarten, Holzarten und Umtriebszeiten entsprechend ist. In der Praxis gestaltet sich die Betriebsklassenbildung jedoch weit einfacher. Zunächst wird sie beschränkt durch eine gewisse Mindestgröße. Das Maß derselben ist nach der Größe der Wirtschaftseinheit verschieden, soll aber im allgemeinen der Forderung genügen, daß innerhalb der Betriebsklassen ein regelmäßiger nachhaltiger Betrieb (wenn auch nicht im strengen Sinne) in Aussicht genommen werden kann. Kleine Flächen (z. B. einzelne Erlenbestände an Wasserläufen, Eschen in Mulden, Eichen auf Lehmköpfen im Sandgebiet) bleiben bei der Betriebsklassenbildung unberücksichtigt. Ferner sind wirtschaftliche Verschiedenheiten geringen Grades nicht in besonderen Betriebsklassen zum Ausdruck zu bringen; Bestände, die solche enthalten, können vielmehr unbedenklich zu derselben Betriebsklasse verbunden werden. Diese wird dann durch Angabe mittlerer Zahlen charakterisiert. Am wenigsten wird eine derartige Verschmelzung bei Abweichung der Betriebsarten zulässig erscheinen. Verschiedene Betriebsarten erfordern bei der Ertragsregelung und Wirtschaftsführung eine zu verschiedene Behandlung, als daß ihre Vereinigung zu derselben Betriebsklasse zulässig oder zweckmäßig erscheinen könnte. Wohl aber ist dies bei verschiedenen Holzarten zulässig. Wenn diese gleichartig bewirtschaftet werden, so ist die Aufstellung getrennter Betriebsklassen nicht erforderlich. Insbesondere ist die Vereinigung angezeigt, wenn verschiedene Holzarten nicht nur getrennt, sondern auch in Mischungen auftreten. In diesem Falle bringen die nach Betriebsklassen gefertigten Berechnungen und Abschlüsse der Pläne die Leistungen der Holzarten doch nicht zum richtigen Ausdruck.

Auch hinsichtlich der Umtriebszeit kann man kleine Unterschiede bei der Bildung der Betriebsklassen unbeachtet lassen. Die wirkliche, mit Zahlen zu belegende Hiebsreife ist auch auf gleichem Standort nach der Beschaffenheit der einzelnen Bestände sehr verschieden. In den

Zahlen der Pläne können in dieser Beziehung immer nur mittlere Verhältnisse zur Darstellung gelangen. Für die Praxis kann es unter diesen Umständen nur darauf ankommen, durch die Betriebsklassenbildung stärkere Abweichungen, die wesentliche Verschiedenheiten hinsichtlich der ökonomischen Wirtschaftsziele ausdrücken, abzusondern. So werden z. B. Kiefernbestände, die zwecks Starkholzerziehung mit einer Umtriebszeit von 120 Jahren behandelt werden, von solchen getrennt, in denen Grubenholz oder schwächeres Bauholz das Wirtschaftsziel bildet, das schon bei 60 jähriger Umtriebszeit erreicht wird. Die zahlreichen Übergänge im konkreten Abtriebsalter, die nach der Beschaffenheit der Bestände etwa zwischen 80 und 100 Jahren oder 100 und 120 Jahren liegen, bleiben unberücksichtigt.

Innerhalb desselben Wirtschaftsgebietes werden die Ausscheidungen der Betriebsklassen durch die Faktoren des Standorts bestimmt. Auf gleichem Standort liegt in der Regel keine Veranlassung vor, verschiedene Holzarten, Betriebsarten oder Umtriebszeiten einzuführen. Auf geringem Boden ist meist gar nicht die Möglichkeit zu verschiedener Wirtschaftsführung vorhanden. Für gute Bonitäten ist diese allerdings gegeben. Eine eingehende Untersuchung der die Rentabilität bestimmenden Verhältnisse wird jedoch auch hier zu einer einfachen Gestaltung des Betriebs und demgemäß zu einer Beschränkung der Betriebsklassenbildung führen.

Wie es sich unter Umständen empfehlen kann, auf nebeneinander befindlichen Flächen verschiedene Betriebsklassen herzustellen, so können es die Verhältnisse gerechtfertigt oder notwendig erscheinen lassen, auf denselben Flächen zeitlich mit den Betriebsklassen zu wechseln. Dies geschieht, wenn Überführungen von einer zur anderen Holz- oder Betriebsart vorgenommen werden. Derartige Wechsel können insbesondere durch Veränderungen des Bodenzustandes notwendig werden, wie z. B. durch Streunutzung, Veränderungen des Grundwasserstandes und andere Verhältnisse. Bei der Bildung der Betriebsklassen sollen aber nur solche Veränderungen in Rücksicht gezogen werden, welche in dem nächsten Wirtschaftszeitraum vorgenommen werden sollen; solche dagegen, die erst in späterer Zeit vollzogen werden, bleiben unberücksichtigt.

III. Bezeichnung der Betriebsklassen.

Die Grenzen der Betriebsklassen stimmen mit denjenigen der Bestandesabteilungen überein; sie sind daher schon bei den Vorarbeiten der Betriebspläne festgelegt. Die Breite der Aufhiebe, welche die Betriebsklassen begrenzen, werden vorzugsweise durch die Rücksicht auf die Hiebsfolge bestimmt. Besondere Arbeiten sind daher in dieser Richtung nicht vorzunehmen.

Auf den Karten werden die Betriebsklassen, weil ihre einzelnen Glieder nicht immer örtlich zusammenliegen, nicht besonders bezeichnet; die meisten Flächen werden durch die Farbe der Holzart gekennzeichnet. In den Taxationsschriften müssen sie dagegen bestimmt kenntlich gemacht werden, da alle Summierungen und Berechnungen nach den Betriebsklassen getrennt zu halten sind.

Zweiter Abschnitt.

Die Regelung der Hiebsfolge.

Der Zweck, zu welchem eine Regelung der Hiebsfolge vorgenommen wird, ist dahin gerichtet, die Waldungen gegen die Schäden zu sichern, die ihnen durch nachteilige Einflüsse von Sonne und Wind zugefügt werden können. Bei allen hierauf gerichteten Maßnahmen ist das Augenmerk einmal auf die Bestände zu richten, welche verjüngt werden sollen; sodann auf ihre Umgebung, welche durch die Nutzung der zu verjüngenden Bestände frei gestellt wird. In beiden Fällen ist der Einfluß, der hierdurch auf den Boden und auf den Bestand ausgeübt wird, zu beachten. In den zu verjüngenden Orten ist nicht nur das vorhandene Altholz, sondern auch der zukünftige junge Bestand zu berücksichtigen. Am meisten Wert muß auf eine gute Hiebsfolge wegen der Sturmgefahr [1]) gelegt werden.

Der Grad, in welchem die Betriebsführung durch die Rücksicht auf Sturm bestimmt wird [2]), ist nach den besonderen Verhältnissen der Wirtschaft sehr verschieden. Zunächst ist die Holzart von Einfluß. Flachwurzelnde Holzarten sind durch Sturmschäden mehr gefährdet

---

[1]) Zur richtigen Würdigung des vorliegenden Gegenstandes ist jedoch zu beachten, daß die Bedeutung der schädigenden Faktoren je nach den Standortsverhältnissen sehr verschieden sein kann. Die Windbruchgefahr tritt an vielen Orten ganz zurück. Bei der Betriebsregelung der Oberförsterei Eberswalde durch Danckelmann brauchte auf sie keine Rücksicht genommen zu werden. Die Jagen werden von entgegengesetzten Seiten angehauen. Ebenso verhält es sich in vielen anderen Kiefernrevieren der norddeutschen Ebene auf Sandböden. Die Regeln der strengen Hiebsfolge werden nach den amtlichen Vorschriften beschränkt auf diejenigen Kiefernwaldungen, „deren Bestände auf besten Bodenklassen, namentlich auf sehr frischem humosem Boden, wegen ihrer Langschäftigkeit und wegen geringer Ausbildung der Pfahlwurzel vom Winde leicht geworfen werden." — Vgl. Hagen-Donner, Forstl. Verhältn. Preußens, 3. Aufl., S. 199. — Auch unter anderen Standortsverhältnissen kann die Rücksicht auf die Gefahr der Austrocknung und Verhärtung des Bodens und die Erschwerung der natürlichen Verjüngung einflußreicher sein als die Rücksicht auf die Sturmgefahr. Vgl. Wagner, Grundlagen der räumlichen Ordnung 1907, 1. Abschn., 4. Kap. und 2. Abschn., 1. Kapitel.

[2]) Vgl. hierzu das über die Einteilung in der Ebene im 3. Abschn. des 1. Teils unter A 2 b (Sturm) Bemerkte.

als solche mit tiefgehenden Wurzeln. Ein bedeutender Längenwuchs steigert die Gefahr. Aus beiden Ursachen hat eine gute Hiebsfolge am meisten Bedeutung für die Fichte; hier steht sie bei der Betriebsregelung an erster Stelle. Sodann sind die Standortsverhältnisse zu beachten. Sturmschäden kommen in allen Lagen der Ebene und in allen Höhenlagen vor. Unter Umständen kann durch die Terrainbildung, insbesondere durch vorliegende Höhen ein willkommener Schutz gewährt werden. Lockerheit und Feuchtigkeit des Bodens steigern die Gefahr des Sturmes, während Tiefgründigkeit, wenn der Boden nicht zu bindig ist, die Widerstandsfähigkeit der Stämme erhöht. Am meisten haben feuchte lockere Böden, die einer undurchlässigen Schicht aufliegen, vom Sturme zu leiden. Abgesehen von solchen besonderen Eigenschaften ist die Gefahr des Windwurfs und Windbruchs auf guten Böden größer als auf geringen, weil hier der Längenwuchs der Bestände bedeutender ist. Auch die Beschaffenheit der Bestände ist von Einfluß auf die Sturmgefahr. Je höher die Kronen angesetzt sind, und je vollholziger die Schaftbildung ist, um so mehr sind die Bestände dem Windbruch ausgesetzt; je tiefer die Kronen herabreichen und je abfälliger die Formen des Schaftes gebildet sind, um so besser sind sie befähigt, der Gewalt des Sturmes Widerstand zu leisten.

Bei der Frage, wie die Hiebsfolge geregelt werden soll, muß einmal die Verteilung der Altersklassen über das ganze Revier, sodann die Richtung und Aneinanderreihung der Schläge in Rücksicht gezogen werden.

I. Die Lagerung der Altersklassen.

Bei der Aufstellung der Betriebspläne wird auf die Verteilung der Altersklassen, deren Lagerung für die Führung der Wirtschaft von großem Einfluß ist, besonders durch die Auswahl derjenigen Bestände, welche im nächsten Wirtschaftszeitraum verjüngt werden sollen, eingewirkt. In dieser Hinsicht sind zwei verschiedene Richtungen, die am bestimmtesten in Frankreich und Sachsen zur Ausbildung gelangt sind und deshalb nach diesen Ländern benannt werden können, zu unterscheiden.

1. **Das französische System** [1]. Bei diesem werden die der-

---

[1] Tassy, Études sur l'aménagement des forêts — Paris 1872, troisième étude, chap. IV § 3, formation des affectations conformément aux règles d'assiette. — Vgl. das Zitat im 5. Teil, 2. Abschn., X A 3. Die Neigung zur Zusammenlegung der Periodenflächen tritt aber schon bei G. L. Hartig hervor. „Da der Plan zur künftigen Bewirtschaftung so eingerichtet werden muß, daß die für jede Periode zum Abtrieb bestimmten Jagen so viel wie möglich sich an einander schließen, so muß auch der Taxationsplan mit besonderer Berücksichtigung dieser Erfordernis gemacht werden," sagt er in der Instruktion von 1819, 7. Abschnitt.

selben Periode überwiesenen Flächen tunlichst örtlich zusammengelegt
und, sofern nicht einzelne Bestände wegen starker Abweichung ihres
Alters vom Hiebe ausgeschlossen werden, auch gleichzeitig verjüngt.
Das System ist in den französischen Staatswaldungen streng durchgeführt und ihrem Zustand deutlich aufgeprägt. Die Folge der Zusammenlegung ist, daß große Verjüngungsflächen beisammen liegen und
daß große Schläge gebildet werden müssen. Es werden dadurch Zustände
geschaffen, wie sie in den meisten größeren Waldgebieten durch die allmähliche Wirkung der Natur (Plenterwald) und durch plötzliche Naturschäden (Feuer, Insektenkahlfraß) entstanden, vielfach aber auch auf
wirtschaftlichem Wege, durch die ausgiebige Benutzung der Samenjahre
bei der Verjüngung, absichtlich herbeigeführt sind.

    2. Das sächsische System [1]). Bei diesem sollen die gleichzeitig
zu verjüngenden Flächen auseinandergelegt und möglichst gleichmäßig
verteilt werden. Die Folge einer derartigen Verteilung ist die Trennung
der gleichaltrigen Bestände, die schärfere Gliederung der Altersklassen
und die Bildung kleiner Jahresschläge.

    Das französische System der Bestandeslagerung hat offenbare
Nachteile. Mit den großen Verjüngungsflächen oder Jahresschlägen,
welche die Zusammenlegung der Altersklassen zur Folge hat, sind insbesondere im Nadelholz mannigfache Gefahren verbunden, namentlich
solche durch Feuer, Insekten, Frost, Hitze, Unkrautwuchs. Was den
Sturm betrifft, so kann die Wirkung des französischen Systems sehr
verschieden sein. Bei Anwendung der natürlichen Verjüngung, welche
in Frankreich Regel ist, werden bei einer gleichmäßigen Unterbrechung
des Schirms auf großen zusammenhängenden Flächen die ungünstigsten
Bedingungen herbeigeführt. Ihre Folgen sind vielen französischen
Waldungen (besonders bei der Tanne in den Vogesen, aber auch bei der
Eiche im mittleren Frankreich) aufgeprägt. Sie werden noch lange als
eine eindringliche Lehre nach dieser Richtung dienen können. Bei Anwendung der künstlichen Verjüngung verhält sich das französische System
dem Sturme gegenüber günstiger. Es ist in dieser Hinsicht ein Vorzug,
daß bei großen Schlägen weniger Aufhiebe erforderlich sind, da diese
nicht ohne irgendwelche nachteiligen Einflüsse für Boden und Bestand
bleiben. Indessen die genannten, den großen Schlägen eigentümlichen
Mißstände fallen doch weit stärker in die Wagschale als die Bodenverschlechterung und die Ausbildung ästiger Stämme an den Rändern
mancher Aufhiebe.

    Das sächsische Verfahren der Verteilung der Betriebsflächen ver-
hält sich in bezug auf die Bedingungen, die den Jungwüchsen gegeben

---

[1]) Judeich, Forsteinrichtung, 6. Aufl., § 112; Neumeister, Forsteinrichtung der Zukunft, 1900, S. 17 ff.

werden, weit günstiger. Die Jahresschläge bleiben klein. Sie können allmählich aneinandergereiht werden. Die Jungwüchse behalten Schutz gegen die nachteiligen Wirkungen von Sonne und Wind. Manche Insektenschäden bleiben beschränkt auf kleine Gebiete. Die Nachbesserungen können leichter und besser durchgeführt werden, eine Verwilderung des Bodens wird niemals in dem Maße wie bei Großkahlschlägen erfolgen. Hinsichtlich der Sturmwirkung können verschiedene Folgen eintreten. Die häufigen Öffnungen sind an sich nicht erwünscht. Allein bei dem Schutz der seitlich angrenzenden Bestände durch gute Waldmäntel, die sich an den breiten Wirtschaftsstreifen bilden, und bei Führung der Schläge gegen die herrschende Sturmrichtung läßt sich ein genügender Schutz gegen die schädlichen, von Westen kommenden Stürme herbeiführen. Nachteile des sächsischen Verfahrens treten insbesondere ein, wenn die Stürme aus anderen Richtungen auftreten als der, gegen welche die Maßnahmen der Forsteinrichtung gerichtet sind. Ein allseitiger Schutz durch diese ist nicht durchführbar. Mit der Möglichkeit des Eintretens von Stürmen von der Ostseite muß an vielen Orten gerechnet werden.

Aus der angegebenen, auf Erfahrung und Beobachtung beruhenden Sachlage ergibt sich, daß ein unbedingter und allgemeiner Vorzug keinem der genannten Systeme der Lagerung der zu verjüngenden Bestände zukommt. Die Sturmgefahr bleibt bei jedem Verfahren bestehen. Im allgemeinen wird aber eine allseitige Würdigung der Verhältnisse nicht darüber im Zweifel lassen, daß die Hinwirkung auf eine Trennung der Altersklassen der gegensätzlichen Richtung weit vorzuziehen ist. Nur über den Grad der teilenden Eingriffe (Loshiebe, Umhauungen) in zusammenhängende geschlossene Bestände sind Zweifel berechtigt. Eine gute Verteilung der Altersklassen ermöglicht die Vermeidung der Mißstände, welche großen Kahlschlägen eigentümlich sind. Und selbst bei Stürmen, die von anderer Seite als der herrschenden eintreten, ist wohl zu beachten, daß der Schaden, den sie verursachen, nie so umfangreich wird, als es in großen zusammenhängenden Beständen gleichen Alters oder gleichzeitiger Verjüngung der Fall ist. Daher hat auch das sächsische Verfahren der Bestandesverteilung in der neueren Zeit mehr und mehr Verbreitung gefunden; es wird auch in Preußen [1]), Österreich [2]), Württemberg [3]), Hessen [4]) und anderen Staaten als richtig anerkannt.

---

[1]) v. Hagen-Donner, Die forstlichen Verhältnisse Preußens, 3. Aufl., S. 198. („Es gilt als Erfordernis einer guten Bestandesordnung, daß nicht zu große aneinander liegende Flächen derselben Periode überwiesen werden.")

[2]) Instruktion für die Begrenzung usw. der österreichischen Staats- und Fondsforste, 3. Aufl., 1901. („Mehr als 3 Abteilungen soll ein Hiebszug in der Regel nicht umfassen.")

II. Die Bildung der Hiebszüge.

Unter einem Hiebszug versteht man eine Summe von zusammenhängenden Beständen oder Schlägen, für welche bei der Aufstellung des Wirtschaftsplanes eine geregelte Folge des Abtriebs oder der Verjüngung festgesetzt wird. Die Richtung und Aneinanderreihung der Jahresschläge wird in erster Linie durch die Rücksicht auf den Sturm festgesetzt; aber auch die Wirkung der Sonne ist dabei zu beachten.

1. Die Richtung der Hiebszüge.

Um den von Westen wehenden Stürmen, die wegen ihrer Häufigkeit, Stärke und der sie begleitenden Umstände am gefährlichsten sind, wirksam zu begegnen, gilt meist als Regel, daß die Hiebszüge die Richtung von Ost nach West erhalten [5]), und daß sie an ihren Seiten zum Schutz gegen Nordwest- und Südwestwinde mit Waldmänteln versehen werden. Muß dagegen bei der Schlagführung in erster Linie der Schutz gegen die austrocknende Wirkung der Sonne berücksichtigt werden, so ist dem Hiebszug die Richtung von Norden nach Süden zu geben [6]), da alsdann die Verjüngungen gegen die Mittagssonne am besten geschützt sind. Je nachdem die eine oder andere Rücksicht an erster Stelle steht, kann die Richtung von Ost nach West oder von Nord nach Süd oder aber von Nordost nach Südwest am besten sein. Die letztere wird unter den meisten Verhältnissen für die Fichte [7]) vorgezogen werden, während für die Kiefer, die mehr Ansprüche an unmittelbaren Lichtgenuß, geringere

---

[3]) Vorschriften für die Wirtschaftseinrichtung in den württemberg. Staats- und Körperschaftswaldungen, 1898, S. 15.

[4]) Anleitung zur Ausführung der Forsteinrichtungsarbeiten vom Jahre 1903 — IX, Hiebszüge.

[5]) Sie ist Regel in den preußischen Staatsforsten. Schon in der Instruktion für die Königl. Preuß. Forstgeometer von 1819 wird im § 15 verfügt, daß die sog. Hauptgestelle von Ost nach West verlaufen sollen. In der neuesten (noch nicht veröffentlichten) Anweisung zur Ausführung von Betriebsregelungen wird jedoch (S. 9) ergänzend bemerkt, daß die Gestelle „da, wo Sturmgefahr vorliegt, so gerichtet werden sollen, daß sie gegen die gefährlichste Sturmrichtung Winkel von 45⁰ bilden".

[6]) Der Einfluß der Hiebsrichtung auf die Verjüngung der Fichte ist in neuerer Zeit sehr klar und überzeugend im Revier Gaildorf (Württemberg) nachgewiesen. Vgl. Wagner, Die Grundlagen der räumlichen Ordnung im Walde, 1907, S. 121. („Am besamungsfähigsten hat sich ... erwiesen: der Nordwestrand; ihm nahe steht der Nordrand. In zweiter Reihe folgen der Nordostrand und der windgeschützte Westrand.")

[7]) Die Richtung der Hiebszüge von Nordost nach Südwest ist im größten Teil der sächsischen Staatsforstreviere vertreten. Vgl. Kempe, Bericht über die 50. Versammlung des Sächs. Forstvereins. („Tatsächlich ist gegenwärtig die Einteilung unserer Staatsforsten zum weitaus größten Teil auf der Grundlinie Nordost—Südwest aufgebaut.")

an die Bodenfrische stellt, die Richtung von Ost nach West vorherrschend ist.

Abweichungen von der regelmäßigen Hiebsfolge werden in Gebirgsforsten durch den Verlauf der Tal- und Höhenzüge erforderlich. Wie diese für viele Aufgaben der Betriebsführung die notwendige Grundlage bilden, so sind sie auch die gegebenen Grenzen der Hiebszüge. Auch vorhandene Wege, Bahnen und andere Bestandesöffnungen sowie Verwerfungen des Terrains können Veranlassung geben, von der regelmäßigen Richtung der Wirtschaftsstreifen und Schneisen abzuweichen.

2. Ausdehnung und Begrenzung der Hiebszüge.

Die Grenzen der Hiebszüge sind einmal durch die vorhandenen Bestände bestimmt; zum andern haben sie in den Standortsverhältnissen ihre Grundlage. Sie sind daher einerseits vorübergehender, andererseits bleibender Natur.

Der Anfang eines in Angriff zu nehmenden Hiebszuges ist durch die Möglichkeit des Anhiebs eines nutzbaren Bestandes gegeben. Von der Anhiebsfläche aus schreitet der Hieb der Sturmrichtung entgegen, bis sich durch die Beschaffenheit der Bestände oder aus anderen Gründen der Fortsetzung Hindernisse entgegenstellen. Da die Glieder eines Hiebszuges durch Abtriebe und sonstige Ereignisse Veränderungen erleiden, so liegt hierin ein Grund, welcher den Hiebszügen einen veränderlichen Charakter erteilt; diese können deshalb nicht immer dauernd festgelegt werden.

Bleibende Grundlagen für die Richtung und Begrenzung der Hiebszüge bilden im Gebirge zunächst die Terrainlinien [1]). Nicht nur die Haupthöhen und Talzüge, sondern auch seitliche Rücken haben nach dieser Richtung eine große wirtschaftliche Bedeutung. Wegen der bei einem seitlichen Rücken stattfindenden Biegung des Terrains ist es oft erforderlich, daß von einem Seitenrücken aus der Hieb nach entgegengesetzter Richtung geführt wird, oder daß verschiedene Hiebszüge an den Seitenrücken ihr gemeinsames Ende finden. In der ausgiebigen Benutzung der Rückenlinien liegt daher ein wichtiges Mittel, um die Hiebsfolge zu regeln. Die hierdurch gebildeten Grenzen haben einen dauernden Charakter.

Ein treffendes Beispiel der systematischen Durchführung bleibender Hiebszüge zeigt Tafel X. Die durch Terrainlinien und Wege gebildeten Hiebszüge umfassen nur eine oder zwei Abteilungen. Die meist fahrbaren, als Wege ausgebauten Wirtschaftsstreifen, welche die Hiebszüge oben und unten begrenzen, haben eine Breite von 10 m, die Schneisen, welche den Beginn und die Richtung der Schläge bezeichnen, auch

---

[1]) Vgl. 1 Teil, 3 Abschn., II A 3 (die natürlichen Linien).

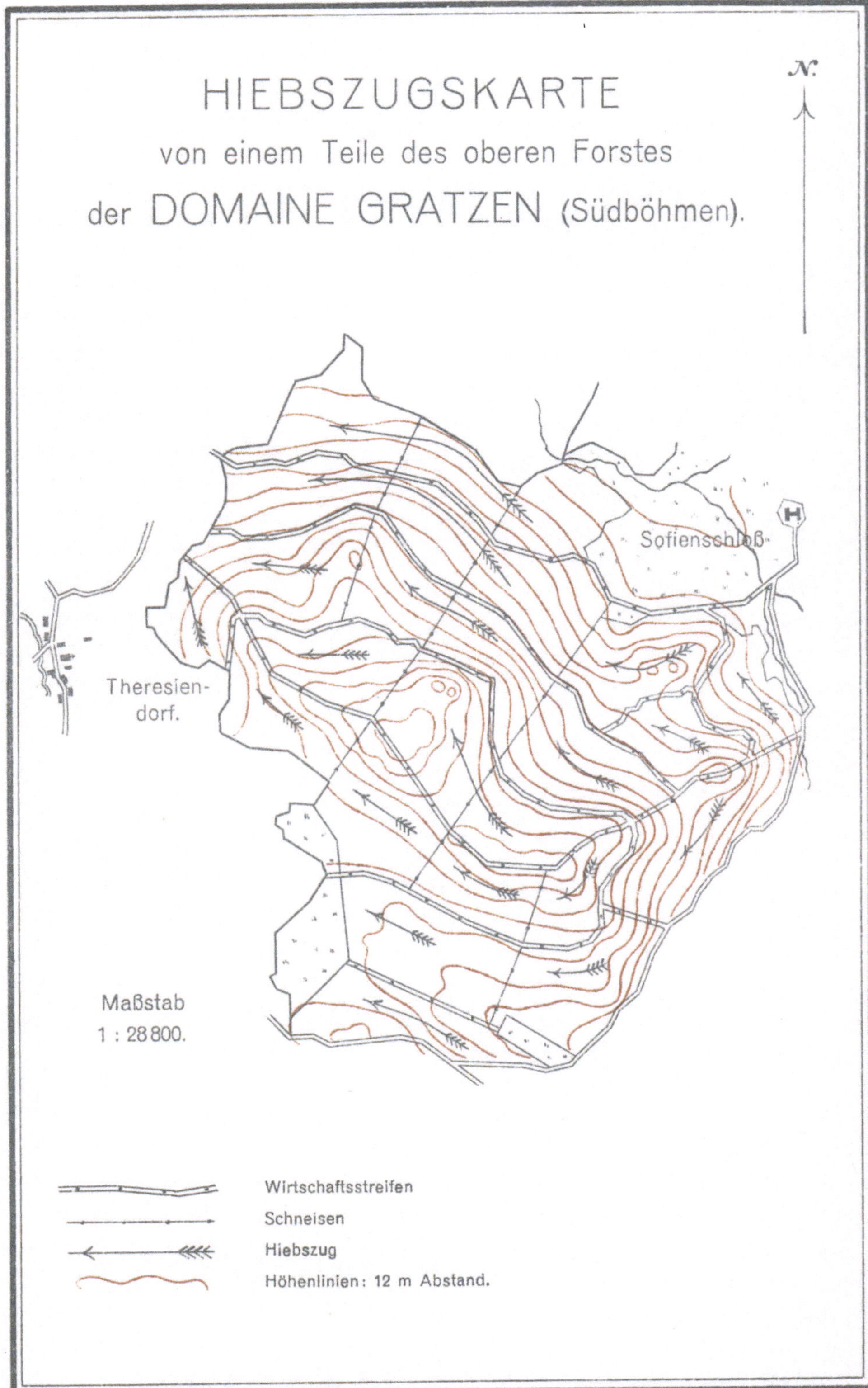
HIEBSZUGSKARTE
von einem Teile des oberen Forstes
der DOMAINE GRATZEN (Südböhmen).
N.
Sofiensschloß
Theresien-
dorf.
Maßstab
1 : 28800.
Wirtschaftsstreifen
Schneisen
Hiebszug
Höhenlinien: 12 m Abstand.

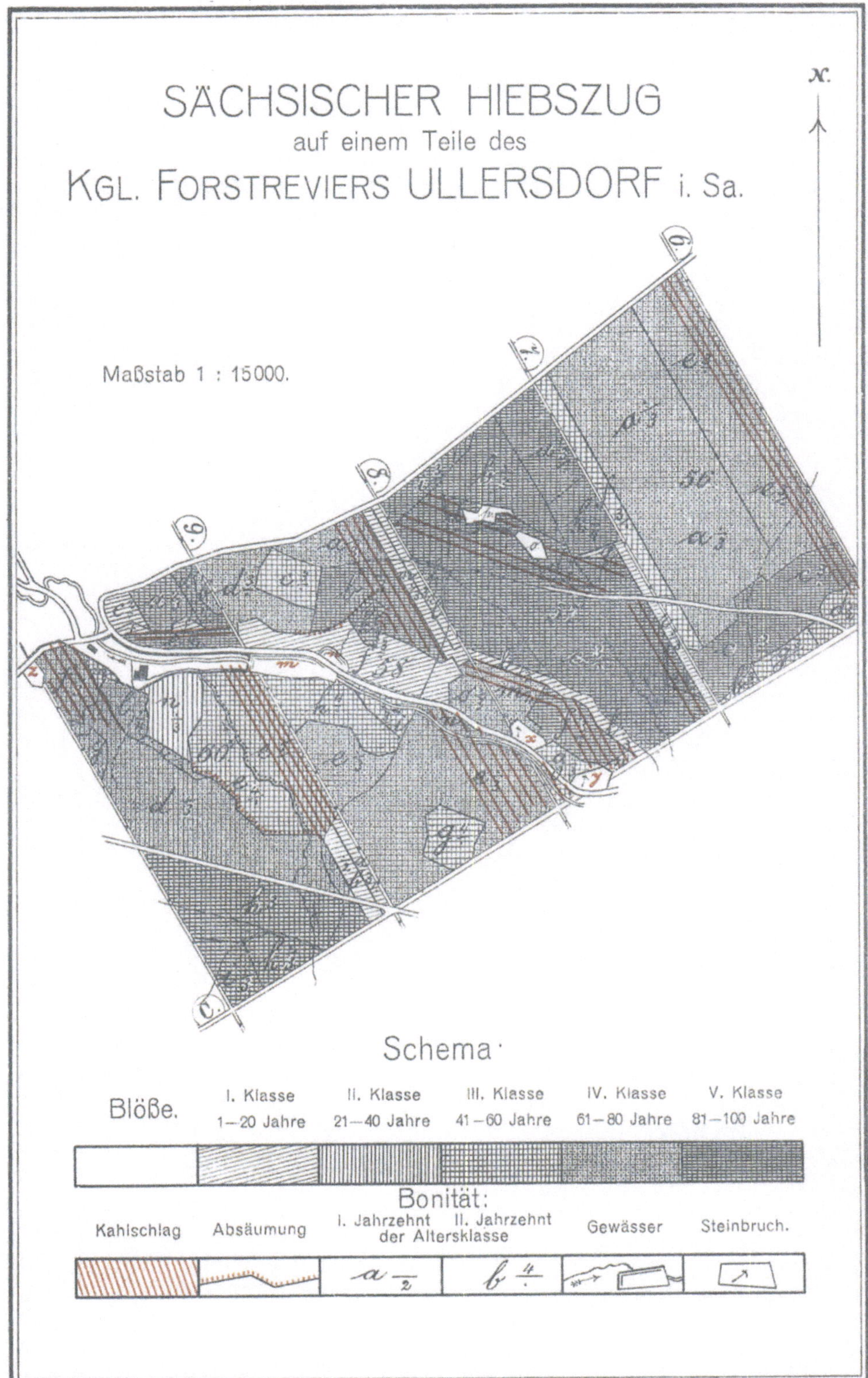
SÄCHSISCHER HIEBSZUG
auf einem Teile des
KGL. FORSTREVIERS ULLERSDORF i. Sa.
Maßstab 1 : 15000.
N.
Schema.
Blöße.
I. Klasse
1—20 Jahre
II. Klasse
21—40 Jahre
III. Klasse
41—60 Jahre
IV. Klasse
61—80 Jahre
V. Klasse
81—100 Jahre
Bonität:
Kahlschlag
Absäumung
I. Jahrzehnt   II. Jahrzehnt
der Altersklasse
Gewässer
Steinbruch.

wenn sie nicht fahrbar sind, eine solche von 8 m. Hierdurch wird es erreicht, daß fast alle Abteilungen selbständige Hiebszüge bilden und unabhängig von ihrer Umgebung bewirtschaftet werden können.

Auch in ebenem Terrain, wo die Natur keine bestimmten Linien für Anfang und Ende der Hiebszüge vorgezeichnet hat, ist es von großer Bedeutung, daß sich die Hiebszüge in Übereinstimmung mit der Einteilung befinden. Die Richtung der Schläge soll parallel zu den Einteilungslinien verlaufen, so daß keine Schläge mit spitzen, dreieckigen Formen gebildet werden müssen. Sofern es sich notwendig erweist, die Schläge anders als den bestehenden Einteilungslinien entsprechend zu führen, bleibt es wünschenswert, daß die Einteilung verändert wird. In der Brauchbarkeit der Schneisen als Grundlage für die Schlagführung liegt ein Hauptzweck, zu dem eine geregelte Einteilung ausgeführt wird.

Weiter wird die Ausdehnung der Hiebszüge durch die Forderung bestimmt, daß die jährlichen Schläge mit Rücksicht auf den Schutz, den die Jungwüchse nötig haben, schmal bleiben; und daß sie allmählich aneinandergereiht werden, so daß neue Schläge erst geführt werden, wenn die Kultur des vorausgegangenen Schlages den Gefahren der ersten Jugend (Frost, Hitze, Unkraut) entwachsen ist. Namentlich gilt diese Regel für Fichte und Tanne, während für die lichtbedürftige, schnellwachsende, frostharte Kiefer schmale Schläge in geringerem Grade angezeigt sind. Die ausgesprochene Forderung bedingt, daß die Hiebszüge kurz bleiben. Selbst wenn ein Hiebszug alle Altersklassen mit 5 jähriger Abstufung enthielte, würde seine Länge für $u = 100$ bei 60 m Schlagbreite nicht mehr als 1200 m betragen dürfen. Meist werden jedoch weniger Schläge vorhanden sein, da der ideale Hiebszug als eine Summe aller Schläge von 5—10—15 bis u Jahren sich praktisch selten vorfindet.

Den Einfluß einer langjährigen Hinwirkung auf eine gute Hiebsfolge und die in dieser Hinsicht zu treffenden Maßnahmen lassen wohl die sächsischen Bestandeskarten, in welchen außer Holzart, Holzalter und Bonitäten auch die Anhiebe, Loshiebe, Umsäumungen dargestellt sind, am besten erkennen.

Vgl. die Bestandes- und Hiebszugkarte Tafel XI.

3. Mittel, die Widerstandsfähigkeit der Bestände gegen Sturmgefahr zu fördern.

Innerhalb des durch die Richtung der Hiebszüge gegebenen Rahmens kann die Widerstandsfähigkeit der Bestände gegen Sturmschaden mit den Mitteln des Waldbaues und der Forsteinrichtung verstärkt werden. Der Betriebsplan hat beide eingehend zu begründen.

a) **Waldbauliche Mittel.**

Hierher gehören alle Maßnahmen, durch welche die Gleichmäßigkeit der Ausbildung der Stämme befördert wird. Zunächst ist die Art der Begründung nicht ohne Einfluß. Bei guter Einzelpflanzung in regelmäßigen Verbänden können sich die Wurzeln und Kronen am gleichmäßigsten ausbilden. Auch weiterhin muß auf die ebenmäßige Gestaltung und einen nicht zu hohen Ansatz der Krone im Wege der Bestandespflege eingewirkt werden. Es dient zur Erhöhung der Widerstandfähigkeit, wenn die Durchforstungen frühzeitig begonnen werden. Die Hiebe müssen zugunsten der herrschenden Stammklassen geführt werden, weil diese am besten befähigt sind, allen äußeren Gefahren Widerstand zu leisten. Vorwüchse, die wie alle freierwachsenen Stämme am meisten sturmfest sind, aber wegen ihrer ungünstigen Beschaffenheit nicht erhalten werden dürfen, müssen frühzeitig entfernt werden, so daß keine Veranlassung vorliegt, später, im Alter der Sturmgefahr, zu ihrer Beseitigung die Bestände zu durchlöchern. Besondere Vorsicht erfordern alle Arten von Lichtungshieben. Da die Stämme im Zustand der Umlichtung von der Sturmgefahr am meisten bedroht sind, so müssen sie vorher allmählich an den Freistand gewöhnt werden. Den Hauungen der natürlichen Verjüngung und des Lichtungsbetriebs müssen kräftige Durchforstungen vorausgehen.

Auf nassen Böden kann die Entwässerung der Kulturflächen zur Verminderung von Sturmschäden angezeigt sein. Sie soll aber unter Berücksichtigung des hohen Wertes der Bodenfeuchtigkeit auf das unbedingt erforderliche Maß beschränkt bleiben.

Von besonderer Bedeutung für die Widerstandsfähigkeit gegen Sturm ist eine richtige und vollständige Anlage der Waldmäntel [1]. Sie sollen so beschaffen sein, daß sie selbst dem Wind standhalten und zugleich dem hinter ihnen liegenden Bestandesteil Schutz geben. Um diesem Zwecke zu genügen, ist es erforderlich, daß die Waldmäntel von den Außengrenzen sowie von den Rändern der Wege, Schneisen und Gräben entsprechend entfernt bleiben, so daß keine Veranlassung vorliegt, zum Zwecke der Räumung von Gräben Verletzungen der Wurzeln — zum Zwecke der Trockenhaltung der Wege und zur Beseitigung von Grenzüberhängen Ästungen vorzunehmen. Regel der Kultur für Waldmäntel sind weite Verbände, da kräftige Äste, welche sich in weiten Verbänden bilden und erhalten, viel besser zur Anlage eines Mantels geeignet sind, als die trocken werdenden Äste enger Pflanzenverbände. Eigentliche Durchforstungen sind in dem weit begründeten Waldmantel in der Regel nicht einzulegen. Auch durch eine abweichende Holz- oder

---

[1] Vgl. den 3. Abschnitt des 1. Teils, I B 3 (Pflege des Waldrandes).

Betriebsart können Mäntel gebildet werden. Bei entsprechendem Boden kann die Eiche in dieser Hinsicht von Bedeutung sein. Beim Laubholz ist unter Umständen auch der Niederwaldbetrieb empfehlenswert.

b) Maßnahmen der Forsteinrichtung.

Hierher gehören abgesehen von der Einteilung:

α) Die Begrenzung der Hiebszüge.

Die Hauptgestelle (Wirtschaftsstreifen) sollen eine solche Breite erhalten, daß sie sich auf beiden Seiten bemanteln. Über das hierfür nötige Maß lassen sich Sätze von allgemeiner Gültigkeit nicht angeben. Je besser die Standortsgüte ist, eine um so größere Breite ist erforderlich, um die Bemantelung zu bewirken, was um so mehr beachtet werden muß, als gute Bonitäten häufig frische lockere Böden einnehmen, die an sich schon der Surmgefahr in stärkerem Grade ausgesetzt sind. Die erforderliche Breite liegt zwischen 6—12 m [1]).

β) Die Anlage von Loshieben und Umhauungen.

Um Bestände, welche durch den Abtrieb eines nach Westen vorgelagerten alten Bestandes dem Sturm ausgesetzt werden, zu sichern, müssen sie an dieser Seite bemantelt sein. Die Erhaltung oder Herstellung eines Mantels geschieht durch Aufhiebe, welches längs des Randes des zu schützenden Bestandes in dem ihm vorlagernden Altholz bewirkt werden. — Vgl. die sächsische Bestandeskarte, Tafel XI. — Solche Aufhiebe, die Loshiebe genannt werden, sind nur wirksam und unbedenklich, so lange der Bestand, zu dessen Kräftigung sie geführt werden, noch tief herab beastet ist. Was ihre Breite betrifft, so werden unterschieden: holzleere Loshiebe (Absäumungen, Abrückungen), die eine Breite bis 10 m haben, und mit Holz anzubauende Loshiebe, welche eine Breite von mehr als 10 m erhalten. Wo die alsbaldige Anlage in voller Breite zu Bedenken Anlaß gibt, werden zunächst schmale Aufhiebe vorgenommen, die später nach der Sturmseite verbreitert werden. Zur Erleichterung der Anlage jeder Art von Bestandesöffnung tragen entsprechende Bestandesmischungen bei.

Während Loshiebe in gerader Richtung zu den Schneisen verlaufen, kann es sich empfehlen, eine solche Sicherung auch längs der Grenze eines anders vorliegenden Bestandes nach Vergradung der Grenzen durch eine sogenannte Umhauung zu bewirken.

----

[1]) Nach den allgemeinen Wirtschaftsregeln für die sächsischen Staatsforsten vom Jahre 1908 sollen alle Wirtschaftsstreifen eine Breite von 9 m erhalten. Nach der Instruktion für die österreichischen Staatsforsten sollen sie 5—8 m breit aufgehauen werden.

4. Behandlung jüngerer Orte.

Bei der praktischen Durchführung der Hiebsfolge tritt häufig die Frage an den Forsteinrichter heran, ob Bestände, welche in der Richtung des Hiebszuges liegen, in ihrem Alter aber von dem die Hiebsführung bestimmenden Hauptbestand abweichen, im Anschluß an diesen verjüngt, oder bis zur nächsten Umtriebszeit übergehalten, oder unabhängig von ihrer Umgebung behandelt werden sollen.   Es mögen z. B. Fälle vorliegen:

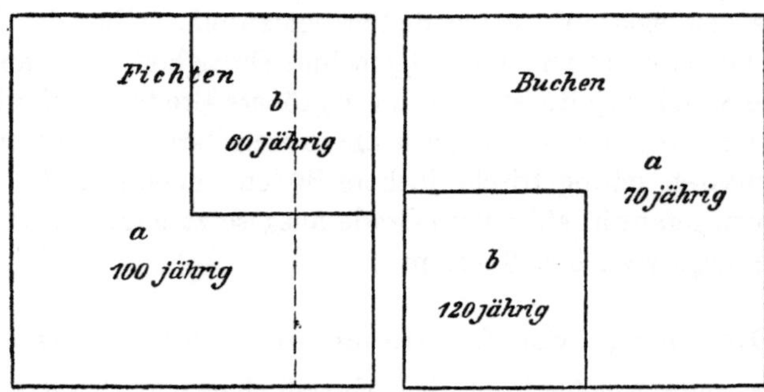

Fig. 4.

Eine allgemeine Regel läßt sich in dieser Richtung nicht aufstellen. Die Behandlung ist im einzelnen Falle einmal von der größeren oder geringeren Sturmgefahr abhängig, welche mit dem Überhalten solcher Bestände verbunden ist; sodann von dem Wertunterschied oder dem Verlust an Reinertrag, der sich aus dem früheren oder späteren Abtrieb eines solchen Bestandes ergibt. Bestände, die noch hohen Wertzuwachs besitzen, wird man nach Möglichkeit zu erhalten suchen, bis sie eine hinlängliche technische Brauchbarkeit und Verwertungsfähigkeit erlangt haben. Bei den hierher gerichteten Erwägungen ist aber zu beachten, daß der laufende Zuwachs, der Durchschnittszuwachs, der Wertzuwachs und der Bodenreinertrag sich vor und nach der Kulmination geraume Zeit nur wenig verändern[1]). Eine Verschiebung um 1—2 Jahrzehnte nach der einen oder anderen Seite ist deshalb nicht mit wirtschaftlichen Opfern verknüpft. Insbesondere ist dies bei der Fichte zu beachten, deren schwache Sortimente meist gut verwertbar sind. In dem obigen Beispiel wird es sich empfehlen, den 60 jährigen Fichtenbestand, wie die Linie - - - - - - - zeigt, zugleich mit dem 100 jährigen zu nutzen und ihn mit diesem zu demselben Hiebszug zu vereinigen. Bei der Buche wird

---

[1]) Vgl. die Zuwachsnachweise der neueren Ertragstafeln (von Schwappach, Grundner, Eichhorn, u. a.) sowie des Verfassers Folgerungen der Bodenreinertragstheorie, z. B. bezüglich der Buche § 34.

dagegen der 120 jährige Bestand unabhängig von seiner Umgebung zu verjüngen sein.

5. Abweichungen von der regelmäßigen Hiebsfolge.

Sie werden, abgesehen von Störungen besonderer Art, oft durch das Bestreben veranlaßt, eine schnellere Verjüngung zu bewirken, als sie mit der Führung und allmählichen Aneinanderreihung schmaler Schläge verbunden ist. In der neueren Zeit sind namentlich im norddeutschen Kieferngebiet, wo die Einhaltung der strengen Hiebsfolge weniger bedeutsam ist als bei der sturmgefährdeten Fichte, die Abteilungen (Jagen) von entgegengesetzten Seiten (Ost und West oder Nord und Süd), bisweilen außerdem auch von der Mitte aus angehauen worden.

Die stärkste Abweichung von den Regeln der Hiebsfolge stellen Kulissenhiebe dar, die darin bestehen, daß schmale Durchhiebe von etwa 20 m Breit in gleichen oder doppelt so großen Abständen in einem Altholz eingelegt werden. Kulissen verhalten sich in bezug auf die Sturmgefahr sehr ungünstig. Die Richtung der Schläge mag senkrecht oder parallel zu den Wirtschaftsstreifen erfolgen, so findet der Sturm Gelegenheit, mit seiner verderblichen Kraft in die ungeschützten Schlagränder einzusetzen. Zugleich treten immer noch andere Nachteile ein, namentlich die, daß der Boden der Altholzstreifen durch die Einwirkung der Sonne und des Windes an den Rändern verhärtet und die spätere Kultur erschwert wird. Günstiger wie die Kulissen- (aber gleichfalls nicht ohne nachteilige Wirkung für Teile des Bodens und Bestandes) verhalten sich Löcherhiebe, die in der neueren Zeit im Laub- und Nadelholz vielfach eingelegt sind, um Insektenschäden (Maikäfer) vorzubeugen, Lichtholzarten erfolgreich anzubauen und die Herstellung von gemischten Beständen zu sichern.

Alle derartigen Hiebsverfahren mit flächenweis ungleichzeitigem Angriff haben die gemeinsame Folge, daß die zuerst zur Kultur herangezogenen Bestandesteile begünstigt — die mit Altholz bestanden bleibenden dagegen benachteiligt werden. Sie erscheinen nur berechtigt, wenn es sich erstens um geschützte Lagen, handelt, wo die Gefahr des Sturmschadens nicht zu befürchten ist, und wenn zweitens eine Holzart gegenüber einer anderen durch die Zeit und Art des Anbaues in besonderem Maße begünstigt werden soll, wie es z. B. bei der Eiche gegenüber der Buche, bei der Tanne gegenüber der Fichte der Fall sein kann. Übrigens aber ist die ungleichartige Schlagführung eine Maßregel, die weder mit Rücksicht auf das Altholz noch auf den Boden noch auf die zukünftige Bestandesbildung begründet werden kann. Sie bildet demgemäß eine Ausnahme. Als Regel bleibt dagegen anzusehen, daß die Schläge von der geschützten Seite (Nord, Nordost, Ost) nach der gefährdeten (Südwest) geführt und regelmäßig aneinandergereiht werden.

6. Bezeichnung der Hiebszüge.

Wünschenswert ist es, daß die Anhiebe des nächsten Wirtschaftszeitraumes auf den Bestandes- oder Wirtschaftskarten kenntlich gemacht werden. Eine weitergehende Bezeichnung der Hiebszüge auf den Karten ist in der Regel nicht erforderlich. Die Hiebsfolge stellt sich hier und in der Örtlichkeit meist genügend durch die Altersklassen dar. Die auf die Begrenzung der Hiebszüge gerichteten Maßnahmen sind durch die Vorarbeiten bewirkt worden. (Vgl. die Einteilung in ständige Wirtschaftsfiguren.)

Dritter Abschnitt.

Die Bestimmung der Hiebsreife und Umtriebszeit.[1])

Die Bestimmung der Reife des Holzes, welche gegenüber den Erzeugnissen der Landwirtschaft und anderer Wirtschaftszweige besondere Schwierigkeiten bietet, ist eine Aufgabe der forstlichen Statik. Ihre Begründung fällt nach Prinzip und Methode mit dem zusammen, was hier unter der Bezeichnung: Reinertrag der Forstwirtschaft behandelt wird. Bei der Forsteinrichtung wird auf Grund statischer Untersuchungen über die Hiebsreife (die nicht in jedem einzelnen Falle durchgeführt, sondern auf typische Reviere beschränkt werden können) sowie mit Rücksicht auf die vorliegenden Waldzustände für einheitliche Verbände eine Umtriebszeit festgestellt, welche den Zeitraum ausdrückt, der dem zahlenmäßigen Nachweis der Abnutzung und ihrer Grundlagen als Norm unterstellt wird [2]).

Da die Umtriebszeit mit den wichtigsten Aufgaben des Waldbaues, des Forstschutzes, der Forstbenutzung und der Forstpolitik im Zusammenhange steht, so muß ihr bei der Forsteinrichtung eine eingehende Begründung gegeben werden. Bei der nachfolgenden allgemeinen Behandlung des Gegenstandes ist einmal auf die ökonomischen Grundlagen, sodann auf die Methoden der Berechnung und die praktische Anwendung hinzuweisen.

---

[1]) Die Umtriebszeit kann von dem Zeitpunkt der Hiebsreife abweichen. Vgl. die weiteren Ausführungen dieses Abschnitts unter III.

[2]) Der normale Jahresschlag ist $= \dfrac{f}{u}$, die normale periodische Nutzungsfläche $= \dfrac{f}{u} \cdot 10$ oder $\dfrac{f}{u} \cdot 20$; der normale Vorrat ist von dem normalen Altersklassenverhältnis abhängig, und dieses wird durch die Umtriebszeit bestimmt.

I. Ökonomische Grundlagen der Umtriebszeit.

Die Bestimmungsgründe für die Umtriebszeit liegen zunächst im Gange des Massenzuwachses und der mit wachsendem Alter erfolgenden Wertzunahme des Holzes. Aus diesen beiden Faktoren geht der Ertrag hervor, auf den das Ziel jeder geordneten Forstwirtschaft gerichtet ist. Ziemlich allgemein wird verlangt, daß die Erzielung eines möglichst hohen Reinertrags für die Zeit der Hiebsreife bestimmend sein soll. Der Begriff Reinertrag ist aber ein so vieldeutiger, daß er zum Ausgang sehr verschiedenartiger Richtungen und Folgerungen gemacht werden kann. Allgemein wird jedoch die Ansicht vertreten, daß die Kosten der Wirtschaft nachgewiesen und vom Rohertrag in Abzug gebracht werden müssen, um den Reinertrag zu finden.

1. Der Rohertrag.

Der jährliche oder periodische Rohertrag der Forstwirtschaft findet (wenn man von den Nebennutzungen und anderen Einnahmen absieht) seinen Ausdruck in dem Produkt aus Masse und Wert des Holzes. Legt man, als theoretisches Beispiel, eine regelmäßige Betriebsklasse von u 1 ha großen Jahresschlägen zugrunde, so ist der jährliche Rohertrag

$$\text{pro ha} = \frac{A + D}{u},$$ wobei A die Haubarkeitsnutzung, D die Summe der Vornutzungen, die in den verschiedenen Altersstufen alljährlich stattfinden, umfaßt.

2. Produktionskosten.

Im Gegensatz zu dem begrifflich feststehenden Rohertrag sind die Produktionskosten einer verschiedenen Auffassung fähig. Sowohl nach der Natur des Wirtschaftssubjekts als nach der Beschaffenheit des Wirtschaftsobjekts ergeben sich abweichende Begriffe.

Geht man vom Wirtschaftssubjekt aus, so müssen volkswirtschaftliche und privatökonomische Produktionskosten unterschieden werden. Unter volkswirtschaftlichen Kosten[1] im strengen Sinne werden nur solche verstanden, die dem Volksvermögen Bestandteile entziehen, durch welche dieses daher eine Verminderung erleidet. Hierher gehören die Werte, welche durch den auswärtigen Handel ausgeführt werden;

---

[1] Roscher, Grundlagen der Nat.-Ök., 9. Aufl., § 106: „In volkswirtschaftlichem Sinne gehören zu den Produktionskosten bloß die für die Produktion erforderlichen Kapitalverwendungen, welche das verwandte Kapital aus dem Volksvermögen zunächst verschwinden lassen. . . . Den Boden hat das Volk als Ganzes offenbar unentgeltlich. . . . Der Arbeitslohn, von welchem die größte Mehrzahl des Volkes lebt, läßt sich unmöglich als bloßes Mittel zum Zweck einer wirtschaftlichen Produktion betrachten."

sodann genußlos verbrauchte Stoffe, welche mit ihrer Substanz in das erzeugte Produkt übergehen, wie z. B. Saatgetreide und Rohstoffe; endlich die Abnutzung des stehenden Kapitals [1]. Dagegen trifft die Forderung eines Entzugs vom Volksvermögen nicht zu bezüglich der Ausgaben, welche in der Benutzung des Bodens und des Kapitals und in der Verausgabung von Arbeitslöhnen liegen. Vom privatökonomischen Standpunkte sind dagegen alle in Arbeitslöhnen, Kapitalzinsen und Bodenrenten bestehenden Kosten als Ausgaben in Rechnung zu stellen.

Geht man andererseits vom Objekt der Wirtschaft aus, so erscheinen die Produktionskosten verschieden, je nachdem man sie auf den Wald oder auf seine einzelnen Teile bezieht. Faßt man den Wald als gegebene Größe auf, so erscheinen nur diejenigen Teile als Produktionskosten, welche von außen in den Wald eingeführt werden. Will man dagegen die Wirkung und den Reinertrag der einzelnen Bestandteile des Waldes wissen, so müssen auch die Produktionskosten, die in der Nutzung des Bodens und Vorrats liegen, in Rechnung gestellt werden.

3. Reinertrag.

Entsprechend den Verschiedenheiten in der Auffassung der Produktionskosten ergeben sich auch Verschiedenheiten im Reinertrag.

a) Nach dem Wirtschaftssubjekt.

Hier ist volkswirtschaftlicher und privatwirtschaftlicher Reinertrag zu unterscheiden. Volkswirtschaftlicher Reinertrag ist aller Zuwachs, der im Walde jährlich erzeugt wird. Er bedeutet tatsächlich einen Zuschuß zum Volksvermögen, zu dessen Erzeugung, abgesehen von Sämereien und Pflanzen, volkswirtschaftliche Produktionskosten in dem unter 2 angegebenen Sinne kaum nötig sind. Der privatökonomische Reinertrag ergibt sich dagegen, indem alle in Arbeitslöhnen, Kapitalzinsen und Bodenrenten bestehenden Produktionskosten vom Rohertrag abgezogen werden.

Mit dieser begrifflichen Verschiedenheit, deren Geltendmachung in mancher Hinsicht wohl berechtigt ist, sind aber keine Abweichungen für die prinzipiellen Grundsätze, die bei der Berechnung der Umtriebszeit Geltung haben, verbunden [2]. Die angegebene Verschiedenheit der Begriffe scheint zwar eine Stütze für die Ansicht zu bilden, daß bei der Vertretung volkswirtschaftlicher Interessen auf die Arbeitslöhne,

---

[1] Roscher, a. a. O., § 146.

[2] Gegenteilige Ansichten sind — abgesehen von den Vertretern des extremen Sozialismus (Marx, Das Kapital, 1. Buch, 3. Kapitel) — vertreten von Helferich, Zeitschr. f. die gesamte Staatswissensch., 1867; Schaeffle, das. 1879; und Borggreve, Forstabschätzung, 1888, S. 61, Zuwachs und Umtriebszeit. Vgl. des Verfassers Forstl. Statik S. 201 ff.

die Höhe des Betriebskapitals [1]) und die Bodenrente keine Rücksicht
genommen zu werden brauche. Solche Folgerungen sind jedoch unhalt-
bar. Wenn man den volkswirtschaftlichen Standpunkt vertritt, wie es
insbesondere für die Staatsforstverwaltung geboten ist, so darf das
leitende Prinzip, nach dem die Wirtschaft geführt wird, nicht einem
einzelnen Wirtschaftszweig entlehnt werden. Vielmehr geht vom volkswirtschaftlichen Standpunkt das Ziel dahin, daß ein möglichst
hoher Reinertrag von der gesamten nationalen Wirtschaft
hervorgebracht wird. Der negative Einfluß einer zu hohen Aufwendung von Arbeit und Kapital macht sich indirekt geltend, und zwar
dadurch, daß diese produktiven Faktoren aus anderen Betrieben zurückgehalten werden. Indirekt wirkt eine solche Würdigung ebenso, als
wenn sie direkt in Rechnung gestellt werden. Auch vom volkswirtschaftlichen Standpunkt gilt für alle Wirtschaftszweige das Gesetz
der Konkurrenz, welches verlangt, daß die Produktionsfaktoren — Arbeit, Kapital und Boden — den Betrieben zugeführt und in ihnen erhalten werden, in denen sie nachhaltig am meisten leisten. Auch das Betriebskapital und der Boden
der Forstwirtschaft sind mit dieser Forderung belastet. Die Erhaltung
überflüssigen forstlichen Kapitals beeinträchtigt die nationale Produktion.
Als Resultat aller hierauf bezüglichen Erwägungen ergibt sich, daß
sowohl vom volkswirtschaftlichen als vom privatökonomischen Standpunkt sämtliche in Arbeitslöhnen, Boden-
und Kapitalrenten bestehenden Ausgaben gewürdigt und in
Rechnung gestellt werden müssen.

b) Nach dem Wirtschaftsobjekt.

Der Ertrag, den eine Wirtschaft gewährt, entspricht den Produktionsfaktoren, die in ihr wirksam gewesen sind. Der Reinertrag der einzelnen Faktoren ergibt sich, wenn die auf die übrigen Faktoren entfallen-
Ertragsanteile vom Gesamtertrag in Abzug gebracht werden.

Wenn dieser Forderung entsprochen wird, ist zu unterscheiden:

1. Der Waldreinertrag. Das Objekt, auf das der Reinertrag
bezogen wird, ist hier das aus Boden und Vorrat bestehende Waldkapital.
Um den Waldreinertrag zu ermitteln, sind nur solche Aufwendungen
vom Rohertrag abzuziehen, welche von außen in den Wald eingeführt
werden. Dies sind die Arbeitslöhne im weiteren Sinne (Ausgaben für
Verwaltung, Schutz, Gewinnung der Forstprodukte, Kultur, Wegebau usw.). Da der Wald ein zusammenhängendes Ganzes bildet, so

---

[1]) Bestimmt ausgesprochen von Borggreve, a. a. O., S. 67. „Das gemeinwirtschaftliche Prinzip braucht dagegen den, wie ausgeführt, in der Regel
unbestimmbaren Geldwert des Waldkapitals nicht zu kennen.“

kann in der Praxis ein anderer als der auf den ganzen Wald bezügliche Reinertrag unmittelbar aus der Wirtschaft nicht nachgewiesen werden[1]). Als bestimmendes Prinzip der Wirtschaftsführung und insbesondere der Umtriebszeit kann aber ein Maximum des Waldreinertrags, das bei konsequenter Durchführung zu sehr konservativen Folgerungen führt, nicht angesehen werden, weil es der Forderung der Verzinsung des Vorrats nicht entspricht.

2. Der Bodenreinertrag. Der auf den Boden entfallende Reinertrag ergibt sich für den jährlichen Betrieb dadurch, daß vom Reinertrag des Waldes die Rente des Vorrats in Abzug gebracht wird [2]). Der Boden ist der festeste, am wenigsten veränderliche Bestandteil des Waldkapitals. Für seine Bemessung gilt der allgemeine volkswirtschaftliche Grundsatz, daß für die festesten Kapitalsteile, die in einem Betrieb tätig sind, die Höhe des Wertes dadurch bemessen wird, daß die beweglicheren Bestandteile des Betriebskapitals nach Maßgabe ihrer Wirkung zu einem entsprechenden Zinsfuß in Rechnung gestellt und vom Gesamtertrag abgezogen werden [3]). Dieser Grundsatz führt zu der Forderung, daß der Vorrat mit der Forderung der Verzinsung belastet wird. Hierin liegt das für die Wirtschaft des größten Bodenreinertrags und die ihr entsprechende Umtriebszeit einflußreichste Merkmal. Seine allgemeine, bleibende theoretische Begründung hat das auf ein Maximum des Bodenreinertrags gerichtete Wirtschaftsziel in dem Umstand, daß der Boden im Gegensatz zu anderen Wirtschaftsfaktoren (Arbeit, Kapital) nur in beschränkter Ausdehnung gegeben ist.

3. Der Unternehmergewinn. Stellt man auch den Boden als einen Teil der Produktionskosten der Forstwirtschaft in Rechnung,

---

[1]) So geschieht es z. B. für Preußen in v. Hagen-Donner, Forstl. Verhältnisse, Statist. Tabelle 51; für das Königreich Sachsen in den Reinertragsübersichten — Thar. forstl. Jahrbuch; für Württemberg siehe Forststatistische Mitteilungen, Tabelle VIII; für Baden Statistische Nachweisungen, II 10.

[2]) Diese Methode hat der Verfasser bereits in allen Teilen der „Folgerungen der Bodenreinertragstheorie“ angewandt. Als ihr erster und originellster Vertreter muß J. H. v. Thünen, a. a. O., bezeichnet werden. Auch von Helferich (im Sendschreiben an Judeich) wird ihre Berechtigung gegenüber den vom aussetzenden Betrieb abgeleiteten Methoden hervorgehoben.

[3]) Er wurde von Helferich, Sendschreiben an Judeich, Forstl. Blätter 1872, in der Fassung ausgesprochen: „Sind in einem Geschäft verschiedene, teils umlaufende, teils fixe Kapitalien in Anwendung, so erhält das jeweils fixeste beim Steigen des Ertrags über den Durchschnittssatz den ganzen Mehrgewinn, wie es andernfalls den ganzen Verlust zu tragen hat, der sich beim Sinken des Ertrags ergibt.“ Demgemäß sagt v. Thünen, Der isolierte Staat, 3. Teil, 1. Abschn., § 5: Die Rente des Waldbodens: „Wenn wir vom Ertrag der Durchforstungen usw. abstrahieren, so ist die Bodenrente des Waldes gleich dem Wert des Abtriebsschlags nach Abzug der Zinsen vom Wert aller Holzbestände und der Kosten der Wiederbesamung des abgetriebenen Schlags.“

so erscheint als der Überschuß des Ertrags über alle Produktionskosten der wirkliche Reinertrag der Forstwirtschaft, der auch als Unternehmergewinn oder Wirtschaftserfolg bezeichnet wird. Diese Auffassung ist zweifellos die korrekteste. Gleichwohl liegt die Anwendung des Grundsatzes, alle Produktionsfaktoren bei der praktischen Betriebsregelung zu berücksichtigen, bezüglich des Bodens anders als beim Vorrat. Der der Forstwirtschaft dienende Boden ist in den meisten Fällen eine gegebene Größe, über deren Vermehrung oder Verminderung bei der Ertragsregelung keine Erörterungen nötig sind, während die Erhöhung oder Verringerung des Vorrats, die nach Maßgabe der Verzinsung zu bewirken ist, eine der wichtigsten Aufgaben der Ertragsregelung ausmacht. Bezüglich der praktischen Folgerungen stimmen aber Unternehmergewinn und Bodenreinertrag überein, wenngleich die Forstwirtschaft als ein Unternehmen im gewöhnlichen Sinne des Wortes nicht bezeichnet werden kann. Der Bodenwert ist eine variable Größe; sie hängt von allen positiven und negativen Faktoren ab, die in der Wirtschaft tätig sind. Indem man die positiven Faktoren möglichst fördert, die negativen vermindert, wird der Reinertrag des Bodens auf den Höchstbetrag gebracht; zugleich aber auch der Unternehmergewinn, als dessen mathematischer Ausdruck der Unterschied zwischen Bodenertragswert und Bodenkostenwert bezeichnet werden kann [1]).

II. Die Methode der Berechnung.

Bei der Berechnung der Hiebsreife, die, soweit es die Verhältnisse ermöglichen, mit positivem Zahlenmaterial nachgewiesen werden soll, kann man vom einzelnen Bestand ausgehen, oder man kann den aussetzenden oder den jährlichen Betrieb zugrunde legen. Bei der Art der Rechnung kann man entweder so verfahren, daß von den Erträgen die auf den gleichen Zeitpunkt reduzierten Produktionskosten abgezogen werden, oder daß das Verhältnis festgestellt wird, in welchem der jährliche Ertrag zum Produktionsfonds steht.

1. Die Hiebsreife des Einzelbestandes.

a) Nach dem Weiserprozent.

Zur Bestimmung der Hiebsreife ermittelte König [2]) das reine Wertzuwachsprozent vom Holzbestand, Preßler [3]) stellte das Weiserprozent auf, das in der Folgezeit theoretisch als Maßstab der Hiebsreife viel-

---

[1]) Vgl. des Verfassers Forstl. Statik, S. 221.

[2]) Forstmathematik, 4. Ausg., § 417—419: Ermittelung des rohen, bodenrentefreien und ganz reinen Wertzunahmeprozents vom Holzbestand.

[3]) Allgem. Forst- und Jagdztg., 1860.

seitig Anerkennung gefunden, praktisch dagegen noch sehr selten zur Anwendung gebracht ist.

Das Weiserprozent drückt das Verhältnis aus, in welchem die Wertzunahme eines Bestandes zu dem ihr zugrunde liegenden Produktionsfonds steht.   Dieser besteht aus dem Wert des Bestandes zur Zeit der Rechnung plus dem Grundkapital, das durch den Boden, das Verwaltungskapital und Kulturkostenkapital gebildet wird [1].   Sofern es sich aber um einen einzelnen Bestand handelt, dessen Wert als Kostenwert aufgefaßt wird, sind die Kulturkosten in diesem bereits enthalten und dürfen nicht nochmals in Rechnung gestellt werden.   Bezeichne A_m, A_{m+1} den Wert eines Bestandes in den Jahren m, m + 1, B den Bodenwert, V das Verwaltungskapital, als dessen Zinsen die jährlichen Ausgaben für Verwaltung usw. angesehen werden, so ist

$$w = \frac{A_{m+1} - A_m}{A_m + B + V} \cdot 100 \quad [2]$$

oder wenn man die Verwaltungskosten ihrem jährlichen Betrage nach von der Wertvermehrung des Bestandes abzieht,

$$w = \frac{(A_{m+1} - A_m) - v}{A_m + B} \cdot 100.$$

b) Nach Massen- und Wertzuwachsprozenten.

Da der Boden, dessen Wert eine Folge aller wirtschaftlichen Einflüsse ist, in den meisten Fällen der Forsteinrichtung (abgesehen von Kauf, Verkauf und Tausch) nicht Gegenstand einer exakten Berechnung ist, und ein scharfes Resultat im Wege der Rechnung wegen der Menge variabler Faktoren, die auf die Umtriebszeit Einfluß ausüben, nicht erlangt wird, so genügt es in den meisten Fällen der bleibenden forstlichen Praxis, wenn die Wertzunahme lediglich zum Bestandeswerte in Beziehung gesetzt wird.   An Stelle des Weiserprozentes tritt dann das Massen- und Wertzunahmeprozent (= a + b).   Eine solche Beschränkung ist um so mehr berechtigt, als das Weiserprozent nur für die höheren Altersstufen berechnet wird, in denen der Wert des Bodens und die Verwaltungskosten gegenüber dem Bestandeswert sehr zurücktreten [3].   Den sogenannten Teuerungszuwachs, welcher von Preßler als Element

---

[1]) Vgl. den 6. Abschn. des 2. Teils, I, 1 und 2.

[2]) In dieser Form aufgestellt von G. Heyer, Handbuch der forstlichen Statik, 1871, S. 35.

[3]) Der Reduktionsbruch (Preßler), mit welchem die Massen- und Werts- (bzw. auch Teuerungs-) Zuwachsprozente zu multiplizieren sind, um das Weiserprozent zu finden, wird (nach Endres, Waldwertrechnung, S. 206) angegeben

für u =	80—90	90—100	100—110	110—120 J.
zu	0,901	0,926	0,944	0,958

des Weiserprozents eingeführt wurde, wird dadurch Rechnung getragen, daß man mit Rücksicht auf die mutmaßliche Steigerung der Holzpreise in der Forstwirtschaft eine niedrigere Verzinsung beansprucht, als sie sonst zulässig erscheinen würde. Eine solche allgemein gehaltene Fassung entspricht dem Sachverhalt besser als die Einführung eines bestimmten Prozents (c), für das aus der Praxis genügende Grundlagen nicht gegeben werden können.

2. Berechnung der Hiebsreife beim aussetzenden Betrieb.

a) Der Unternehmergewinn.

Der sogenannte Unternehmergewinn (Wirtschaftserfolg, Endres) wird derart ermittelt, daß die Produktionskosten von den Erträgen abgezogen werden. Beide müssen zu diesem Zweck auf den gleichen Zeitpunkt reduziert werden.

Die Erträge ergeben sich durch Diskontierung des Haubarkeitsertrags A_u und der in den entsprechenden Altersstufen eingehenden Durchforstungserträge D_a, D_b .... auf das Jahr 0. Die Produktionskosten bestehen aus dem Boden (B), dem Verwaltungskapital (V) und dem Kulturkostenkapital (C_u).

Der Wert der Erträge ist $= \dfrac{A_u + D_a\, 1{,}0\, p^{\,u-a} + \cdots}{1{,}0\, p^u - 1}$

Der Wert der Produktionskosten $= B + V + C_u$. Der Überschuß der Erträge über die Produktionskosten $= \dfrac{A_u + D_a\, 1{,}0\, p^{\,u-a} + \cdots}{1{,}0\, p^u - 1}$

$- (B + V + C_u)$. Da der letzte Ausdruck auf die Form $B_e - B =$ Bodenerwartungswert minus Bodenkostenwert gebracht werden kann, so führt die Formel zu dem allgemeinen Grundsatz, daß durch die Wirtschaft ein möglichst hoher Bodenertragswert erzielt werden soll.

b) Die Verzinsung des Produktionsfonds.

Die hierfür herzuleitende Formel stimmt mit derjenigen für den einzelnen Bestand überein [1]).

3. Die Hiebsreife beim jährlichen Betrieb.

Beim jährlichen Betrieb erfolgen Erträge und Produktionskosten zu gleicher Zeit; ein Diskontieren und Prolongieren ist daher nicht erforderlich. Wird eine normale Betriebsklasse von u Schlägen mit regelmäßiger Abstufung unterstellt, so gestaltet sich die Rechnung wie folgt:

Die Erträge bestehen aus den im Jahre u erfolgenden Haubarkeitsertrage A_u und aus den alljährlich in den Altersstufen a, b erfolgenden

---

[1]) Vgl. des Verfassers Forstl. Statik 1905, S. 222.

Durchforstungserträgen D_a, D_b, deren Summe mit D bezeichnet werden kann. Die Produktionskosten setzen sich zusammen aus den jährlichen Kulturkosten = c, den Kosten für Verwaltung, Schutz, Steuern usw. = v, dem Zins des Vorrats = N . 0,0 p.

Auch beim jährlichen Betrieb kann zum Nachweis der Umtriebszeit entweder so verfahren werden, daß die jährlichen Produktionskosten vom Rohertrag abgezogen werden; oder es wird das Verhältnis nachgewiesen, in welchem der jährliche Reinertrag zum Produktionsfonds oder dem Waldkapital steht. Wird das erstgenannte Verfahren angewandt, so ist

der Überschuß des Ertrags über alle Produktionskosten (Unternehmergewinn)

$$= A + D - (B + N) . 0,0 p - (c + v);$$

der auf den Boden entfallende Reinertrag

$$= A + D - N . 0,0 p - (c + v);$$

der auf die Leistung der Bestände (des Vorrats) entfallende Ertragsanteil

$$= A + D - B . 0,0 p - (c + v).$$

Das Verhältnis des Reinertrags zum Produktionsfonds, bezogen auf die Einheit 100, ist

$$= \frac{A + D - (c + v)}{B + N} . 100.$$

Die Folgerung, die aus dieser Formel für die Umtriebszeit abzuleiten ist, geht dahin, diese so festzusetzen, daß eine **angemessene Verzinsung des aus Boden und Vorrat bestehenden Waldkapitals erfolgt**[1]).

Da die Wirtschaft aller größeren Forstverwaltungen im jährlichen Betriebe geführt wird, Untersuchungen über den Massen- und Wertzuwachs aber an einzelnen Beständen vorgenommen werden, so ist es von theoretischer und praktischer Bedeutung, zu beurteilen, in welchem Verhältnis die Verzinsung des ganzen Waldkapitals (des B + N der obigen Formel) zu den Weiserprozenten oder den Massen- und Wertzuwachsprozenten der Bestände steht, welche jenes Kapital zusammensetzen. Für das den Regeln der allgemeinen Wirtschaftslehre entsprechende Verfahren, daß der Wert des Vorrats wie aller Wirtschaftsgüter nach den Kosten der Erzeugung berechnet wird, besteht eine völlige Über-

---

[1]) Da hierin das wesentlichste Merkmal der Bodenreinertragslehre liegt, so ist diese Formel vom Verfasser — Forstl. Statik, S. 224 — als die wichtigste der forstlichen Statik bezeichnet worden, gegenüber ihrer grundlegenden Bedeutung treten die Differenzen bezüglich der Behandlung der einzelnen Bestandteile sehr zurück.

einstimmung zwischen den auf das Ganze und den auf die einzelnen Bestände gerichteten Rentabilitätsnachweisen [1]). Ebenso ist es bei Anwendung von Bestandeserwartungswerten, die bekanntlich bei Unterstellung von Bodenerwartungswerten mit den Kostenwerten übereinstimmen. Bei einer solchen Methode der Wertbestimmung wird das ganze Waldkapital auf einem bestimmten Zinsfuß aufgebaut; alle Teile des Waldes arbeiten mit dem diesem Aufbau entsprechenden Prozent. Da aber Kostenwerte selbst unter den regelmäßigsten Verhältnissen für ältere Bestände nicht angewandt werden können [2]), für Erwartungswerte aber die notwendige Kenntnis der Zukunftswerte des Holzes nicht vorliegt [3]), so kann in der Praxis in absehbarer Zeit für den Hauptteil des Vorrats, der in den älteren Beständen liegt, nur der Verbrauchswert in Frage kommen [4]). Bei Zugrundelegung von Verbrauchswerten

---

[1]) G. Heyer, welcher den oben angegebenen Standpunkt der ausschließlichen Anwendung von Kostenwerten vertritt, stellt daher (Handbuch der forstl. Statik, S. 22) den Satz auf: „Der Beweis für die Richtigkeit dieser Behauptung (daß die vom aussetzenden Betrieb abgeleiteten Folgerungen auch für den jährlichen Betrieb Geltung haben), folgt aus dem Axiom, daß das Ganze gleich der Summe seiner Teile ist."

[2]) In Sachsen, bei vorherrschend regelmäßigen Bestandesverhältnissen, werden die unter 40 jährigen Bestände zur Ermittelung des Waldkapitals als Kostenwerte berechnet. Bei unregelmäßigen Bestandesverhältnissen (ungleichzeitiger Entstehung, unregelmäßiger Mischung, verschiedenen Altersklassen) stellen sich aber nicht nur der Berechnung, sondern auch der Anwendung von Kostenwerten unüberwindliche Schwierigkeiten entgegen. Auch kann z. B. nicht bezweifelt werden, daß, wenn für 1 ha 100 jährige Kiefern der Bestandeskostenwert 20 000 M. beträgt, der Verbrauchswert aber nur 10 000 M., nicht jener höhere, sondern der niedrigere Wert allen Berechnungen und Schätzungen zugrunde zu legen ist.

[3]) In der Regel werden dem Boden- und Bestandeserwartungswerte die Preise der Gegenwart zugrunde gelegt. Bestimmend für diese Werte sind aber die unbekannten Preise der Zukunft.

[4]) Vgl. den 3. Abschn. des 2. Teils, III. Tatsächlich ist diese Methode auch von den meisten Autoren vertreten worden, soweit sie nicht nur Formeln und Theorien aufgestellt und begründet haben. So insbesondere Hundeshagen (vgl. G. Heyer, Statik, S. 23). König, Forstmathematik ermittelte den Wertvorrat eines Waldes derart, daß die Massen jeder Altersstufe mit den entsprechenden Wertzahlen der Einheit multipliziert wurden. v. Thünen, Der isolierte Staat, berechnet den Wert von Kiefernbeständen nach den wirklichen Ergebnissen der Wirtschaft. Helferich, Zeitschr. für die gesamte Staatswissenschaft, 1867, S. 23, ging bei der Kritik des Preßlerschen Waldwirts von der Ansicht aus, daß ein anderes Verfahren der Vorratsermittlung als dasjenige nach Verbrauchswerten nicht in Frage komme, obwohl ihm die allgemeine Theorie der Kostenwerte nicht unbekannt sein konnte. Auch die Bestimmungen der Praxis haben, abgesehen von jungen Beständen, die Anwendung von Verbrauchswerten angeordnet. In Sachsen geschieht es z. Z. beim Nachweis des Waldkapitals der über 40 jährigen Bestände; vgl. das sächsische Verfahren im 5. Teil. In Preußen sind ähnliche Bestimmungen erlassen. Vgl. die Anleitung zur Waldwertberechnung 1866, § 14—16 und die allgemeine Verfügung, betr. Waldwertsermittelungen vom 15. Mai 1905.

arbeiten aber die jüngeren und mittleren Glieder des Vorrats zu einem höheren Massen- und Wertzuwachsprozent als dem für das Waldkapital geforderten Wirtschaftszinsfuß [1]). Es steht daher zur Forderung einer angemessenen Verzinsung des Ganzen nicht im Gegensatz, wenn bei der Feststellung der Umtriebszeiten auf Grund der Untersuchung einzelner Bestände die den Umtrieb begrenzenden Weiserprozente der ältesten Glieder niedriger bemessen werden, als dem für das Waldkapital im ganzen geforderten Zinsfuß entspricht. In der Auffassung des Waldes als eines zusammenhängenden Ganzen liegt hiernach ein konservatives Moment für die Richtung der leitenden Behörden [2]).

III. Praktische Anwendungen.

1. Allgemeine Folgerungen.

Da der Durchschnittszuwachs im Schlusse erzogener Hochwaldbestände in standortsgemäßen Lagen innerhalb der wirtschaftlich in Frage kommenden Alter fast gleich bleibt (wie bei Buche, Tanne) oder nur wenig abnimmt (wie bei den Lichtholzarten), während der Wert des Durchschnittsfestmeters mit wachsendem Alter zunimmt, und die Kulturkosten geringer werden, so führt das Prinzip des größten Waldreinertrags oder Wertdurchschnittszuwachses zu sehr hohen, die üblichen Abtriebs-

---

[1]) Bereits König, Forstmathematik, 1854, § 424 und 433, hat diese Verschiedenheiten zahlenmäßig dargestellt, und zwar in den Tafeln über den Wertzuwachs normaler Holzbestände und den Wertertrag normaler Wirtschaftswälder. Hier wird für den einzelnen Buchenbestand (mit 0,8 Ertragsgüte) das Wertzunahmeprozent am Gesamtbetrag angegeben:

Altersstufe:	60—70	70—80	80—90	90—100 Jahre
zu	5,50	4,4	3,7	3,1 %
Altersstufe:	100—110	110—120	120—130	130—140 Jahre
zu	2,5	1,2	0,9	0,7 %

Das Nutzungsprozent vom Wertzuwachs einens normalen Wirtschaftswaldes ist dagegen

Alter:	60	80	100	120	140 Jahre
	6,15	4,6	3,6	2,8	2,2 %

Weiter wird von König, a. a. O., § 438, bemerkt: „Die Holznutzungsprozente des normalen Waldverbandes im ganzen müssen stets viel höher stehen als die Zuwachsprozente des Musterbestandes im einzelnen, wenn Umtriebs- und Bestandesalter beiderseits gleich sind, weil der Normalwald in der ganzen Reihe seiner jüngeren Klassen weit reichlicher zuwächst, mithin auch im ganzen mehr Nutzungsprozente darbieten kann als der schlagbare Musterbestand für sich allein. Bei Bestimmung der normalen Umtriebszeit darf man dies nicht unberücksichtigt lassen.“

[2]) Vgl. des Verfassers Abhandlung: Die Berechtigung konservativer Wirtschaftsführung vom Standpunkt der Reinertragslehre im Leipzig-Band des Thar. Jahrbuchs.

alter übersteigenden Umtriebszeiten. Der den Waldreinertrag darstellende Quotient $\dfrac{A + D - (c + v)}{u}$ steigt solange, als die Mehrung des Zählers A + D in stärkerem Verhältnis erfolgt, als die Zunahme des Nenners u. Wird nur A berücksichtigt, so ist dies der Fall, wenn das Wertzuwachsprozent (a + b der Weiserformel) für 100 jährige Bestände größer ist als 1, für 150 jährige Bestände größer als 0,7. Unter Einbeziehung der vorausgegangenen Vorerträge sind diese Zahlen entsprechend dem Verhältnis des Werts derselben zum Hauptertrag (um $^1/_4$—$^1/_3$) zu erhöhen. Aber auch dann bleibt die dem Prinzip des größten Waldreinertrages entsprechende Richtung in bezug auf die Umtriebszeit eine sehr konservative [1]).

Die Bodenreinertragslehre tritt dagegen durch die ihr eigentümliche Forderung der Verzinsung des Vorrats einer zu starken Anhäufung der Bestandesmassen entgegen. Sie verlangt, damit die Verzinsung des Waldkapitals nicht unter ein gewisses Maß herabsinkt, daß die Bestände kräftiger durchforstet werden und früher zur Abnutzung gelangen, als es der konsequent durchgeführten Theorie des größten Waldreinertrags entspricht. Unter dem Einfluß guter Begründung und Erziehung und des Eintretens einer hohen Wertzunahme guten Starkholzes ergibt sich jedoch, daß für alle Holzarten in standortsgemäßen Lagen die Umtriebszeiten, bei welcher eine angemessene Verzinsung des Waldkapitals stattfindet (wie es die Bodenreinertragstheorie verlangt) weit höher liegen, als vielfach angenommen ist [2]).

---

[1]) Vgl. des Verfassers Folgerungen der Bodenreinertragstheorie, § 26 (Buche), 58 (Tanne), 75 (Kiefer), 98 (Eiche), 112 (Fichte). Auch die Ertragstafeln der forstlichen Versuchsanstalten lassen diese Folgerung erkennen. Für die Fichte III. Bon. ist in den Tafeln Schwappachs von 1890 mit mäßigen Durchforstungsgraden, wie sie dem Prinzip des größten Wertdurchschnittszuwachses entsprechen, dieser wie folgt angegeben:

u =	80	90	100	110	120 Jahre
	102	112	120	129	138 M.

Auch bei den starken Eingriffen der neuesten Tafeln ist der Wertdurchschnittszuwachs der Kiefer und Fichte (und in noch höherem Maße für Laubhölzer) ein anhaltend steigender. Erst nach dem 130. Jahre zeigt sich bei der Kiefer eine schwache Abnahme. Für den Waldreinertrag gilt dies in noch höherem Maße, da hier die Wirkung der mit der Länge der Umtriebszeit abnehmenden Kulturkosten noch hinzukommt, um einen Einfluß in konservativer Richtung auszuüben.

[2]) Vgl. des Verfassers Folgerungen der Bodenreinertragstheorie: Umtriebszeit der Buche, Kiefer, Eiche, Fichte. Als der originellste Vertreter der hier kundgegebenen Richtung muß von bekannten Forstwirten König bezeichnet werden. Vgl. die angegebenen Nutzungsprozente, im Anschluß an welche — Forstmathematik, 4. Aufl., § 441 — bemerkt wird: „Die 4· und 3 prozentigen Gesamtwertsnutzungen schließen sich in dem Lärchenwalde an das 75. und 90., im Buchenwalde an das 91. und 116. Jahr, nämlich bei der vorausgesetzten Preissteigung (die Einheitswerte sind für 80 jähriges Buchenholz = 12, für 100 jähriges = 14,

In bestimmten Zahlen von allgemeiner Gültigkeit sind die Umtriebszeiten nicht nachweisbar, weil fast überall eine Menge von Einwirkungen
technischer und ökonomischer Natur vorliegen, welche die Ergebnisse
der Rechnung beeinflussen. Die Nachweise der Hiebsreife können des-
deshalb nur unter Beschränkung auf bestimmte Zeit und bestimmte, nach Standorts- und Absatzverhältnissen übereinstimmende
Wirtschaftsgebiete gegeben werden.

2. Abweichungen der Abtriebszeit regelmäßiger Bestände vom normalen Umtrieb.

Im wirklichen Wald liegen, auch wenn keine Naturschäden eintreten,
fast immer Verhältnisse vor, welche Abweichungen des Abtriebsalters
der konkreten Bestände, auch wenn sie von guter Beschaffenheit sind,
von den auf Grund von Berechnungen ermittelten Umtriebszeiten nötig
machen. Solche werden insbesondere herbeigeführt:

a) Durch die Rücksicht auf die Hiebsfolge.

Besteht z. B. in dem nachstehend dargestellten Beispiel Hiebszug A
von 600 m Länge aus 80 jährigem Holz, und soll die Abnutzung in sechs

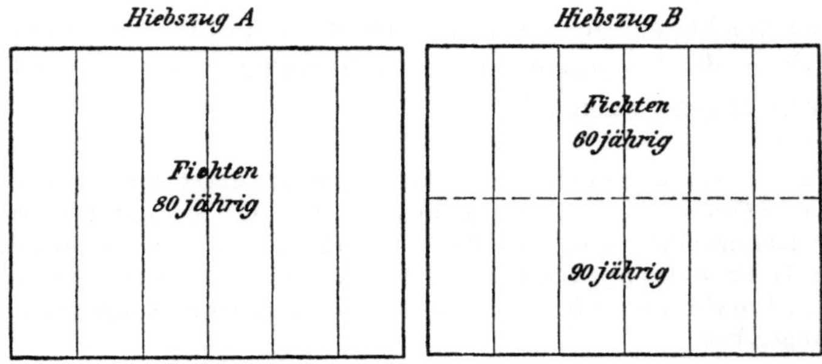

Fig. 5.

Schlägen von je 100 m Breite mit 5 jährigen Intervallen erfolgen, so
beträgt die Altersdifferenz zwischen dem ersten und dem letzten Schlage
25 Jahre. Wird der erste Schlag alsbald mit 80 Jahren abgetrieben,
so erreicht der letzte ein Alter von 105 Jahren. Besteht Hiebszug B
zum Teil aus 60 jährigem, zum Teil aus 90 jährigem Holz, so ist es mit
Rücksicht auf die Hiebsführung wünschenswert, daß beide Bestände
trotz des 30 jährigen Altersunterschiedes gleichzeitig abgetrieben werden.
Wird der nördliche Teil des ersten Schlags mit 60 Jahren angehauen,

---

für 120 jähriges = 15, für 140 jähriges = 15). Hierin liegen schon Andeutungen
genug, daß auch die Hochwaldzucht recht gut imstande ist, eine sehr annehmliche
Kapitalnutzung zu gewähren.“

so erreicht der letzte Schlag des südlichen Bestandes das Alter von 115 Jahren. Es liegt also, lediglich mit Rücksicht auf die Hiebsfolge, ein Unterschied von 55 Jahren vor.

b) Durch das Altersklassenverhältnis.

Veränderungen der bestehenden Waldzustände dürfen nur allmählich bewirkt werden. Sind z. B. in einem Revier, dessen normale Umtriebszeit auf Grund positiver, der Wirtschaft entnommener Zahlen zu 100 Jahren berechnet ist, 40 Prozent mit Holz von 120 Jahren bestanden [1]), so wird, selbst wenn im nächsten Wirtschaftszeitraum die Nutzungsfläche auf das Doppelte der normalen festgesetzt wird, das Alter der zum Einschlag kommenden Bestände 120 bis 140 Jahre betragen. Eine schnellere Abnutzung als die hier unterstellte hat aber in forsttechnischer und ökonomischer Beziehung so große Bedenken, daß man sie, wenigstens in größerem Maße, auch wenn man den Normalzustand des Waldes mit Entschiedenheit anstrebt, doch nicht zur Anwendung bringen wird.

3. Gutachtliche Festsetzung der Umtriebszeit.

Auch bei einer guten Ertragsstatistik wird es sehr häufig nicht möglich sein, die Umtriebszeit nach der Vorschrift einer Formel auf zahlenmäßiger Grundlage nachzuweisen. Man ist vielmehr unter den meisten Verhältnissen genötigt, sie im Wege des Gutachtens festzustellen. Um einen Anhalt für ein solches Gutachten zu gewinnen, müssen die Sortimente bezeichnet werden, welche das Ziel der Wirtschaft bilden sollen. Die für den Betrieb Ausschlag gebenden Sortimente sind beim jetzigen Stand der Wirtschaft fast überall die Stammholzklassen. Über die Bedeutung, die ihnen als Wirtschaftsziel beizulegen ist, gibt das Verhalten der Durchschnittspreise der letzten Zeit einen genügenden Anhalt. Die Zeitdauer, welche zur Erzeugung eines bestimmten Stammholzsortiments nötig ist, läßt sich nach dem Gange des Zuwachses annähernd einschätzen. Für Nadelholz sind zu diesem Zwecke die süddeutschen Stammklassen am besten geeignet. Diese sind folgende:

	I	II	III	IV	V
Mindestlänge	18	18	16	14	— m
Geringster Zopfdurchmesser	30	22	17	14	7 cm

Die zur Erreichung der Höhen erforderliche Zahl von Jahren kann man ohne Bedenken Ertragstafeln entnehmen. Die Jahrringbreiten

---

[1]) Wie z. B. einige Reviere der Mark. Neuhaus, Cladow u. a. im Reg.-Bez. Frankfurt (v. Hagen-Donner, Forstliche Verhältnisse Preußens, 3. Aufl., Tab. 25a), große Gebiete Bayerns — vgl. Beilage 2 und 3 der Begründung zum Antrag des Reichsrats Grafen zu Toerring-Jettenbach vom 7. Februar 1908.

sind zwar je nach der Begründung, dem Grade und der Art der Durchforstungen auch in regelmäßigen Beständen verschieden. Mit Hilfe von Untersuchungen in angehend haubaren, gehörig durchforsteten Beständen läßt sie sich aber so gut einschätzen, daß der durchschnittlichen Jahrringbreite ein bestimmter Ausdruck gegeben werden kann.

Bilden z. B. in einem mit den 3 ersten Bonitäten versehenen Fichtenrevier das Ziel der Wirtschaft

auf   I. Bonität Stämme   I. Klasse — Durchm. bei 18 m Höhe 30 cm,
 „ II.   „   „ II.   „   —   „   „ 18 m „   22 cm,
 „ III.   „   „ III.   „   —   „   „ 16 m „   17 cm,

ist ferner die durchschnittliche Jahrringbreite auf I. Bonität $\frac{1}{4}$, auf zweiter $\frac{1}{5}$, auf dritter $\frac{1}{6}$ cm, so sind zur Erreichung der bezeichneten Stärke auf der ersten Bonität 30 : $\frac{1}{2}$, auf der zweiten 22 : $\frac{2}{5}$, auf der dritten 17 : $\frac{1}{3}$ Jahre erforderlich. Hierzu muß die Zeit, in welcher die betreffende Höhe erreicht ist, hinzugefügt werden. Dies kann nach Ertragstafeln geschehen.

Es ergibt sich alsdann, daß

auf Standortsklasse	I	II	III	
zur Erreichung der Länge [1] . . .	43	53	59	Jahre
„ „ der Zopfstärke . .	60	55	51	„
„ „ obiger Sortimente .	103	108	110	„

erforderlich sind. Bilden aber auf erster Bonität neben Stämmen erster auch solche zweiter Klasse, auf zweiter Bonität Stämme zweiter und dritter Klasse, auf dritter Bonität Stämme dritter und vierter Klasse das Ziel der Wirtschaft, so kann im vorliegenden Falle für alle 3 Bonitäten die Umtriebszeit gutachtlich zu 100 Jahren festgestellt werden.

Beim Laubholz wird eine gleiche Berechnung am besten auf den Mittendurchmesser des Schneideholzes bezogen. Sind bei der Eiche auf gutem Standorte Stämme von 10 m Länge mit 60 cm Mittendurchmesser Wirtschaftsziel, und beträgt die durchschnittliche Jahrringbreite $\frac{1}{5}$ cm, so ist eine Umtriebszeit von 60 : $\frac{2}{5}$ + 20 = 170 Jahren — für 50 cm starke Stämme eine solche von 50 : $\frac{2}{5}$ + 20 = 145 Jahren erforderlich.

4. Sonstige Verhältnisse, welche auf die Umtriebszeit von Einfluß sind.

Bei der Feststellung der Umtriebszeit müssen häufig noch andere Verhältnisse in Rücksicht gezogen werden. die sich auch bei der besten Statistik nicht in Zahlen fassen lassen, die aber trotzdem auf die tatsächliche Abnutzung von Einfluß sind. Hierher gehören insbesondere folgende:

---

[1] Nach den Ertragstafeln der Fichte von Schwappach, 1902.

a) Die Eigentumsverhältnisse.

Die Einhaltung hoher Umtriebszeiten setzt Waldeigentümer voraus, die ein bedeutendes Vermögen besitzen und am Waldzustand nachhaltiges Interesse haben. Unbemittelte Waldeigentümer können das für hohe Umtriebszeiten nötige Kapital nicht festlegen, weil sie es zu anderen Verwendungsarten als zur Holzzucht nötig haben. Auch als indirekte Grundlage für die Beschaffung beweglichen Kapitals kann das Waldkapital nur unvollkommen dienen, weil die Möglichkeit der Beleihung der Waldungen beschränkt ist. Der geldbedürftige Private muß deshalb oft Bestände einschlagen, auch wenn sie hohe Massen- und Wertzuwachsprozente besitzen. Bei der Beurteilung der Forstwirtschaft vom nationalökonomischen und forstpolitischen Standpunkt bleibt ferner zu beachten, daß der Staat neben seiner privatwirtschaftlichen Tätigkeit auch forstpolizeiliche Aufgaben zu erfüllen hat. Solche liegen ihm für alle Waldungen des Landes ob. Es liegt aber in der Natur der Sache, daß er eine dahin gehende Tendenz in seinen eigenen Waldungen am entschiedensten zur Durchführung bringen kann. Meist werden derartige Erwägungen dahin führen, daß die Umtriebszeit behufs Erhaltung starker Sortimente für die Zukunft höher gehalten wird, als es ohnedies, lediglich auf Grund von Zahlen, die der Gegenwart entnommen sind, geschehen würde [1]). Eine solche Richtung kann auch ohne Verletzung des Prinzips der Reinertragslehre um so unbedenklicher eingehalten werden, als die Vermutung besteht, daß durch die Steigerung der Holzpreise die etwa auftretenden Gegensätze vermindert oder ganz aufgehoben werden.

b) Standsortsverhältnisse.

Allgemeine Beziehungen zwischen Umtriebszeit und Standortsgüte können für keine Holzart aufgestellt werden. Die Umtriebszeit kann auf guten Böden höher — sie kann aber auch niedriger sein als auf schlechten. Sofern lediglich die Massenfaktoren in Betracht gezogen werden, enthält die Standortsgüte ein Moment, das die Hiebsreife beschleunigt. Ist das Wirtschaftsziel auf Böden verschiedener Güte das gleiche, so wird sich für den besseren Standort immer eine kürzere Umtriebszeit ergeben, da alle Sortimente hier früher erreicht werden. In der Regel werden jedoch auf Böden von verschiedener Güte verschie-

---

[1]) Der bedeutende Einfluß der Eigentumsverhältnisse auf den Waldzustand kann am besten aus den Waldungen Frankreichs ersehen werden, wo nicht nur die Umtriebszeiten, sondern auch die Betriebsarten durch sie bestimmt werden. — Vgl. des Verfassers Mitteilungen über forstliche Verhältnisse in Frankreich im Forstwiss. Zentralblatt 1909, S. 655 ff.

dene Wirtschaftsziele aufgestellt werden. Hierdurch kann der Einfluß des schnelleren Wachstums aufgewogen oder übertroffen werden. Dies um so mehr, als auf guten Böden häufig auch die Beschaffenheit der Bestände eine bessere ist, weil mannigfache Schäden, die die Bestände betreffen, auf ärmeren Böden schwerer überwunden werden als auf guten. Als allgemeine Regel kann man nur sagen, daß wärmeres Klima die Hiebsreife beschleunigt, kaltes sie verzögert.

c) Die Lage des Waldes zu den Verbrauchsorten.

Sie ist, schon bevor eine eigentliche Betriebsregelung bestand, von großem Einfluß auf die Forstwirtschaft gewesen, namentlich auf Betriebsart, Holzart, Gewinnung von Nebennutzungen. Auch in der Gegenwart ist sie von großer Bedeutung.

Die Preise der Forstprodukte werden, ebenso wie es bei allen übrigen Wirtschaftsgütern der Fall ist, an den Orten, wo sie gebraucht werden, bestimmt. Die höchsten Preise, welche im Wald gezahlt werden können, ergeben sich dadurch, daß von dem Preise an den Verbrauchsorten die Transportkosten, welche erforderlich sind, um das Holz von dem Ort seiner Entstehung nach dem Ort des Verbrauchs zu schaffen, abgezogen werden. Diese sind negative Posten. Sie stehen ungefähr in geradem Verhältnis zum Gewicht oder (bei gleichschwerem Holz) zum Festgehalt. Sie sind daher für verschiedene Sortimente, absolut bemessen, gleich; relativ, im Verhältnis zum Wert der Sortimente, sind sie sehr verschieden. Sie fallen bei Rentabilitätsberechnungen und allgemeinen Erörterungen um so stärker in die Wagschale, je geringer der Wert der betreffenden Sortimente ist. Die Anwendung des hieraus hervorgehenden Grundsatzes führt dahin, daß in Waldungen, die den Verbrauchsorten nahe liegen, oft niedrigere Umtriebszeiten eingehalten werden können, daß dagegen das Wirtschaftsziel um so bestimmter auf die Erzeugung guter und starker Sortimente gerichtet werden muß, je weiter die Produktionsgebiete von den Verbrauchsorten entfernt sind [1]).

d) Bestandesverhältnisse.

Theoretischen Berechnungen über die Höhe der Umtriebszeit werden regelmäßige Bestände zugrunde gelegt. Die Abtriebszeit kann aber von der normalen um so mehr abweichen, je größer die Unterschiede zwischen den tatsächlich vorliegenden und den normalen Beständen sind. Zu beachten sind hierbei insbesondere folgende Verhältnisse. Zunächst die

---

[1]) Vgl. Martin, Folgerungen der Bodenreinertragstheorie, § 75, Die Umtriebszeit der Kiefer. Hier wird für astreine Bestände in guter Absatzlage (Mainebene) die Umtriebszeit zu 120 Jahren, in ungünstiger Absatzlage zu 140 Jahren angegeben; für ästige Bestände im östlichen Deutschland zu 60, im westlichen Deutschland (Reg.-Bez. Düsseldorf) zu 50 Jahren.

Entstehung. Stockausschläge haben eine frühere Hiebsreife als Kernwüchse. Je stärker Kernwüchse von Stockausschlägen durchsetzt sind, um so mehr wird die Umtriebszeit herabgedrückt. Auch die Weite der Verbände beschleunigt die Umtriebszeit. Sodann kommt die Vollständigkeit der Bestockung in Betracht; stärkere Lücken jeder Art setzen die Umtriebszeit herab. Ebenso Mängel in der Beschaffenheit des Holzes, sowohl solche materieller als formaler Art.

Vierter Abschnitt.

Die Ermittelung des Abnutzungssatzes.

I. Der Gesamtertrag.

Den allgemeinsten Bestimmungsgrund für die Höhe der Abnutzung bildet der Zuwachs. Wenn keine besonderen Gründe vorliegen, welche Abweichungen nach der einen oder anderen Richtung begründen, so soll gerade der Zuwachs, nicht meh rund nicht weniger, genutzt werden. Deshalb ist es auch erforderlich, den Zuwachs der einzelnen Reviere auf Grund positiver Untersuchungen so genau nachzuweisen, als es die obwaltenden Verhältnisse gestatten. Das Einsetzen des Zuwachses nach allgemeinen Hilfsmitteln (Ertragstafeln) genügt nicht.

Wenn der Zuwachs auf Grund positiver Untersuchungen — durch Messung der Durchmesser und Höhen geeigneter Probestämme in Beständen — ermittelt wird, so ist das Ergebnis derartiger Untersuchungen der gesamte laufende Zuwachs, der stets den ganzen, auf Haupt- und Nebenbestand sich erstreckenden Zuwachs einer bestimmten Zeit umfaßt [1]). Gegenstand der Nutzung ist aber nicht der laufende Zuwachs einzelner Jahre, sondern der Zuwachs aller in dem betreffenden Revier vorkommenden Altersstufen. Indem man den Zuwachs derselben zusammenfaßt und das Ergebnis auf die Fläche repartiert, ergibt sich der auf die Flächeneinheit entfallende, aus dem laufenden Zuwachs abgeleitete Durchschnittszuwachs. Und dieser ist es, welcher der zulässigen Abnutzung am besten Ausdruck gibt.

---

[1]) Daß die Beschränkung der Zuwachsnachweise auf den bis zum Schluß der Umtriebszeit verbleibenden Hauptbestand ungenügend ist, kann am besten aus den neuesten Mitteilungen des forstlichen Versuchswesens in Preußen ersehen werden. Nach den Normalertragstafeln für die Kiefer von Schwappach, 1908, ist die Masse der Kiefer auf III. Standortsklasse im Alter von

80	100	120	140 Jahren
303	323	325	305 fm.

Hiernach ist der Zuwachs am Hauptbestand während des langen Zeitraumes von 80 bis 140 Jahren fast = 0; in den letzten 20 Jahren erscheint er sogar negativ.

Grundlage und Maßstab der Abnutzung eines Reviers ist hiernach der Gesamtzuwachs. Trotz dieses unzweifelhaften Sachverhalts hat die forstliche Praxis jederzeit Wert darauf gelegt, die Nutzungen gemäß ihrer wirtschaftlichen Bedeutung und der Zeit ihres Eingangs getrennt zu halten, derart, daß derjenige Teil des Ertrags, welcher zur Zeit der Verjüngung genutzt wird, von demjenigen gesondert wird, welcher im Wege der Durchforstungen entfällt [1]). Eine scharfe Sonderung zwischen diesen beiden Teilen ist allerdings nicht immer möglich. Es gibt eine Menge von Nutzungen, deren Zugehörigkeit zu dem einen oder anderen Teil des Ertrags nicht mit Sicherheit erwiesen werden kann. Dahin gehören z. B. kräftige Durchforstungen, welche der Verjüngung vorausgehen. Zwischen ihnen und einem Vorbereitungsschlag ist oft kein Unterschied. Das gleiche ist der Fall bei den Lichtungshieben, welche ganz allmählich aus Durchforstungen hervorgehen, sowie bei manchen Erträgen, die durch Naturschäden veranlaßt werden, namentlich solchen, die sich zu wiederholen pflegen, und die im Einzelfall nach ihrer Wirkung auf den Endertrag nicht eingeschätzt werden können. Um aber Zweifel über die Behandlung derartiger Nutzungen nach Möglichkeit einzuschränken, müssen bestimmte Vorschriften über ihre Zugehörigkeit von den Staatsforstverwaltungen gegeben werden [2]).

II. Haubarkeitsnutzungen.

Hierbei kommt es einmal darauf an, die richtige Wahl der Bestände zu treffen, welche für den nächsten Wirtschaftszeitraum zur Abnutzung herangezogen werden sollen, sodann auf Feststellung der Höhe der Abnutzung.

1. Auswahl der Bestände.

Innerhalb des durch die Umtriebszeit und das Alter gegebenen Rahmens sind für die Wahl der zur Verjüngung heranzuziehenden Orte hauptsächlich folgende Bestimmungsgründe maßgebend:

1. Die Beschaffenheit der Bestände. Lückige, ästige, mit Fehlern behaftete Bestände sind zur Abnutzung und Aufforstung heranzuziehen, auch wenn sie das Alter der Umtriebszeit noch nicht erreicht haben. Gutwüchsige Orte sind dagegen länger, als diesem entspricht, zu erhalten.

---

[1]) Vgl. den Abschnitt über die Verteilung des laufenden Zuwachses auf Haubarkeits- und Vornutzung im 2. Teile.

[2]) Solche sind z. B. für Preußen erlassen in der Anweisung zur Führung des Kontrollbuchs vom Jahre 1895. Vgl. das preußische Verfahren im 5. Teil, 2. Abschn., I; für Sachsen durch die Anweisung für die Nachtragsarbeiten im Bereiche der Kgl. Sächs. Staatsforstverwaltung, 1906, B. Begriffsbestimmungen.

2. **Der Zustand des Bodens.** Mit starkem Überzug versehene Böden müssen wegen der Gefahr der Verwilderung, die zu befürchten ist, möglichst bald durch Aufforstung in einen besseren Zustand gebracht werden. Meist sind solche Böden auch mit mangelhaften Holzbestand versehen.

3. **Die Verteilung der Altersklassen über die Revierfläche.** Die Anhäufung großer zusammenhängender Bestände derselben Altersklasse ist mit Rücksicht auf die Gefahren, welchen sie ausgesetzt sind, möglichst zu beschränken [1]).

4. **Der Einfluß auf die Umgebung.** Freilegung ungeschützter Bestände gegen Sonne und Wind muß vermieden werden.

5. **Verminderung der Ungleichheiten** innerhalb der ständigen Wirtschaftsfiguren. Es ist für die technische und geschäftliche Seite der Wirtschaft wünschenswert, daß nicht zu viel Unterabteilungen bestehen. Die einheitliche Behandlung von Beständen, die im Alter um 1 bis 2 Jahrzehnte abweichen, hat meist gar keine Bedenken.

2. Maßstab für die Höhe der Abnutzung.

Als solcher kann sowohl die Fläche als die Masse in Anwendung kommen.

a) Fläche.

Unter regelmäßigen Verhältnissen bildet der Jahresschlag, dessen Größe sich aus dem Quotient $\dfrac{\text{Fläche (f)}}{\text{Umtriebszeit (u)}}$ ergibt, oder der Periodenschlag $\left(\dfrac{f}{u} \cdot 5,\ \dfrac{f}{u} \cdot 10,\ \dfrac{f}{u} \cdot 20\right)$ den Maßstab der Nutzung. Je einfacher die Bestandesverhältnisse liegen, um so besser genügt die Fläche den Ansprüchen, die hinsichtlich der Nutzung gestellt werden. Der in den Wirtschaftsplänen niederzulegende Abnutzungssatz ergibt sich alsdann durch die Messung oder Schätzung des Holzgehalts der zum Hiebe heranzuziehenden Bestände. Über die Aufnahme der Holzmassen vgl. den 7. Abschnitt des 1. Teils.

b) Masse.

Die Grundlage hierfür bildet der in den bleibenden Bestand übergehende Zuwachs, der Haubarkeitsdurchschnittszuwachs. Um diesen zahlenmäßig darzustellen, wird er entweder für die einzelnen Bestände im Betriebsplan nach Maßgabe der Bonitäten und Vollertragsfaktoren nachgewiesen; oder er wird nach den Abschlüssen der Betriebspläne für die einzelnen Standortsklassen unter Einsetzung durchschnittlicher Ertragsfaktoren summarisch berechnet. In beiden Fällen ist erforder-

---

[1]) Vgl. den 2. Abschnitt, Die Regelung der Hiebsfolge, I.

lich, daß bestimmte Vorschriften über die Grade der Dichtigkeit, in welcher die Bestände erzogen werden sollen, gegeben werden. Andernfalls kann man den Zuwachs nicht zahlenmäßig einsetzen [1]).

Die genannten Maßstäbe der Flächen und Massen sind nur unter regelmäßigen Verhältnissen einzuhalten. Wenn die Verhältnisse unregelmäßig sind, müssen Abänderungen eintreten, deren Grad durch die Altersklassen oder die Höhe des Vorrats bestimmt wird. Überwiegen die höheren Altersklassen, oder ist der Vorrat größer als der normale, so ist mehr zu nutzen als der normale Schlag oder als der Zuwachs; andernfalls weniger. Der Grad, in welchem die Nutzung erhöht oder vermindert werden soll, muß unter den wirtschaftlichen Verhältnissen auf gutachtlichem Wege für den einzelnen Fall festgestellt werden, nicht aber nach einer allgemeinen Formel, wie es nach den sog. Vorratsmethoden[2]) geschehen sollte, weil für die Nutzung von Vorratsüberschüssen eine Menge von Einflüssen wirksam sind, die nach zahlenmäßigen Verhältnissen nicht geregelt werden können.

3. Die Zusammenfassung und Zerlegung des Abnutzungssatzes.

a) Die Einheit der Rechnung.

Als solche kann entweder 1 Festmeter Derbholz oder 1 Festmeter oberirdische Holzmasse oder 1 Festmeter gesamte Holzmasse angenommen werden. Für die Aufstellung des Betriebsplans empfiehlt es sich, die Rechnung auf Derbholz zu beschränken. In gewisser Beziehung fällt allerdings das Reisholz als Objekt der Nutzung stärker in die Wagschale, weil es dem Boden mehr an anorganischen Stoffen entzogen hat als das ausgereifte ältere Holz. Gleichwohl empfiehlt es sich mit Rücksicht auf die Ungleichheit der Nutzung des Reisigs, von der Einführung desselben in die Wirtschaftspläne abzusehen. Es wird dann, nach dem Abschluß der Pläne, gemäß den Durchschnittsergebnissen der seitherigen Wirtschaft eingestellt.

b) Zerlegung des Abnutzungssatzes.

Der Abnutzungssatz muß nicht nur im ganzen nachgewiesen werden, sondern er bedarf nach mehrfacher Richtung einer Sonderung. Insbesondere ist eine solche erforderlich:

1. Nach den Betriebsarten. Verschiedene Betriebsarten sind nach jeder Richtung getrennt zu behandeln. Dahe rmuß auch der Abnutzungssatz für sie besonders festgestellt werden.

---

[1]) In Sachsen, wo die Bestände in einheitlichen Zahlen (nicht nach dem Produktvon Standortsgüte und Vollertragsfaktor) bonitiert werden, kann die Schätzung unmittelbar nach den Bestandesbonitäten geschehen.

[2]) Vgl. die Methoden der Ertragsregelung im 5. Teil, 1. Abschn. III.

2. **Nach Holzarten.** Je nach der Bedeutung der Holzarten findet entweder eine Sonderung nach den 4 Holzartengruppen (Eiche, Buche, anderes Laubholz, Nadelholz) oder nur nach Laub- und Nadelholz statt.

3. **Nach Sortimenten.** Für den Betriebsplan genügt es, wenn die Nutzungen im ganzen (nach dem Festgehalt) dargestellt werden. Der Nachweis, in welche Sortimente der Abnutzungssatz zerfällt, ist dann in besonderen Anlagen beizufügen. Insbesondere ist es erforderlich, daß die Nutzholzprozente und das zur Begründung der Umtriebszeit dienende Verhältnis der Stammklassen für die einzelnen Holzarten nachgewiesen werden.

III. Vornutzungen.

Auch die Vornutzungen müssen in den Wirtschaftsplänen nach Fläche und Masse geregelt werden.

1. Fläche.

Sie gibt die wichtigste Grundlage für die Ausführung der Durchforstungen. Nach Maßgabe der Altersklassentabelle wird bei der Betriebseinrichtung ein Durchforstungsplan gefertigt, in welchen alle durchforstungsfähigen Bestände eingetragen werden. Zur besseren Verteilung der Erträge empfiehlt es sich hierbei, die älteren Bestände, welche vorzugsweise Derbholz ergeben und für den Ertrag größere Bedeutung haben, von den jüngeren, welche vorwiegend Reisholz liefern und nur mit Rücksicht auf die Bestandespflege aufgeführt werden, getrennt zu halten. Je nach der Wiederholung der Durchforstungen, die vom Alter, von der Holzart, von der Entstehung und Mischung abhängig ist, werden die Bestände in den 10 jährigen Durchforstungsplan entweder nur einfach oder (namentlich bei stammreichen, jüngeren Beständen) doppelt eingesetzt. Am Schlusse des Betriebsplanes sind die Durchforstungsflächen zusammenzustellen. Die jährliche Durchforstungsfläche ergibt sich durch Division der periodischen Fläche mit der Zahl der Jahre, für die der Betriebsplan Geltung haben soll.

2. Masse.

Die von den Durchforstungen zu erwartenden Nutzungen werden entweder für die einzelnen Bestände eingeschätzt, oder sie werden nur summarisch für ganze Reviere oder Revierteile oder für (durch Alter und Bonität gebildete) Gruppen von Beständen berechnet.

Soll die Schätzung der Vorerträge für die einzelnen Bestände vorgenommen werden, so erfolgt sie im Anschluß an die Ausführung der Bestandesbeschreibungen nach der vorliegenden Bestandesbeschaffenheit mit Zuhilfenahme von Ertragstafeln und sonstigen brauchbaren

Hilfsmitteln. Die Ergebnisse der Schätzung werden im Durchforstungsplan zusammengestellt. Die jährliche Abnutzung ergibt sich aus der Division der Endsumme mit der Zahl der Jahre, für die der Betriebsplan aufgestellt wird.

Erfolgt die Schätzung der Vorerträge für ganze Reviere oder für Gruppen von Beständen, so werden die Erfahrungen, welche bei der seitherigen Praxis gewonnen und aus den Wirtschaftsbüchern zu entnehmen sind, zugrunde gelegt. Voraussetzung der unmittelbaren Anwendbarkeit diesbezüglicher Zahlen ist jedoch, daß die zu durchforstenden Bestände den Beständen, auf die sich die vorliegenden Zahlen beziehen, ähnlich sind, und daß erhebliche Abweichungen bezüglich der Führung der Durchforstungen gegenüber der seitherigen Praxis nicht eintreten sollen. Andernfalls sind die Ertragsansätze entsprechend zu berichtigen.

Die Grundlage für die Schätzung der Vorerträge — sowohl bei der summarischen Behandlung als auch bei der Schätzung der einzelnen Bestände — bildet einerseits der laufende Zuwachs, welcher in dem betreffenden Wirtschaftszeitraum erfolgt, andererseits die Bestimmung über die Haltung der Bestände. Von dem laufenden Zuwachs geht — wie im zweiten Teil, I. Abschnitt, II C hervorgehoben ist — ein Teil in den bleibenden Bestand über. Wie hoch dieser Teil des Zuwachses zu bemessen ist, muß gutachtlich unter Zuhilfenahme von Ertragstafeln eingeschätzt werden. Die angewandten Sätze sind mit den Wirtschaftsregeln über die Bestandeshaltung zu begründen. Der nicht in den bleibenden Bestand eingehende Teil des Zuwachses wird im Wege der Durchforstung genutzt. Ist Z der Zuwachs in der Zeit, für die der Betriebsplan Geltung haben soll, M die zu Anfang, m die am Schlusse desselben vorhandene Masse, so beträgt der im Wege der Durchforstung zu nutzende Teil des Zuwachses

$$Z - (M - m).$$

Bei der Anwendung der so gewonnenen Nutzungssätze darf jedoch nicht unbeachtet gelassen werden, daß nicht nur die Durchforstungserträge, sondern auch die kleinen, durch Naturschäden erfolgenden Erträge in jenem Zuwachsanteil einbegriffen sind.

Die Massen der Vornutzung werden in bezug auf Rechnungseinheit und Zerlegung in gleicher Weise wie die Haubarkeitserträge behandelt. Sie werden diesen zugefügt. Der aus dem Haubarkeits- und Vorertrag gebildete Abnutzungssatz bildet nicht nur den Maßstab für die Ertragsleistung der einzelnen Reviere, sondern er dient auch der Ertragsschätzung ganzer Länder und den auf ihr beruhenden wirtschaftspolitischen Maßnahmen zur Grundlage.

IV. Reserven.

Unter Reserven sind hiebsreife Holzvorräte zu verstehen, welche auf die Höhe des Abnutzungssatzes nicht in Anrechnung gebracht werden. Sie sollen dazu dienen, um bei eintretender Notlage des Waldbesitzers oder aus anderen Gründen eine besondere Einnahme zu gewähren.

Man unterscheidet: feste Reserven, welche örtlich festgelegt sind. Sie werden aus besonderen Beständen gebildet, welche von der Schätzung und Anrechnung auf den Etat ausgeschlossen sind. Reserven dieser Art bestehen namentlich in Frankreich. In den dortigen Gemeindewaldungen waren sie bereits von Colbert eingeführt; sie haben sich seither unverändert erhalten [1]. Ihnen gegenüber stehen sogenannte fliegende Reserven, die sich von einem zum andern Ort übertragen. Sie werden dadurch gebildet, daß der Etat niedriger festgesetzt wird, als es der Masse der zur Nutzung aufgenommenen Bestände entsprechend ist. Die Differenz zwischen dem Holzgehalt und der Nutzung überträgt sich, da die betreffenden Orte z. T. doch ganz genutzt werden, von einem zum andern Bestande.

Zum Zwecke der Bedarfsbefriedigung in Notfällen sind Reserven in der Regel nicht mehr erforderlich. Diesem Zwecke kann besser auf anderem Wege Rechnung getragen werden. Aus waldbaulichen Gründen empfiehlt es sich dagegen, daß der nächsten Wirtschaftsperiode stets mehr Bestände zur Verfügung stehen, als es zur Deckung des Etats erforderlich ist. Ein Zustand, bei dem alle der nächsten Wirtschaftsperiode überwiesenen Bestände vollständig abgenutzt sind, darf am Schlusse derselben niemals eintreten, namentlich nicht beim Vorherrschen der natürlichen Verjüngung.

Fünfter Abschnitt.

Vorschriften über den Hauungs- und Kulturbetrieb.

Bezüglich der Wahl der Holz- und Betriebsart vgl. das im Abschnitt über die Betriebsklassen unter I 1 und 2 Bemerkte.

Nächst der Bestimmung der Holzart ist die Angabe und Begründung der Art und des Ganges der Verjüngung eine wichtige Aufgabe der Wirtschaftspläne. Die hierauf gerichteten Vorschriften können zwar nicht immer in bestimmter Fassung gegeben werden, da manche Erfahrungen,

---

[1] Vgl. des Verfassers Mitteilungen über forstliche Verhältnisse in Frankreich, Forstwissensch. Zentralblatt 1909, S. 657 (Forsttechnische Behandlung des Mittelwaldes).

die im Laufe der Wirtschaftsperiode gemacht werden, oder auch eintretende Naturereignisse Änderungen zur Folge haben. Aber eine allgemein gehaltene Begründung der Betriebstechnik muß in den Plänen niedergelegt werden. Die hierher gehörigen Aufgaben der Wirtschaftspläne betreffen: die Art der Verjüngung, namentlich die Vorzüge der natürlichen und künstlichen Bestandesbegründung, die Stellung und Führung der Verjüngungsschläge, die Ausführung der Kulturen, die Maßnahmen der Bestandespflege, den Durchforstungs-, Lichtungs- und Überhaltbetrieb. Die wichtigsten allgemeinen Gesichtspunkte und Grundgedanken sind folgende:

I. Die natürliche Verjüngung.

Über die Zulässigkeit der natürlichen Verjüngung ist bei der Aufstellung des Betriebsplanes ein Urteil abzugeben. Um von ihr Anwendung zu machen, ist erforderlich, daß eine genügende Samenerzeugung auf der zu verjüngenden Fläche stattfindet, daß ein Bodenzustand vorliegt, bei welchem die Samen keimen und die jungen Pflanzen in den ersten Jahren wachsen können, und daß das Ziel der Wirtschaft auf diejenige Holzart, welche in den vorliegenden Beständen vorherrscht, gerichtet ist. Beim Vorhandensein dieser drei Bedingungen verhält sich die natürliche Verjüngung in waldbaulicher und ökonomischer Beziehung sehr günstig. Die Kulturkosten sind geringer als bei jeder Art künstlicher Begründung; der Ertrag wird durch den Lichtungszuwachs, der während der Verjüngung an den Mutterbäumen erfolgt, gefördert; bezüglich der Herkunft des Samens liegen die besten Bedingungen vor; die Bestände erwachsen während des jugendlichen Alters in geschlossenem Stande. Gleichwohl kann man beim Rückblick auf die Geschichte der Forstwirtschaft nicht darüber im Zweifel sein, daß die natürliche Verjüngung im Laufe der neueren Zeit im Vergleich zur Vergangenheit an Ausdehnung zurückgetreten ist. Der Bedingung, daß eine genügende Menge Samen vorhanden sein muß, kann wegen der klimatischen Verhältnisse oft. nicht entsprochen werden. Noch mehr Schwierigkeiten verursachen die Bodenverhältnisse. Fast alle Bodenzustände, die in bezug auf die chemischen und physikalischen Eigenschaften des Bodens, auf Humus und Überzug ungünstig sind, stehen der natürlichen Verjüngung entgegen. Nasse und trockene Böden schließen sie gänzlich aus. In stärkeren Lagen von Trockentorf gehen die entstandenen Jungwüchse in anhaltenden Trockenheitsperioden zugrunde. Forstunkräuter aller Art ersticken die jungen Pflanzen, oder sie lassen sie gar nicht zur Entwicklung kommen. Häufig ist auch das Ziel der Wirtschaft auf andere als die vorhandenen Holzarten gerichtet.

Auch über die Stellung der Schläge müssen bei der Aufstellung der Wirtschaftspläne Vorschriften abgegeben werden. Die allgemeinste Regel, die hier Anwendung findet, geht dahin, daß die Rücksicht auf den Jungwuchs für die Zeit und den Grad der Lichtung bestimmend sein soll. Deshalb sollen die Mutterbäume nicht länger in den Schlägen erhalten bleiben, als es der Schutz der Jungwüchse gegen Frost, Hitze und die Konkurrenz der Forstunkräuter erforderlich macht. Ist dieser Zustand vorüber, so entwickeln sich die Jungwüchse aller Holzarten bei freier, senkrecht nicht beschirmter Stellung am besten. Sofern es sich um reine Bestände handelt, hat eine gleichmäßige Stellung der Schläge die Regel zu bilden. Die Erziehung gemischter Bestände, insbesondere von Mischungen der Licht- mit Schattenholzarten, macht jedoch, zumal bei wechselnden Standortsverhältnissen, Abweichungen von der Regel erforderlich, da sonst in gleichmäßig gelichteten Verjüngungsschlägen stets die Schattenholzart begünstigt — die Lichtholzart zurückgedrängt wird, wie es im Laubholzgebiet namentlich bei der Eiche gegenüber der Buche, im Nadelholzgebiet bei der Kiefer gegenüber der Fichte der Fall gewesen ist.

II. Künstliche Bestandesbegründung.

1. Schlagführung.

Sie erfolgt gemäß den im 2. Abschnitt angegebenen Regeln der Hiebsfolge so, daß die Schläge dem Sturm und der Sonne entgegengeführt werden. Ob die Rücksicht auf Sturmgefahr oder auf die austrocknende Wirkung der Sonne an erster Stelle steht, ist nach Holzart und Standort verschieden. In dem ersten Falle muß die Führung der Schläge von Ost nach West, im anderen von Nord nach Süd vorherrschen. Abweichungen von den Regeln der Hiebsfolge sind nur unter besonderen Verhältnissen, in geschützten Lagen und bei Holzarten, die vom Sturm nicht zu leiden haben, vorzunehmen. Die Breite und Aneinanderreihung der Schläge richtet sich nach der Holzart und den vorliegenden wirtschaftlichen Verhältnissen. Im Wirtschaftsplan sind hierüber stets Angaben zu machen, mit denen zugleich die Verteilung der zu verjüngenden Bestände begründet wird.

2. Wahl des Kulturverfahrens.

Die Vorzüge der einen oder anderen Kulturmethode müssen im Wirtschaftsplane nachgewiesen werden. Die Wahl zwischen Saat und Pflanzung wird hauptsächlich durch die Natur der Holzart und den Bodenzustand bestimmt. Allgemein bindende Vorschriften für die Wahl von Saat oder Pflanzung gibt es nicht. Dem Wirtschafter muß in dieser Beziehung ein gewisses Maß von Freiheit eingeräumt werden. Unter günstigen Bodenzuständen ist die Saat billiger als die Pflanzung;

sie läßt sich schneller ausführen; sie liefert manche schätzbaren Vornutzungen. Unter ungünstigen Verhältnissen, bei fehlendem Schirmbestand, starkem Unkrautwuchs, auf nassen und trockenen Böden sind
alle diese Vorzüge illusorisch; die Resultate der Saat werden um so ungünstiger, je schwierigere Bodenverhältnisse vorliegen. Nach den im
großen Betriebe gemachten Erfahrungen steht bei der Eiche die Saat,
bei der Fichte die Pflanzung an erster Stelle. Bei der Kiefer sind beide
Methoden gleichberechtigt. Bei der Buche und Tanne ist die natürliche
Verjüngung die vorherrschende Art der Bestandesbegründung.

3. Ausführung der Kulturen.

Die Art der Kultur ist nach den Erfahrungen, die in der seitherigen
Wirtschaft gemacht sind, im allgemeinen zu begründen. Von manchen
Besonderheiten abgesehen, gilt die Regel, daß die Kulturen um so sorgfältiger ausgeführt werden müssen, je ungünstiger die Verhältnisse sind,
unter denen die jungen Pflanzen sich entwickeln. Steinige Böden bedürfen der Zuführung von Erde, verhärtete, bindige der gründlichen
Lockerung; mit Unkraut bewachsene machen die Wahl starker Pflanzen
und die Herstellung erhöhter Pflanzstellen erforderlich. Auf Böden, die
mit starken Schichten Trockentorf bedeckt sind, muß dieser z. T. beseitigt,
z. T. mit dem Mineralboden gemischt werden. Auf nassen Böden ist
die Ableitung der überschüssigen Feuchtigkeit und die Anwendung von
Hügeln erforderlich. Im Betriebsplan sind solche die Ausführung betreffenden Verhältnisse so weit hervorzuheben, als es zur Begründung
der Kosten, die auf den betreffenden Nachweisungen angesetzt werden,
erforderlich ist.

4. Die Weite der Verbände.

Eine bindende Bestimmung über die Weite der Kulturverbände
im Betriebsplane zu geben, ist nicht empfehlenswert. Dagegen müssen
die allgemeinen Gesichtspunkte dargelegt werden, welche in dieser Beziehung in Betracht kommen; zunächst die Masse des bleibenden Bestandes und die Stärke der Stämme desselben. Im allgemeinen wird der
Höhen- und Stärkenwuchs durch einen weiten Wachsraum gefördert.
Bei gut geführten Durchforstungen wird trotzdem die gesamte Holzmassenerzeugung durch engere Verbände gehoben, da hier bei allmählicher Erweiterung des Wachsraums die gleichen Enderträge zustande
kommen, während die Durchforstungen höhere Nutzungen geben. —
Sodann muß auf die Güte des Holzes Rücksicht genommen werden.
Für viele Verwendungsarten des Holzes bleiben weite Verbände ohne
nachteiligen Einfluß. Zur Erzeugung sehr guter Qualitäten bedarf es
aber der Erziehung in vollem, frühzeitig erreichtem Schluß. — Ferner
ist die Widerstandsfähigkeit gegen Naturschäden zu beachten. Wo solche

in besonderem Grade auftreten, wie es insbesondere in gewissen von der Fichte eingenommenen Höhenlagen der Fall ist, sind weite Verbände geboten. — Endlich ist auch auf eine rechtzeitige Deckung des Bodens das Augenmerk zu richten. Dieser ist um so mehr durch die Wahl enger Verbände Rechnung zu tragen, je größer die Gefahr der Freilegung ist.

Da nach vorstehendem die Bestimmungsgründe für die Weite der Verbände vielfach im Gegensatz zueinander stehen, so ergibt sich, daß allgemeine Regeln über ihre Anwendung nicht gegeben werden können. Man hat die entgegengesetzten Einflüsse zu würdigen und gegen einander abzuwägen. Bestimmte Vorschriften sind nur mit der erforderlichen Beschränkung zu geben. Selbst für dasselbe Wirtschaftsgebiet können die richtigen Verbände nach Höhenlage und Absatzverhältnissen sehr verschieden sein.

5. Kulturkosten.

Am Schluß der Wirtschaftspläne sind die Kulturflächen, getrennt nach Holzart und Kulturart (Saat, Pflanzung usw.) aufzusummieren. Für die einzelnen Kulturverfahren können auf Grund der vorliegenden Betriebsstatistik Kostensätze veranschlagt werden. Die Summe derselben ergibt in Verbindung mit anderen Zweigen des Kulturbetriebs (Pflanzenerziehung, Wegebau u. a.) den Anschlag für die erforderlichen Kulturkosten.

III. Maßnahmen der Bestandespflege.

1. Läuterungshiebe.

Nach der Begründung bedürfen die Bestände der Pflege. Bei ungehinderter Entwicklung erlangen in dem Konkurrenzkampf, den die Holzarten miteinander führen, diejenigen den Sieg, die am schnellsten wachsen. Dies sind aber häufig die mit schlechten Eigenschaften versehenen Individuen (Vorwüchse, Stockausschläge, Weichhölzer). Die Läuterungshiebe haben daher die Aufgabe, die edeln, meist langsamwüchsigen Holzarten, deren Erzeugung das Ziel der Wirtschaft bildet, durch Beseitigung ihrer Konkurrenten im Wuchse zu fördern. Solche Hiebe sind von nachhaltigem Einfluß auf die Bestandesbildung. Für alle auf die Bestandespflege gerichteten Arbeiten müssen daher die nötigen Kosten in den Betriebsplänen ausgeworfen werden.

2. Durchforstungen.

Im Betriebsplane sind ferner die Grade der Bestandesdichte, in welchen die Bestände in den verschiedenen Altersstufen erzogen werden sollen, zu begründen. Hiervon sind zugleich die Erträge, die in dem Betriebsplane angesetzt werden, abhängig.

Bestimmend für die Behandlung der Bestände nach Beendigung der Kulturpflege und Läuterung sind einmal die physiologischen Besonderheiten der Holzarten. Lichtholzarten machen in allen Altersstufen größere Ansprüche an Wachsraum; ihre Stammzahlen sind daher stets geringer als die der Schattenholzarten in entsprechendem Alter. Sodann müssen die Bedingungen für die Bildung wertvollen Holzes gegeben werden. Zur Erzeugung astreinen Holzes ist Erziehung in geschlossenem Stande im jüngeren und mittleren Stangenholzalter erforderlich. Auch die Standortsverhältnisse sind nicht ohne Einfluß auf die Führung der Durchforstungen. Je wärmer die Lage und je tätiger der Boden ist, um so mehr Wert muß auf eine vollständige Deckung des Bodens gelegt werden.

Wenn die Ausführung der Durchforstungen auch oft durch unvorhergesehene Verhältnisse mancher Art (Schäden der anorganischen und organischen Natur, Absatzverhältnisse) beeinflußt wird, so müssen doch bei der Aufstellung der Pläne bestimmte Vorschriften über sie gegeben werden, die, soweit nicht besondere Ursachen vorliegen, auch befolgt werden müssen.

a) Beginn und Grade der Durchforstungen.

Je nach der Holzart, dem Wirtschaftziel und der Art der Begründung können zwar die einzuhaltenden Durchforstungsgrade in den verschiedenen Altersstufen verschieden sein. Im allgemeinen ist es aber empfehlenswert, daß die Durchforstungen frühzeitig anfangen, und daß sie, wenn ökonomische Ziele an erster Stelle stehen, in der Jugend mäßig gehalten werden. Ein frühzeitiger Beginn der Durchforstungen ist schon deshalb wünschenswert, weil Durchforstungen von den Läuterungshieben oft nicht zu trennen sind — nicht einmal begrifflich, noch weniger bei der praktischen Ausführung. — Bei sehr schwachen Durchforstungen erfolgt eine schwächliche Ausbildung der Kronen, was auf die weitere Entwickelung der Stämme von nachteiligem Einfluß ist. Bei frühzeitiger starker Durchforstung liegt dagegen die Gefahr vor, daß sich zu starke Äste entwickeln, und daß der Boden unter Umständen leidet. Mäßige Durchforstungen in der Jugend entsprechen den Anforderungen nach beiden Richtungen am besten. Nach erreichter Ausbildung einer guten Schaftform muß dagegen auf die Verstärkung der Durchmesser entschiedener hingewirkt werden [1]). Hierzu sind kräftige Durchforstungen notwendig. Sofern die Widerstandsfähigkeit der Bestände gegen atmosphärische Gefahren in erster Linie als Bestimmungsgrund für die Be-

---

[1]) Wirtschaftsgrundsätze für die der Staatsforstverwaltung unterstellten Waldungen des Großherz. Hessen, herausgeg. vom Ministerium der Finanzen, 1905, S. 14 ff.

handlung der Bestände in Betracht kommt, sind jedoch die starken Grade der Durchforstung schon von früher Jugend an angezeigt, da unter solchen Verhältnissen auf die Erhaltung einer tiefreichenden Krone hingewirkt werden muß.

b) Art der Durchforstung.

Mit Rücksicht auf die gleichmäßige Ausbildung der Wurzeln und Kronen sind bei der Durchforstung von Beständen, in denen die Vorwüchse rechtzeitig ausgehauen sind, in der Regel die Stämme der herrschenden Klassen zu begünstigen. Sie vermögen den erweiterten Wachsraum, welchen die Durchforstung gewährt, am unmittelbarsten auszunutzen und sind widerstandsfähiger gegen die Gefahren, denen die Bestände im Stangenholzalter seitens der anorganischen Natur ausgesetzt sind. Zurückgebliebene Stämme besitzen zwar gute Formen und sind in besonderem Grade befähigt, bei entsprechenden Bedingungen erhöhten Zuwachs anzulegen. Aber diese Bedingungen können vor Einlegung der eigentlichen Lichtung, bei der Durchforstung, meist nicht in genügendem Grade gegeben werden. Überdies sind die zurückgebliebenen Stämme häufig einseitig entwickelt; sie haben daher, wenn sie freier gestellt werden, mehr von der Belastung durch Schnee- und Eisanhang zu leiden, da Stämme, die ungleichmäßig ausgebildete Kronen haben, dem Bruchschaden in besonderem Grade zum Opfer fallen.

Die Erhaltung lebensfähiger unterdrückter Stämme bei der Durchforstung ist überall da empfehlenswert, wo auf die Deckung des Bodens Wert gelegt wird, und Gefahren durch Insekten an unterdrückten Stämmen nicht zu befürchten sind. Auf tätigen, zu starken Überzügen geneigten Böden und in warmen Lagen ist die Erhaltung eines den Boden deckenden Unterstandes von besonderem Wert. Am meisten Bedeutung hat die Herstellung mehrerer Stufen für gemischte Bestände, wo dann Schattenholzarten (Buche, Hainbuche, Tanne) die untere, Lichtholzarten (Eiche, Kiefer, Lärche) die obere Etage zu bilden haben.

3. Lichtungsbetrieb.

Um den Stärkezuwachs, der bei Erhaltung vollen Schlusses vom Stangenholzalter ab zu sinken pflegt, zu fördern und Holz einer gewissen Stärke in nicht zu hohen Umtriebszeiten zu erziehen, wird vom Lichtungszuwachs Anwendung gemacht. Der Lichtungsbetrieb hat hauptsächlich für Eiche und Kiefer große Bedeutung. Bei Tanne und Buche sucht man den Lichtungszuwachs nur so weit auszunutzen, als es der Schlagstellung bei der natürlichen Verjüngung entsprechend ist. Bei der Fichte genügen in den meisten Wirtschaftsgebieten kräftige Durchforstungen, um die Sortimente zu erzeugen, die bei ihr das Ziel der Wirtschaft bilden sollen.

Martin, Forsteinrichtung. 3. Aufl.   12

Die Zeit der Lichtungshiebe wird in der Regel durch die Forderung bestimmt, daß, ehe sie geführt werden, die Bestände eine gute Stammform, insbesondere eine genügende Astreinheit erreicht haben. Hierzu ist der Schlußstand am besten geeignet. Was den Grad der Lichtung betrifft, so gilt der Grundsatz, daß der Wachsraum der einzelnen Stämme in der Regel allmählich erweitert wird. Die Lichtung soll sich der Durchforstung fast unmerklich anschließen, der Schluß also nur schwach unterbrochen werden. Den geeignetsten Maßstab für den Grad, in welchem die vorbereitenden Durchforstungen und Lichtungshiebe zu führen sind, bildet die Stammgrundfläche. Es ist in mehrfacher Hinsicht, vom waldbaulichen und ökonomischen Standpunkt aus, von Bedeutung. daß über ihre Höhe eine Regel aufgestellt wird. Diese ist dahin zu fassen, daß von einem bestimmten Alter ab die Stammgrundfläche nicht mehr zunehmen, sondern (annähernd) gleich bleiben soll [1]). Aller Zuwachs, soweit er sich als Stärkezuwachs anlegt, soll im Wege der Lichtung entfernt werden. Die Bestände nehmen dann nur im ungefähren Verhältnis ihrer Höhe an Masse zu. Zur Erhaltung eines guten Bodenzustandes werden Lichtungshiebe, die nicht zugleich die Verjüngung einleiten (wie Besamungsschläge, Lichtschläge, Schirmschläge) mit dem Unterbau verbunden.

4. Überhaltbetrieb.

Endlich ist bei der Aufstellung der Wirtschaftspläne darüber Bestimmung zu treffen, ob in den zur Verjüngung kommenden Beständen einzelne Stämme übergehalten werden sollen, wie es früher vielfach als Regel galt. Abgesehen von besonderen Verhältnissen (namentlich ästhetischer Natur) ist dies von der Werterzeugung abhängig, die die Überhälter im Verhältnis zu ihrem Kapitalwert und im Vergleich zu dem negativen Einfluß auf den nachwachsenden Bestand leisten. Wenn auch zunächst an wüchsigen, gut bekronten, allmählich an den Freistand gewöhnten Überhaltstämmen ein bedeutender Stärkezuwachs erfolgt, und dieser Zuwachs sich in hohen Werten darstellt, so übt doch jede Art von Überhalt auf die Entwickelung der nachwachsenden Bestände einen nachteiligen Einfluß aus. Da der Anspruch des jungen Bestandes an Wachstumsfreiheit mit jedem Jahrzehnt zunimmt, der Aushieb der Überhalter aber nicht immer zur wünschenswerten Zeit bewirkt werden kann, so wird das Mißverhältnis zwischen dem Überhalt und dem nachwachsenden Bestand fortgesetzt größer. Es kommt hinzu, daß die übergehaltenen Stämme von Schäden der organischen und anorganischen Natur nicht frei bleiben. Der Überhalt bildet deshalb eine Ausnahme; er ist beschränkt auf gute Stämme mit hochangesetzten Kronen von Holzarten, die als Starkholz besonderen Wert haben.

---

[1]) **Martin**, Forstl. Statik, S. 65.

Sechster Abschnitt.

Die Maßnahmen der Bodenpflege.[1]

Da der Boden die wichtigste Grundlage und den bleibenden Maßstab der forstlichen Produktion ausmacht, so müssen bei der Betriebsregelung die Eigenschaften der wichtigsten in den betreffenden Revieren vorkommenden Böden untersucht und die Mittel dargelegt werden, welche zur Erhaltung oder Herbeiführung guter Bodenzustände geeignet sind. Diese haben sich insbesondere auf die chemischen und physikalischen Eigenschaften des Bodens, auf seinen Gehalt an Humus und auf den Bodenüberzug zu erstrecken.

I. Der chemische Gehalt des Bodens.

Im Gegensatz zu den landwirtschaftlichen Gewächsen bedürfen die Waldbäume bekanntlich wenig anorganischer, dem Boden entzogener Nährstoffe. Durch den durchschnittlichen Jahreszuwachs eines Hektars Buchenhochwald mittlerer Standortsklasse werden etwa 5 kg Phosphorsäure, 17 kg Kalk, 5 kg Magnesia, 7 kg Kali verbraucht. Bei der Kiefer entzieht der Jahresdurchschnittszuwachs dem Boden auf III. Standortsklasse nur etwa 3 kg Kali, 7 kg Kalk, 1,5 kg Phosphorsäure, während eine mittlere Roggenernte etwa 40 kg Kali, 17 kg Phosphorsäure, eine Rübenernte sogar 250 kg Kali, 35 kg Phosphorsäure verbraucht. Die meisten Böden sind ohne künstlichen Düngerzuschuß imstande, den Holzpflanzen die geringe Menge der genannten Stoffe, deren sie bedürfen, nachhaltig darzubieten, wenn ihnen die natürlichen Abfälle von Laub, Nadeln und Zweigen erhalten bleiben, und der Boden sonst keinen nachteiligen Einwirkungen ausgesetzt wird. Eine künstliche Düngung ist daher, ganz im Gegensatz zur Landwirtschaft, beim forstlichen Betriebe nur ausnahmsweise erforderlich[2]. Von praktischer Bedeutung erscheint die Frage der künstlichen Düngung, abgesehen von Kämpen, hauptsächlich nur für die ärmsten Böden, um hier den Wuchs der Kulturen in den ersten Jahren zu fördern, was für ihre weitere Entwickelung immer von Einfluß ist.

Als die wichtigsten Stoffe, welche als Besserungsmittel in der Forstwirtschaft Anwendung zu finden haben, sind Kalk und Stickstoff zu

---

[1] Eine eingehende Behandlung dieses Gegenstandes ist Aufgabe der Vertreter der Bodenkunde. Eine kurze Hervorhebung der wichtigsten Punkte ist hier eingefügt, um die Bedeutung der Bodenkunde für die Forsteinrichtung zum Ausdruck zu bringen.

[2] Albert, Welche Erfahrungen liegen über den Einfluß künstlicher Düngung im forstlichen Großbetriebe vor? Zeitschr. f. Forst- und Jagdw., 1905, Märzheft.

bezeichnen. Die Bedeutung des Kalkes liegt nicht sowohl in seinem Wert als Nährstoff als in dem Einfluß, den er auf die chemische Tätigkeit des Bodens ausübt. Sein Vorhandensein beschleunigt die Verwitterung der Gesteine und manche biologischen Vorgänge, die im Boden stattfinden. Die Zufuhr von Kalk muß in einer milden Form erfolgen. An Stickstoff haben insbesondere solche Böden Mangel, auf denen in einer oder der anderen Weise Raubbau stattgefunden hat, so insbesondere durch Streunutzung geschwächte Böden, Ödländereien u. a. Als Stickstoffzufuhr kommen im landwirtschaftlichen Betrieb vorzugsweise Chilisalpeter und Ammoniak zur Anwendung. Für den Waldbau gibt es kein besseres Mittel als dasjenige, das der Wald selbst darbietet, nämlich die Humusstoffe, die vielfach an Orten auftreten, wo sie nicht nutzbar gemacht werden.

II. Physikalische Eigenschaften.

1. Lockerheit.

Abgesehen von den Extremen eines flüchtigen Bodens, welcher dem Verwehen ausgesetzt ist, und eines losen Bodens, der zu Windwurf Veranlassung gibt, hat die Lockerheit auf die Zuwachsleistung der Bestände einen sehr förderlichen Einfluß. Bindigkeit verhindert das Eindringen und die Ausbreitung der Wurzeln. Zugleich wird auch die Güte des Holzes, wenigstens in formaler Beziehung, durch Verminderung der Länge und Geradheit, beeinträchtigt. Lockerheit gestattet eine allseitige Ausbildung der Zaserwurzeln. Die mit ihr verbundene Durchlüftung hat günstige Einflüsse chemischer und biologischer Natur. Auch die Güte des Holzes wird gehoben; dem ungehemmten Eindringen der Wurzeln entspricht auch eine gerade Schaftbildung. Auf lockerem Boden werden daher die höchsten Erträge erzielt.

Um dem Boden ein hinlängliches Maß von Lockerheit zu erhalten, sind zunächst negative Mittel von Bedeutung, welche der Entstehung einer Verhärtung vorbeugen. Dahin gehört das Verbot der Ausübung mancher Nebennutzungen, insbesondere der Waldweide und Waldstreunutzung, sodann die Vermeidung der Öffnung aller geschlossenen Waldränder, wodurch Sonne und Wind schädliche Wirkungen ausüben können. Sofern nicht Verwilderung stattfindet, tritt unter solchen Umständen Verhärtung des Bodens ein. Am wichtigsten ist in dieser Hinsicht die Periode der Verjüngung. Sofern es die Verhältnisse irgend gestatten, soll bei der natürlichen Verjüngung mit dem Mittel der Schlagstellung auf eine günstige Bodentätigkeit hingewirkt werden. Nur wenn mit den natürlichen Mitteln der Schlagstellung der gewünschte Bodenzustand nicht erzielt wird, müssen künstliche Mittel in Anwendung gebracht werden, indem mit Hilfe von Pflug, Egge, Grubber, Hacke und anderen Werkzeugen eine künstliche Lockerung und Mischung des Bodens vollzogen wird. Auch bei der künstlichen Begründung spielt die Bodenlockerung eine wichtige Rolle.

2. Feuchtigkeit.

Im allgemeinen und von wenigen Ausnahmen abgesehen sind frische Böden dem Gedeihen der wichtigsten Holzarten am zuträglichsten. Ein Übermaß von Feuchtigkeit ist dagegen ein Hemmnis einer guten Bestandesentwicklung. Es verhindert das Gedeihen der Kulturen, vermehrt die Entstehung ungünstiger Humusformen und gibt zu Windwurf Veranlassung. Daher sind unter Umständen Entwässerungen erforderlich, welche ein Übermaß von Feuchtigkeit fortschaffen. Weit wichtiger und von allgemeinerer Bedeutung sind jedoch die Maßnahmen, welche darauf gerichtet sind, dem Boden die Feuchtigkeit zu erhalten [1]). Ein gewisses Maß von Feuchtigkeit ist oft ausschlaggebend für das Gedeihen der Kulturen und der natürlichen Verjüngungen [2]). Auch für die Massenerzeugung ist sie, wie die Vergleichung der Bestände auf verschiedenen Expositionen zeigt, von großer Bedeutung. Häufiger als irgendein chemisches Element ist die Feuchtigkeit der im Minimum vorhandene Faktor, der als Maßstab der Bodenfruchtbarkeit angesehen werden muß.

Auf die bei den Vorarbeiten der Forsteinrichtung vorzunehmende Leitung des Wassers wurde bereits früher hingewiesen. Auch bei den Maßnahmen der Betriebspläne muß stets auf die Erhaltung der Bodenfrische Bedacht genommen werden. Allmähliche Leitung der Beschirmung bei der natürlichen Verjüngung, Erhaltung von Schirmstand für schutzbedürftige Kulturen, Führung schmaler, der Sonne und dem Wind entgegengesetzter Schläge, tunlichste Erhaltung aller vorhandenen und Herstellung neuer Waldmäntel sind die in dieser Richtung wichtigsten Vorschriften des Wirtschaftsplanes.

III. Humus.

Da in dem aus Laub, Nadeln und anderen Abfällen bestehenden Humus diejenigen Stoffe enthalten sind, welche die Waldbäume zu ihrem Wachstum nötig haben, so muß sich der Humus in chemischer Beziehung sehr günstig verhalten. Auch in physikalischer Beziehung sind ihm be-

---

[1]) Auf die Bedeutung der Wassererhaltung hingewiesen zu haben, ist ein Verdienst O. Kaisers. Vgl. dessen Schrift: Beiträge zur Pflege der Bodenwirtschaft, 1883, S. 46 ff. In neuester Zeit ist sehr beachtenswert Kautz, Waldkultur und Wasserpflege im Harz, Zeitschr. f. Forst- und Jagdw. 1909.

[2]) Die Wirkung der Bodenfrische auf den Erfolg der Verjüngung ist in der Neuzeit vortrefflich im Revier Gaildorf in Württemberg nachgewiesen. Vgl. Wagner, Grundlagen der räumlichen Ordnung.

sondere Vorzüge eigentümlich. Indem er sich mit dem Boden mischt, wird dieser gelockert; durch seine Fähigkeit, Wasser aufzunehmen und zurückzuhalten, wird der Feuchtigkeitszustand ein günstiger. Zugleich werden auch die Extreme der Temperatur gemildert.

Sehr verschieden von einem solchen bei Luftzutritt gebildeten Humus verhält sich der bei gehindertem Luftzutritt und Mangel der Zersetzungsfaktoren gebildete und in stärkeren Schichten dem Boden aufgelagerte Humus. Der unter solchen Verhältnissen erzeugte „Trockentorf" wirkt nicht nur in chemischer Hinsicht schädlich, indem die sich in ihm entwickelnde Humussäure die Mineralerde auslaugt, auch sein physikalisches Verhalten ist ein sehr ungünstiges. Namentlich wirkt die starke Differenz im Feuchtigkeitsgehalt auf die Jungwüchse nachteilig ein; bei langer Trockenheit gehen junge Pflanzen in reinen Humusschichten zugrunde.

Die Mittel, um den Boden in einem guten Humuszustand zu erhalten, liegen hauptsächlich in der Wahl der Holzart und der Erhaltung der richtigen Schlußgrade. Eine Bereicherung des Bodens an Humus wird durch dichtbekronte Holzarten herbeigeführt, welche durch reichlichen Abwurf von Laub und Nadeln ausgezeichnet sind und zugleich den Boden gegen die Wirkung der Zersetzungsfaktoren abschließen, was von den Laubhölzern namentlich durch die Buche, von den Nadelhölzern durch die Tanne und Fichte geschieht. Entgegengesetzt verhalten sich Holzarten, welche der Sonne und der Luft den Zugang zum Boden gestatten, wie es bei Eiche, Birke u. a. der Fall ist. Hiernach muß auch das Verhalten der Holzarten zum Standort unter Umständen verschieden bewertet werden. Unter den in Deutschland vorherrschenden Standortsverhältnissen gilt im allgemeinen die Regel, daß Holzarten, welche einen dichten Baumschlag haben und viel Schatten ertragen, wegen ihres Verhaltens zum Boden den Vorzug verdienen. Unter Standortsverhältnissen, welche zur Trockentorfbildung geneigt sind, wie z. B. für das Hochgebirge und die kühleren feuchten Moorgebiete Norddeutschlands, ergeben sich entgegengesetzte Folgerungen in bezug auf die Beurteilung der Holzarten. Die Erzeugung großer Mengen von Humus ist hier trotz seines Gehalts an Nährstoffen wegen der Schwierigkeit seiner Zersetzung von nachteiligem Einfluß.

Ähnlich verhält es sich bezüglich der Grade der Bestandesdichte. Unter den meisten Verhältnissen der deutschen Forstwirtschaft wird eine dichte Bestandesstellung, durch welche Sonne und Wind vom Boden abgehalten wird, als Regel angesehen. In Lagen, welche zur Bildung von Trockentorf geneigt sind, ist die Abhaltung von Licht und Wärme dagegen nicht richtig. Die Bedingungen, unter welchen sich ungünstige Humusformen in starkem Maße bilden, liegen einerseits bei ungenügendem oder fehlendem Holzbestand vor, andererseits bei sehr dichter Haltung der Bestände. Im ersten Falle sind es die Standortsgewächse (Beerkraut, Heide usw.), welche Trockentorfbildungen entstehen lassen; im letzteren Fall die Abfälle der Bäume, welche langsam zersetzt und dem Boden zugeführt werden. Die Extreme der Bestandesstellung müssen daher, wenn die Gefahr der Bildung ungünstiger Humusformen vorliegt, vermieden werden. Lockere Beschirmungsgrade, bei welchen die Standortsgewächse zurückgehalten werden, Luft und Licht aber auf den Boden einwirken können, verhalten sich am besten.

IV. Bodenüberzüge.

Stärkere Überzüge jeder Art sind für die Bewirtschaftung des Waldes nachteilig. Die Kulturen werden dadurch erschwert, die natürliche Verjüngung wird häufig unmöglich; die Frostgefahr wird gesteigert, die Entwicklung der Jungwüchse wird längere Zeit behindert. Allgemeine Regel ist es deshalb, die Bildung starker Bodenüberzüge nicht aufkommen zu lassen. Die wichtigsten hierauf gerichteten Mittel sind vorbeugender Art. Der Eintritt der Bedingungen, unter denen sich Bodenüberzüge ausbilden, muß verhindert werden. Dies geschieht je nach der Bestandesbegründung in verschiedener Weise. Bei der natürlichen Verjüngung liegt in dem Verhalten des Bodenüberzuges zum Jungwuchs der wichtigste Bestimmungsgrund für die Führung der Verjüngungsschläge. Weder bei völliger Abwesenheit einer Begrünung des Bodens noch bei starken Bodenüberzügen kann die Verjüngung mit Erfolg bewirkt werden. Bei einem geschlossenen Stand des Altholzes nutzt dieses den Boden für sich aus; bei starker Lichtung tun dies die Standortsgewächse. Die natürliche Verjüngung gelingt mit einiger Sicherheit nur dann, wenn die Jungwüchse sich mit der Begrünung bei einem benarbten Zustand (Bodengare) einstellen und dann durch allmähliche Verminderung der Beschirmung in ihrer Entwicklung so gefördert werden, daß sie die Konkurrenz der Schlaggewächse, die meist lichtbedürftig sind, siegreich bestehen. Bei der künstlichen Bestandesbegründung liegen die wichtigsten Mittel zur Verhinderung schädlicher Wirkungen der Standortsgewächse in der unmittelbaren Folge der Kulturen nach der Führung des Abtriebsschlages, in ihrer guten Ausführung und in der Wahl nicht zu weiter Verbände.

Endlich ist auch die für die Praxis wichtige Frage, ob und ev. wie ein einmal vorhandener schädlicher Bodenüberzug beseitigt werden soll, hauptsächlich nach dem Verhalten zum Boden zu beantworten. Da jede organische Bodendecke eine Quelle der wichtigsten Nährstoffe der Gewächse, insbesondere des Stickstoffes ist, so kann die Beseitigung derselben nur eine Ausnahme bilden. Sie ist auf Böden zu beschränken, welche durch einen solchen Entzug nicht leiden. Insbesondere erscheint eine einmalige Nutzung für bessere Böden unbedenklich, wenn dadurch zugleich günstige Bedingungen für junge Kulturen herbeigeführt werden. Unter anderen Verhältnissen wird man jedoch den allgemeinsten Grundsatz jeder Bodenwirtschaft geltend zu machen haben, daß die vorhandene Kraft des Bodens tunlichst erhalten werden soll. Der Entwicklung der Kulturen müßte daher meist durch vermehrte Ausgaben für ihre Ausführung Rechnung getragen werden.

Auch bezüglich der Nutzung der unter dem Überzug befindlichen Bodenschichten müssen ähnliche Grundsätze aufgestellt werden. Eine Nutzung von Streudecken soll, auch wenn sie die Kulturen erschweren, nur ausnahmsweise stattfinden. Für die nachhaltige Leistung des Bodens haben sie immer Wert. Die Unterschiede der unter III genannten Humusarten sind keine festen; es finden Übergänge statt. Absolut schädliche Humusarten gibt es nicht. Die so ungünstig sich verhaltenden Schichten von Moder und Trockentorf können bei entsprechenden Bedingungen unter Umständen im Laufe längerer Zeit in guten Humus verwandelt werden. Daher werden die wichtigsten Aufgaben der Wirtschaft nicht auf eine Entfernung, sondern eine Verbesserung der humushaltigen Teile des Bodens zu richten sein. Bei der Aufstellung der Wirtschaftspläne müssen die hierauf gerichteten Maßnahmen begründet werden.

Siebenter Abschnitt.

Die Darstellung der Resultate der Forsteinrichtung.

I. Schriften.

1. Der Wirtschaftsplan.

Die Ergebnisse der Forsteinrichtungsarbeiten werden nach ihrer Feststellung im Wirtschaftsplan niedergelegt. Dieser wird nach Hauptwirtschaftsteilen, in der Regel nach Betriebsklassen, geordnet. Die wesentlichsten Angaben des Betriebsplanes erstrecken sich auf:

a) Die Ortsbezeichnung (Abteilung, Unterabteilung) mit Flächenangabe.

b) Die Beschreibung des Standorts mit Angabe der Klasse für die vorherrschende Holzart.

c) Die Beschreibung der Bestände mit Angabe des Durchschnittsalters und des Vollbestands- oder Vollertragsfaktors, der das Verhältnis der vorliegenden Bestände zu Beständen von normaler Beschaffenheit ausdrücken soll.

d) Die Altersklassentabelle, welche auf den einzelnen Seiten und am Schlusse des ganzen Plans, geordnet nach Holzarten, zusammengestellt wird.

e) Die Nachweisung der Abnutzung der Flächen und Massen im nächsten Wirtschaftszeitraum.

f) Den Plan für die zu erwartenden Haupt- und Vornutzungen.

g) Bestimmungen über die vorzunehmenden Kulturen.

Die Form der Pläne ist nach der Methode der Ertragsregelung und den vorherrschenden Bestandesverhältnissen verschieden. Bei den Übungen der Forstakademie Tharandt legt der Verfasser nachfolgendes Formular zugrunde (s. S. 186, 187).

2. Sonstige Schriftstücke.

Außer dem speziellen Wirtschaftsplan sind bei der Forsteinrichtung anzufertigen und dem Betriebswerk anzufügen:

a) Eine Revierbeschreibung.

b) Eine Nachweisung über den Zustand der Grenzen.

c) Desgl. über die Resultate der Vermessung des Holzbodens und Nichtholzbodens.

d) Ein Nachweis über die Benutzung des Nichtholzbodens (Pacht- und Dienstland, Steinbrüche, Teiche, Gärten, Gehöfte u. a.).

e) Die Herleitung des Abnutzungssatzes, getrennt nach Haubar- keits- und Vornutzung. Der jährliche Abnutzungssatz geht aus den Ansätzen des Wirtschaftsplanes hervor, wird aber hier spezieller (z. B. mit Angabe des Nichtderbholzes, mit Trennung nach Nutz- und Brenn- holz usw.) dargestellt.

f) Ein Hauungsplan für das nächste Jahrzehnt, welcher die Art des Hiebes und die zu erwartenden Beträge bestimmter angibt als der Wirtschaftsplan.

g) Ein Kulturplan, welcher für den gleichen Zeitraum die vor- zunehmenden Kulturen angibt.

h) Andere die Wirtschaft betreffende Nachweisungen (Holzpreise, Berechnung des Reinertrags, Jagd, Nebennutzungen, Fischerei, Be- rechtigungen usw.).

i) Beratungsprotokolle zu Anfang und am Schluß der Taxations- arbeiten.

II. Karten.

Zu einer geordneten Wirtschaft sind erforderlich und müssen im Anschluß an die Betriebsregelung hergestellt werden:

1. Karten, welche zum Eintrag von Vermessungen jeder Art, insbesondere der Jahresschläge, Wege, Abfindungsflächen, Änderungen in der Benutzungsweise, dienen sollen. Sie werden in großem Maßstab (1 : 3000, 1 : 4000, 1 : 5000) angefertigt.

2. Karten, welche die wichtigsten wirtschaftlichen Verhältnisse erkennen lassen. Von besonderer Bedeutung ist in dieser Beziehung

Orts-bezeichnung		Flächen-größe		Des Standorts			Des Bestandes				Nachweis der Altersklassen						Blößen und Räumden
Ab-teilung	Unterabteilung			Be-schreibung	für Holzart	Klasse	Vorherrschende Holzart	Be-schreibung	Durchschnittsalter	Vollertragsfaktor	I 1 bis 20	II 21 bis 40	III 41 bis 60	IV 61 bis 80	V 81 bis 100	VI über 100	
		ha	a						Jahre					Hektar			ha

a) Die Holzart, welche in der Regel durch verschiedene Farben kenntlich gemacht wird.

b) Das Holzalter, welches durch Farbentöne (dunkele für ältere, helle für jüngere Bestände) bezeichnet wird.

c) Die Bonität, welche durch entsprechende Zahlen oder Strichelung dargestellt werden kann.

3. Außerdem können auch andere Karten, Wegnetzkarten, Bodenkarten usw. wünschenswert oder notwendig sein.

Achter Abschnitt.

Die Aufstellung von Wirtschaftsplänen für andere Betriebsarten.

I. Plenterbetrieb.

Über die Bedeutung des Plenterbetriebs vgl. den 1. Abschnitt I 1 c.

Mit Rücksicht darauf, daß der Plenterbetrieb vorzugsweise für Waldungen Bedeutung hat, deren Behandlung in erster Linie durch die Rücksicht auf den Schutz gegen Naturschäden und die Pflege der landschaftlichen Schönheit bestimmt wird, ist die Ertragsregelung

Haubarkeits- durchschnittszuwachs fm	Betriebsklasse	Hauungsplan											Kulturplan				Be- merkungen
		Art der Nutzung	Hauptnutzung					Vornutzung					Art der Kultur	Holzart	Saat	Pflanzung	
			Fläche	Holzart	Gegenwärt. Masse	Zuwachsprozent	Zu nutzende Masse	Fläche	Holzart	pro ha		im ganzen					
			ha		fm		fm	ha			fm				ha	ha	

möglichst einfach zu gestalten. Abweichungen gegenüber dem regelmäßigen Hochwald finden hauptsächlich in folgenden Richtungen statt:

1. Ausscheidung der Unterabteilungen und Nachweisung der Altersklassen.

Da die wichtigsten Bestimmungsgründe für die Ausscheidung von Unterabteilungen, die in der Verschiedenheit der Holzart und des Alters bestehen, beim Plenterwald nicht vorliegen, so ist dieselbe meist nicht erforderlich. Aus gleichem Grunde können auch Flächen-Nachweise der Holzarten und Altersklassen nicht gegeben werden. Dagegen empfiehlt es sich, den Plenterwald in Schläge einzuteilen. Diese sollen den Rahmen für den Verlauf des Hiebes abgeben. Ihre Zahl ist deshalb so zu bestimmen, daß jeder Schlag während der dieser Zahl entsprechenden Umlaufszeit ein- oder zweimal vom Hiebe getroffen wird.

2. Die Bestimmung des Hiebssatzes.

Sie erfolgt:

a) Durch Schätzung des Durchschnittszuwachses.

Unter einfachen Verhältnissen, namentlich wenn der Hiebssatz nicht streng nach Holzarten getrennt gehalten zu werden braucht, kann dieser nach dem Durchschnittszuwachs für die Flächeneinheit eingeschätzt werden. Da der Plenterwald bei richtiger Zusammensetzung der Altersklassen dem gleichaltrigen Hochwald in seiner durchschnittlichen Zuwachsleistung nicht wesentlich nachsteht, so können zu seiner Einschätzung neben den Erfahrungen des praktischen Betriebs auch Normal-Ertragstafeln des Hochwaldes zu Hilfe genommen werden. Bei der häufig vorkommenden unregelmäßigen Beschaffenheit der Plenterwaldungen sind aber die Ansätze der Tafeln mittels der einzuschätzenden Vollertragsfaktoren zu reduzieren.

b) Durch Berechnung auf Grund des Vorrats und des laufenden Zuwachses.

Sofern es sich um größere Genauigkeit handelt, insbesondere wenn der Hiebssatz getrennt für verschiedene Holzarten nachgewiesen werden soll, muß der Ermittelung desselben die Aufnahme des Vorrats und Zuwachses vorausgehen. Da die Anwendung von Probeflächen wegen der Ungleichmäßigkeit der Bestände meist nicht anwendbar ist, so hat in der Regel vollständige Aufnahme unter Ausschluß der geringsten Stärkeklasse zu erfolgen. Der laufende Zuwachs wird gefunden, indem für die Gruppen von Stärkeklassen der Hauptholzarten die Zuwachsprozente auf Grund von Untersuchungen an Probestämmen ermittelt und auf ihre Masse angewandt werden [1]).

Als Abnutzungssatz wird, wenn keine Ursache vorliegt, den vorhandenen Vorrat zu verändern, der Zuwachs der vorliegenden Wirtschaftsperiode zugrunde gelegt. Andernfalls treten Abweichungen nach Maßgabe des vorhandenen Vorrats im Verhältnis zum normalen ein [2]). Die Zeit, innerhalb welcher der Ausgleich zwischen dem normalen und wirklichen Vorrat herbeigeführt werden soll, ist im Einzelfall gutachtlich zu begründen.

---

[1]) Wegen der verschiedenen Stärkeklassen sind Zuwachsnachweise im Plenterwald sehr umständlich. Für die Plenterwaldungen des akademischen Lehrrevieres Eberswalde sind von Danckelmann Wirtschaftspläne aufgestellt mit sachgemäßer Zugrundelegung des Formulars, welches in Preußen früher für Mittelwaldungen angewandt wurde. Vgl. v. Hagen-Donner, Forstl. Verhältn. Preußens, 3. Aufl., S. 205.

[2]) Vgl. hierzu die Bedeutung des Normalvorrats für die Betriebsregelung, S. 111, sowie den Abschnitt über die Vorratsmethoden im 5. Teil, 1. Abschn., III.

Eine Trennung des Abnutzungssatzes nach Haupt- und Vornutzung findet nicht statt; alle Erträge werden als Hauptnutzung betrachtet.

3. Hauungs- und Kulturplan.

Die wichtigsten Vorschriften des Hauungsplans haben sich in der Regel auf folgende Hiebe zu erstrecken;

1. Aushieb der stärksten Stämme, welche ihre Hiebsreife zweifellos erlangt haben. Bestimmte Vorschriften über das Hiebsalter können im Plenterwald wegen der Verschiedenheit der Entwicklung von einzelnen Stämmen nicht gegeben werden.

2. Aushieb von Stämmen, welche eine Abnahme oder keine genügende Zunahme ihres Wertes erwarten lassen.

3. Begünstigung besonders wertvoller Stämme durch Freihieb ihrer Kronen.

4. Nachlichtung über vorhandenem Jungwuchs, dessen Erhaltung und Entwickelung erwünscht ist.

5. Herstellung von senkrecht nicht beschirmten Löchern, die insbesondere dann und dort erforderlich werden, wann und wo Lichtholzarten im Plenterwald angebaut werden sollen. Bei der Wahl solcher Plätze ist der Standort und die Beschaffenheit des vorliegenden Bestandes zu berücksichtigen. Nur bei gleichmäßig beschaffenen Beständen können sie gleichmäßig über die Fläche verteilt werden.

Die Bestandesbegründung ist, soweit entsprechende Bedingungen vorliegen, im Wege der natürlichen Verjüngung zu bewirken. Diese ist namentlich für Schattenholzarten (Tanne, Buche, Hainbuche) anwendbar. Dagegen sind die Lichtholzarten, da der zu ihrer Entwickelung erforderliche Lichtgrad im Plenterwald nicht vorliegt, in der Regel auf künstlichem Wege durch Gruppenpflanzung auf Kahlflächen einzuführen.

II. Niederwaldbetrieb.

Die Grundlage für die Regelung des Niederwaldes bildet die Fläche. Eine als Niederwald zu behandelnde Betriebsklasse wird in eine durch die Höhe der Umtriebszeit bestimmte Zahl von Jahresschlägen geteilt. Alljährlich wird ein Schlag abgetrieben. Die Folge der Schläge ist von der Windrichtung weniger abhängig, als es beim Hochwald der Fall ist. Sie folgt meist den bestehenden Altersstufen, die das Ergebnis der seitherigen Wirtschaft sind.

Die Umtriebszeit wird durch das Ziel der Wirtschaft bestimmt. Bei der wichtigsten Art des Niederwaldes, dem Eichenschälwald, ist dies auf eine möglichst reiche und wertvolle Rindenproduktion gerichtet. Sofern diese ausschließlich bestimmend ist, ergibt sich, daß die Umtriebszeit niedrig zu halten ist (nicht über 20 Jahre). Sofern jedoch bei der Ertragsregelung auch auf das Holz Wert gelegt wird, muß die Umtriebszeit höher gehalten werden. [1] In der Abnahme der Rindenpreise und dem Steigen der Holzpreise liegt daher ein Moment, das eine Erhöhung der Umtriebszeit zur Folge hat.

Die **Erträge** des Niederwaldes an Derb- und Reisholz werden gutachtlich auf Grund der seitherigen Hiebsergebnisse für die einzelnen Schläge eingeschätzt. Der **Hiebssatz** ergibt sich durch die Division der Umtriebszeit in die Summe der Holzmasse aller Schläge.

Die **Hauungen** im Niederwald bestehen meist ausschließlich in Kahlhieben auf den Schlagflächen. Nur ausnahmsweise werden dabei einzelne Stämme übergehalten.

Die **Kulturen** erstrecken sich auf den Ersatz rückgängiger Stockausschläge. Sie werden in der Regel durch Pflanzung bewirkt. Die dabei einzuhaltenden Verbände sind weiter als bei der Begründung des Hochwaldes. Rückgängige Böden und lückige Bestände können durch den Anbau der Kiefer verbessert werden.

III. Mittelwaldbetrieb.

Der Mittelwald ist in Deutschland fast nirgends mehr in dem ihm eigentümlichen Charakter erhalten[2]. Er befindet sich durch den Grad und die Art der Haltung des Oberholzes und durch die horstweise Verjüngung im Übergang zum Hoch- und Plenterwald. Es können daher auch keine bestimmten Regeln über seine Betriebseinrichtung gegeben werden.

Die Grundlage für die Hiebsführung bildet die **Fläche**, die wie beim Niederwald durch die Umtriebszeit des Unterholzes in Schläge geteilt wird. Die Hiebe im Oberholz bestehen darin, daß die ältesten Klassen vollständig genutzt. die jüngeren zugunsten des bleibenden Bestandes und zur Erhaltung der Ausschlagfähigkeit des Unterholzes gelichtet werden.

Für den **Abnutzungssatz** des Oberholzes bildet wie beim Plenterwald der Zuwachs den Maßstab. Soweit nicht Durchschnittssätze, die aus den Erfahrungen der seitherigen Wirtschaft hervorgehen, angewandt werden können, muß das Oberholz nach Holzarten und Altersklassen getrennt aufgenommen werden. Die Zeit des Hiebes wird für jeden Schlag festgestellt. Der gefundenen Masse wird der Zuwachs für die Zeit von

---

[1] In Frankreich werden deshalb von den Niederwaldungen der Gemeinden 76 % — von den Niederwaldungen des Staats 56 % mit Umtriebszeiten von 20 bis 29 Jahren bewirtschaftet — Statistique forestière, Paris 1878.

[2] Das klassische Land für den Mittelwald ist Frankreich. Vgl. des Verfassers Mitteilungen im Forstwiss. Zentralblatt 1909, S. 655 ff.

der Aufnahme bis zur Nutzung der Schläge zugesetzt. Für jeden Schlag
wird dann gutachtlich festgestellt, wieviel von der zur Zeit des Hiebes
vorhandenen Masse genutzt — wieviel übergehalten werden soll. Der
jährliche Etat ergibt sich durch Division der Nutzungsmasse aller Schläge
mit der Zahl derselben. Sofern auf die Nutzung jährlich gleicher Massen
das Gewicht gelegt wird, ergeben sich hierdurch bei einer ungleichmäßigen Bestandesverfassung Abweichungen in den Schlaggrenzen,
die deshalb auch meist nicht scharf aufgehauen werden. Häufig kann
jedoch Ergänzung der Mehr- und Minderergebnisse der Jahresschläge
durch die Hiebe im Hochwald vorgenommen werden.

Mit Rücksicht auf die Stockausschläge, von welchen schwächere
Kulturen überwachsen werden, ist im eigentlichen Mittelwald Pflanzung
mit stärkeren Pflänzlingen herrschende Kulturmethode.

Bei der Verjüngung in größeren Horsten kommen dagegen auch
Saaten zur Anwendung, insbesondere bei der Eiche, der wichtigsten
Holzart des Mittelwaldes.

IV. Überführungsbestände.

Die in der Überführung zu einer anderen Betriebsart befindlichen
Bestände werden nach dem Verfahren derjenigen Betriebsart, der sie
zugeführt werden sollen, behandelt. In der Überführung zum Hochwald
begriffene Niederwaldungen werden der ihrem Alter entsprechenden
Klasse zugeteilt. Bei der Bestimmung über ihre Nutzung ist der Wachs-
tumsgang der Stockausschläge und die geringe Qualität ihres Holzes
zu beachten. Bei der Umwandlung von Mittel- und Plenterwald in Hochwald werden die Altersklassen nach der am stärksten vertretenen Klasse
— aber unter Berücksichtigung der sonst noch vorkommenden älteren
und jüngeren Klassen — eingeschätzt.

Vierter Teil.

Die Kontrolle und Fortführung
der Wirtschaftspläne. [1]

Da die Grundlagen der Forsteinrichtung durch Naturereignisse
und wirtschaftliche Verhältnisse Veränderungen unterliegen, so bedürfen
alle Betriebspläne der Kontrolle und der zeitweisen Berichtigung. Auch
wo keine Störungen im Laufe des Wirtschaftszeitraums eintreten,
müssen sie nach Ablauf desselben erneuert oder fortgeführt werden.

I. Kontrolle.

Diese hat sich auf den erfolgten Holzeinschlag und sein Verhältnis
zu den Ansätzen des Wirtschaftsplans zu erstrecken, ferner auf die eingetretenen Flächenveränderungen und auf sonstige Revierverhältnisse,
welche von wirtschaftlicher Bedeutung sind.

1. Kontrolle des Einschlags.

Änderungen gegen die Ansätze des Betriebsplans ergeben sich
sowohl durch Fehler der Schätzungen als auch durch Abweichungen
in der Hiebsführung. Die Ergebnisse des jährlichen oder periodischen
Einschlags müssen deshalb gegen die Angaben des Betriebswerks kontrolliert werden. Diesem Zwecke dient ein Kontroll- oder Wirtschaftsbuch, in welches für die einzelnen Unterabteilungen die jährlichen Einschläge eingetragen und zusammengestellt werden.

Die Bestimmungen über die Führung der Kontrollbücher erfolgen
durch die leitenden Forstbehörden, die sie in Zusammenhang mit anderen
Vorschriften der forstlichen Buchführung zu erlassen haben. Die
wichtigste Frage von allgemeiner Bedeutung, die hierbei zu entscheiden
ist, betrifft die Feststellung der Grundsätze, nach welchen das Mehr oder
Weniger des Einschlags gegenüber dem Soll der Abnutzung mit der
Wirkung zu vergleichen ist, daß ein stattgehabter Mehreinschlag eine
Einsparung von entsprechender Höhe zur Folge hat und umgekehrt.

---

[1] Vgl. hierzu die im 2. Abschnitt des 5. Teils für die einzelnen Staaten gemachten Angaben.

Die Einheit, welche der Kontrolle des Einschlags zugrunde gelegt wird, ist ein Festmeter Holzmasse. Das zu kontrollierende Holz kann entweder auf die Gesamtmasse (Haupt- und Vornutzung) ausgedehnt werden oder auf die Hauptnutzung beschränkt bleiben. In beiden Fällen bezieht sich die Kontrolle entweder nur auf das Derbholz oder die Gesamtmasse (Derb- und Reisholz, oder auch Derb-, Reis- und Stockholz).

a) Ausdehnung der wirksamen Kontrolle auf Haupt- und Vornutzung.

Da die Leistungsfähigkeit des Standorts nur im Gesamtertrag zum Ausdruck kommt, und dieser daher Grundlage und Maßstab für alle forstwirtschaftlichen und forstpolitischen Maßnahmen und Erwägungen bilden muß, so entspricht es sowohl dem Sachverhalt als auch dem Interesse des Eigentümers, daß die wirksame Kontrolle auf den Gesamtertrag ausgedehnt wird und nicht auf die Hauptnutzung beschränkt bleibt. Dieser Grundsatz muß um so mehr eingehalten werden, als eine scharfe Trennung zwischen Haupt- und Vornutzung trotz der gegebenen Begriffsbestimmungen nicht einmal begrifflich, noch weniger aber praktisch durchführbar ist [1]). Ausnahmen von dieser Regel sind nur begründet, wenn die auszuführenden Hauungen lediglich zum Zwecke der Pflege des bleibenden Bestandes vorgenommen werden, wie es namentlich bei den Läuterungshieben der Fall ist. Später aber sind die Vornutzungen viel zu bedeutend [2]), um bei der Kontrolle einfach außer acht gelassen werden zu dürfen. Voraussetzung einer erfolgreichen Kontrolle ist es aber, daß die Vornutzungen auch wirklich bei den Vorarbeiten der Forsteinrichtung mit den vorliegenden Hilfsmitteln der Statistik der Schätzung unterzogen werden. Um aber den Wirtschafter in der Führung der Durchforstungen nicht allzusehr einzuschränken, empfiehlt es sich, daß die Grenzen, bis zu welchen die Abnutzung seitens der Wirtschafter überschritten werden kann, weiter gesetzt werden als bei der Hauptnutzung, und daß im Laufe der Wirtschaftsperiode Änderungen der Vornutzungssätze verfügt werden können.

b) Beschränkung der wirksamen Kontrolle auf das Derbholz.

Vom Standpunkt theoretischer Konsequenz lassen sich hier analoge Gründe, wie sie vorstehend hinsichtlich der Vornutzungen hervorgehoben sind, dahin geltend machen, daß das Reisholz in die zu kontrollierende

---

[1]) Z. B. zwischen Durchforstungen und Vorbereitungsschlägen bei der Buche, zwischen starken Durchforstungen und Lichtungen bei der Kiefer und Eiche.

[2]) In den Mitteilungen aus dem forstlichen Versuchswesen Preußens wird die Summe der Vorerträge bei der Eiche auf II. Bon. für $u = 160$ J. zu 56 %, bei der Kiefer III. Bon. für $u = 120$ J. zu 54 % des Gesamtertrags angegeben.

Masse einbezogen wird, zumal dasselbe dem Boden mehr anorganische Stoffe entzieht als eine gleiche Menge ausgereiften Holzes. Trotzdem liegen die Verhältnisse hier wesentlich anders als bei den Vornutzungen. Der Ertrag vom Reisholz läßt sich oft gar nicht bestimmt angeben, weil sein Festgehalt sehr verschieden sein kann, und weil es häufig gar nicht benutzt wird, sondern liegen bleibt oder verbrannt wird. Wenn es aber darauf ankommt, die Nutzung an Gesamtmasse festzustellen, so kann das Reisig nach den Erfahrungssätzen der letzten Jahre gutachtlich eingesetzt werden. Die Kontrolle wird aber ebenso wie die Ertragsregelung überhaupt besser auf das Derbholz beschränkt.

2. Kontrolle der Flächenveränderungen.

Alle im Laufe der Wirtschaft durch Kauf, Verkauf und Tausch eingetretenen Veränderungen der Eigentumsverhältnisse müssen in den entsprechenden Büchern der Verwaltung (Nachtragsbuch, Flächenregister) vermerkt werden. Dabei empfiehlt es sich, Änderungen, welche nur eingeleitet sind, von solchen, welche definitiv abgeschlossen sind, getrennt zu halten. Ebenso müssen alle Veränderungen in der Benutzungsweise des Bodens nachgewiesen werden (Übergang von Äckern, Wiesen zum Holzboden und umgekehrt).

Definitive Flächenveränderungen hinsichtlich der Eigentumsverhältnisse, der Kulturart und des Holzbestandes sind auch in die Spezialkarten einzutragen, und zwar entweder alsbald nach ihrem Eintritt oder bei der nächsten Revision.

3. Kontrolle der Veränderungen im Revierzustand.

Um eine gute Betriebsregelung durchführen zu können, ist es von großem Wert, daß alle Ereignisse, welche wirtschaftliche Bedeutung haben, und alle wichtigen Beobachtungen, die bei der Betriebsführung über das wirtschaftliche Verhalten der Holzarten von den Beamten der Verwaltung gemacht sind, schriftlich niedergelegt werden. Dies geschieht in einem sog. Merkbuch, welches eine fortlaufende Revierchronik enthalten soll.

Insbesondere hat sich der Inhalt einer solchen auf die Vermessung, Abschätzung und Einteilung, auf den Betrieb der Hauungen und Kulturen, den Ausbau des Wegenetzes, auf eingetretene Naturschäden, rechtliche Verhältnisse, Absatz, Nebennutzung, Geldertrag u. a. zu erstrecken.

II. Revision.

Da die Betriebspläne nur für kurze Zeit (meist für 10 oder 20 Jahre) Geltung haben sollen, und im Laufe dieser Zeit häufig durch Naturereignisse und wirtschaftliche Verhältnisse Veränderungen der Grundlagen eintreten, so bedürfen alle Betriebspläne nach Ablauf der Zeit, für die sie aufgestellt sind, oder innerhalb dieser Zeit der Revision, die zum Teil in Berichtigung der Grundlage der Pläne, zum Teil in der Fortführung derselben besteht.

Die Ausführung der Revision entspricht in sachlicher Hinsicht den Bestimmungen, die für neue Betriebswerke Geltung haben. Nach Inhalt und Form sind die Nachweise nicht wesentlich verschieden von denjenigen der ursprünglichen Betriebswerke. Ob und in welchem Grade die Betriebspläne zu erneuern oder nur zu ergänzen sind, hängt von den im abgelaufenen Zeitraum eingetretenen Verhältnissen ab.

Die wichtigsten Aufgaben der Revision betreffen:

1. Die Berichtigung aller Teile des Vermessungswerkes, der Grenzen und Karten.

2. Die Fortschritte der Hauungen und Kulturen.

3. Die Prüfung des Betriebsplans in bezug auf die allgemeinen und die für die einzelnen Abteilungen getroffenen Bestimmungen. (Wahl der Holzarten, Art der Kultur, Durchforstungsbetrieb, Holzpreise usw.).

4. Die Regelung des Abnutzungssatzes.

Die zu diesen Aufgaben erforderlichen Vorarbeiten bestehen im Abschluß aller auf Fläche, Masse und Ertrag gerichteten Nachweisungen einschließlich der Karten. Es soll bei der Revision der gegenwärtige Revierzustand im Vergleich zu dem bei Aufstellung des Betriebsplans vorhandenen dargestellt und Urteil darüber abgegeben werden, wie sich die Bestimmungen des seitherigen Wirtschaftsplanes bewährt haben, und ob sie beizubehalten oder zu verändern sind.

Die Ergebnisse der seitherigen Wirtschaft werden zum Teil in Nachweisungen von tabellarischer Form niedergelegt (wie z. B. alle auf Nutzung, Kultur, Einnahme, Ausgabe und Reinertrag bezüglichen Verhältnisse), zum Teil durch entsprechende Gutachten (wie z. B. über die Art der Verjüngung, Wahl der Holzart, Feststellung der Umtriebszeit u. a.).

Meist erfolgen die Revisionen nach Ablauf von 10 Jahren. In manchen Ländern (Sachsen) finden auch Zwischenrevisionen statt.

Fünfter Teil

Die Methoden der Forsteinrichtung.

Die in den vorausgegangenen Teilen behandelten Gegenstände sind allgemein dargestellt. Ihre praktische Anwendung erfolgt jedoch überall unter dem Einfluß besonderer zeitlicher und örtlicher Verhältnisse. Demnach sind zum Nachweis der befolgten Methoden der Forsteinrichtung einerseits ihre geschichtlichen Entwickelungsstufen, andererseits die in der Gegenwart vorkommenden Verschiedenheiten darzulegen.

Erster Abschnitt.

Übersicht über die geschichtliche Entwicklung der Forsteinrichtung. [1]

Wegen der Mannigfaltigkeit der in den deutschen Waldungen vorliegenden Standorts- und Bestandesverhältnisse, der abweichenden Bildungsstufen der Forstbeamten und der Schwierigkeit, gegenseitige Erfahrungen auszutauschen, waren die Wege, welche zur Herstellung einer geordneten Betriebsregelung eingeschlagen wurden, sehr verschieden. Form und Inhalt der Wirtschaftspläne zeigen mannigfache Abweichungen. Geht man aber auf die Kernpunkte der Sache näher ein, so ergibt sich, daß die wirklich zur Anwendung gelangten Verfahren der Betriebsregelung im Grunde viel mehr Gemeinsames haben, als man nach der äußeren Darstellung der Wirtschaftspläne vermutet. Insbesondere erstreckt sich diese Übereinstimmung auf die meisten Vorarbeiten und die Anordnungen über den Hauungs- und Kulturbetrieb, deren Inhalt überall mehr durch die vorherrschenden Verhältnisse des Standorts und Waldbaus als durch die Methode der Forsteinrichtung bestimmt wird. Die für diese am meisten charakteristischen Unterscheidungsmerkmale betreffen die Herleitung des jährlichen oder periodischen Abnutzungssatzes.

---

[1] Eine vollständige Geschichte der Forsteinrichtung soll hier nicht gegeben werden; ihre Darstellung würde den Zweck dieser Schrift überschreiten. Nur die wichtigsten, für das Verständnis der Entwickelung der Ertragsregelung am meisten charakteristischen Erscheinungen sind kurz angegeben.

Fast bei allen Methoden der Ertragsregelung war das Bestreben darauf gerichtet, die Abnutzung für längere Zeit gleichmäßig zu gestalten, zugleich aber auch eine geregelte Abstufung der Altersklassen herbeizuführen. Die Grundlage hierzu bildete einerseits die Fläche, andererseits die auf ihr stockende Masse und der an dieser sich anlegende Zuwachs. Je nachdem das ausschließliche oder vorwiegende Gewicht auf die Fläche oder auf die Masse gelegt wurde, bildeten sich verschiedene Verfahren der Ertragsregelung aus. Die wichtigsten Methoden der Literatur und Praxis sind:

1. Die Flächenteilung; 2. die Fachwerksmethoden; 3. die Vorratsmethoden.

I. Flächenteilung (Schlageinteilung).

1. Begriff.

Der Wald oder die Hauptteile desselben (Blöcke, Betriebsklassen) werden in eine der Umtriebszeit entsprechende Zahl von örtlich festzulegenden Schlägen eingeteilt. Wenn nicht besondere Gründe zu Abweichungen vorliegen, erhalten die einzelnen Schläge gleiche Ausdehnung, so daß ihre Größe $= \dfrac{f}{u}$ (oder wenn beim Hochwald eine ein- oder mehrjährige Schlagruhe stattfindet, $= \dfrac{f}{u+1}$, $\dfrac{f}{u+2}$) ist. Diese Art der Teilung wird auch die reine Flächenteilung genannt. Mit Rücksicht auf die häufig vorherrschenden ungleichmäßigen Verhältnisse machte sich jedoch schon frühzeitig das Bestreben geltend, nicht die Fläche, sondern den auf ihr zu erwartenden Ertrag gleichmäßig zu gestalten. Die Jahresschläge mußten nach Maßgabe der Güte des Bodens und Bestandes derart verändert werden, daß die Flächen zur Standortsgüte oder Bestockung im umgekehrten Verhältnis standen. Ein derartiges Verfahren wird als Teilung in Proportionalschläge bezeichnet. Wegen der Unvollständigkeit der Vermessung und der Schwierigkeit, Flächenreduktionen vorzunehmen, blieb jedoch eine richtige Durchführung dieses Verfahrens beschränkt.

2. Geschichte.

Die Flächenteilung ist die älteste Methode der Ertragsregelung. Sie wurde in zahlreichen Forstordnungen [1]) des 16. und 17. Jahrhunderts vorgeschrieben. Eine der ältesten und bekanntesten derselben ist die

---

[1]) Solche wurden in großer Menge von den Landesherren erlassen, um dadurch die Forsthoheit zu bekunden. Neben den die Verwaltung, die strafrechtlichen Verhältnisse und die Nutzung regelnden Bestimmungen enthalten die Forstordnungen meist auch einen die Wirtschaft ordnenden Teil, in welchem häufig Bestimmungen über die Schlagführung gegeben sind.

Forstordnung für die Grafschaft Mansfeld vom Jahre 1585, die anordnete, daß alle Gehölze in 12 jährige Gehaue geteilt werden sollten. Ähnliche Bestimmungen wurden auch in vielen anderen Forstordnungen getroffen. Insbesondere gelangte das Verfahren der Flächenteilung in den bevölkerten ebenen und hügeligen Gegenden Mitteldeutschlands zur Anwendung, wo wegen des starken Holzbedarfs auf die Ordnung des Betriebs zuerst Wert gelegt wurde. Im Laubholzgebiet war hier der Mittelwald nebst ähnlichen Betriebsformen (Niederwald mit Überhalt, Stangenholzbetrieb) herrschend. Hierdurch finden auch die niedrigen Umtriebszeiten, die in fast allen älteren Verordnungen ausgesprochen werden, ihre Erklärung [1]). Erst weit später wurde das Verfahren auf den Hochwald [2]) übertragen.

Für die Kiefernwaldungen Norddeutschlands wurde die Flächenteilung durch die Instruktionen Friedrichs des Großen, welche bald nach seinem Regierungsantritt erlassen [3]) und mehrfach wiederholt

---

[1]) So waren z. B. die Mühlhäuser Forsten in 12, die Miltenberger in 16 Schläge eingeteilt, die Forstordnung für das Fichtelgebirge schreibt eine Teilung in 15 bis 18 Schläge vor (nach Schwappach, Forstgeschichte, § 60).

[2]) Bemerkenswert ist in dieser Richtung die Nassauer Forstordnung von 1731, welche bestimmt, daß die Hochwälder in 68, die Nieder- und Rindenwaldungen in 20, die Birken und weichen Hölzer in 14 Jahresschläge geteilt werden. Die Gräflich Wernigerodische Forstordnung von 1745 will die gemischten Laub und Nadelholzorte zu Kohl- und Brennholz in 80 bis 40 Schläge geteilt haben (nach Pfeil, Forsttaxation, 3. Aufl., S. 17).

[3]) Zunächst durch einen Kabinettsbefehl, wonach das Hauen des Holzes in einer ganzen Forst eingestellt und nur auf gewissen Distrikten geholzt werden sollte. „Da indessen", sagt v. Kropff, System und Grundsätze, 3. Kap., „die Oberforstmeisterstellen durch ausgediente Stabsoffiziere besetzt waren, so verstrich die Zeit darüber bis 1754, wo jene Befehle durch gedruckte Immediat-Reglements wiederholt wurden. Als auch diese ohne sonderliche Wirkung blieben, so erschien unter dem 6. Jan. 1764 eine ..... Immediatinstruktion ..... Diese enthält mit Rücksicht auf ihren Sinn und den glorwürdigsten Urheber derselben so merkwürdige und interessante höchsteigene Vorschriften zu der Forsteinteilung, daß sie zum Muster und Regel dienen kann." In Artikel 3 wird gesagt: „Nach Vermessung und Kartierung müssen alle Forsten in 3 gleiche Teile geteilt werden. Ein jedes von diesen drei Revieren wird wiederum nach Beschaffenheit des Bodens in 60, 70 oder 80 Schläge geteilt." — „Es hat jedoch", sagt v. Kropff weiter, „kein sonderlicher Gebrauch davon gemacht werden können, weil die Grenzen der Forsten nicht zugleich überall berichtigt und bei der Einteilung auf den Karten die dabei zu beobachtenden Regeln ganz außer acht gelassen worden sind." — Eine neue Instruktion erschien 1770, die bezüglich der Einteilung die gleichen Bestimmungen enthält wie diejenige von 1764. Wiederum nahmen die Arbeiten einen sehr langsamen Fortgang. v. Kropff suchte die Notwendigkeit einer 140 jährigen Umtriebszeit darzulegen, der König bestand auf Einhaltung einer 70 jährigen. In den Jahren 1780 und 1783 wurden die letzten Instruktionen erlassen, deren Inhalt oben mitgeteilt ist.

Zur Erklärung der niedrigen Umtriebszeiten, die um die Mitte des 18. Jahrhunderts auch für die Hochwaldungen festgesetzt wurden, gereicht die Tatsache,

wurden, vorgeschrieben: Alle Kiefernforsten sollten nach Verhältnis ihrer Größe, Lage und Umstände, ohne Rücksicht auf ihre Beschaffenheit und die Güte des Bodens, zuvörderst in eine gewisse Anzahl Hauptabteilungen, jede derselben aber in zwei gleich große Teile, Blöcke genannt, und jeder Block in 70 gleich große Schläge geteilt, die Hauptabteilungen mit römischen Zahlen, die Blöcke mit A, B, die Schläge mit den Nummern 1—70 bezeichnet werden.

Ähnlich wie in den norddeutschen Forsten wurde das Verfahren auch in Mittel- und Süddeutschland zur Anwendung gebracht, mit manchen Abweichungen in der Ausführung, die durch die Natur der Waldungen und deren Wirtschaftsziele bestimmt waren. Von hervorragender Bedeutung waren die Einrichtungen, die der Oberjägermeister von Langen in Norwegen, Dänemark und später in den braunschweigischen Weserforsten zur Ausführung brachte. Ihm schlossen sich von Zanthier [1]), Döbel [2]), Büchting und andere Forstwirte des 18. Jahrhunderts an. Auch die Vorläufer der späteren Fachwerksmethoden und deren Vertreter (wie z. B. der nachbenannte Oettelt) selbst sind von der Schlageinteilung ausgegangen und knüpfen an den Jahresschlag an, so daß scharfe Grenzen zwischen der vorliegenden und den Fachwerksmethoden (Flächenfachwerk) nicht immer gezogen werden können [3]).

Die Einführung von Proportionalschlägen wurde zuerst 1741 durch den Förster Jacobi im Göttinger Stadtwald durchgeführt, in der Literatur aber auch von vielen anderen (z. B. Büchting, Oettelt) vertreten.

---

daß damals weit mehr vom Überhalt Anwendung gemacht wurde als in späterer Zeit und in der Gegenwart. Das Starkholz sollte in doppelter Umtriebszeit erzogen werden. So wird z. B. in der erwähnten Nassauer Forstordnung ausdrücklich hervorgehoben, daß die erforderlichen Waldrechter 3 bis 4 Ruten voneinander entfernt stehen bleiben sollen.

[1]) Abhandlungen über das theoretische und praktische Forstwesen, mit Zusätzen und Anmerkungen von Hennert. Hier wird bezüglich der Schlageinteilung bemerkt: „Bei der Einteilung ist zu beachten, ob die Lage des Reviers bergig oder eben sei; ferner Klima, Holzgattung usw. Ist das Revier in bergigen Gegenden, so muß man mehr Teile daraus machen, als derjenige nötig hat, dessen Revier in einer Ebene, in einem sanften Klima liegt. Ein Revier dieser Art muß in 50—60 Teile geteilt werden, als soviel Jahre es braucht, ehe es wieder zum tüchtigen Scheit- oder Schlagholz heranwächst; dahingegen das auf einer Ebene in der Zeit von 30—40 Jahren zu gleicher Vollkommenheit kommt. Ist es hingegen vorteilhafter, daß das Holz zu Reisig abgetrieben werde, so erfordert es an den Bergen 20—30 Jahre, auf der Ebene aber nur 15 Jahre Zeit."

[2]) Jägerpractica, Anhang. Hier wird die Abtriebszeit in der Ebene für starkes Bauholz zu 80 Jahren, für geringes Bauholz zu 60 Jahren angegeben. In gebirgigen Gegenden soll sie 10 bis 20 Jahre höher sein.

[3]) Einige Schriftsteller, insbesondere G. Heyer, Waldertragsregelung, 3. Aufl., § 191, ordnen sogar die Flächenteilung der Methode des Flächenfachwerks unter.

Auch außerhalb Deutschlands hat die Flächenteilung Anwendung gefunden. So sollen schon im 15. Jahrhundert die Waldungen der Republik Venedig in 27 Schläge eingeteilt worden sein. Insbesondere ist die Flächenteilung in Frankreich durchgebildet und dauernd festgelegt worden. Die durch Colberts Ordonnanzen vom Jahre 1669 veranlaßten Einteilungen der Mittelwaldungen haben sich bis zur Gegenwart erhalten.

3. Würdigung.

Die Flächenteilung hat hauptsächlich deshalb große Bedeutung erlangt, weil sie das Mittel bildete, durch das der alte regellose Plenterbetrieb (das Ausleuchten, plätzige Hauen), dessen Nachteile vielfach in starken Farben geschildert werden, aufgehoben und der schlagweise Betrieb eingeführt wurde. Zugleich wurden dadurch die Bedingungen für einen geregelten Kulturbetrieb geschaffen, dessen Unausführbarkeit im Plenterwald von Beckmann und anderen Schriftstellern jener Zeit überzeugend dargelegt ist. Für den Mittelwald mit kurzer Umtriebszeit und regelmäßiger jährlicher Schlagführung war das Verfahren durchaus geeignet. Bei der Übertragung auf den Hochwald traten jedoch Nachteile hervor, die seine Anwendung bald einschränkten oder aufhoben. Die wesentlichsten Mängel sind folgende:

a) Die Umtriebszeit muß bei der Flächenteilung, die ihre Jahresschläge dauernd abgrenzt und versteint, als eine unveränderliche Größe angesehen werden. Tatsächlich unterliegt sie aber je nach der Holzart, der technischen Behandlung, den Wirtschaftszielen und äußeren Einflüssen im Laufe längerer Zeit manchen Abweichungen, wie aus der Geschichte der Hochwaldungen, in denen Flächenteilungen stattgefunden haben, am besten zu ersehen ist.

b) Den waldbaulichen Forderungen, die an die Betriebsregelung zu stellen sind, kann bei der Führung der Wirtschaft nach der Flächenteilung nicht genügend Rechnung getragen werden. Selbst beim regelmäßigen Kahlschlag müssen oft Abweichungen von der gleichmäßigen Aneinanderreihung der Schläge stattfinden. Noch weniger können die künstlich abgegrenzten Jahresschläge bei der natürlichen Verjüngung zur Grundlage der Betriebsführung dienen, weil hier die gleichzeitig in Angriff zu nehmenden Flächen durch die Standorts- und Bestandesverhältnisse und die Häufigkeit der Samenjahre so bestimmt vorgeschrieben werden, daß künstliche Abgrenzungen für längere Zeit nicht tunlich sind. Auch andere Hiebe (Lichtungshiebe, Durchforstungen, Einschläge infolge von Naturschäden) bewirken Abweichungen in der Größe der jährlichen Abtriebsschläge.

c) Im Gebirge mit wechselndem Terrain ist die Bildung gleicher oder sachgemäß reduzierter Schläge ohne Opfer in bezug auf Form und Zusammengehörigkeit der Flächenteile nicht durchführbar.

In der neueren Forstwirtschaft bleibt die Flächenteilung auf den Nieder- und Mittelwald beschränkt. Mit der Überführung dieser Betriebsarten in den Hochwald schwindet die Berechtigung der vorliegenden Methode in der Neuzeit mehr und mehr. — Auch für den Plenterwald bildet die Schlageinteilung die örtliche Grundlage der Ertragsregelung [1]).

II. Die Fachwerksmethoden.

Seitdem die volkswirtschaftliche Bedeutung der Forstwirtschaft erkannt war, wurde das Ziel der Betriebsregelung dahin gerichtet, den Ertrag nachhaltig zu gestalten. Wegen der Unentbehrlichkeit des Nutz- und Brennholzes, der Beschränktheit des Absatzes, der Schwierigkeit, Ersatzstoffe für Holz zu beschaffen, und der Belastung der meisten Wälder mit Servituten, welche den Eingang von Erträgen in jährlich gleicher Höhe erforderlich machten, mußte eine möglichst gleichmäßige Verteilung der Nutzungen auf die Jahre oder Perioden der Zukunft angestrebt werden. Insbesondere wurden an die Staatswaldungen nach dieser Richtung strenge Anforderungen gestellt, da die Sorge für die Befriedigung des Holzbedarfs als eine wichtige Aufgabe der Forstpolizei angesehen wurde. Zugleich sollte aber auch die Rücksicht befolgt werden, daß die Bestände nicht früher zur Nutzung gelangten, als bis sie ein gewisses Alter, das der gewünschten Verwendung entsprach, erreicht hatten. Beiden Rücksichten konnte man jedoch nicht immer gerecht werden. In den meisten Fällen mußten nach der einen oder anderen Seite Abweichungen eintreten. Das Verfahren der Fachwerksmethode war folgendes:

Zum Zwecke des Nachweises der zeitlichen Verteilung der Erträge eines Reviers oder Revierteils wurde ein bestimmter Zeitraum, ein sog. Einrichtungszeitraum, festgestellt, für dessen Dauer der aufzustellende Wirtschaftsplan Gültigkeit haben sollte. Derselbe wird in der Regel gleich der Umtriebszeit angenommen, bei verschiedenen Umtriebszeiten gleich der am stärksten vertretenen. Kleinere Unterschiede (von geringem Grade oder auf beschränkten Flächen) blieben meist unberücksichtigt. Bei starken Unterschieden auf großen Flächen wurden besondere Verbände (Hauptwirtschaftsteile, Blöcke, Betriebsklassen) ausgeschieden, für die die Nachhaltigkeit des Ertrags besonders nachgewiesen wurde.

Der Einrichtungszeitraum wird in Zeitabschnitte, Perioden, von gleicher Dauer geteilt. Beim Hochwald waren diese meist zwanzigjährig. In der ersten Zeit des Fachwerks wurden aber meist längere Perioden gebildet, so von Cotta, Hartig u. a. In manchen Ländern

---

[1]) Vgl. den 8. Abschnitt des 3. Teils.

(Bayern, Frankreich) haben sich längere Perioden bis zur neuesten Zeit erhalten. Im Mittel- und Niederwald wurden dagegen, sofern sie überhaupt nötig erschienen, kürzere Perioden gewählt.

Jeder Bestand (Unterabteilung) wurde gemäß der Folge der wirtschaftlichen Einteilung einer bestimmten Periode zugewiesen. Maßgebend für die Einordnung in die Perioden war zunächst das Alter. Zum Nachweis der in dieser Hinsicht bestehenden Verhältnisse wurde eine Altersklassen-Tabelle aufgestellt und dem Wirtschaftsplan beigefügt. Neben dem Alter wurde bei der Einordnung der Bestände in die Perioden des Wirtschaftsplanes auch auf den Gesundheitszustand und andere Verhältnisse (Hiebsfolge, Bodenbeschaffenheit) Rücksicht genommen. Die Altersklassen wurden in der Regel nach Holzarten geordnet.

Am Schlusse des Wirtschaftsplanes wurden die Altersklassen und Periodenflächen für die einzelnen Revierteile und das ganze Revier zusammengestellt. Die Abschlüsse weisen nach, wie sich die Nutzungsanteile für die Perioden gestalten. Ergibt sich nach Abschluß der Tabelle eine das zulässig erscheinende Maß übersteigende Ungleichheit der Nutzungen, so findet ein Verschieben von Beständen aus Perioden, die zuviel Nutzungsanteile besitzen, in solche, welche Mangel haben, statt. In der Regel soll dabei nur in die nächstliegenden Perioden vor- und zurückgeschoben werden.

Je nachdem die Gleichstellung auf die Fläche oder auf die Masse oder auf beide gerichtet wurde, haben sich verschiedene Arten des Fachwerks ausgebildet: Das Flächenfachwerk, das Massenfachwerk und das kombinierte Fachwerk. Es bleibt jedoch zu bemerken, daß eine scharfe Abgrenzung dieser drei Arten des Fachwerks nicht möglich ist [1]), vielmehr gilt ziemlich allgemein die im Wesen der Sache liegende Forderung, daß bei der Betriebsregelung auf die Fläche und Masse Rücksicht genommen werden muß; jene Unterscheidung liegt nur insoweit wirklich vor, als der eine oder andere Faktor in den Vordergrund gestellt wird.

1. Das Flächenfachwerk.

a) Begriff.

Wie der Name sagt, soll hier die Fläche den Regulator der Abnutzung bilden. Das Ziel der Betriebsregelung ist beim Flächenfachwerk dahin gerichtet, daß nicht nur eine gleichmäßige Abnutzung, sondern auch eine gute Lagerung der periodischen Betriebsflächen herbeigeführt wird.

---

[1]) Hierdurch finden die verschiedenartigen Auffassungen über die Stellung mancher Vertreter des Fachwerks (z. B. H. Cottas) ihre Erklärung. Bei älteren Schriftstellern (vgl. namentlich Pfeil, Forsttaxation, 3. Aufl., S. 69 ff.) kommt eine Teilung des Fachwerks in der hier angegebenen Richtung gar nicht vor.

Die örtliche Grundlage für die Anwendung des Flächenfachwerks bildet zunächst die Einteilung in ständige, durch Wirtschaftsstreifen, Schneisen, Wege usw. begrenzte, von der Umtriebszeit unabhängige Wirtschaftsfiguren, die nach Beseitigung der alten, durch die Umtriebszeit bestimmten, örtlich festgelegten Schlageinteilung in den meisten geordneten Forstbetrieben — zunächst in der Ebene, später aber auch im Gebirge — durchgeführt wurde. Die Entstehung des Flächenfachwerks steht daher, wie insbesondere aus der Geschichte des preußischen Forsteinrichtungswesens zu ersehen ist [1]), mit der systematischen Einteilung in unmittelbarem Zusammenhang.

Bei der Einordnung der Flächen in die Perioden wurde das Augenmerk dahin gerichtet, daß innerhalb der ständigen Wirtschaftsfiguren (Abteilungen, Jagen) die Verschiedenheiten der Bestände in bezug auf die Zeit ihrer Abnutzung, soweit es ohne große Opfer zulässig erschien, vermindert wurden. Bei großen gleichaltrigen Bestandsmassen, wie sie in zusammenhängenden Waldgebieten meist vorlagen, konnte oft die ständige Wirtschaftsfigur als die Einheit für das Fachwerk angenommen werden.

Für die Bestimmung der Perioden, denen die einzelnen Bestände zugewiesen wurden, war neben deren Alter und Beschaffenheit (Bodenzustand, Wuchs, Schluß) in erster Linie die gegenseitige Lagerung der Altersklassen maßgebend. In der Anbahnung einer guten Ordnung der Wirtschaftsflächen liegt der wichtigste und nachhaltigste Einfluß, den das Flächenfachwerk für die Betriebsregelung gehabt hat. In den durch die Einteilung gegebenen Rahmen sollten die Periodenflächen so eingefügt werden, daß die Bestände bei ihrer Inangriffnahme gegen die Schäden durch Wind und Sonne tunlichst geschützt waren. Die periodische Abnutzung der Fläche sollte daher von Ost und Nord gegen West und Süd fortgesetzt werden. Bei der in Norddeutschland am häufigsten vorliegenden Richtung der Gestelle von Ost nach West und der entsprechenden Periodenfolge war zugleich das Augenmerk dahin gerichtet, daß die nördlichen Jagen vor den südlichen in Angriff genommen wurden. Es wurde ferner als wünschenswert angesehen, daß nicht zu große Flächen mit Holz von gleichem Alter beisammen lagen.

Die Ausstattung der Perioden erfolgte entweder mit wirklichen oder auch mit reduzierten Flächen. Die Reduktion [2]) wurde, entsprechend

---

[1]) Den unter I erwähnten Instruktionen Friedrichs des Großen folgte bald nach dessen Tode, nachdem 1787 die Leitung des Vermessungswesens dem ehemaligen Artillerieleutnant Hennert übertragen war, die Bestimmung, daß die preußischen Staatsforsten der Ebene in Jagen eingeteilt werden sollten. (Reglement von 1796 und Instruktion für die Kgl. Pr. Forstgeometer von 1819.)

[2]) Vgl. hierzu die Bemerkung über die Reduktion der Bonitäten im 1. Teil, S. 63.

dem Grundgedanken, daß die Fläche den bestimmenden Faktor der Ertragsregelung bilden müsse, nach der Standortsgüte bewirkt, für die der Haubarkeitsdurchschnittszuwachs den Maßstab bildete. Die Reduktion wurde entweder auf die beste oder auf die mittlere Bonität bezogen, so daß im letzteren Falle, wenn die dritte Standortsklasse bei einem Durchschnittszuwachs von 6 Festmetern die Einheit bildete, die erste, wenn deren Durchschnittszuwachs 12 Festmeter betrug, mit einem Reduktionsfaktor $= 2{,}0$, die fünfte bei einem Durchschnittszuwachs von 3 Festmetern mit einem Reduktionsfaktor von 0,5 ausgestattet wurde. Da eine richtige Reduktion schwer durchführbar ist, und die rechnerische Arbeit dadurch sehr vermehrt wird, so ist in der Praxis von der Reduktion meist Abstand genommen und der Nachweis der Verteilung nach den wirklichen Flächen als genügend angesehen worden.

Die Massenberechnung wurde beim Flächenfachwerke auf die der ersten Periode zugewiesenen Bestände beschränkt. Der gegenwärtige, durch vollständige Aufnahme oder durch Probeflächen oder auch durch Okularschätzung ermittelten Masse wird der Zuwachs für die Mitte der Periode zugefügt.

b) Geschichte.

Die Bedeutung der Fläche als Regulator der Betriebsregelung hat unter den älteren Vertretern des Fachwerks H. Cotta am entschiedensten betont. Auf ihn wird daher auch die spätere Anwendung dieser Methode meist zurückgeführt. Die Beispiele zu Cottas Taxation und Forsteinrichtung zeigen zwar die Form des kombinierten oder sogar des reinen Massenfachwerks [1]. Aber der mehr und mehr hervortretende Grundgedanke in Cottas Schriften geht doch dahin, daß die Regelung der Flächen wichtiger sei als die Massenermittelung, daß daher, wenn in dieser Beziehung Differenzen hervortreten, die Abnutzung gemäß der Fläche, nicht aber umgekehrt die Flächenabnutzung nach der Masse zu berichtigen ist.

Indessen schon vor Cotta war das Wesen der vorliegenden Methode erkannt und diese, wenn auch in abweichender Weise, angewandt worden. Das Flächenfachwerk ist fast unmerklich aus der älteren Flächenteilung hervorgegangen, indem an Stelle der Jahresschläge die Periodenfläche (das Zwanzigfache der Jahresschläge) gesetzt und von der Festlegung der Schlagfläche in der Natur Abstand genommen wurde. Als der hervorragendste unter den Vorläufern des Fachwerks muß Oettelt [2]

---

[1] Von einigen Schriftstellern, insbesondere G. Heyer, Waldertragsregelung, 3. Aufl., S. 307, wird deshalb H. Cotta den Vertretern des Massenfachwerks eingeordnet.

[2] Praktischer Beweis, daß die Mathesis bei dem Forstwesen unentbehrliche Dienste tue, 3. Aufl., 1786. Ein klarer Einblick in die Art der Ertragsregelung

bezeichnet werden, der einerseits die Schlageinteilung, mit reinen und reduzierten Flächen zur Anwendung brachte, andererseits aber eine Ordnung der Bestände nach Altersklassen vornahm, die nicht, wie es später allgemein geschah, nach gleichen Abstufungen, sondern nach natürlichen, ungleich langen Wuchsklassen gebildet waren. Es wurde dann bestimmt, daß in den ältesten Beständen so lange gehauen werden sollte, bis die Bestände der folgenden Klasse das Alter der Hiebsreife erlangt hätten. Hierdurch ergaben sich auch ungleich lange Perioden.

Unter den späteren Vertretern ist insbesondere v. Wedekind [1]) zu nennen, der eine Instruktion über alle Teile der Forsteinrichtung entwarf. Für die Ertragsregelung wurde ein Fachwerk empfohlen, bei dem die nach der Standortsgüte oder auch nach der Bestandesgüte reduzierte Fläche nachgewiesen wurde. In sehr einfacher Form hat auch Burckhardt [2]) die Ertragsregelung nach der Fläche vertreten.

In der Praxis hat das Flächenfachwerk vorzugsweise unter einfacheren Verhältnissen, insbesondere beim regelmäßigen Kahlschlagbetrieb, Anwendung gefunden. So z. B. in Sachsen, Hannover, Hessen. Auch in Preußen ist es tatsächlich in der 2. Hälfte des 19. Jahrhunderts die herrschende Methode der Ertragsregelung in den Staatsforsten, insbesondere in den im Kahlschlag behandelten Kiefernrevieren gewesen, ohne daß Mißstände hervorgetreten wären. Je mehr sich aber die Wirtschaftsführung vom Kahlschlagbetrieb entfernte, um so weniger erschien es geeignet, den Maßstab für die Abnutzung zu bilden.

c) Beurteilung.

Das Flächenfachwerk hat den Vorzug der Einfachheit und leichten Anwendbarkeit. Im Laufe einer Umtriebszeit wird, wenn keine Störungen eintreten, das normale Altersklassenverhältnis hergestellt. Hierbei ist jedoch zu beachten, daß der Begriff des Normalen kein allgemein gültiger, bleibender ist, daß namentlich auch die Umtriebszeit im Laufe längerer Zeit sich ändert. Dagegen haften dem Flächenfachwerke folgende wesentlichen Mängel an:

1. Es wird keine Rücksicht auf die vorhandenen Betandesverhältnisse (Altersklassen-Verhältnis, Vorrat, Zuwachs) genommen. Diese müssen aber bei der Feststellung des Maßes der Nutzung unter allen Umständen gewürdigt werden. Beim Vorherrschen alter, lückiger, zuwachsloser Bestände muß mehr, unter entgegengesetzten Verhält-

---

ist aus dieser trefflichen Schrift jedoch nicht zu erlangen; daher manche Widersprüche in der Literatur.

[1]) Anleitung zur Betriebsregulierung und Holzertragsschätzung der Forsten, 2. Aufl., 1839.

[2]) Hilfstafeln für Forsttaxatoren, 3. Aufl., 1873.

nissen weniger an Fläche abgetrieben werden, als der Regel des Flächenfachwerks entspricht.

2. Viele Nutzungen finden in der Fläche keinen genügenden Ausdruck. Dahin gehören z. B. Hiebe, welche die Verjüngungen vorbereiten (Vorbereitungsschläge), starke Durchforstungen in älteren Beständen, Lichtungshiebe, Nutzungen von Stämmen infolge von Naturschäden, Aushiebe von Überhältern. Solche Nutzungen müssen deshalb, wenn sie beim Flächenfachwerk berücksichtigt werden sollen, künstlich auf Fläche reduziert werden. Beim Vorherrschen solcher Nutzungen treten die dem Flächenfachwerk sonst anhaftenden Vorzüge zurück.

2. Das Massenfachwerk.

Hier ist das Bestreben des Taxators dahin gerichtet, den Perioden des Einrichtungszeitraums gleiche (oder etwas ansteigende) Erträge zuzuweisen. Die Massen der 1. Periode werden in der Regel durch spezielle Aufnahme von ganzen Beständen oder Probeflächen ermittelt, die der späteren Perioden nach Ertragstafeln oder sonstigen Hilfsmitteln angesetzt.

Der einflußreichste Vertreter des Massenfachwerks ist G. L. Hartig. Aber schon vor ihm hat das Massenfachwerk an vielen Orten bestanden [1]). Manche der älteren Vertreter weichen jedoch dadurch von Hartig ab, daß die von ihnen gebildeten Altersklassen und Perioden ungleich lang sind.

a) Ältere Vertreter (vor G. L. Hartig).

Unter den zahlreichen älteren Vertretern des Massenfachwerks und der ihm vorausgegangenen Massenteilung sind besonders folgende hervorzuheben:

J. G. Beckmann, Gräfl. Schönburgscher Jäger in Lichtenstein bei Zwickau. Er wird als der erste Forstmann bezeichnet, der Holzmassenaufnahmen zum Zwecke der Ertragsregelung praktisch durchführte. Die abzuschätzenden Waldungen wurden mit Bindfaden umzogen und die einzelnen Stämme durch Einschlagen von Birkennägeln kenntlich gemacht, deren verschiedene Farbe die Stärken der Stämme bezeichnete. Der kubische Inhalt der Stämme wurde für die verschiedenen Stärkenklassen nach dem Augenmaß taxiert. Der Masse wurde ein nach Prozenten ($2^1/_2 \%$ auf gutem, 2% auf mittelmäßigem, $1^1/_2 \%$ auf schlechtem Boden) bemessener Zuwachs hinzugefügt. Eine solche Rechnung wurde für den ganzen Wald und für die ganze Umtriebszeit entworfen. Beckmanns Methode erregte Aufsehen und fand An-

---

[1]) Vgl. hierzu Judeich-Neumeister, Forsteinrichtung, S. 305 ff; Stötzer, Forsteinrichtung, 2. Aufl., S. 217.

wendung. Über den wichtigsten Punkt der Ertragsregelung, wie nämlich
der jährliche Abnutzungssatz ermittelt werden soll, ist jedoch aus
seinen Schriften nichts zu entnehmen [1]).

v. Wedell, Landjägermeister in Schlesien. Er führte in den umfangreichen Waldungen des Kammerdepartements Breslau ein einheitliches Verfahren der Betriebsregelung ein, das jedoch wegen seiner Umständlichkeit bei der Wirtschaftsführung nicht lange hat eingehalten
werden können. Zur allgemeinen Kenntnis ist es durch den Forstmeister
Wiesenhavern [2]) gebracht worden. Größere Reviere wurden nach
Verschiedenheit der Holzart, des Bodens, der Lage, der Betriebsart,
der Servituten und des Absatzes in Blöcke eingeteilt und diese wieder in
Schläge von schmaler Form. (Bisweilen sollten auch Kulissenhiebe geführt werden.) Die Größe der Schläge war der Standortsgüte entgegengesetzt. Unter regelmäßigen Verhältnissen war durch solche Proportionalschläge ein Maßstab der Nutzung gegeben. Unter den meist vorliegenden
sehr unregelmäßigen Verhältnissen sollte die Nutzung nach Maßgabe
der vorhandenen Alter und Bonitäten geregelt werden, die deshalb aufgenommen wurden. Die Bonitäten waren nach 4 Klassen gebildet;
die Zahl der Altersklassen war verschieden. Die gesamte Holzmasse
wurde nach Probeflächen ermittelt. Durch Division der Summe der geschätzten Masse durch die Umtriebszeit ergab sich der mittlere jährliche
Abnutzungssatz, dessen Anwendung jedoch durch die Forderung berichtigt wurde, daß die nächstjüngere Klasse nicht früher herangezogen
werden durfte, als bis sie das Alter der Haubarkeit erreicht hatte.

Hennert [3]), Geh. Forstrat in Berlin. Wie v. Wedell in Schlesien,
so führte Hennert in der Mark Brandenburg eine geordnete Betriebsregelung ein. Die Staatsforsten wurden nach Aufhebung der früheren
Schlageinteilung in Jagen eingeteilt und vermessen. Dabei wurden die
Bestände nach 3 Standortsklassen bonitiert und nach Altersklassen
geordnet. Diese waren für die Hauptholzarten verschieden gebildet.
Für die Kiefer waren es 4 Klassen: von 70—140, 40—70, 15—40, 0—15
Jahren. Der Ermittelung der Masse und Einschätzung des ganzen Holzvorrats wurden Probeaufnahmen zugrunde gelegt. Bei der Disposition
über die Nutzung galt als Regel, daß in den jüngeren Klassen nicht früher
Endhiebe geführt werden sollten, als bis sie das Alter der Reife erlangt

---

[1]) In Judeich, Forsteinrichtung, 6. Aufl., S. 305 wird hierzu bemerkt:
„Die Summe aus dem vorhandenen Vorrat und dem an ihm erfolgenden . . . . . Zuwachs verteilte er (wahrscheinlich durch mühsames Probieren) auf die einzelnen
Jahre eines Zeitraumes, welcher ihm hinreichend erschien, um die ersten Schläge
wieder haubar werden zu lassen."

[2]) Anleitung zu der neuen, auf Physik und Mathematik gegründeten Forstabschätzung, 1794.

[3]) Anweisung zur Taxation der Forsten, 1791.

hatten. Daher waren die Massen für die einzelnen Perioden besonders zu berechnen. Der jährliche Etat der nächsten Periode, der durch die 70—140 Jahre alten Bestände zu decken war, wurde so berechnet, daß die Masse derselben durch 70 geteilt wurde. Ebenso geschah es für die späteren Perioden. Die periodische Nutzung gestaltete sich daher in den Altersklassen verschieden. Bei großer Ungleichheit derselben wurden Verschiebungen der Nutzungen für zulässig erachtet.

Ähnliche Verfahren wie von v. Wedell und Hennert sind auch von dem Kurfürstlich Sächsischen Oberförster Maurer [1]) und dem kurpfälzischen Forsttaxator Schilcher [2]) bekannt gemacht worden.

b) Das Verfahren G. L. Hartigs.

Es ist zunächst durch seine einflußreiche Schrift [3]), später in der Form einer Instruktion [4]) niedergelegt.

Den besten Ausdruck findet die von G. L. Hartig vertretene Methode der Betriebsregelung in dem Taxationsregister für Hochwaldungen, welches der Instruktion von 1819 beigefügt ist [5]). Hier werden die einzelnen Bestände in geordneter Folge (nach Blöcken, Jagen, Abteilungen) aufgeführt und nach Standort und Bestand beschrieben. Dann folgen Angaben über Zuwachs und Masse. Die Erträge werden, geordnet nach Sortimenten (Nutzholz, Kloben, Knüppel, Reis) für alle Perioden des Einrichtungszeitraums nachgewiesen. Die Dauer der Periode wurde zunächst zu 30 Jahren, später zu 20 Jahren angenommen.

Beim Entwurf des Taxationsplanes [6]) sollte davon ausgegangen werden, „daß der Holzertrag in jeder Periode nicht viel verschieden und von Periode zu Periode etwas steigend sein soll, — daß, wenn es die Umstände erlauben, die Hochwaldungen für sich gleichen oder nicht viel abweichenden Holzertrag gewähren, — daß, wenn es ohne Nachteil geschehen kann, jede Holzgattung im Hochwald für sich periodisch fast gleichen Ertrag geben soll, — daß aber in dem Falle von der Gleichheit des periodischen Ertrags einer jeden Holzgattung abgewichen werden soll, wenn sie ohne beträchtlichen Verlust an Zuwachs nicht stattfinden kann, oder wenn eine andere Holzgattung, deren periodischer Ertrag eben-

---

[1]) Betrachtungen über einige ... Lehrsätze, 1783.

[2]) Über die zweckmäßigste Methode, den Ertrag der Waldungen zu bestimmen, 1796.

[3]) Anweisung zur Taxation der Forsten, 1795.

[4]) Instruktion, nach welcher bei spezieller Abschätzung der Kgl. Preuß. Forsten verfahren werden soll, 1819.

[5]) Anlage E der Instruktion.

[6]) In dem für das Verfahren Hartigs am meisten charakteristischen 7. Abschnitt der Instruktion.

falls abweicht, die Lücke ausfüllen kann". Wenn hiernach **Hartigs** Verfahren als strengstes Massenfachwerk zu bezeichnen ist, so wurde doch auch die Fläche als Hilfsmittel bei den Schätzungen und Verschiebungen herangezogen.

Die Aufnahme der Holzmasse soll in der Regel in haubaren und gering haubaren, reinen und gemischten Beständen mittels Probeflächen erfolgen [1]. Die Haubarkeitserträge für jüngere Bestände sollen nach Erfahrungstabellen angesetzt werden; ebenso die Durchforstungserträge. Für die Aufstellung solcher Ertragstabellen werden besondere Regeln gegeben; ebenso für die Ermittelung des Zuwachses.

Eine Generaltabelle gibt an, wie hoch sich der jährliche Einschlag für die einzelnen Holzarten an Sortimenten (Nutzholz, Kloben, Knüppel, Reis), getrennt nach haubarem Holz und Durchforstungsholz, gestalten wird.

Auch für Niederwaldungen, die in Jagen und Schläge geteilt werden, sollen die Erträge, geordnet nach Holzarten und Sortimenten, nach Perioden von 10- oder 5 jähriger Dauer für 2 Umtriebszeiten nachgewiesen werden.

Wenn auch das vorliegende, kurz dargestellte Verfahren wegen der Umständlichkeit der Berechnungen eine unmittelbare Anwendung kaum gefunden hat, so hat **Hartig** doch durch die Forderung der Aufstellung von Wirtschaftsplänen, durch die Feststellung allgemeiner Grundsätze für die Betriebsarten, Holzarten und Umtriebszeiten, durch die Vorschrift über die Ermittelung des Vorrats und Zuwachses und die Aufstellung von Ertragstafeln weitgehenden Einfluß auf die Entwickelung des Forsteinrichtungswesens ausgeübt.

c) Beurteilung.

Vor dem Flächenfachwerk hat das Massenfachwerk den Vorzug, daß den Ansprüchen des Waldbesitzers und der Holzkonsumenten mehr Rechnung getragen wird. Die wesentlichsten ihm anhaftenden Mängel sind:

a) Die Gleichheit der Nutzungen entspricht oft nicht dem Interesse des Waldbesitzers. Beim Vorherrschen alter Bestände kann dieser verlangen, daß in der nächsten Periode mehr genutzt wird, als der periodischen Gleichheit der Erträge entspricht; im umgekehrten Falle weniger. Auch im Interesse der Konsumenten, welches das Massenfachwerk ver-

---

[1] 8. Abschn., 1. Kap. d. Instr.: „Wenn ein haubarer Holzbestand zu taxieren ist, so hat ihn der Taxator erst zu untersuchen, ob er allenthalben gleichen Holzbestand hat. Wäre dies nicht der Fall, so muß er nach Verschiedenheit der Güte des Bodens in mehrere Abteilungen gebracht werden. Ist dies geschehen, so werden in jeder gleich bestandenen Abteilung 3 gleich große Probeflächen an verschiedenen Orten.... abgeschätzt."

tritt, ist eine strenge Gleichstellung der periodischen Erträge nicht erforderlich.

b) Die Ertragsberechnungen für die späteren Perioden sind unsicher. Die zukünftige Behandlung der Bestände ist (auch abgesehen von Naturschäden) von Verhältnissen abhängig, die in der Gegenwart noch nicht beurteilt werden können. Für unregelmäßige Verhältnisse, unter denen die Methode vorzugsweise angewandt werden sollte, fehlen die erforderlichen Hilfsmittel der Massenberechnungen.

3. Das kombinierte Fachwerk.

Eine Verbindung der Rücksichtnahme auf Fläche und Masse, die das charakteristische Merkmal des kombinierten Fachwerks bildet, wurde zuerst von H. Cotta empfohlen und durchgeführt. Cotta stellt in seiner älteren Schrift [1]) Wirtschaftspläne auf, in denen die Flächen und Massen — diese getrennt nach Holzarten und Sortimenten — nachgewiesen werden. In seinen späteren Schriften [2]) sind sogar Beispiele mit Ertragsnachweisen enthalten, welche lediglich die Massen angeben. Gleichwohl lehrt der Inhalt jener Schriften, daß Cotta fortgesetzt mehr Wert auf die Fläche gelegt hat, wie aus den Sätzen klar hervorgeht, die er als das Resultat seiner „geprüften Erfahrungen" bezeichnet [3]). Hierin lagen aber gerade die wichtigsten Keime für die weitere Entwicklung seiner Lehre und ihrer praktischen Anwendungen, wie sie zunächst in Sachsen und später auch in anderen Ländern gemacht wurden.

Wenn nun auch die vereinigte Rücksichtnahme auf Fläche und Masse dem Wesen und den Zwecken der Betriebsregelung entspricht und als Regel angesehen werden kann, so war es doch außerordentlich schwierig, dieser zweifachen Rücksichtnahme so bestimmte Fassung zu geben, wie es die Aufstellung eines Planes in der Form des Fachwerks erforderlich macht. Die Anwendung des kombinierten Fachwerks stieß auf dieselben Hindernisse, die beim Massenfachwerk hervorgehoben wurden: es fehlen genügende Hilfsmittel für den Nachweis der Erträge, insbesondere der späteren Perioden. Selbst für regelmäßige Bestände waren keine Ertragstafeln vorhanden, die man als Grundlage hätte benutzen dürfen. Noch weniger war dies bei unregelmäßigen Verhältnissen der Fall, unter denen das kombinierte Fachwerk doch besonders zur Anwendung kommen sollte, da für normal

---

[1]) Systematische Anleitung zur Taxation der Waldungen, 1804.

[2]) Anweisung zur Forsteinrichtung und Abschätzung, 1820.

[3]) „Kein Forsttaxator kann den Holzertrag genau und sicher angeben. Eine gute (auf die Fläche gegründete) Einrichtung des Waldes ist gewöhnlich viel wichtiger als die Ertragsbestimmung."

bestandene Reviere allgemein die Flächenregelung als genügend erachtet wurde. Eine Gleichstellung der Flächen und Massen ist bei unregelmäßigen Verhältnissen nicht ausführbar. Wenn die Althölzer schlechtwüchsig und lückig sind, während die Mittel- und Junghölzer sich in gutem Zustand befinden, so muß mehr Fläche zur Nutzung herangezogen werden, wenn die periodischen Nutzungen gleich sein sollen. Im umgekehrten Falle, bei sehr massenreichen Althölzern, ist, um Ertragsgleichheit zu bewirken, weniger Fläche zu nutzen. Ferner waren die mit dem Streben nach Gleichstellung der Erträge erforderlichen Verschiebungen beim kombinierten Fachwerk sehr schwierig. Endlich ist zu beachten, daß der Nachweis der Nachhaltigkeit in allgemein gehaltenem Sinne auf einfachere Weise gegeben werden kann, nämlich durch Reduktion der Fläche nach Maßgabe nicht nur der Standortsgüte, sondern auch der Bestandesbeschaffenheit. Wenn auch solche Reduktionen nicht empfohlen werden können, so geben sie doch dem gutachtlichen Urteil einen einfacheren und besseren Ausdruck als die umständlichen Berechnungen des kombinierten Fachwerks, die in ihrer zahlenmäßigen Bestimmtheit keinen Wert besitzen.

Wegen der angegebenen Schwierigkeiten hat die Entwicklung des kombinierten Fachwerks im allgemeinen die Richtung zu größerer Einfachheit genommen. Cotta hat selbst eine solche Richtung vertreten, wenn er sagt: „Große Künsteleien sind hier unnütz, das einfachste Verfahren ist das beste." In dieser Einsicht lag die wesentlichste Ursache, daß Cottas Einrichtung eine weit größere Anwendung und Fortbildung erfahren hat als diejenige von Hartig. Die meisten Vertreter Süd- und Norddeutschlands sind ihm hierin gefolgt. v. Klipstein [1] vereinfachte die Berechnungen beim kombinierten Fachwerk, das er vertrat, indem er die Massen in einfachen Zahlen, ohne Trennung nach Holzarten und Sortimenten, in die Wirtschaftspläne einsetzte. Andere Autoren, namentlich Grebe [2], gingen in dem Streben nach Vereinfachung noch weiter, indem sie die Massenberechnungen nur auf die beiden ersten Perioden beschränkten, während man sich für die späteren Zeiträume mit dem Nachweis der Fläche begnügte. In dieser vereinfachten Form hat das Fachwerk unter dem Namen des kombinierten (was es aber eigentlich kaum noch ist) nicht nur in der Literatur zahlreiche Anhänger gefunden (Graner [3], Stötzer [4] u. a.), sondern es ist auch in den meisten süddeutschen Staaten, namentlich in Bayern, Württemberg und in Thüringen, zur Anwendung gelangt.

---

[1] Versuch einer Anweisung zur Forstbetriebsregulierung, 1823.
[2] Die Betriebs- und Ertragsregulierung der Forsten, 2. Aufl., 1879.
[3] Forstbetriebseinrichtung, 1889.
[4] Forsteinrichtung, 2. Aufl., S. 219.

Für die Entwicklung des Fachwerks in Norddeutschland hat kein anderer Schriftsteller so großen Einfluß gehabt als Pfeil. Zunächst geschah es durch seine umfassende Tätigkeit in der Literatur. Indirekt, durch seine zahlreichen Schüler, gewann er auch nachhaltigen Einfluß auf die Gestaltung der Praxis. Pfeil betont insbesondere den wirtschaftlichen Charakter der Betriebsregelung gegenüber ihrer mathematischen Behandlung und die Bedeutung der örtlichen Verhältnisse gegenüber der dogmatischen, verallgemeinernden Richtung, wie sie von Hartig vertreten wurde. Sich unmittelbar an H. Cotta anschließend, vertritt Pfeil das Fachwerk in seiner einfachsten, von allen unnötigen Ertragsberechnungen befreiten Form.

4. Gründe für die Aufhebung des Fachwerks.

Die Fachwerksmethoden haben in den meisten Ländern einer geordneten Betriebsführung zur Grundlage gedient und dadurch weitgehenden Einfluß auf die Zustände der deutschen Forsten ausgeübt. Unter den Verhältnissen der neueren Zeit haben sie jedoch mehr und mehr an Bedeutung verloren. Gegen alle drei Arten des Fachwerks ist folgendes geltend zu machen:

1. Das Fachwerk entspricht nicht der wichtigsten Forderung, die an die Methode der Betriebsregelung gestellt werden muß, daß sie sich nämlich den waldbaulichen Maßnahmen der Wirtschaftsführung anpaßt und unterordnet. Um dies zu begründen, hat man einmal auf die Art der Bestandesbegründung, sodann auf den technischen Betrieb der Durchforstungen, Lichtungen und Aushiebe einzugehen.

a) Weder bei der natürlichen noch bei der künstlichen Bestandesbegründung kann sich die Wirtschaftsführung der Forderung des Fachwerks, daß die Verjüngung einer Bestandesabteilung im Laufe einer 20 jährigen Periode durchgeführt werden soll, anpassen. Bei der natürlichen Verjüngung ist die Dauer von der ersten Inangriffnahme eines Bestandes bis zur definitiven Räumung der Mutterbäume meist weit länger als die 20 jährige Periode des Einrichtungszeitraumes. Sie ist abhängig von dem Eintritt der Samenjahre, dem Zustand des Bodens, dem Wertzuwachs der Stämme, der Entwicklung des Jungwuchses und läßt sich deshalb im voraus nicht festsetzen. Diesem tatsächlichen, durch die natürlichen Grundlagen bedingten Stand der Sache hat sich die Methode der Ertragsregelung unterzuordnen. Es ist deshalb gewiß richtiger, daß z. B. bei der Ertragsregelung eines zu verjüngenden, noch nicht angegriffenen Buchenbestandes nur ein Teil der Masse (ein Drittel oder die Hälfte oder zwei Drittel) als Einschlagssoll eingeschätzt und in einfacher Form der Nutzung des vorliegenden Zeitraums zugeschrieben wird, als daß man die ganze Fläche für eine Periode einsetzt.

Bei der künstlichen Bestandesbegründung scheinen die Verhältnisse für das Fachwerk günstiger zu liegen; es stehen hier seiner Anwendung seitens der Natur keine zwingenden Hindernisse entgegen. Aber eine Übereinstimmung zwischen den Forderungen der Wirtschaft und der Betriebsregelung findet auch hier nicht statt. Die Regeln der Schlagführung gehen dahin, daß bei schutzbedürftigen Holzarten die Schläge nicht zu breit angelegt, und daß sie allmählich aneinandergereiht werden. Ein neuer Schlag soll erst geführt werden, wenn der vorausgegangene gegen die Gefahren der ersten Jugend gesichert ist. Über den Zeitraum, der hierzu erforderlich erscheint, lassen sich im voraus für längere Zeit keine Bestimmungen festsetzen. Tatsächlich erfolgt aber die Schlagführung in einer größeren Abteilung meist langsamer, als der Periode des Fachwerks entspricht.

b) Auch bei den übrigen Erträgen ergeben sich Gegensätze zwischen dem Fachwerk und der Wirtschaftsführung. Die Durchforstungen werden bekanntlich jetzt oft so geführt, daß sie in den herrschenden Bestand eingreifen. Die Massen der Endhiebe werden dadurch vermindert. Die Ergebnisse solcher Durchforstungen müssen daher bei der Taxation in Rechnung gestellt und auch der wirksamen Kontrolle unterworfen werden. Beim Fachwerk finden aber solche unter allen Umständen zur Hauptnutzung zählende Erträge, sofern die betreffenden Abteilungen späteren Perioden angehören, in der Regel keinen Ausdruck.

In noch höherem Grade als der Durchforstungsbetrieb befindet sich der Lichtungsbetrieb zur Ertragsregelung nach dem Fachwerk im Gegensatz. Scharfe Grenzen zwischen Haubarkeits- und Vornutzungen können hier noch weniger gezogen werden als bei den Durchforstungen. Ein Bestand, der gelichtet und unterbaut wird, gehört nicht einer bestimmten Periode an, wie es beim Fachwerk angenommen wird, sondern es finden in allen Perioden Hiebe statt, welche bei der Ertragsregelung berücksichtigt werden müssen.

Endlich bieten auch die Erträge, die durch zufällige Ereignisse erfolgen, der Anwendung des Fachwerks Schwierigkeiten dar. Sie müssen nach Maßgabe der Standorts- und Bestandesverhältnisse und unter Berücksichtigung der seitherigen Wirtschaftsergebnisse eingeschätzt werden. Im Fachwerksrahmen ist für diese Erträge aber kein Raum vorhanden. Man pflegt sich daher meist so zu behelfen, daß für die zu erwartenden Erträge nach Maßgabe des durchschnittlichen Holzgehalts pro Hektar eine gewisse Fläche angesetzt wird. Die Notwendigkeit, solche Künsteleien vorzunehmen, läßt aber erkennen, daß da, wo zufällige Nutzungen in großem Maße vorkommen, das Fachwerk keine geeignete Art der Ertragsregelung ist.

2. Bei Anwendung des Fachwerks wird der ökonomischen Bedeutung des Vorrats nicht genügend Rechnung getragen. Nach der Reinertragslehre, die den Vorrat als Betriebskapital auffaßt, müssen die älteren Bestände bei der Ertragsregelung auf ihre Hiebsreife untersucht werden. Ihre Leistungsfähigkeit, die im Massen- und Wertzuwachs ihren Ausdruck findet, ist der entscheidende Faktor für den Gang der Nutzung und die Höhe des Etats. Einer Vereinigung des Fachwerkes mit der Reinertragslehre, welche eine Verzinsung des Vorrats verlangt, stehen deshalb unter unregelmäßigen Verhältnissen große, auf prinzipiellen Gegensätzen beruhende Schwierigkeiten entgegen. Es wäre in der Tat gänzlich überflüssig, gründliche Untersuchungen über die Hiebsreife anzustellen, wenn das praktische Resultat derselben dahin ginge, daß je nach dem Einrichtungszeitraum des Fachwerks ein Fünftel oder ein Sechstel der Bestände der ersten — und ebenso der zweiten, dritten usw. Periode überwiesen werden sollte. Der technischen Forderung, daß alle Bestandesveränderungen nicht überstürzt werden dürfen, kann auf anderem Wege als durch Periodennachweise Rechnung getragen werden.

3. Zur Begründung der Nachhaltigkeit ist das Fachwerk nicht erforderlich. Wenn man bei 100 jähriger Umtriebszeit ein Fünftel, bei der 120 jährigen ein Sechstel der ganzen Fläche der ersten 20 jährigen Periode zuweist und für die übrigen vier Fünftel oder fünf Sechstel die ihrem Alter entsprechende wirtschaftliche Behandlung vorschreibt, so darf man erwarten, daß den Ansprüchen der zukünftigen Generation Genüge geleistet wird, wenn anders die Kultur und Bestandespflege in der rechten Weise vollzogen wird. Eine Gleichstellung der Erträge in dem Sinne, wie sie im vorigen Jahrhundert von G. L. Hartig, Hundeshagen, K. Heyer u. a. vertreten wurde, hat aber in der Neuzeit für das einzelne Forstrevier an Bedeutung sehr verloren. Die Betonung der Gleichmäßigkeit der periodischen Nutzungen war zu einer Zeit gerechtfertigt, als die Forsten noch mit Servituten belastet waren, als Ersatzstoffe nicht vorlagen und Holz zu einer weiteren Beförderung wegen seiner Schwere nicht geeignet war. Aber mit der Aufhebung der Servituten, der Einführung von Ersatzstoffen für Nutz- und Brennholz, dem Eingreifen des Handels, der Verbilligung der Beförderung durch Eisenbahnen ist dies jetzt anders geworden. Ganz unabhängig von dem mehr oder weniger konservativen Standpunkt, den der Wirtschafter vertritt, darf man sagen daß für Groß- und Kleinbetrieb, für Staats-, Gemeinde- und Privatforsten eine strenge periodische Gleichmäßigkeit der Nutzungen in den einzelnen Revieren nicht mehr nötig ist.

4. Auch für den Nachweis der Hiebsfolge ist das Fachwerk nicht erforderlich. Die Hiebszüge, die als eine Reihe von

Perioden dargestellt wurden, waren meist zu lang; sie sind auch selten eingehalten worden. Tatsächlich ist auf die Sicherheit der Bestände gegen Sturmschaden durch andere Mittel mehr eingewirkt worden als durch die Anordnung der Perioden. In der Herstellung und Begrenzung der Wirtschaftsfiguren durch genügend breite Gestelle, an deren Rändern sich sturmfeste Mäntel bilden können, sind die besten Mittel zum Schutz der Bestände gegen Sturm gegeben. Das Ideal der Einrichtung geht dahin, daß jede Abteilung für sich bewirtschaftet werden kann oder daß sie mit nur einer anderen zu einem Hiebszug vereinigt wird. Was weiter zu geschehen hat, um Bestände oder Abteilungen zu schützen und genügende Anhiebsflächen zu schaffen, kann aus der Lagerung der Altersklassen am besten erkannt werden. Die Bestandeskarten, welche diese darstellen, sind zur Begründung der Anlage von Wirtschaftsstreifen, Loshieben, Umhauungen besser geeignet als die von der Ansicht einzelner Personen abhängigen Periodenzahlen.

Aus den vorstehend angegebenen Gründen ist das Fachwerk in den meisten Staaten aufgehoben worden; und da, wo es noch besteht, wird es voraussichtlich in kurzer Zeit aufgehoben werden. Sofern es erwünscht ist, über die zukünftigen Erträge ein Gutachten abzugeben, wird dies in einer Beilage zu dem Betriebswerke geschehen können, nicht aber in der die Betriebsregelung beherrschenden Form, wie es während des 19. Jahrhunderts beim Fachwerk der Fall gewesen ist.

III. Die Vorratsmethoden.

Während die Fachwerksmethoden das ganze 19. Jahrhundert hindurch in fast allen deutschen Staaten herrschend gewesen sind, haben die nachstehend darzustellenden Vorratsmethoden in der großen Praxis fast nirgends Anwendung gefunden. Man nennt sie Vorrats- oder Normalvorratsmethoden, weil bei ihnen die Herstellung des normalen Vorrates einen wichtigen Bestimmungsgrund für die Feststellung des Abnutzungssatzes bildet. Da dieser auf dem Wege der Rechnung, unter Zugrundelegung einer Formel, ermittelt wird, werden sie auch Formelmethoden genannt.

Die Elemente für den Nachweis des Hiebssatzes bilden Vorrat (v) und Zuwachs (z). Die Berechnung von v erfolgt entweder aus dem Produkt von Haubarkeitsdurchschnittszuwachs und Alter oder nach Ertragstafeln. Das Bestreben bei der Einrichtung nach den Vorratsmethoden geht dahin, einen normalen Zustand herzustellen, der durch das Vorhandensein des normalen Vorrats (nv) und des normalen Zuwachses (nz) charakterisiert wird. Diesen normalen Größen soll der wirkliche Vorrat (wv) und der wirkliche Zuwachs (wz) möglichst nahe gebracht werden.

Da auch in Zukunft von keiner der hier zu nennenden Methoden eine unmittelbare Anwendung wird gemacht werden können, so genügt eine kurze Hervorhebung der wesentlichsten Merkmale derselben.

1. Die österreichische Kameraltaxation [1]).

Sie ist die älteste der Vorratsmethoden und hat ihren Ursprung in einem Dekret der Wiener Hofkammer vom Jahre 1788. Nach dessen Inhalt sollte der Wert eines forstmäßig behandelten (mit normalem Zuwachs und Vorrat versehenen) Waldes durch Kapitalisieren des reinen jährlichen Geldertrages bestimmt werden. Der Wert eines nicht forstmäßig behandelten Waldes wurde unter Berücksichtigung des Unterschiedes zwischen dem normalen Vorrat, der fundus instructus genannt wird, und dem wirklichen Vorrat hergeleitet. Das hierin liegende charakteristische Merkmal wurde von der Wertberechnung auf die Ertragsregelung übertragen und zur Begründung des Hiebssatzes benutzt. Beim Vorhandensein normaler Verhältnisse bildet der Zuwachs (z) den Maßstab der Nutzung. Bei Abweichung des Vorrats von seiner normalen Höhe soll der Etat entsprechend verändert werden. Ein zu hoher Vorrat wird durch Mehrnutzung vermindert — ein zu niedriger durch Ermäßigung des Etats erhöht. Der Zeitraum, binnen welchem der wirkliche Vorrat auf die Höhe des normalen gebracht werden soll, wird der Umtriebszeit gleichgesetzt. Die Formel für den Hiebssatz ist hiernach:

$$z + \frac{wv - nv}{u}.$$

Der Zuwachs wird von der Kameraltaxation grundsätzlich als Durchschnittszuwachs veranschlagt. Derselbe ist für jede Altersstufe gleich und wird durch die Haubarkeitsmasse m am Schlusse der Umtriebszeit (u) $= \dfrac{m}{u}$ bestimmt. Da hiernach das Alter der einzelnen Bestände und das Altersklassenverhältnis im Walde keinen Bestimmungsgrund für den Zuwachs bilden, so liegen die Ursachen für die Unterschiede zwischen dem wirklichen und normalen Zuwachs auf gegebener Bonität lediglich in der Beschaffenheit der Bestände. Dieser Umstand hat zu verschiedenartiger Beurteilung der Frage Anlaß gegeben, ob die österreichische Kameraltaxation den normalen oder wirklichen Zuwachs als Maßstab der Nutzung ansehe.

---

[1]) Eine Darstellung dieser Methode wurde zuerst gegeben von K. André in der Zeitschrift: Ökonomische Neuigkeiten, dann von E. André, Versuch einer zeitgemäßen Forstorganisation, 1823.

In der obigen Formel ist aber nach der Begründung, die von dem Verfasser gegeben wird, der wirkliche Zuwachs in dem angegebenen Sinne einzusetzen [1]).

Die Masse der einzelnen Bestände wird als Produkt aus dem Haubarkeitsdurchschnittszuwachs und dem Alter berechnet. Der normale Vorrat einer aus u Altersstufen gebildeten Betriebsklasse läßt sich als arithmetische Reihe darstellen. Er ist $= \dfrac{m}{u}\,1 + \dfrac{m}{u}\,2 + \ldots \dfrac{m}{u}\,u$ oder $= z + 2\,z + \ldots + u\,z$. Die Summe der Glieder ist $= u \cdot \dfrac{u\,z}{2}$ oder, wenn $u\,Z = z$ gesetzt wird, $= \dfrac{u\,Z}{2}$. Entsprechend dem normalen wird auch der wirkliche Vorrat als Produkt von Haubarkeitsdurchschnittszuwachs und Alter durch Summierung der vorliegenden Bestände berechnet. Die Berechnungen des Vorrats in der angegebenen Weise machen daher Untersuchungen über den Gang des laufenden Zuwachses innerhalb der Umtriebszeit überflüssig.

Die einheitliche Darstellung von Zuwachs und Vorrat macht die Ausscheidung von Betriebsklassen erforderlich.

2. Das Verfahren von K. Heyer [2]).

K. Heyer legte in seinen Schriften in systematischer Weise und in allgemeiner Fassung die Grundbedingungen für den Normalzustand dar. Als solche werden von ihm der normale Zuwachs, die normale Altersstufenfolge und der normale Vorrat hervorgehoben. In der Herstellung des Normalzustandes sieht Heyer die wichtigste Aufgabe der Ertragsregelung. Der normale Zuwachs soll durch waldbauliche Mittel (Nutzung schlechtwüchsiger Bestände, Anbau leistungsfähiger Holzarten, Kultur- und Bestandespflege) herbeigeführt werden. Die normale Altersstufenfolge wird, unter übrigens regelmäßigen Verhältnissen, hergestellt, wenn jährlich der normale Etat (der dem normalen Zuwachs gleich ist) genutzt wird. Das Eintreten des normalen Vorrats soll nach dem Vorgang der österreichischen Kameraltaxation dadurch erreicht werden, daß die Nutzung bei vorhandenem Vorratsüberschuß erhöht, bei zu geringem Stande des Vorrats ermäßigt wird. Der Zeitraum (a), innerhalb dessen die Annäherung des wirklichen an den normalen Vorrat erreicht werden soll, wird mit Rücksicht auf die Vermeidung von Zuwachsverlusten, auf die Absatzverhältnisse, auf die Gleichmäßigkeit der Nutzungen, Servituten und Vermögensverhältnisse

---

[1]) Vgl. Judeich, Forsteinrichtung, 6. Aufl., S. 360. („Der Zuwachs wird als wirklicher, nicht als normaler berechnet.“)

[2]) Die Waldertragsregelung, 1. Aufl., 1841; 3. Aufl., herausgeg. von G. Heyer, 1883. Die Hauptmethoden der Waldertragsregelung, 1848.

gutachtlich festgestellt.   Die hiernach für den jährlichen Hiebssatz gültige Formel ist:

$$\mathrm{w\,z} + \frac{\mathrm{w\,v} - \mathrm{n\,v}}{\mathrm{a}}$$

Der das erste Glied dieser Formel bildende Zuwachs ist der Haubarkeitsdurchschnittszuwachs der vorliegenden Bestände, der nach Maßgabe des wirklichen Abtriebsalters einzusetzen ist.   Der normale Zuwachs wird, getrennt für die Bonitäten, durch Ertragsuntersuchungen an Normalbeständen oder mit Hilfe von Ertragstafeln ermittelt.   Bei nicht zu starken Unterschieden des konkreten Abtriebsalters von der Umtriebszeit wird der wirkliche Zuwachs aus dem normalen durch Multiplikation desselben mit dem Vollertragsfaktor hergeleitet.   Von grundlegender Bedeutung für die Ausführung des Verfahrens ist die Ausscheidung von Betriebsklassen.

Der normale Vorrat ergibt sich als Produkt von Haubarkeitsdurchschnittszuwachs mit $\frac{\mathrm{u}}{2.}$ Ebenso wird der wirkliche Vorrat als Produkt von Haubarkeitsdurchschnittszuwachs und Alter für die vorliegenden Bestände ermittelt.   Heyer [1]) sucht den Nachweis zu erbringen, daß diese Art der Berechnung des wirklichen und normalen Vorrats die allein richtige sei, was jedoch in der Theorie und Praxis der Ertragsregelung nicht anerkannt und vom Standpunkt der Reinertragslehre in Heyers Schrift selbst widerlegt wird [2]).   Übrigens ist zu bemerken, daß Heyer, wie schon aus der obigen Begründung für den Ausgleichungszeitraum hervorgeht, in der von ihm aufgestellten Formel nur einen allgemeinen grundsätzlichen Ausdruck für die Nutzung, nicht eine bindende Norm für deren Höhe geben wollte [3]).   Auch ist es für K. Heyers Stellung charakteristisch, daß er im Gegensatz zu anderen Vertretern der Vorratsmethoden auf die Aufstellung von Betriebsplänen großen Wert legte.

----

[1]) Waldertragsregelung, 3. Aufl., § 34 und 36: „Man bestimmt den wirklichen Vorrat, indem man den wirklichen Haubarkeitsdurchschnittszuwachs eines Bestandes mit dessen gegenwärtigem Alter multipliziert.“

[2]) Das. § 36 Anmerkung.   „Für die Zwecke der Reinertragswirtschaft wird der wirkliche Vorrat ... bestimmt, wenn man denselben als Bestandeserwartungswert und letzteren mit Zugrundelegung des Maximums des Bodenerwartungswertes berechnet.“

[3]) K. Heyer kennzeichnet seine Auffassung über den Wert der Formel für den Etat durch folgende Bemerkung (Ertragsregelung, 2. Aufl., S. 218): „In diesen einfachen Grundzügen erblicke man nur den arithmetischen Nachweis der Regeln zur Herstellung und Sicherung des Normalzustandes im allgemeinen, also keineswegs die Möglichkeit einer jederzeitigen strengen Durchführung dieser Verfahren in allen Fällen, und glaube überhaupt nicht, daß die praktische Etatsordnung mit gutem Erfolg in die engen Grenzen einer mathematischen Formel sich einzwängen lasse.“

3. Das Verfahren von Karl [1].

In den Grundlagen und Zielen stimmt die von Karl vertretene Methode mit derjenigen von Heyer und der österreichischen Kameraltaxation überein. Dagegen ist die Art der Ermittelung des Zuwachses und Vorrats wesentlich abweichend. Die von Karl gegebene Formel für den Abnutzungssatz lautet:

$$wz + \frac{wv - nv}{a} - \frac{wz - nz}{a}\,n.$$

Der Zuwachs dieser Formel ist nicht der nach der Vorschrift K. Heyers und der Kameraltaxation berechnete Haubarkeitsdurchschnittszuwachs, sondern der laufende Zuwachs. Dieser ist gleich der Differenz des Holzgehalts zweier aufeinanderfolgender Jahre. Er wird für die einzelnen Bestände derart ermittelt, daß der Holzgehalt jedes Bestandes mit dem Zuwachsprozent multipliziert wird. Der Zuwachs einer ganzen Betriebsklasse oder eines Reviers ergibt sich durch die Summierung des Zuwachses der einzelnen Bestände. Der normale Vorrat wird mit Hilfe von Ertragstafeln berechnet, der wirkliche durch Einschätzung oder Berechnung der vorhandenen Masse mit den zur Verfügung stehenden Hilfsmitteln. Nach allen diesen Richtungen vertritt Karl bezüglich der Vorrats- und Zuwachsermittelung die Grundsätze, die, im Gegensatz zu K. Heyer, später ziemlich allgemein als richtig anerkannt sind.

In der Annahme, daß eine Veränderung des Vorrats eine Veränderung des Zuwachses in der gleichen Richtung nach sich ziehe, wurde der Differenz des Vorrats $\frac{wv - nv}{a}$ noch eine entsprechende Veränderung des Zuwachses $\frac{wz - nz}{a}$ hinzugefügt. Ist $wv - nv$ positiv, so wird, da alsdann mehr als z genutzt wird, der Vorrat vermindert. Der Zuwachs wz und die Nutzung soll daher geringer sein. Im entgegengesetzten Fall ist es umgekehrt. Die Zuwachsdifferenz enthält daher stets das entgegengesetzte Vorzeichen wie die Differenz des Vorrats. Die Annahme, daß dem höheren Vorrat auch ein höherer Zuwachs entspreche, ist in ihrer Allgemeinheit nicht zutreffend. Beim Vorliegen sehr alter Bestände kann das umgekehrte Verhältnis stattfinden oder im Laufe der Zeit herbeigeführt werden. Das letzte Glied der Karlschen Gleichung hat daher keine Bedeutung. n bedeutet darin die Zahl der Jahre, die seit Beginn der Wirtschaftsperiode verstrichen sind. Um den Abnutzungssatz gleichmäßig zu gestalten, ist empfohlen

---

[1] Grundzüge einer wissenschaftlich begründeten Forstbetriebsregulierungsmethode, 1838.

worden, anstatt der wechselnden Jahreszahl die Zuwachsdifferenz auf die Mitte der Periode zu beziehen, n also bei 10 jähriger Gültigkeitsdauer des Betriebsplans = 5 zu setzen.

4. Das Verfahren von Hundeshagen [1]).

Auch Hundeshagen entwickelt den Abnutzungssatz aus dem Verhältnis zwischen normalem und wirklichem Vorrat. Während aber in den genannten Methoden ein arithmetisches Verhältnis beider Vorräte (in der Form einer Differenz) zum Ausdruck gebracht wird, wurden sie von Hundeshagen in ein geometrisches Verhältnis gesetzt. Hundeshagen betrachtet den Zuwachs als den Zins des Vorrats und stellt den Satz auf, daß der gesuchte wirkliche Hiebssatz sich zum wirklichen Vorrat verhalte wie der normale Etat zum normalen Vorrat. Hieraus ergab sich die Formel

$$ w\,e = w\,v\ \frac{n\,e}{n\,v}. $$

Der Normalvorrat für eine Betriebsklasse wird durch Aufsummierung aller Glieder einer regelmäßig abgestuften normalen Ertragstafel berechnet; der wirkliche Vorrat durch spezielle Erhebungen unter Benutzung von Ertragstafeln; der normale Hiebssatz einer Betriebsklasse gilt gleich dem ältesten Glied der eine solche darstellenden Ertragstafel.

Der Quotient $\frac{n\,e}{n\,v}$ (oder $\frac{n\,e}{n\,v}$ 100) wird Nutzprozent oder Nutzungsfaktor genannt. Unter regelmäßigen Verhältnissen ist er von der Umtriebszeit abhängig und für bestimmte Umtriebszeiten eine konstante Größe. Diesem zuerst von Paulsen [2]) in die Forstwirtschaft eingeführten Begriff wurde vielfach eine weitere, über die Etatsbestimmung hinausgehende Anwendung gegeben. Wird $n\,v$ nach dem Haubarkeitsdurchschnittszuwachs $= \frac{u\,Z}{2}$ gesetzt, so ist, da $n\,e = Z$,

$$ n\,e : n\,v = Z : \frac{u\,Z}{2} = \frac{2}{u}, \text{ das Nutzungsprozent daher } = 200 : u. $$

Eine Begründung, daß das genannte Verhältnis wirklich Gültigkeit besitze, ist weder von Hundeshagen gegeben, noch wird sie für die Folge gegeben werden können. Das Verfahren beruht vielmehr auf unrichtiger Grundlage und kann keine praktische Anwendung erhalten.

---

[1]) Enzyklopädie der Forstwissenschaft, 2. Abt., Forstl. Gewerbslehre, 1821. Die Forstabschätzung auf neuen wissenschaftlichen Grundlagen, 1826.

[2]) Kurze praktische Anweisung zum Forstwesen, 1795 (anonym erschienen). Schon Paulsen hat hier das Nutzprozent entwickelt und auf die Etatsbestimmung angewandt, so daß er als der eigentliche Begründer des vorliegenden Verfahrens anzusehen ist. Vgl. 2. Teil, S. 112.

5. Das Verfahren von Breymann [1]).

Die Schwierigkeit, den Vorrat in bestimmten Zahlen nachzuweisen, gab Veranlassung, an seine Stelle das Alter treten zu lassen. Da das Altersklassenverhältnis eine notwendige und allgemeine Grundlage jeder Betriebsregelung bildet, und sein Nachweis häufig an die Stelle des Vorratsnachweises treten muß, so ist es auch begründet, es für die Zwecke der Etatsaufstellung nutzbar zu machen. Breymann stellt, entsprechend der Auffassung von Hundeshagen über den Einfluß des Verhältnisses zwischen dem wirklichen und normalen Vorrat, den Satz auf, daß sich der wirkliche Etat (w e) zum normalen verhalte, wie das durchschnittliche Alter der Bestände eines Reviers oder einer Betriebsklasse zum mittleren Alter einer normalen Betriebsklasse. Hiernach ergibt sich die Formel

$$w\,e = n\,e\,\frac{w\,a}{n\,a},$$

Der normale Etat ist gleich der ältesten Stufe einer Ertragstafel, das mittlere Alter einer Betriebsklasse mit regelmäßiger Abstufung von 1, 2, 3 ... u jährigen Beständen $= \dfrac{u}{2}.$ Das mittlere wirkliche Alter wird gefunden, wenn man die auf gleiche Bonität reduzierten Flächen mit dem Alter multipliziert, die Produkte addiert und diese Summe durch die Flächensumme dividiert $\left(= \dfrac{f_1\,a + f_2\,a_2 + \cdots}{f_1 + f_2 + \cdots}\right).$

6. Allgemeine Würdigung der Vorratsmethoden.

Alle Vorratsmethoden leiden an dem Fehler, daß in den Formeln, die sie aufstellen, lediglich die mathematischen Beziehungen von Zuwachs und Vorrat nachgewiesen werden, während häufig die Beschaffenheit der Bestände und wirtschaftliche Verhältnisse, die nicht in mathematische Form gebracht werden können, für den Etat viel wichtiger sind. Auch bei gleicher Höhe des Vorrats können sich je nach seiner Zusammensetzung — wenn er z. B. einerseits aus Althölzern und Jungwuchs, andererseits aus Mittelhölzern besteht — in der Praxis sehr verschiedene Folgerungen für die Höhe der Abnutzung ergeben. Von Bedeutung für die praktische Behandlung des Gegenstandes bleibt ferner der Umstand, daß eine Begründung des Normalzustandes, wie sie zur zahlenmäßigen Durchführung erforderlich ist, seither nicht hat gegeben werden können. Der Normalzustand ist nicht nur von der Umtriebszeit, sondern auch von

---

[1]) Anleitung zur Waldwertberechnung usw., 1855; Anweisung zur Holzmeßkunst usw., 1868.

dem Grade der Bestandesdichte während der verschiedenen Altersstufen abhängig. Keiner Ertragstafel kann Allgemeingültigkeit zugesprochen werden, so daß man sie als Norm in dieser Hinsicht ansehen dürfte [1]). Nur innerhalb gewisser Grenzen und unter gewissen Voraussetzungen läßt sich dem Begriff des Normalen zahlenmäßig Ausdruck geben.

Ein weiterer Mangel der vorliegenden Methoden besteht darin, daß alle Berechnungen auf die Enderträge beschränkt bleiben. Auf denjenigen Teil des Zuwachses, welcher periodisch aus den Beständen im Wege der Nutzung ausscheidet, wird keine Rücksicht genommen. Dieser Teil des Zuwachses nimmt aber mit dem Fortschritt der technischen und wirtschaftlichen Verhältnisse, durch Regelmäßigkeit der Begründung und Pflege, mit der Ausbreitung des Absatzes, der Transportmittel und dem Eingreifen des Handels zu. Die Beschränkung des Zuwachses auf den bis zum Endhieb bleibenden Bestand führt zu dem widersinnigen Resultat, daß der Zuwachs auch bei normalen Beständen verschwindend klein, unter Umständen sogar negativ wird [2]).

Gegen einzelne Vorratsmethoden ist endlich geltend zu machen, daß ihre Vertreter keine speziellen Wirtschaftspläne aufgestellt wissen wollen oder diesen nicht die gebührende Bedeutung zuerkennen. Spezielle, die Behandlung der einzelnen Bestände nachweisende Wirtschaftspläne sind zur Begründung des Abnutzungssatzes und aller damit zusammenhängenden Rechnungen unerläßlich, wenn diese nicht allgemein und schematisch gehalten werden soll. Zur Etatsbestimmung treten andere Aufgaben (Kultur und Bestandespflege), denen nur dann gehörig entsprochen werden kann, wenn ein alle Bestände betreffender Plan aufgestellt wird.

Trotzdem aus den vorliegenden Gründen eine unmittelbare Anwendung der Vorratsmethoden im Sinne ihrer Autoren nicht möglich ist, gebührt diesen doch das Verdienst, daß sie die wichtigsten Begriffe der Ertragsregelung erkannt und festgestellt, daß sie insbesondere die forsttechnische nud ökonomische Bedeutung des Vorrats und Zuwachses hervorgehoben haben. Der Normalzustand, den sie begründen, kann zwar nie verwirklicht werden, die ihm eigentümlichen Ideen müssen aber bei jeder geordneten Betriebsregelung Einfluß üben.

---

[1]) Vgl. die Angaben zu den neueren Ertragstafeln S. 116 ff.

[2]) Mitteilungen aus dem forstlichen Versuchswesen Preußens: Die Kiefer, von Schwappach, 1908, mit Angabe der Masse der mittleren Bonität für die Altersstufe 80 = 303 fm, 100 = 323 fm, 120 = 325 fm, 140 = 305 fm.

Zweiter Abschnitt.

Die jetzigen Forsteinrichtungsverfahren in den größeren deutschen und einigen auswärtigen Staaten.

I. In Preußen. [1])

Während des 19. Jahrhunderts war in Preußen die Fachwerksmethode die herrschende Art der Ertragsregelung. Zunächst kam sie durch G. L. Hartig in der Form des strengen Massenfachwerks zur Anwendung. Nach der Instruktion von 1819 [2]) sollte für Haupt- und Vornutzung ein Nachweis der nach Sortimenten (Nutzholz, Scheit, Knüppel, Reis) getrennten Erträge für alle Perioden des 120 jährigen Einrichtungszeitraums geführt werden. Das Verfahren von Hartig konnte aber wegen der Umständlichkeit der Berechnungen, für welche es an genügenden Grundlagen fehlte, nicht lange aufrecht erhalten werden. Die Arbeiten nahmen zu langsamen Fortgang. Es wurde deshalb, nachdem in den Jahren 1826 bis 1835 summarische Ertragsermittelungen für die Staatswaldungen durchgeführt waren, im Jahre 1836 vom Oberlandforstmeister von Reuß eine neue Anleitung der Betriebsregelung [3]) erlassen, welche bis fast zum Schluß des 19. Jahrhunderts Geltung gehabt hat. Sie steht zwar gleichfalls noch auf dem Boden des Massenfachwerks, vereinfachte aber die Ertragsberechnungen, und nahm auch auf die Regelung der Fläche Rücksicht. Zugleich wurde auf eine gute Verteilung der Altersklassen und auf die Regelung der Hiebsfolge hingewirkt. Im Anschluß an die genannte Anleitung standen bei der Aufstellung der Betriebspläne, je nach den vorliegenden Bestandesverhältnissen, zwei verschiedene Arten des Fachwerks in Geltung:

a) Das kombinierte Fachwerk [4]), welches vorzugsweise bei unregelmäßigen Bestandesverhältnissen Anwendung finden sollte.

---

[1]) Der nachfolgenden kurzen Darstellung liegt zugrunde: v. Hagen-Donner, Forstl. Verhältnisse Preußens, 3. Aufl., S. 193—219; ferner die in neuester Zeit von der Zentralbehörde erlassene (noch nicht veröffentlichte) „Anweisung zur Ausführung der Betriebsregelungen in den Preuß. Staatsforsten", welche dem Verfasser für die Bearbeitung der vorliegenden Schrift mitgeteilt wurde.

[2]) Instruktion, nach welcher bei spezieller Abschätzung der Kgl. Preuß. Forsten verfahren werden soll. Berlin, am 13. Juli 1819.

[3]) Anweisung zur Erhaltung, Berichtigung und Ergänzung der Forstabschätzungs- und Einrichtungsarbeiten vom 24. April 1836.

[4]) v. Hagen-Donner, Forstl. Verh., S. 202, Muster A, und S. 200: „Sind die Bestandesverhältnisse sehr ungleichmäßig und verschiedenartig......., so wird (1893) als sehr seltene Ausnahme die Ertragsberechnung.... für mehrere oder alle Perioden der Berechnungszeit durchgeführt".

b) Das Flächenfachwerk [1]), das unter regelmäßigen Verhältnissen als genügend erachtet wurde. In der Regel wurden nur einfache Flächen zugrunde gelegt.

In der neueren Zeit sind die Ertragsnachweise mehr und mehr auf die nächste Periode beschränkt worden. Von der Ausstattung der späteren Perioden wurde vielfach ganz Abstand genommen. Auch in anderer Richtung sind Vereinfachungen eingetreten [2]). Die wichtigsten materiellen Bestimmungen des jetzigen Verfahrens sind folgende:

I. Bestimmungen über die Aufstellung neuer Betriebspläne.

1. Die Einleitungsverhandlung.

Vor Beginn der Ausführung der Betriebsregelungsarbeiten ist vom Oberforstmeister, Forstrat und Revierverwalter eine Einleitungsverhandlung aufzunehmen, in der auf Grund der Ergebnisse des seitherigen Betriebs, die durch Abschluß der Wirtschaftsbücher nachzuweisen sind, Vorschläge über die künftige Wirtschaftsführung niedergelegt werden. Insbesondere soll sich diese Verhandlung erstrecken auf das Wege- und Einteilungsnetz, die Grenzen, Karten und Vermessung, auf den Revierzustand, die bisherige und künftige Bewirtschaftung und das bei der Betriebsregelung einzuhaltende Verfahren.

2. Die wirtschaftliche Einteilung.

a) Blöcke und Betriebsklassen.

Die Bildung von Blöcken ist eine besondere Eigentümlichkeit der preußischen Staatsforstwirtschaft. Bereits in den Instruktionen Friedrichs des Großen [3]) ist sie vorgeschrieben. Zur Begründung der Blockbildung wird bemerkt [4]): „Teils die Größe der zu einer Oberförsterei vereinigten Waldungen, teils die Verschiedenartigkeit der einzelnen Teile derselben rücksichtlich der Betriebsart, der Bestandes-, Absatz- und Servitutenverhältnisse machen es ratsam oder notwendig, die Abnutzung nicht nur für das Revier im ganzen nachhaltig zu gestalten, sondern dasselbe in mehr oder weniger selbständige organische Glieder des ganzen Reviers bildende Hauptwirtschaftskörper, „Blöcke", zu zerlegen, innerhalb deren ein nachhaltiger Betrieb entweder sofort eingeführt oder wenigstens durch Herstellung eines geordneten Alters-

---

[1]) A. a. O., S. 204, Muster C, und S. 200: „In bei weitem der Mehrzahl der Fälle beschränkt sich die Ertragsberechnung auf die erste Periode."

[2]) A. a. O., S. 217 ff.: „Vereinfachung der Betriebseinrichtung in neuerer Zeit."

[3]) Vgl. S. 198.

[4]) v. Hagen-Donner, a. a. O., S. 196.

klassenverhältnisses angebahnt werden soll." Nach der jetzigen Praxis wird aus jedem Schutzbezirk ein Block gebildet. Solche Niederwaldungen, die eine eigene Schlageinteilung erhalten sollen, sowie Mittel- und Plenterwaldungen, für die ein eigener Betriebsplan aufzustellen ist, werden als besondere Blöcke ausgeschieden.

Neben der Einteilung in Blöcke wird in Preußen auch die Bildung von Betriebsklassen vorgenommen. Die Bestimmungsgründe zu denselben liegen zunächst im Vorkommen der vier Hauptholzartengruppen (Eiche, Buche und andere Harthölzer, weiches Laubholz, Nadelholz) auf großen Flächen, sodann in abweichender Bewirtschaftung, insbesondere betreffs der Umtriebszeit.

b) Ständige Wirtschaftsfiguren.

Die für die Einteilung gegebenen Vorschriften stimmen in den wesentlichsten Punkten mit den im 1. Abschnitt des ersten Teils gegebenen Regeln, die aus der preußischen Praxis abgeleitet sind, überein.

In der Ebene erfolgt die Einteilung in Wirtschaftsfiguren, die hier Jagen heißen, durch ein Netz von geraden Linien, die sich unter einem vom rechten tunlichst wenig abweichenden Winkel schneiden. Die Gestelle sollen von Ost nach West und von Süd nach Nord oder parallel und senkrecht zu einem durchlaufenden Hauptweg oder Eisenbahn gerichtet sein. Wo Sturmgefahr vorliegt, sollen die Einteilungslinien so gelegt werden, daß sie gegen die gefährlichste Sturmrichtung Winkel von 45^0 bilden.

In Gebirgsrevieren soll die Einteilung auf der Grundlage eines Wegenetzes durchgeführt werden. „Die Wege sollen eine tunlichst kurze Verbindung nach den Verbrauchsorten oder den zu ihnen führenden Verkehrsadern bilden, unter sich in planmäßigem Zusammenhang stehen, zu Übergängen die Gebirgssättel ausnutzen und so verlaufen, daß sie möglichst leicht auszubauen sind. Das Gefälle darf 6 % nur dann überschreiten, wenn dadurch ein besonders günstiger Verlauf der Wege erzielt wird."

Die Wirtschaftsfiguren sollen möglichst regelmäßige Formen ohne spitze Winkel erhalten, tunlichst in einheitlicher Himmelsrichtung liegen und derartig von Wegen begrenzt oder durchzogen sein, daß alles in ihnen entfallende Holz innerhalb ihrer Grenzen an Wege gerückt werden kann. Soweit die Begrenzung nicht in Wegen besteht, sind zu ihr entweder natürliche Grenzen oder Kulturgrenzen oder Eisenbahnen oder Gestelle (Schneisen), die tunlichst in der Richtung des größten Gefälls angelegt werden, zu verwenden.

Die Größe der ständigen Wirtschaftsfiguren soll im Mittel 20—30 ha — bei der Fichte 10—25 ha — betragen. Die der Richtung von Ost nach West am meisten sich nähernden Hauptgestelle einer Jageneinteilung werden mit großen, die senkrecht hierzu laufenden „Feuergestelle“ mit kleinen lateinischen Buchstaben bezeichnet. Die Wirtschaftsfiguren werden in der Ebene von Ost nach West und von Süd nach Nord numeriert. In bergigem Gelände werden einheitliche Geländeabschnitte zu Gruppen vereinigt, welchen sich die Nummerfolge anpaßt.

c) Bestandesabteilungen.

Die innerhalb der ständigen Wirtschaftsfiguren vorkommenden Bestandesverschiedenheiten werden als Abteilungen und Unterabteilungen ausgeschieden. Abteilungen bildet man, wenn die Grenzen der Bestände voraussichtlich bleibende sind und entweder mit Schneisen, Wegen, Wasserläufen usw. zusammenfallen oder sich mit Nutzen als tunlichst gestreckte oder zu Wegen geeignete Linien auslegen lassen, die durch umhügelte Pfähle und Richtungsgräben gesichert werden. In allen anderen Fällen, namentlich wenn die Bestandesgrenzen im Laufe der ersten Periode verschwinden, genügt die Ausscheidung als Unterabteilung, deren Grenzen örtlich nicht ausgelegt und bezeichnet werden. Loshiebe und Sicherheitsstreifen sind als Abteilungen auszuscheiden. Die Holzbodenabteilungen erhalten kleine lateinische Buchstaben, die Unterabteilungen werden mit den Buchstaben der Abteilung, denen eine kleine Nummer beigegeben wird (a^1, a^2 usw.), bezeichnet.

3. Standorts- und Bestandesaufnahme.

a) Beschreibung und Bonitierung des Standorts.

Für die geologische Bezeichnung des Bodens und für seine Zusammensetzung sind die von der Geologischen Landesanstalt veröffentlichten geologisch-agronomischen Karten im Maßstab 1 : 25 000 zu verwerten. Bezüglich der zu wählenden Ausdrücke ist die von den deutschen forstlichen Versuchsanstalten gegebene Anleitung zu beachten.

Die Standortsklasse ist nach den von der Versuchsanstalt aufgestellten Ertragstafeln einzuschätzen. Als Maßstab der Bonität dient die durch einige Messungen festzustellende Mittelhöhe des Hauptbestandes.

b) Bestandesbeschreibung.

Diese ist kurz zu fassen. Gleichmäßige Bestände von regelmäßiger Beschaffenheit werden durch Angabe der Holzart, des Alters und des Vollertragsfaktors hinlänglich gekennzeichnet. Auffallende Fehler des Bestandes sind besonders hervorzuheben.

In ungleichaltrigen Beständen, in welchen die Altersstufen allmählich ineinander übergehen, sind die Altersgrenzen und das mittlere Alter anzugeben. Sind im Bestande mehrere Altersstufen scharf geschieden, so sind die Alter der Stufen getrennt einzutragen.

Die Bestockungsgrade sind für die einzelnen Holzarten besonders einzuschätzen. Ihre Summe muß mit dem gesamten Bestockungsgrad der Bestandesabteilungen übereinstimmen.

4. Die Altersklassentabelle.

Sie bildet die wichtigste zahlenmäßige Grundlage des Betriebsplanes im Hochwalde. Die Bestände werden in ihr nach der Reihenfolge der Blöcke, Wirtschaftsfiguren und Abteilungen geordnet dargestellt. Für gemischte Bestände und solche, welche verschiedene Altersklassen enthalten, werden die Flächen nach dem Verhältnis dieser Verschiedenheit geteilt. Die durch Messung oder Schätzung zu ermittelnde Teilfläche, die jede Holzart und jede getrennt angegebene Altersstufe innerhalb einer Abteilung oder Unterabteilung einnimmt, wird für sich auf besonderer Zeile eingetragen. Hierdurch wird es ermöglicht, daß die Holzarten beim Vorherrschen gemischter Bestände richtiger nachgewiesen werden, als es geschieht, wenn in der Tabelle die ganze Fläche der herrschenden Holzart zugewiesen wird.

Die Flächen werden getrennt nach den vier Holzartengruppen (Eiche, Buche, anderes Laubholz, Nadelholz) und beim Vorkommen verschiedener Betriebsklassen auch getrennt nach diesen blockweise und im ganzen zusammengestellt.

Wenn es wünschenswert ist, daß die Bestände nach der Bonität dargestellt und zusammengefaßt werden, können auch Teilflächen mit abweichenden Standortsklassen eingetragen werden. Auf Grund einer solchen Eintragung ist es möglich, den wirklichen und normalen Vorrat der Altersklassen und des Reviers zu berechnen und einzuschätzen.

5. Die Regelung der Abnutzung.

a) Maßstab.

Den Maßstab für den Grad der Abnutzung und den Nachweis für die Nachhaltigkeit der Nutzung bildet die normale Periodenfläche. Sie wird für jede Betriebsklasse nach dem Verhältnisse der Periodendauer (= 20) zur Umtriebszeit festgestellt. Für die Blöcke ist die Einhaltung der normalen Abtriebsfläche nicht erforderlich. Bei unregelmäßigen Altersklassen treten entsprechende Veränderungen der Nutzungsfläche ein. Die Fläche der ersten Periode ist geringer zu bemessen, wenn Mangel, — höher, wenn Überfluß an hiebsreifem Holz vorliegt.

Unter schwierigen Verhältnissen, und besonders wenn Holzarten mit langer Verjüngungsdauer vorkommen, sind die erste und zweite Periode mit Nutzungsanteilen auszustatten. In Fällen, wo die Hiebsfolge besondere Bedeutung hat, soll der Gang des Hiebes für längere Zeit nachgewiesen werden.

Die Nutzungsflächen der ersten Periode werden getrennt nach den Holzartenklassen und Betriebsklassen blockweise und für das ganze Revier zusammengestellt. Für die Flächen der späteren Perioden ist die Sonderung der Bestände nach Holzartenklassen und Betriebsklassen nicht erforderlich.

b) Auswahl der zu verjüngenden Bestände.

Die richtige Wahl der Bestände des vorliegenden Wirtschaftszeitraums wird als eine der wichtigsten Aufgaben der Betriebsregelung angesehen. Es soll dahin gewirkt werden, daß die Bestände zur Zeit ihrer Hiebsreife zur Nutzung gelangen, daß die zweckmäßigste Hiebsfolge eingehalten, die Nachhaltigkeit gewahrt und die geeignetste Holzart nachgezogen wird.

c) Umtriebszeit.

Die Feststellung der Umtriebszeit für die Hauptholzarten bleibt dem Ministerium vorbehalten. Die Vorschläge über die Höhe der Umtriebszeit sind in der Einleitungsverhandlung anzugeben und zu begründen.

Zur Beurteilung der Umtriebszeit sind in geeigneten Revieren schon vor der Betriebsregelung für die wichtigsten Holzarten und die meist vertretenen Standorte Nachweisungen zu führen, aus welchen hervorgeht, wie sich die werbungskostenfreien Preise pro Festmeter Derbholz für die wichtigsten Altersstufen verhalten.

6. Ermittelung der Holzmassen und Feststellung des Abnutzungssatzes.

a) Hauptnutzung.

Die Zuteilung der Nutzungen zur Haupt- und Vornutzung erfolgt nach der Anleitung zur Führung des Kontrollbuchs (vgl. II). Die in der Hauptnutzung eingehenden Erträge ergeben sich aus der vorhandenen Holzmasse nebst dem in den nächsten zehn Jahren erfolgenden Zuwachs. Alle Massenangaben beschränken sich auf Derbholz und werden nach den vier genannten Holzartengruppen getrennt.

Die Ermittelung der Masse der 1. Periode erfolgt, wenn einfachere Verfahren nicht genügend erscheinen, durch stammweise Aufnahme mit der Kluppe. Zur Berechnung der Massen sind in der Regel die Massentafeln der deutschen forstlichen Versuchsanstalten zu benutzen. Die Masse gleichmäßiger jüngerer Bestände wird unter Anlehnung an die Ertragstafeln angesprochen oder durch Probeflächen ermittelt. Die Zuwachsprozente sind nach den Ertragstafeln anzusetzen; für gelichtete Bestände sind einfache Zuwachsuntersuchungen vorzunehmen.

Der jährliche Abnutzungssatz ergibt sich durch Division mit 20 in die Summe der Masse der ersten Periode.

b) Vornutzung.

Um dem Vollzug der Durchforstungen eine bestimmte Grundlage zu geben, wird ein Durchforstungsplan aufgestellt, in welchem die Flächen der im nächsten Jahrzehnt zu durchforstenden oder zu läuternden Bestände — getrennt nach bis 40 und über 40 jährigem Alter — aufgeführt werden. Die Teilung dieser Flächen durch 10 ergibt die jährliche Durchforstungsfläche. Sollen Bestände in einem Jahrzehnt mehrmals durchforstet werden, so wird ihre Fläche doppelt (oder dreifach) eingetragen. Das Jahr der Durchforstung wird für die einzelnen Bestände nicht festgesetzt.

Der Abnutzungssatz für die Vornutzung ist nach den Erträgen, welche die Vornutzungen einschließlich der bei ihnen verrechneten sogenannten Totalitätshiebe in den letzten Jahren unter Ausschluß von solchen mit ungewöhnlich hohen oder niedrigen Erträgen durchschnittlich geliefert haben, einzuschätzen. Der Durchschnitt wird gutachtlich erhöht oder erniedrigt, wenn die zu durchforstende Jahresfläche von der in den herangezogenen Jahren jährlich durchforsteten Fläche erheblich abweicht, oder wenn sonstige Gründe (insbesondere Änderungen im Durchforstungsverfahren) hierzu Anlaß geben.

7. Die Betriebsregelung bei anderen Betriebsarten.

a) Niederwald.

Größere Niederwaldungen werden als besondere Blöcke ausgeschieden. Jeder Block soll eine der Umtriebszeit entsprechende Zahl von Jahresschlägen mit annähernd gleicher Fläche enthalten. Die Hiebsflächen der Schläge werden nach Maßgabe der Hiebsreife und mit Rücksicht auf eine gute Hiebsfolge bestimmt. Meist wird es als genügend erachtet, wenn für den Niederwald in jeder Wirtschaftsfigur die Zahl der Schläge und die Jahre der Hauungen festgesetzt werden, ohne die einzelnen Schläge örtlich oder auf der Karte abzugrenzen. Abteilungen werden nicht ausgeschieden.

Die Erträge an Derbholz und Reisig sind nach früheren Hiebsergebnissen anzusprechen. Der jährliche Abnutzungssatz ergibt sich dadurch, daß die Summe des nach Holzartenklassen getrennten Ertrages aller Schläge durch die Zahl der Jahre des Umtriebs geteilt wird.

b) Plenterwald.

Die Ertragsregelung ist einfach zu gestalten. Von einer Ausscheidung von Bestandesabteilungen innerhalb der Wirtschaftsfiguren wird in der Regel abgesehen. In der Altersklassen-Nachweisung sind die Flächen der Holzarten und Altersklassen gutachtlich getrennt einzutragen. Die stammweise Ermittelung des Vorrats ist nicht erforderlich. Alle Holzerträge zählen zur Hauptnutzung.

Die Nutzungen der ersten Periode sind in jeder Wirtschaftsfigur nach der Hiebsbedürftigkeit der Bestandesteile für die Periodenmitte gutachtlich unter Trennung der vier Holzartenklassen zu veranschlagen oder nach Auszeichnung durch Kluppen zu ermitteln. Bildet der Plenterwald einen besonderen Block, so wird der Durchschnittszuwachs für jede Wirtschaftsfigur eingeschätzt und der daraus sich ergebende Gesamtzuwachs als Abnutzungssatz eingehalten, soweit nicht aus dem Altersklassenverhältnis sich ein Vorratsmangel oder -überschuß ergibt, oder die Beschaffenheit der Bestände eine stärkere oder geringere Nutzung nötig erscheinen läßt.

Wo der Plenterwald schon längere Zeit besteht, kann aus dem bisherigen Abnutzungssatz durch Berücksichtigung der durch seine Anwendung etwa erfolgten Änderung des Altersklassenverhältnisses der künftige hergeleitet werden.

Für den Gang des Hiebes wird in der Regel eine Umlaufszeit von 10 Jahren bestimmt.

II. Kontrolle und Fortbildung der Betriebspläne.

A. Kontrolle.

Zur Kontrolle des Wirtschaftsbetriebs und zur Fortbildung des Betriebsplans dienen: das Kontrollbuch, das Hauptmerkbuch und das Flächenregister.

1. Das Kontrollbuch [1]).

Es dient zur Kontrolle der Schätzung und des Hiebes und besteht aus drei Abschnitten.

Der erste Abschnitt (A) enthält für jede bleibende Bestandesabteilung ein besonderes Konto, in welches alljährlich die in derselben wirklich erfolgten Erträge an Haupt- und Vornutzungen mit der Summe des aufgekommenen Materials eingetragen werden. Zur Hauptnutzung sind zu rechnen diejenigen den Hauptbestand treffenden Holznutzungen, welche entweder die gänzliche Beseitigung des Bestandes oder eine solche Durchlichtung desselben bewirken, daß diese die Erneuerung oder Ergänzung des Bestandes oder eine ins Gewicht fallende Verminderung des bei der Taxation festgesetzten Hauptnutzungsertrages zur Folge hat. Zu den Vornutzungen gehören:

    a) die Durchforstungen, welche den Nebenbestand betreffen;

    b) die stamm- und gruppenweisen Hauungen der Bestandespflege im Hauptbestande, welche keine Bestandesergänzung oder über

---

[1]) Anweisung zur Anlegung und Führung des Kontrollbuchs von 1895.

5 % betragende Verminderung des vorausgesetzten Hauptnutzungsertrages begründen (Läuterungshiebe, Auszugshiebe);
c) die Holznutzungen, welche infolge von Waldbeschädigungen
eingehen, ohne jedoch zu einer Bestandesergänzung zu nötigen,
und ohne die vorausgesetzte Hauptnutzung um mehr als 5 %
zu schmälern.

Soweit die Nutzungen zu a bis c in Beständen der laufenden Wirtschaftsperiode eingehen, sind sie aber als Hauptnutzung zu behandeln.

Alle Erträge des Mittel- und Plenterwaldes zählen ebenfalls zur
Hauptnutzung.

Ist der durch das Abschätzungswerk vorgeschriebene Hieb in der
Hauptnutzung des Hochwaldes beendet, so werden die erfolgten Derbholz-
Erträge summiert, in den zweiten Abschnitt (A_1) übertragen und hier
mit den geschätzten Erträgen in Vergleich gestellt. Ausgeschlossen von
dieser Übertragung bleiben hiernach die Vornutzungserträge sowie das
Stock- und Reisigholz.

Nach je drei Jahren wird der Abschnitt A_1 abgeschlossen und in
demselben berechnet, welchen Mehr- bzw. Minderertrag die sämtlichen
während der abgelaufenen drei Jahre zum Endhiebe gelangten Bestandesabteilungen gegen die Ansätze der Schätzung ergeben haben, und welche
Holzmasse demnach über die durch den Abnutzungssatz gegebene Grenze
hinaus mehr genutzt werden kann oder gegen den Abnutzungssatz
weniger zu schlagen ist.

Der dritte Abschnitt (C) [1]) enthält die alljährliche Vergleichung
des Einschlages an Derbholz gegen den Abnutzungssatz unter Berücksichtigung der nach den Resultaten des Abschnittes A_1 erforderlich werdenden Abänderungen. „Der Mehr- oder Mindereinschlag des einen
Jahres gegen den Abnutzungssatz wird zur Ermittelung der für das
folgende Jahr verfügbaren Abnutzungsmasse von dem Abnutzungssatze
abgezogen oder demselben zugerechnet. Das Ergebnis (der Rest oder die
Summe) bildet das Maß für den Einschlag des zunächst in Betracht
kommenden Wirtschaftsjahres, das „zulässige Abnutzungssoll", welches
in der Hauptnutzung ohne Ministerial-Genehmigung nur um höchstens
10 % überschritten werden darf. Für die Vornutzungen besteht in dieser
Beziehung keine Beschränkung; sie werden nur nach der Fläche kontrolliert.

2. Das Hauptmerkbuch [2]).

Dasselbe hat den Zweck, in Gemeinschaft mit dem Kontrollbuche
und dem Flächenregister die Grundlagen zur Überwachung, Prüfung
und Berichtigung des Forstbetriebes zu liefern. „Es soll eine Revier-

---

[1]) Formular s. v. Hagen-Donner, Forstl. Verh., 3. Aufl., S. 210, 211.
[2]) Anleitung zur Führung des Hauptmerkbuchs, 1900.

geschichte bilden, welche die Entwickelung und Veränderung der Verhältnisse sowohl der ganzen Oberförsterei wie der einzelnen Teile derselben ersehen läßt, und die Kenntnis der für den Betrieb maßgebend gewesenen Begebnisse, der getroffenen wirtschaftlichen Maßregeln, der ausgeführten Arbeiten, der gemachten Beobachtungen und Erfahrungen usw. den nachfolgenden Beamten überliefert, welche zugleich den Stand des Betriebes jederzeit übersehen läßt und somit auch für eine neue Betriebsregelung die erforderlichen Grundlagen liefert." Diesen Zwecken entsprechend zerfällt das Hauptmerkbuch in einen allgemeinen und einen besonderen Teil.

Der allgemeine Teil soll, nach Gegenständen geordnet, in zeitlicher Folge diejenigen bemerkenswerten Veränderungen, Erscheinungen und Ergebnisse, welche, die ganze Oberförsterei oder größere Teile derselben betreffend, mehr allgemeiner Natur sind, enthalten und die im Laufe der Wirtschaft gemachten bemerkenswerten Beobachtungen sowie die etwa abzugebenden Vorschläge über Verbesserungen in dem Wirtschafts- und Geschäftsbetriebe aufnehmen.

Der besondere Teil des Hauptmerkbuchs ist dazu bestimmt, die bei den einzelnen Abteilungen eingetretenen Vorkommnisse und Veränderungen nachzuweisen. Insbesondere werden die Bestandesveränderungen durch Hauungen und Kulturen und die auf die Holzwerbung bezüglichen Kosten nachgewiesen und erläutert.

Als Zubehör zum Hauptmerkbuch und zum Flächenregister dienen die zum Gebrauch des Oberförsters bestimmten Blätter der Spezialkarte im Maßstab 1: 5000, auf welchen die Veränderungen der Grenzen, der Benutzungsweise des Bodens und die Bestandesveränderungen durch Hauungen und Kulturen eingetragen werden. Sofern ein Wegnetz entworfen ist, wird dem Merkbuch auch eine Wegnetzkarte im Maßstab 1: 25000 beigegeben und eine im gleichem Maßstabe gefertigte Blankettkarte, in welche die ausgebauten Wege nachgetragen werden.

Für die Berichtigung der Karten sind in der Anleitung genaue Vorschriften gegeben.

3. Das Flächenregister.

Der Flächenbestand der Reviere wird in seinem Gesamtbestande durch das Flächenregister kontrolliert, welches aus vier Teilen besteht: Abschnitt A, das Kartenverzeichnis, hat den Zweck, von jeder Oberförsterei alle überhaupt vorhandenen Karten, Vermessungs- und Abschätzungsschriften nachzuweisen; Abschnitt B ist zur Aufnahme von Vermerken über eingeleitete Flächenveränderungen bestimmt; im Abschnitt C wird der Gesamtflächeninhalt des Reviers kontrolliert, Abschnitt D soll die Übergänge von zur Holzzucht bestimmtem Boden zu dem nicht zur Holzzucht bestimmten Areale und umgekehrt nachweisen.

B. Die Zwischenprüfung.

Das Betriebswerk wird am Schlusse der ersten Periode neu aufgestellt. Mit Rücksicht auf die im Laufe der Periode eintretenden Störungen und Veränderungen von Wirtschaftsgrundlagen ist im 11. Jahre eine Zwischenprüfung vorzunehmen. Zur Vorbereitung derselben hat der Revierverwalter die wichtigsten auf die Fläche, den Hauungs- und Kulturbetrieb bezüglichen Wirtschaftsbücher abzuschließen. In einer alsdann stattfindenden Hauptverhandlung findet eine Erörterung darüber statt, ob und nach welcher Richtung von den Anordnungen des Betriebsplans abgewichen ist oder in Zukunft abzuweichen sein wird. Das Betriebswerk ist sodann in folgender Richtung zu ergänzen. Zunächst hinsichtlich aller Änderungen in der Nutzungszeit der Bestände der ersten Periode. Je nach dem Grade der erforderlichen Verschiebungen wird der Abnutzungssatz für die Hauptnutzung neu aufgestellt. Ebenso wird derjenige für die Vornutzung der Prüfung unterworfen. Der Durchforstungsplan des nächsten Jahrzehnts ist neu zu fertigen, erforderlichenfalls auch ein Wegebauplan.

II. In Bayern.[1])

Die wichtigste Grundlage für das Forsteinrichtungswesen bildete seither die Instruktion von 1830 nebst einigen dieselbe ergänzenden Anleitungen. Wesentliche Bestimmungen sind ferner in den Grundlagenprotokollen und den Revisionsbemerkungen des Ministeriums zu den einzelnen Betriebswerken enthalten. Neue Forsteinrichtungsvorschriften sind in Kürze zu erwarten[2]). Die wichtigsten Punkte, welche das seitherige Verfahren[3]) kennzeichnen, sind folgende:

---

[1]) Zugrunde liegen: Weber, Kurze Übersicht über die bisherigen amtlichen Bestimmungen für Forsteinrichtungsarbeiten in den Kgl. Bayerischen Staatsforsten; als Manuskript gedruckt, 2. Aufl., Augsburg 1903; sowie briefliche Mitteilungen mehrerer Herren der Königl. Staatsforstverwaltung.

[2]) In neuester Zeit (1908) hat der Antrag des Reichsrates Grafen zu Törring an die Kammer der Reichsräte, die Nutzungen aus den bayerischen Staatswaldungen betreffend, Anlaß gegeben, das seitherige Verfahren der Ertragsregelung der Revision und Umgestaltung zu unterziehen. Der Antrag wird zur Folge haben, daß der Massen- und Wertzuwachs schärfer untersucht, auf die Herstellung eines richtigen Altersklassenverhältnisses hingewirkt und die Umtriebszeit eingehender begründet wird.

[3]) Dieses ist, wie aus der Begründung des Antrags Törring hervorgeht, ein sehr konservatives gewesen. Die Folgen dieser konservativen Richtung treten hervor:

1. In der zu großen Ausdehnung der Altholzflächen. Nach Beilage 2 zum Antrag T. ist die über 100 jährige Klasse im Bayer. Staatswald, vertreten: bei Buche mit 34,1 %, bei Fichte mit 20,1 %, bei Tanne mit 43,5 % der Gesamtfläche.

1. Vorarbeiten und Grundlagen.

a) Einteilung.

Größere Waldungen zerfallen in Distrikte, d. h. durch natürliche Verhältnisse gebildete, für sich bestehende Waldgebiete von einheitlicher, zusammenhängender Lage; sie führen meist einen eigenen Namen.

Die ständigen, durch systematische Teilung gebildeten, mit arabischen Ziffern bezeichneten Wirtschaftsfiguren heißen Abteilungen. Sie werden in der Ebene durch gerade Schneisen gebildet. Im Gebirge sind die Teilungslinien dem Terrain angepaßt und mit dem Wegenetz verbunden. Übrigens schließen sich die Abteilungen den Wald- und Betriebsverhältnissen an. Ihre Größe und Form sind oft sehr ungleichmäßig. Änderungen der bestehenden Einteilung werden tunlichst vermieden. Für die Größe der Abteilungen sind keine bestimmten Vorschriften erteilt.

Ungleichartige Teile der Abteilungen werden als Unterabteilungen (mit a, b usw. bezeichnet) ausgeschieden. Über ihre Größe werden keine allgemeinen Vorschriften gegeben. In der Regel soll sie nicht unter 1 ha herabgehen.

Bestandesverschiedenheiten innerhalb der Unterabteilungen (Windbruchlücken, Jungwuchshorste u. a.) werden durch Zahlenexponenten (a^1, a^2 . . .) kenntlich gemacht. Über die Art und die Richtung des Hiebes werden in den Wirtschaftsregeln [1]), die für einheitliche Wirtschaftsgebiete aufgestellt werden, allgemeine — und im periodischen Fällungsplan für die einzelnen Bestände besondere Vorschriften gegeben.

---

2. In der geringen Fläche der jüngsten (1- bis 20 jährigen) Klasse. Diese nimmt im Königr. Bayern bei Eiche 10,6 %, bei Buche 9,9 %, bei Kiefer 18,6 %, bei Fichte 15,0 %, bei Tanne 11,3 % der betreffenden Gesamtfläche ein.

3. Im Zurückbleiben der Hauptnutzungen der neueren Zeit gegenüber den früheren Zeitabschnitten. In der Periode 1880—1899 hat das jährliche Ergebnis an Hauptnutzung 2 587 831 fm Derbholz betragen, in der Periode 1900—1905 nur 2 520 609 fm Derbholz.

4. In dem Unterschied des Ertrages der bayerischen Staatsforsten im Vergleich zu denjenigen anderer Staatsforsten mit annähernd gleichen Standortsverhältnissen. Im letzten Zeitabschnitt betrug das Fällungsergebnis an Derbholz in Bayern 4,06 fm, in Württemberg 5,40 fm, in Sachsen 5,07 fm Derbholz.

5. In den Umtriebszeiten, welche sich aus den Nutzungsflächen der abgelaufenen Zeit ergeben. Sie berechnen sich für die Periode 1881—1900 für Fichte zu 118 Jahren, für Mischwaldungen aus Fichte, Tanne, Buche zu 134 Jahren, für den gesamten Hochwald zu 122 Jahren.

[1]) Allgemein bekannt geworden sind z. B. die Wirtschaftsregeln für die Forstämter Kelheim-Nord und Kelheim-Süd, herausgegeben von der Königl. Ministerialforstabteilung, 1901.

b) Grundlagenprotokoll.

Vor Beginn der taxatorischen Arbeiten sollen die Grundzüge der Betriebsführung festgestellt werden. Dies geschieht auf Grund einer kommissionsweisen Beratung. Dieselbe erstreckt sich auf alle Verhältnisse, welche auf die Holzproduktion von wesentlichem Einfluß sind (Boden, Lage, Zuwachs, Ertrag, Absatz, rechtliche Verhältnisse u. a.). Ferner ist die seitherige Wirtschaft in den wichtigsten forsttechnischen und ökonomischen Richtungen (Verjüngung, Durchforstung, Sortimente, Preise u. a.) zu beleuchten. Im Anschluß an die Darstellung der seitherigen Betriebsführung ist die zukünftige Wirtschaft nach ihren Hauptzügen zu begründen. Zugleich wird hierdurch die Grundlage für die Anordnung der Betriebsklassen, die beim Vorkommen verschiedener Hauptholzarten und Umtriebszeiten zu bilden sind, gegeben. Die Resultate dieser Beratung werden in einem „Grundlagenprotokoll" niedergelegt.

c) Beschreibung und Ertragsermittelung.

Die bleibenden Ertragsgrundlagen (insbesondere die Standortsverhältnisse) werden für die Abteilungen im ganzen angegeben, sofern in ihren einzelnen Teilen keine wesentlichen Unterschiede vorliegen. Die Verhältnisse, welche vorübergehender Natur sind, wie insbesondere die Bestände und Wirtschaftsmaßnahmen, werden für die Unterabteilungen dargelegt. Die Bestandesbeschreibung soll in tunlichster Kürze die Momente hervorheben, welche auf die Bewirtschaftung von Einfluß sind, insbesondere die vorherrschende Holzart, die eingemischten Holzarten, Wuchs, Schluß und Alter. Die Altersklassen wurden seither so gebildet, daß jede Klasse den Zeitraum von einem Viertel der Umtriebszeit umfaßte. In Zukunft werden die Altersklassen mit 20 jähriger Abstufung (I. Klasse 1—20 jährig usw.) aufgestellt werden.

Die Holzmassenermittelung erfolgt für die im nächsten Wirtschaftszeitraum in Angriff zu nehmenden Bestände, sofern nicht durch frühere Aufnahmen und durch die Ergebnisse der seitherigen Wirtschaft einfachere Verfahren angezeigt erscheinen, durch stammweise Aufnahme mit der Kluppe. Die Massen späterer Perioden werden, soweit sie nachgewiesen werden sollen, nach dem Durchschnittszuwachs mit Hilfe der Ertragstafeln eingestellt.

2. Wirtschaftsplan.

a) Methode der Ertragsregelung.

Die frühere Methode der Ertragsregelung war ein kombiniertes Fachwerk mit 24 jährigen Perioden. In der neueren Zeit werden die

Ertragsnachweise auf die nächste Periode beschränkt, die in Zukunft nur 20 Jahre umfassen wird. Die Einstellung der Flächen erfolgt nach Betriebsklassen, wobei mit der höchsten Umtriebszeit begonnen wird. Innerhalb derselben werden die Bestände nach der Nummerfolge der Distrikte, Abteilungen und Unterabteilungen aufgeführt. Der Wirtschaftsplan soll ein übersichtliches Bild über die geplante Wirtschaft ergeben. Die Anordnungen sind aber so zu treffen, daß die Wirtschaft nicht für lange Zeiträume gebunden wird.

Bezüglich der Einreihung der Bestände in die Perioden des Wirtschaftsplanes gilt in erster Linie das Durchschnittsalter als maßgebend. Abweichungen von der diesem entsprechenden Periode ergeben sich durch die Beschaffenheit der Bestände und durch die Rücksicht auf die Anbahnung einer guten Hiebsfolge. Auf diese ist durch die Anlage von Loshieben rechtzeitig einzuwirken.

b) Ermittelung des Abnutzungssatzes.

Die Ertragsansätze für die einzelnen Bestände (Unterabteilungen) erfolgen dadurch, daß der gegenwärtig vorhandenen Masse der Zuwachs für die Mitte der Periode zugesetzt wird.

Der Abnutzungssatz für die Hauptnutzung wird dadurch hergeleitet, daß die nach Maßgabe der Umtriebszeit bestimmte Nutzungsfläche $\left(\dfrac{f}{u}\right.$, bei verschiedenen Umtriebszeiten getrennt nach Betriebsklassen) mit dem durchschnittlichen Holzgehalt der Flächeneinheit der Angriffsbestände multipliziert wird. Hierzu treten noch die Massen der Nachhiebsrückstände und der zufälligen Nutzungen. Bei unregelmäßigem Altersklassenverhältnis finden entsprechende Erhöhungen oder Herabsetzungen der Nutzungsflächen statt.

Der Etat wird im ganzen, nicht getrennt nach Holzarten, ausgeworfen.

Die Erträge an Zwischennutzungen werden nach den in den Periodentabellen enthaltenen speziellen Einschätzungen nur für die erste Hälfte der ersten Periode ausgeworfen. Der Gesamtanfall der Durchforstungen wird ferner in Prozenten des Gesamtertrages und pro Hektar Holzbodenfläche angegeben. Der jährliche Etat an Zwischennutzung ergibt sich aus der geschätzten Gesamtmasse durch Division mit der Zahl der Jahre, für die sie Geltung haben soll.

c) Spezieller Wirtschaftsplan.

Um der Wirtschaft die erforderliche Beweglichkeit zu geben, ist es Regel, daß in den Wirtschaftsplan mehr Flächen eingestellt werden, als dem Soll der Abnutzung entspricht. Dem künftig für 10 oder 20 Jahre aufgestellten Wirtschaftsplan werden Bestände zugeteilt, die das

15—30 fache des jährlichen Etats enthalten. Hierdurch ist die Möglichkeit gegeben, vermehrte Anhiebe zu führen und mit dem Fortschritt der Verjüngungshiebe allmählich vorzugehen. Für die Anlage der Schläge sind in den Grundlagenprotokollen für die Forstämter Vorschriften erteilt.

Dem Hauungsplan steht ein spezieller Kulturplan zur Seite, der eine nach Unterabteilungen geordnete Darstellung des Kulturbetriebs nebst Kostenanschlag enthält. Ebenso sind für den Ausbau und die Unterhaltung der Wege und eventuell auch für die wichtigsten Nebennutzungen Pläne zu fertigen.

3. Kontrolle und Revision.

Die Kontrolle des Fällungsbetriebes und der Massenschätzungen erfolgt wie in Preußen:

a) Durch jährliche Vergleichung des gesamten Einschlags mit dem Etat. Die betreffende Übersicht hat Hauptnutzung, Zwischennutzung und Gesamtnutzung nachzuweisen.

b) Durch die periodische Vergleichung der Fällungsergebnisse mit der Schätzung für jede einzelne Unterabteilung, der ein besonderes Konto gegeben wird. Am Schluß des künftig 10 jährigen Wirtschaftszeitraums findet ein Abschluß dieses Kontrollbuches statt.

Die periodische Prüfung und Erneuerung der Betriebspläne erfolgt durch die Waldstandsrevisionen, die als einfache und umfassende unterschieden werden. Letztere werden vorgenommen, wenn durch außergewöhnliche Naturereignisse oder aus anderen Gründen größere Änderungen der Pläne erforderlich werden. In den wesentlichsten Punkten stimmen die Revisionsarbeiten mit den unter I (für Preußen) angegebenen Aufgaben überein.

III. Im Königreich Sachsen.[1])

Das Forsteinrichtungswesen wird seit langer Zeit durch eine ständige Behörde (Forsteinrichtungsanstalt) geleitet, was für seine Ausbildung besondere Vorzüge zur Folge gehabt hat. Durch die Tätigkeit einer ständigen Behörde wird eine gute Schulung des Personals und eine gleichmäßige Ausführung aller taxatorischen Arbeiten ermöglicht. Die Ergebnisse der Forsteinrichtung können wirkungs-

---

[1]) Eine das ganze Gebiet der Forsteinrichtung zusammenfassende Instruktion ist nicht erlassen. Der vorstehenden Darstellung liegen zugrunde: Judeich-Neumeister, Forsteinrichtung; Neumeister, Die Forsteinrichtung der Zukunft (1900), sowie briefliche und persönliche Mitteilungen der Herren Direktoren der Forsteinrichtungsanstalt.

voller verarbeitet, ihre Beziehungen zu anderen Fachzweigen (Versuchswesen, Verwaltung, Politik, Statistik) sachgemäßer unterhalten werden.

Auch in Sachsen ist die Ertragsregelung von der Fachwerksmethode ausgegangen. H. Cotta, der die Vermessung und Taxation der sächsischen Staatsforsten in den Jahren 1811—1831 systematisch durchführte, hat sowohl das Flächen- als auch das kombinierte Fachwerk vertreten. Infolge der regelmäßig stattfindenden Revisionen erwies sich jedoch schon frühzeitig die Ertragsberechnung für spätere Zeiten als überflüssig. Man verließ deshalb das Fachwerk und beschränkte die Ertragsregelung auf das nächste Jahrzehnt. Die wichtigsten Punkte, welche das sächsische Verfahren kennzeichnen, betreffen die taxatorischen Vorarbeiten, die Feststellung des Hiebssatzes und der Hiebsorte, die Kontrolle und Revision.

1. Die Vorarbeiten.

Die Einteilung in ständige Wirtschaftsfiguren (Abteilungen) erfolgt in der Ebene und in sanft geneigtem Gelände durch ein System von geraden Linien, die sich unter Winkeln kreuzen, die, soweit tunlich, vom rechten nicht stark abweichen sollen. Die Hauptlinien, sog. Wirtschaftsstreifen, verlaufen in den meisten Revieren Sachsens von Nordost nach Südwest. Sie dienen als Grenzen der Hiebszüge [1]) und werden, damit sich an ihren Rändern zum Schutz gegen senkrechte und seitliche Winde Mäntel bilden, in einer Breite von 9 m aufgehauen. Die senkrecht zu den Wirtschaftsstreifen liegenden Schneisen sollen die Richtung der Jahresschläge angeben und in der Regel eine Breite von 4,5 m erhalten.

Auch in den Gebirgsrevieren ist in der Mitte des vorigen Jahrhunderts die Einteilung nach gleichen Grundsätzen bewirkt, wobei aber darauf Bedacht genommen wurde, daß sich die Einteilung den wichtigsten Linien des Geländes (Rücken und Mulden) anpaßt. Mit dem Fortschritt der Wegnetzlegung, die unabhängig von der Einteilung erfolgt ist, wurden viele Linien durch Wege ersetzt. Eine plötzliche und systematische Veränderung der bestehenden Einteilung (wie sie in den preußischen Gebirgsrevieren durchgeführt wurde) ist mit Rücksicht auf das Vorherrschen der sturmgefährdeten Fichte und das Vorhandensein der geraden Einteilungslinien, an welchen sich Windmäntel gebildet haben, nicht durchführbar. Bei der Bearbeitung von Wegnetzen ist im Einzelfall zu untersuchen, ob und inwieweit eine Vereinigung der Wegelinien mit dem Einteilungsnetz anzustreben ist,

---

[1]) Vgl. hierzu den 2. Abschnitt des 3. Teils, I. Lagerung der Altersklassen, S. 138 ff., und II. 1. Die Richtung der Hiebszüge, S. 141.

und welche Veränderungen das letztere infolge des Wegenetzes zu erfahren hat.

Die Unterabteilungen (Bestände), welche vorzugsweise in Verschiedenheiten des Alters ihre Ursache haben, werden bis zu einem Mindestmaße von etwa 0,2 ha ausgeschieden. Bindende Vorschriften werden jedoch in dieser Beziehung nicht erteilt. Eine örtliche Bezeichnung der Grenzen der Unterabteilungen wird (wenn sie nicht durch vorhandene Linien gegeben ist) nicht vorgenommen.

Die Beschreibungen der Bestandesabteilungen werden bei der Gleichmäßigkeit der Bestandesverhältnisse kurz, in tabellarischer Form, gefaßt.

Die Bonitierung erfolgt nach Standorts- und Bestandesbonitäten. Jene gibt den normalen, diese den tatsächlichen Verhältnissen der Standortsleistung Ausdruck. Die Bildung der Standortsbonitäten erfolgt gemäß der für das forstliche Versuchswesen gegebenen Anleitung. Die Bestandesbonitäten erscheinen in einfachen Zahlen, welche die vereinigte Wirkung von Standort und Bestandeszustand zum Ausdruck bringen.

Die Aufnahme der Altersklassen erfolgt nach 20 jähriger Abstufung (I. Klasse 1—20 Jahre, II. Klasse 21—40 Jahre usw.). Jede Altersklasse wird wieder geteilt. Die hiernach sich ergebende Klassenbildung nach Jahrzehnten tritt auch auf den Bestandeskarten hervor.

Zum Nachweis des Vorrats werden die Massen der bis 40 jährigen Orte nach den Abschlüssen der Bestandesbonitäts- und Altersklassentabelle unter Zugrundelegung von Ertragstafeln berechnet. Der Vorrat der über 40 jährigen Hölzer wird durch Okularschätzungen ermittelt, die bei jeder 10 jährigen Hauptrevision vorgenommen werden. Holzmassenaufnahmen mit der Kluppe finden nur ausnahmsweise statt. Bei der Regelmäßigkeit der Bestandesverhältnisse, dem Vorherrschen des Kahlschlagbetriebs, der gleichmäßigen Bestandesbehandlung, der gründlichen Statistik über die Ergebnisse der früheren Wirtschaft und der Übung des ständigen Personals haben die Okularschätzungen seither gute Ergebnisse gehabt.

2. Die Feststellung der jährlichen Abnutzung.

a) Maßstab der Abnutzung.

Beim Vorherrschen des Kahlschlagbetriebs bildet der normale Jahresschlag (= f : u) einen leicht anwendbaren Maßstab der jährlichen Abnutzung. Die Bestimmung der Umtriebszeit erfolgt meist auf Grund gutachtlicher Erwägungen in Anlehnung an die bestehenden Umtriebszeiten und mit Beachtung der Anforderungen des Absatzmarktes, die auch in dem Preisverhältnis der Sortimente ihren Ausdruck finden. Zur Feststellung der normalen Umtriebszeiten sind früher für die im ganzen Lande vorherrschende Fichte Untersuchungen vorgenommen worden, bei welchen für charakteristische Bestände Weiserprozente berechnet wurden. Für den Nachweis der Massenzuwachsprozente liegt ein reiches Material vor. Der Nachweis der Wertzuwachsprozente beruht auf den Versteigerungsergebnissen der Sortimente, welche das Durchschnittsfestmeter der Bestände der verschiedenen Altersstufen zusammensetzen. Insbesondere ist das Wertverhältnis der Stammholzklassen, welche nach der Stärke von unter 16, 16—22, 23—29, 30—36, über 36 cm Mittendurchmesser gebildet sind, für die Wertzuwachsprozente ausschlaggebend.

Die normale Abtriebsfläche wird unter regelmäßigen Bestandesverhältnissen möglichst genau eingehalten, was bei dem vorherrschenden Kahlschlagbetrieb keine Schwierigkeiten bietet. Bei unregelmäßigen Verhältnissen werden Abweichungen erforderlich. Als Weiser für den Grad, in welchem solche wünschenswert oder zulässig erscheinen, dient das Altersklassenverhältnis. Sind die höheren Altersklassen in stärkerem Grade vertreten, als der Umtriebszeit entspricht, so wird mehr Fläche zur Abnutzung herangezogen, im umgekehrten Falle weniger. Auf einen genauen Nachweis der Altersklassen wird deshalb großer Wert gelegt.

b) Bestimmung der Hiebsorte.

Zur Abnutzung im nächsten Wirtschaftszeitraum werden die Bestände, welche nach Alter, Boden und Bestandesbeschaffenheit hiebsbedürftig sind, je nach dem Grad der Hiebsbedürftigkeit zur Abnutzung herangezogen. Einfluß auf die Wahl der Hiebsorte übt sodann die Regelung der Hiebsfolge. Beim Vorherrschen der Fichte ist diese für das ganze Land von großer Bedeutung. Die Rücksicht auf die Sturmgefahr verlangt, daß die Schläge der herrschenden Windrichtung entgegengeführt werden. Da die jährlichen Kahlschläge schmal bleiben und nur allmählich aneinandergereiht werden sollen, so ergibt sich als allgemeine Regel, daß die Hiebszüge kurz bleiben.

Um den Anforderungen der Regeln der Schlagführung gerecht zu werden und den Gefahren, welche das Zusammenliegen großer gleichaltriger Bestände mit sich bringen kann, entgegenzutreten, ist es erforderlich, daß man über eine genügende Zahl von Anhiebsflächen verfügen kann. Um diese zu schaffen, müssen die Bestandesränder, welche durch die Nutzung vorgelagerter Altbestände dem Sturm ausgesetzt werden, rechtzeitig durch die Bildung tiefangesetzter Kronen an den Freistand gewöhnt werden. Dies geschieht durch die Anlegung genügend breiter Wirtschaftsstreifen, durch Loshiebe und Umhauungen solcher Bestände, welche sich noch gut zu bemanteln vermögen.

Die wichtigste Aufgabe der Forsteinrichtung bezüglich der Ordnung der Flächen geht dahin, daß die Anhiebe der Schläge richtig bestimmt werden. Die dem vorliegenden Wirtschaftszeitraum überwiesenen zusammenhängenden Flächen sollen nicht größer sein, als daß den Regeln der Schlagführung entsprochen werden kann. Die weitere Gestaltung der Hiebszüge (ihre Fortsetzung, Unterbrechung usw.) ist von Verhältnissen abhängig, die zur Zeit der Aufstellung der Pläne noch nicht übersehen werden können.

c) Die Begründung des Hiebssatzes.

Der Hiebssatz wird nach Abtriebs- und Zwischennutzungen (Durchforstungen, Läuterungen und zufälligen Nutzungen) getrennt gehalten. Für die Abtriebsnutzung erfolgt die Festsetzung des Etats nach Feststellung der Abtriebsfläche durch Schätzung der auf der Abtriebsfläche anstehenden Gesamtholzmasse nach dem Augenmaß. Auch für den Zweck der Etatsbestimmung hat sich die Schätzung als genügend sicher erwiesen. Zur Kontrolle der Gesamtheit der eingeschätzten Massen sind die auf 1 ha der Schlagfläche anfallenden Massen mit den Schlagergebnissen des letzten Jahrzehnts zu vergleichen; stärkere Abweichungen von dem seitherigen Durchschnitt müssen begründet werden. Als Weiser für den Hiebssatz dient ferner der wirkliche jährliche Zuwachs an Abtriebsmasse, der nach den Bestandesbonitäten und Altersklassen mit Hilfe von Ertragstafeln berechnet wird. Um den so ermittelten Zuwachs mit der Ertragsfähigkeit des Reviers zu vergleichen, wird auch der Zuwachs nach den Standortsbonitäten (der normale Zuwachs) berechnet.

Die durch die Durchforstungen zu erwartenden Erträge werden nach den Ergebnissen des letzten Jahrzehnts mit Hilfe von Ertragstafeln und mit spezieller Rücksicht auf die Beschaffenheit der Bestände gutachtlich eingeschätzt.

Bezüglich der Holzarten findet eine Sonderung nach Laub- und Nadelholz statt. Sie erfolgt nur dann, wenn das Laubholz in bemerkenswertem Maße in den betreffenden Revieren vertreten ist.

3. Statistik[1]).

Die von der Forsteinrichtungsanstalt für jedes Revier und für das ganze Land aufgestellten statistischen Nachweisungen gehen zum Teil bis 1817, zum Teil bis 1844 zurück. Die Bedeutung ständiger Organe für das Forsteinrichtungswesen kann aus der sächsischen Ertrags-

---

[1]) Die Entwicklung der Staatsforstwirtschaft im Königr. Sachsen, Thar. Forstl. Jahrb., 47. Bd.; die neuesten Zahlen nach Mitteilung des Herrn Oberforstmeisters Gehre.

statistik am besten nachgewiesen werden, weshalb ihre Ergebnisse hier eine Stelle finden mögen.

Die wichtigsten Nachweisungen betreffen:

1. Die Altersklassen. Im Staatswald ist das gegenwärtige Altersklassenverhältnis folgendes:

I. Kl.	II. Kl.	III. Kl.	IV. Kl.	V. u. VI. Kl.	Blößen und Räumden
23	21	25	18	11	2%

2. Die Bonitäten. Nach dem letzten Abschluß sind die Bonitäten:

	I.	II.	III.	IV.	V.	Durchschnittsbonität
Standortsbonitäten	3	36	49	11	1%	2,70
Bestandesbonitäten	1	16	53	25	2 %	3,13

3. Der Holzvorrat. Derselbe ist in der zweiten Hälfte des 19. Jahrhunderts von 152 fm bis 187 fm pro Hektar Holzbodenfläche gestiegen. In den letzten 30 Jahren ist er ziemlich unverändert geblieben.

4. Der Zuwachs an Hauptbestandsmasse. Der normale, der Standortsgüte entsprechende Zuwachs ist für 1 ha Holzboden zu 6,18 fm, der wirkliche, den Bestandesbonitäten entsprechende ist zu 4,84 fm eingeschätzt. Die jährliche Abtriebsnutzung betrug im Durchschnitt des letzten Revisionszeitraums 4,21 fm.

5. Die Abnutzung auf 1 ha Holzboden. Sie hat betragen im Durchschnitt der Jahre:

	1854/63	1864/73	1874/83	1884/93	1894/1903	1904/08
An Derbholz	3,44	4,28	4,72	4,88	5,03	5,34 fm
An Gesamtmasse	5,01	5,85	6,48	6,43	6,39	6,23 -

6. Das Verhältnis der Sortimente. Das Nutzholzprozent ist im Laufe des verflossenen Jahrhunderts von 17 % (im Jahrzehnt 1817 bis 1826) auf 82 % (1904—1908) gestiegen.

7. Die Geldeinnahme und -ausgabe und der Reinertrag auf 1 ha der Gesamtfläche betrugen im Durchschnitt der Jahre

1817/26	27/36	37/46	47/53	54/63	64/73	74/83	84/93	94/1903	1904/08

die Geldeinnahme:

17,5	18,6	20,2	25,6	35,4	49,1	62,4	66,7	76,0	90,4 M.

die Geldausgabe:

8,0	8,6	9,1	10,2	11,5	13,9	20,8	23,0	28,9	33,2 „

der Reinertrag:

9,5	10,0	11,1	15,4	23,9	35,2	41,6	43,7	47,1	57,2 „

8. Das Waldkapital. Dasselbe wurde auf 1 ha Holzbodenfläche eingeschätzt im Zeitraum

	1854/63	1864/73	1874/83	1884/93	1894/1903	1904/08
zu	1156	1417	1682	1859	2206	2311 M.

Zum Nachweis des Waldkapitals müssen die Boden- und Bestandeswerte ermittelt werden. Der Bodenwert wird für die Durchschnittsfläche der einzelnen Reviere in Anlehnung an eine Berechnung des Erwartungswertes eingeschätzt. Der Wert des Holzvorrats wird zur Zeit für die bis 40 jährigen Bestände nach der Formel des Kostenwertes berechnet. Aus dem Verhältnis des Reinertrags zum Waldkapital wird auch die Verzinsung dieses letzteren nachgewiesen.

4. Kontrolle und Revision.

Der nach Haubarkeits- und Vornutzung ermittelte Hiebssatz wird zu einem Gesamtetat vereinigt, dessen Derbholzsatz für den Einschlag bindend ist und der Kontrolle unterzogen wird.

Nach Ablauf der 10 jährigen Wirtschaftsperiode findet eine Hauptrevision, in der Mitte derselben eine Zwischenrevision statt. Bei der Hauptrevision erfolgt eine Erneuerung des ganzen Wirtschaftsplanes auf Grund einer neuen Abschätzung des Reviers. Bei der Zwischenrevision werden die erforderlichen Nachträge und Berichtigungen vorgenommen. Insbesondere der Nachtrag der Kulturen, die Vergleichung der Hiebsergebnisse mit der Schätzung, die Abweichungen des Hiebs vom Plan u. a. Übrigens ist die Art der Revision von den erfolgten Veränderungen der Wirtschaft gegen den Betriebsplan abhängig, und der Inhalt der Revisionen wird durch die Vorschriften über die Aufstellung neuer Pläne bestimmt.

5. Karten.

Für die Wirtschaftsführung haben die sächsischen Bestandeskarten am meisten Bedeutung, welche (im Maßstab 1 : 20 000 oder 1 : 15 000) die Holzart, das Holzalter und die Hiebsführung ersehen lassen. Insbesondere treten die Hiebsflächen des nächsten Jahrzehnts, die Hiebsfolge, die Loshiebe und Umsäumungen auf den Karten hervor.

IV. In Württemberg.[1])

Die im Jahre 1878 als gedruckter Entwurf erlassene Anweisung über die Aufstellung und Erneuerung der Wirtschaftspläne hatte das kombinierte Fachwerk zur Grundlage. Im Jahre 1898 wurde diese Anweisung durch neue Bestimmungen, welche insbesondere den Flächeneinrichtungsplan beseitigten und die Ertragsregelung auf die Ausscheidung der Hiebsfläche für die erste Periode beschränkten, abge-

---

[1]) Zugrunde liegen: Die Vorschriften für die Wirtschaftseinrichtung in den Württ. Staats- und Körperschaftswaldungen, 1898, sowie mündliche und briefliche Mitteilungen mehrerer Herren der Kgl. Forstdirektion.

ändert und ergänzt. Die jetzigen Vorschriften gelten für Staats- und Körperschaftswaldungen. Die wichtigsten Bestimmungen betreffen die Vorarbeiten, die Aufstellung der Wirtschaftspläne sowie den Vollzug und die Erneuerung derselben.

I. Vorarbeiten.

Am meisten Bedeutung haben — nächst den auf die Festsetzung der Fläche, die Vermessung und Kartierung bezüglichen Vorschriften — die Bestimmungen über die Bildung der Betriebsklassen und die wirtschaftliche Einteilung.

1. Die Bildung von Betriebsklassen.

Als Ursache ihrer Ausscheidung werden abweichende Betriebsart und Verschiedenheit der normalen Umtriebe hervorgehoben. Für die Betriebsklassen soll ein selbständiges Altersklassenverhältnis mit besonderer Schlagordnung angestrebt und ein besonderer Etat aufgestellt werden.

2. Die wirtschaftliche Einteilung.

a) Distrikte.

Als solche werden in der Regel die einzelnen größeren Waldzusammenhänge des Wirtschaftsbezirks ausgeschieden. Ihr Hauptzweck liegt in der erleichterten Orientierung.

b) Abteilungen.

Sie werden als die bleibende örtliche Grundlage der Wirtschaftsführung angesehen. Es wird dahin gestrebt, im Laufe der Zeit die innerhalb der Abteilungen vorkommenden Verschiedenheiten (Unterabteilungen), welche nach Form und Größe nicht zweckmäßig erscheinen, verschwinden zu lassen. Die durchschnittliche Größe der Abteilungen soll in mittelgroßen Wirtschaftsbezirken für Laub- und Nadelholz nicht mehr als 15—20 ha betragen. Ihre Grenzen sollen zum Zwecke der leichteren Erkennbarkeit, der Ersparung an Fläche, der besseren Bemantelung der Bestandesränder und der schonenden Abfuhr der Waldprodukte, soweit tunlich, auf die natürlichen Terrainlinien und auf Wege gelegt werden. „Das Hauptwegenetz bildet gewöhnlich die Grundlage der Einteilung."

c) Unterabteilungen.

Sie sind die Einheit für die Hiebs- und Kulturmaßregeln der Betriebspläne. Anlaß zur Ausscheidung von Unterabteilungen, bei der nicht kleinlich verfahren werden soll, liegt vor:

1. wenn ein Teil der Abteilung von dem andern nach Boden und Holzbestand so verschieden ist, daß eine gleichartige Bewirtschaftung (insbesondere gleichzeitige Verjüngung) nicht erfolgen kann;

2. wenn eine andere als die in der Abteilung sonst dominierende Holzart vorkommt;

3. wenn bei gleicher Holzart die Altersverschiedenheit 20 Jahre übersteigt.

Die Grenzen der Unterabteilungen werden im Walde gewöhnlich nicht besonders kenntlich gemacht.

Die Bezeichnung der Unterabteilungen auf der Karte erfolgt mit kleinen lateinischen Buchstaben, die so gewählt werden, daß sie zugleich die Altersgrenzen angeben (a = 1—20, b = 21—40, c = 41—60 Jahre usw.).

d) Schlageinteilung.

Bei den Mittel- und Niederwaldungen ist lediglich die Einteilung in Jahresschläge oder Periodenschläge erforderlich.

II. Der Wirtschaftsplan.

Allgemein wird angeordnet: „Durch den Wirtschaftsplan soll der gesamte Wirtschaftsbetrieb so geordnet werden, daß der Zweck der Wirtschaft — vorteilhafteste Benutzung der Waldungen unter gleichzeitiger Sicherung der Nachhaltigkeit und Berücksichtigung der Zwecke und Bedürfnisse des Waldbesitzers — möglichst bald und vollständig erreicht wird."

1. Form der Darstellung.

Die von mehreren bestehenden am meisten übliche Form der Betriebspläne ist der auf S. 246.

2. Darstellung des wirtschaftlichen Tatbestandes.

Die Bestandsbeschreibungen sollen kurz gefaßt werden und auf die für das Verständnis wesentlichen Punkte beschränkt bleiben.

Der Standortsbonitierung (die sich auf die vorherrschende Holzart — bei Umwandelungen im ersten Jahrzehnt auf die anzubauende Holzart — bezieht) sind die neueren Ertragstafeln von Lorey, Weise, Wimmenauer, Eberhard zugrunde zu legen. Sie wird, wenn innerhalb der Abteilung Verschiedenheiten hervorzuheben sind, nach Unterabteilungen, im übrigen nach Abteilungen angegeben.

Als Alter wird das Durchschnittsalter des dominierenden, für die Bewirtschaftung maßgebenden Bestandes angenommen. Bestände mit scharf getrennten Altersklassen, insbesondere in der Verjüngung begriffene Bestände, werden nach dem Verhältnis der von ihnen eingenommenen Flächen verschiedenen Altersklassen zugeteilt.

Distrikt und Abteilung	Ab-teilg. Ertragsfähige Fläche (ha)	Buchstabe	Fläche (ha)	Standortsklasse	Unter-Abteilungen Bestandesbeschreibg. Alter (Jahre)	Vollkommenheitsgrad	Holzart und Bestandesform, Mischungsverhältnis	Altersklassen f 101 und mehr	e 81—100	d 61—80	c 41—60	b 21—40	a 1—20	a holzlos (Hektar)	Wirtschaftliche Behandlung	Durchforstungen	Reinigungshiebe	Kulturen Saat	Pflanzung (Flächenplan f. I. 1) (Hektar)	Hauptnutzungen der I. Periode Flächengrundlage f	e	d	c	b (Hektar)	Ertrag (Derbholz) 1. Jahrzehnt Hiebsart	fm	2. Jahrzehnt Hiebsart	fm	Bemerkungen

3. Der Flächeneinrichtungsplan.

Im Gegensatz zu den früheren, dem Fachwerk entsprechenden Bestimmungen wird jetzt in der Regel so verfahren, daß nur die Hiebsfläche für die I. 20 jährige Periode speziell ausgeschieden wird. Das Maß der auszuscheidenden Nutzungsfläche bildet die Normalfläche der 20 jährigen Periode, die bei einem Mangel an hiebsreifen Beständen herabgesetzt, bei einem Übermaß an solchen über den Normalbetrag erhöht wird.

Die Eintragung der Fläche erfolgt nach Unterabteilungen. Wird eine Unterabteilung nur teilweise zur Verjüngung in der I. Periode bestimmt, so ist (abgesehen von besonderen Fällen) nur ein entsprechender Teil ihrer Fläche in die I. Periode einzustellen, der Rest aber außer Betracht zu lassen (z. B. bei löcherweisen Vorverjüngungen, Besamungsschlägen usw.).

Bei der Auswahl der zu verjüngenden Bestände ist nicht nur die Rücksicht auf diese Bestände selbst, sondern auch eine gute Hiebsfolge und Bestandesordnung mit entsprechender räumlicher Verteilung der Altersklassen im Auge zu behalten. Auch ist stets darauf hinzuwirken, daß einer die sachgemäße Hiebsführung beeinträchtigenden Verwachsung von Beständen durch Loshiebe, Freihiebe rechtzeitig vorgebeugt wird. In größeren Nadelholzkomplexen ist insbesondere auch die allmähliche Bildung kurzer und, soweit möglich, selbständiger Hiebszüge anzustreben.

Zum Entwurf der vorstehenden Arbeit sind zuverlässige und soweit möglich kolorierte Bestandeskarten zu benutzen, in welchen auch die einschlägigen Maßnahmen genau darzustellen sind.

Erscheint es zum Zwecke der Erweiterung der Grundlage des Flächenplanes wünschenswert, außer der I. auch noch die II. Periode beizuziehen, so ist auch deren Fläche auszuscheiden.

4. Plan für die Hauptnutzung.

Die Regelung der Hauptnutzung erfolgte bis zum Jahre 1898 im Sinne des vereinfachten kombinierten Fachwerkes, wie es insbesondere von Grebe, später Stötzer, Graner u. a. in der Literatur vertreten ist. Gegenwärtig erstreckt sich die Ertragsregelung auf die I. Periode. Die Grundlage für den periodischen Etat bildet die Summe der Erträge sämtlicher der I. Periode zugewiesenen Unterabteilungen. Diese sind nach der Beschaffenheit ihres Holzbestandes und mit Rücksicht auf die Hiebsfolge und das Altersklassenverhältnis zu bestimmen. Der planmäßigen Nutzung sind die zufälligen Nutzungen aus den nicht in den Nutzungsplan der I. Periode einbezogenen Beständen (in Württemberg „Scheidholz" genannt) nach mäßigen Erfahrungssätzen unter Nichtberücksichtigung des Massenanfalls außerordentlicher Naturereignisse zu-

zufügen. Die Hauptnutzung des nächsten Jahrzehnts ist in der Regel nach dem halben Ertrag der ersten Periode anzusetzen.

Alle Ertragsnachweise erstrecken sich auf Derbholz. Die Holzmassen und Bestände der I. Periode werden in der Regel stammweise mit der Kluppe aufgenommen.

5. Flächenplan der Zwischennutzungen.

Für den Vollzug der Zwischennutzungen im Laufe des ersten Jahrzehnts ist entweder nur ein Flächenplan oder neben dem Flächenplan zugleich auch ein Voranschlag des Ertrages in Derbholzfestmetern auszufertigen.

Als Durchforstungen sind alle Zwischennutzungen im Nebenbestande zu behandeln ohne Unterschied des Bestandesalters.

6. Sonstige Gegenstände der Wirtschaftspläne.

Außer den genannten Plänen der Ertragsregelung ist dem Betriebswerk noch beizufügen: ein Flächenplan für Reinigungshiebe; ein Flächenplan für die im 1. Jahrzehnt auszuführenden Kulturen; ein Streunutzungsplan.

7. Statistik.

Seit dem Jahre 1882 werden in Württemberg alljährlich Mitteilungen herausgegeben, welche die wirtschaftlichen Ergebnisse des abgelaufenen Jahres darstellen [1]. In diesen werden auch die Resultate der Wirtschaftseinrichtung von Zeit zu Zeit bekannt gegeben.

III. Vollzug und Erneuerung der Wirtschaftspläne.

1. Kontrolle.

„Bei dem Vollzug der Hauptnutzung im Hochwald" — sagt die Verfügung der Forstdirektion — „sowie den Oberholznutzungen im Mittelwalde, insoweit ein Materialetat für dieselben aufgestellt ist, findet die Materialkontrolle, bei dem Vollzug der Zwischennutzung im Hochwald und im Mittelwalde findet die Flächenkontrolle Anwendung, soweit überhaupt im Wirtschaftsplan eine der Fläche nach zu kontrollierende Durchforstung angenommen ist."

Die Einheit, auf welche sich die wirksame Kontrolle erstreckt, ist das Festmeter Derbholz.

---

[1] Forststatistische Mitteilungen aus Württemberg, herausgegeben von der Königl. Forstdirektion.

2. Erneuerung der Wirtschaftspläne.

a) Hauptrevision.

Sie erfolgt nach Ablauf eines Jahrzehnts. Je nach der Stärke der Veränderungen, die im Laufe des Jahrzehnts durch natürliche Ereignisse oder wirtschaftliche Verhältnisse eingetreten sind oder eintreten sollen, erfolgt entweder eine durchgreifende Erneuerung des Betriebsplanes in seinen wesentlichen Teilen, oder es findet nur eine Berichtigung des seither gültigen Planes, insbesondere betreffs des Hauungs- und Kulturbetriebes, statt.

b) Zwischenrevisionen.

In Hochwaldungen von mehr als 300 ha ist nach Ablauf von 5 Jahren eine Zwischenrevision vorzunehmen, die sich namentlich auf die Beurteilung des Hiebssatzes und die Einwirkung etwaiger Naturschäden auf die Nutzung zu erstrecken hat.

V. In Baden.[1]

Auch in Baden ist die Ertragsregelung zunächst nach der Fachwerksmethode (Massenfachwerk) bewirkt worden. Unter den vorherrschenden Verhältnissen des Landes, die durch die Naturverjüngung, insbesondere der Tanne, ausgezeichnet sind, erschien diese Methode aber nicht zweckmäßig. Da die Verjüngung der Tanne einschließlich der sie vorbereitenden Hiebe einen weit längeren Zeitraum als die 20 jährige Periode in Anspruch nahm, so konnte sich, wie es die Grundbedingung einer guten Methode ist, die Wirtschaftsführung dem Rahmen der Ertragsregelung nicht anpassen.

Seit etwa 60 Jahren finden in Baden alle 10 Jahre Forsteinrichtungs-Erneuerungen statt. Die seitherigen Ergebnisse derselben, die wirklich erfolgten Nutzungen und ihre Wirkungen auf den Waldzustand bilden für die praktische Ausführung eine wichtige Grundlage. Das jetzt bestehende Verfahren wurde im Jahre 1869 eingeführt. In der nächsten Zeit sind, wie auch aus manchen Kundgebungen der Literatur[2]) zu entnehmen ist, wesentliche Veränderungen der jetzigen Vorschriften zu erwarten. Die wichtigsten Besonderheiten des badischen Verfahrens sind folgende:

---

[1]) Nach der Dienstanweisung über Forsteinrichtung in den Domänen-, Gemeinde- und Körperschafts-Waldungen des Großh. Baden, 1878, sowie brieflichen und mündlichen Mitteilungen.

[2]) Nüßle, Zur badischen Forsteinrichtung und ihrer Fortbildung, im Forstwissenschaftlichen Zentralblatt, 1907; U. Müller, Der heutige Stand der Forsteinrichtungsfrage und das in Baden übliche Forsteinrichtungsverfahren, Referat auf der Jahresversammlung des Badischen Forstvereins, 1907; Hamm, die Forsteinrichtungsfrage usw., Allgem. Forst- und Jagdztg. 1908, S. 363 ff.

1. Vorarbeiten.

Vor der Aufstellung der Wirtschaftspläne findet eine Begehung des Waldes durch die bei der Einrichtung beteiligten Beamten statt. Dabei wird das letzte Einrichtungswerk in allen seinen Teilen einer sorgfältigen Prüfung unterworfen. Insbesondere soll sich diese Prüfung auf die Einteilung des Waldes, die früher ausgeführten Standorts- und Bestandesbeschreibungen, die Schätzung des Vorrats und Zuwachses, die Erfolge der seitherigen und die Grundsätze der zukünftigen Wirtschaft erstrecken.

Die allgemeinen Beschreibungen beziehen sich auf die Darstellung der Standortsverhältnisse, die vorkommende Holzart, Betriebsart, Umtriebszeit, die Aufstellung von Wirtschaftsregeln u. a. Durch die besondere Beschreibung soll für die einzelnen Abteilungen oder Unterabteilungen über die Flächengröße, den Holzbestand, den Holzvorrat und den Zuwachs kurz Auskunft gegeben werden.

Die Aufnahme der Holzmassen hat bezüglich der in der Verjüngung begriffenen Abteilungen durch stammweise Aufnahme zu geschehen, in den übrigen in der Regel nach Ertragstafeln, Erfahrungssätzen und Probeflächen.

Auf die Ermittelung des Zuwachses ist wegen der vorliegenden Bestandesverhältnisse, für deren Regelung die Fläche keine genügende Grundlage darbot, schon seit langer Zeit besonderes Gewicht gelegt worden. Auch in den neuesten Kundgebungen wird die Bedeutung des Zuwachses für die Ertragsregelung betont. Beim Nachweis sollen Ertragstafeln und Erfahrungssätze Anwendung finden; es sollen aber auch bei der Forsteinrichtung besondere Untersuchungen in geeigneten Beständen vorgenommen werden. Neben dem laufenden Zuwachs, der Gegenstand solcher Untersuchungen ist, muß auch der Haubarkeitsdurchschnittszuwachs, bezogen auf die angenommene Umtriebszeit, nachgewiesen werden.

2. Die Feststellung des Abgabesatzes.

Die Herleitung des Abgabesatzes lehnt sich an die Methode von K. Heyer an $\left(e = z + \dfrac{w\,v - n\,v}{a}\right)$. Grundlage und Maßstab des Abgabesatzes ist der wirkliche Zuwachs. Dieser wurde nach der Dienstanweisung von 1869 als laufender Zuwachs, „wie er in den nächsten 10 Jahren mutmaßlich erfolgen wird", aufgefaßt und ermittelt. Mit Rücksicht auf die Schwierigkeit einer genauen Berechnung und die Beschränkung der Benutzung der Rechnungsresultate auf die Haubarkeitsnutzung erschien es zweckmäßig, an die Stelle des laufenden den Haubarkeitsdurchschnittszuwachs treten zu lassen.

Der Vorrat ist bei sämtlichen Altersklassen nach der in Wirklichkeit im Walde vorhandenen Masse einzuschätzen. In den einzelnen Altersklassen ist der diesen Klassen entsprechende mit Benutzung von Ertragstafeln zu ermittelnde Normalvorrat als Vergleichsgröße mit dem wirklich vorhandenen Vorrat anzugeben. Der normale Gesamtvorrat ist außerdem nach der Formel $u\,z \times \dfrac{u}{2}$ zu ermitteln.

„Mehr, als der Zuwachs beträgt, soll genutzt werden, wenn ein Überschuß über den normalen Vorrat vorhanden ist, dessen Abnutzung forstwirtschaftlich und ökonomisch rätlich erscheint. Weniger, als der Zuwachs beträgt, soll genutzt werden, wenn der normale Vorrat noch nicht vorhanden ist. Je rascher in diesem Fall durch Zuwachsersparnis der normale Vorrat erreicht werden kann, um so besser ist es, vorausgesetzt daß hierdurch keine wesentlichen ökonomischen Verluste oder wirtschaftliche Fehler veranlaßt werden; keinesfalls aber soll der Ausgleichszeitraum länger als die Umtriebszeit sein.

Unter tunlichster Berücksichtigung dieser Grundsätze ist der Abgabesatz für jeden gegebenen Fall nach Maßgabe der forstwirtschaftlichen Verhältnisse und der besonderen Bedürfnisse des Waldeigentümers festzustellen, wobei wohl zu bedenken ist, wie mißlich besonders für Gemeinden und Körperschaften ein starkes Schwanken des Abgabesatzes in den einzelnen Jahrzehnten ist, und wie sehr dieses Schwanken dem Ansehen der Forsteinrichtung schadet. Ein allmähliches Steigen des Abgabesatzes wird jedem Waldeigentümer viel erwünschter sein als eine starke Erhöhung, welcher wieder ein bedeutendes Zurückgehen in der Nutzung folgen muß. Ebenso verhält es sich umgekehrt. Ferner ist zu berücksichtigen, daß fast in jedem Jahrzehnt außerordentliche Ereignisse und Bedürfnisse auch außerordentliche Nutzungen nötig machen, und daß deshalb sehr häufig der festgestellte Abgabesatz überschritten werden muß, weshalb auch aus diesem Grunde im Zweifelsfalle stets ein etwas geringerer Ansatz zu machen ist.

Dem in obiger Weise festgestellten Abgabesatz an Hauptnutzung sind die Zwischennutzungen nach Maßgabe der Schätzung zuzurechnen.

Überhiebe und Mindernutzungen, welche gemäß der Wirtschaftsordnung im neuen Jahrzehnt wieder eingebracht werden sollen, müssen, soweit sie die Hauptnutzung betreffen, bei Feststellung des neuen Abgabesatzes berücksichtigt werden.

Der Abgabesatz in den nach der Fläche bewirtschafteten Mittel- und Niederwaldungen besteht in dem Ergebnisse der zum Hiebe kommenden Jahresschläge und wird nur nach der Hiebsfläche, nicht nach der Hiebsmasse festgesetzt [1].“

---

[1] Wortlaut der genannten Dienstanweisung.

3. Statistik.

Sie steht in unmittelbarer Verbindung mit der Forsteinrichtung. Um die Einrichtungswerke bezüglich der allgemeinen Beschreibungen einfacher halten zu können, und um über Waldgeschichte und Waldertrag gute Nachweise zu erhalten, wurde die gleichmäßige Durchführung der Statistik in Baden 1869 angeordnet.

Die erstmalige Aufstellung der Forststatistik erfolgt durch die Verwaltungsbeamten, die Fortsetzung und Ergänzung geschieht bei den Einrichtungserneuerungen durch die Taxatoren.

Die Bedeutung einer guten, stetig fortgeführten Statistik für das Forsteinrichtungswesen tritt auch in Baden klar hervor. Die in dieser Beziehung wichtigsten Nachweise der Statistik betreffen [1]:

1. Die Umtriebszeit. In den Staatswaldungen ist für 59,4 % der Fläche die 120 jährige, für 26 % die 100 jährige, für 9,4 % die 90 jährige, für 3,4 % die 80 jährige Umtriebszeit unterstellt.

2. Den Zuwachs. Der wirkliche Zuwachs an Haubarkeitsmasse ist in den Staatswaldungen mit 4,9 fm, der normale mit 5,4 fm angesetzt.

3. Den Vorrat. Er zeigt seit 1862, wo er für den Hochwald 220 fm betrug, ein stetiges Anwachsen bis zum gegenwärtigen Stand, der mit 290 fm beziffert ist. Der normale Vorrat ist zu 299 fm eingeschätzt.

4. Den Abgabesatz. Er beträgt nach dem jetzigen Stande an Hauptnutzung 4,5 fm, an Zwischennutzung 1,6 fm. Die geschlagene Holzmasse ist von 4,67 fm im Jahre 1867 auf 6,31 fm im Jahre 1907 angewachsen.

5. Die Durchschnittspreise, insbesondere diejenigen für die nach der Heilbronner Sortierung gebildeten Stammklassen. Der Durchschnittspreis pro fm ist von 8,63 M. im Jahre 1867 auf 13,71 M. im Jahre 1907 gestiegen.

6. Die Einnahmen, Ausgaben und den Reinertrag. Die Einnahmen auf 1 ha sind in der Zeit von 1867 bis 1907 von 44,03 auf 89,86 M., die Ausgaben von 36,9 auf 41,8 M., der Reinertrag von 26,77 auf 52,31 M. gestiegen.

VI. Im Grofsherzogtum Hessen. [2]

Die Richtungen und Ziele, welche bei Aufstellung der Betriebspläne befolgt und erstrebt werden sollen, werden mit den Worten gekennzeichnet: „Die Bewirtschaftung der Domanial- und Kommunalwal-

---

[1] Statistische Nachweisungen aus der Forstverwaltung des Großherz. Baden für das Jahr 1907.

[2] Nach der „Anleitung zur Ausführung der Forsteinrichtungsarbeiten in den Domanial- und Kommunalwaldungen des Großherzogtums" (endgültig festgestellt im Jahre 1903).

dungen soll auf das Ziel gerichtet sein, bei gebührender Rücksichtnahme auf die Bedürfnisse der Gegenwart den Ertrag qualitativ und quantitativ tunlichst rasch auf das höchstmögliche Maß zu steigern. Um dieses Ziel zu erreichen, muß dahin gestrebt werden, den wirklichen Zuwachs dem normalen möglichst nahe zu bringen."

Als die wichtigsten Mittel zur Herstellung des Normalzustandes werden dann die waldbaulichen Maßregeln hervorgehoben: Rechtzeitige Nutzung kümmernder Bestände, Wahl standortsgemäßer Holzarten und sachgemäße Ausführung der Kulturen, gründliche Bestandespflege, rationeller Durchforstungsbetrieb. Die wichtigsten Vorschriften der Anleitung betreffen:

1. Die Aufstellung der Bestandestabelle.

Das den Wirtschaftsplan am besten kennzeichnende Schriftstück führt die Bezeichnung „Bestandestabelle und Wirtschaftsbuch" und wird nach folgendem Schema aufgestellt:

Distrikt und Abteilung   Holzbodenfläche ... ha

Der Gruppe		Standorts- und Bestandesbeschreibung, Boden, Lage, Himmelsrichtung, Holzarten in Zehnteilen des Bestandes, Begründung, seitherige Bewirtschaftung	Wirtschaftsziel Wirtschaftsmaßnahmen in den nächsten 10 Jahren	Hauptholzart, Alter im Jahre	Bestandsmittelhöhe und Bonität	Sollvorrat an Derb- u. Reisholz nach der Ertragstafel	
lit.	Fläche					für 1 ha	für die Gruppe bzw. Abteilung
	ha $^1/_{100}$						fm
1	2	3	4	5	6	7	8

Reduktionsfaktor	Wirklicher Vorrat an Derb- und Reisholz für die Gruppe bzw. Abteilung	Vorrat an Oberstandsmasse	Laufender nz | wz der nächsten 10 Jahre an Derb- und Reisholz im Durchschnitt pro Jahr u. ha		Schätzung des in den nächsten 10 Jahren zu erwartenden Ertrags an Derb- und Reisholz			
					Haubarkeitsnutzung. a) Oberstandsmasse	b) sonstige Haubarkeitsnutzungen	Zwischennutzungen	
					in der Gruppe bzw. Abteilung		pro ha	in der Gruppe bzw. Abteilg.
	fm		fm		fm			
9	10	11	12	13	14	15	16	17

Ergebnisse der Wirtschaft

Wirtschaftsjahr	Es wurden gefällt:			Kulturen:			Nebennutzungen
	Fläche	Holzmasse	Nähere Bezeichnung der Hiebsart und Nummer des Abzählungs-Protokolls	Pflanzen-, Samenmenge. Art der Kultur	Fläche	Kosten	
	ha	fm | 1/100			ha	M. | Pf.	
18	19	20	21	22	23	24	25

Hierzu sind folgende Erläuterungen gegeben:

Als „Gruppe“ werden solche Teile innerhalb der ständigen Wirtschaftsfiguren (Abteilungen) ausgeschieden, welche nach Standort, Holzart, Alter, Wuchs usw. so wesentlich voneinander abweichen, daß sie einer besonderen Behandlung unterworfen werden. Die Gruppen werden auf den Karten mit kleinen lateinischen Buchstaben bezeichnet und örtlich mit Gräbchen gesichert. Über die Mindestfläche werden keine bindenden Vorschriften gegeben. Es wird vielmehr dem Betriebseinrichter überlassen, zu entscheiden, ob die Abteilungsteile nach Lage, Größe und Form zur besonderen Bewirtschaftung geeignet sind. In dem beigefügten Beispiel kommen Gruppen von 0,3 ha vor.

Liegt die Ursache der Bildung von Gruppen im Standort, so tragen sie einen bleibenden Charakter; liegt sie in den Bestandesverhältnissen, so sind sie vorübergehender Natur. Die Verschiedenheiten sollen alsdann im Laufe der Zeit vermindert oder beseitigt werden.

Die Standorts- und Bestandesbeschreibung erfolgt im Anhalt an die Bestimmungen der forstlichen Versuchsanstalten. Bei den Bestandesbeschreibungen sind Maßregeln der Begründung und Erziehung, welche von wesentlicher Bedeutung für die fernere Entwickelung der Bestände sind, anzugeben.

Die Wirtschaftsziele sollen für den zur Zeit der Aufnahme vorliegenden Bestand in die Pläne eingetragen werden, und zwar stets nach Angabe des Wirtschafters, dessen Mitwirkung bei der Planaufstellung grundsätzlich vorgeschrieben ist. Die Angabe dieses Wirtschaftszieles soll aber nicht immer bindend sein. Sie soll nur einen Wink geben für neu eintretende Beamte. Eine Veränderung des Wirtschaftsziels kann bei Aufstellung des jährlichen Wirtschaftsplans beantragt oder bei dessen Prüfung vereinbart werden. Die dringend notwendigen Maßnahmen der nächsten 10 Jahre sind vom Wirtschaftsbeamten kurz anzugeben.

Als Hauptholzart ist in gemischten Beständen diejenige anzusehen, welche für die Bewirtschaftung maßgebend sein soll.

Für die Bonitierung des Standorts bildet die Höhe den wichtigsten Bestimmungsgrund und Maßstab. Für jede Abteilung bzw. Gruppe soll die Bestandesmittelhöhe durch Messung an mehreren Stämmen von etwa der mittleren Höhe nachgewiesen werden. Auf Grund der Höhen- und Altersermittelung werden die Bonitäten nach Maßgabe der vorliegenden Ertragstafeln festgestellt.

Der normale Vorrat ist aus den Ertragstafeln zu entnehmen. Der wirkliche Vorrat ergibt sich durch Multiplikation des normalen mit einem Reduktionsfaktor, der, wie in Preußen der Vollertragsfaktor, in einem Dezimalbruch ausgedrückt wird.

Der laufende (normale und wirkliche) Zuwachs, der in der Bestandestabelle erscheint, bezieht sich auf denjenigen Teil des Gesamtzuwachses, welcher in den bleibenden Bestand übergeht. Der normale Zuwachs wird dadurch gefunden, daß aus den Ertragstafeln die Haubarkeitsvorratsmasse des Hauptbestandes im Alter a von derjenigen im Alter a + 10 abgezogen und die Differenz durch 10 dividiert wird. Durch Multiplikation des Normalzuwachses mit dem Vollertragsfaktor ergibt sich der wirkliche Zuwachs.

2. Die Berechnung des Vorrats und Zuwachses.

Um den Normalzuwachs und Normalvorrat für ein Revier im ganzen zahlenmäßig darzustellen, ist eine Nachweisung der Standortsbonitäten für die vorkommenden Hauptholzarten erforderlich. Auf Grund der Abschlüsse einer solchen Nachweisung lassen sich mit Hilfe der vorliegenden Ertragstafeln der normale Zuwachs und der normale Vorrat nachweisen. Der Normalzuwachs wird, geordnet nach Holzart und Bonität, als Haubarkeitsdurchschnittszuwachs berechnet. Die Berechnung des normalen Vorrats erfolgt unter Zugrundelegung regelmäßig abgestufter Altersklassen (I. 1—20, II. 21—40 Jahre usw.), deren normale Flächen durch das Verhältnis ihrer Dauer zur Umtriebszeit bestimmt werden. Die Ertragssätze werden für die Mitte der Altersstufen ausgeworfen. Durch Summierung der Ansätze der einzelnen Bonitätsklassen ergeben sich Normalzuwachs und Normalvorrat für die verschiedenen Holzarten, durch Summierung der die letzteren betreffenden Zahlen wird der gesamte Normalzuwachs und Normalvorrat gefunden.

Der Darstellung des wirklichen Vorrats dient die Altersklassentabelle zur Grundlage. Für jede Altersklasse wird die Fläche und der wirkliche Vorrat an Derb- und Reisholz nachgewiesen.

Am Schlusse dieser Nachweisung werden Flächen und Vorrat der einzelnen Altersklassen mit den normalen Altersklassen und dem normalen Vorrat verglichen. Das Ergebnis dient zur Begründung des Etats.

Über die zur Umwandlung bestimmten oder in Frage kommenden Orte sind besondere Übersichten zu fertigen, welche Zuwachs und Normalvorrat der vorhandenen Holzart im Verhältnis zu ihrer Gestaltung nach Einführung der zukünftigen Holzart darstellen.

3. Das Beratungsprotokoll.

Nach Aufstellung der genannten Nachweisung wird ein Beratungsprotokoll aufgenommen, das der Ministerialabteilung zur Genehmigung vorzulegen ist. Dasselbe hat sich zu erstrecken: Auf die in der Folge anzubauenden oder zu begünstigenden Holzarten, auf das Hiebsreifealter derselben, die Zulässigkeit eines einheitlichen Einrichtungszeitraums, auf die zeitliche Ordnung der Durchforstungen, auf die vorhandene Betriebsart, etwaige Umwandlungen, auf die normale Abnutzungsfläche und die Aufstellung von Wirtschaftsregeln.

4. Die Feststellung des Hiebssatzes und die Hiebsführung.

A. Haubarkeitsnutzungen.

1. Hiebssatz.

Den grundlegenden Maßstab für die Abnutzung bildet die normale Abtriebsfläche. Sie ergibt sich aus dem Verhältnis der Gültigkeitsdauer des Betriebsplans zur Umtriebszeit.

Wenn die Bestandesverhältnisse regelmäßig sind, genügt es, daß der Nutzungsplan für ein Jahrzehnt entworfen wird. Unregelmäßige Verhältnisse können es angezeigt erscheinen lassen, die zu erwartenden Nutzungen auf zwei oder mehrere Jahrzehnte zu veranschlagen.

Abweichungen der wirklichen Abnutzung von der normalen sind zu begründen. Als Gründe kommen hauptsächlich in Betracht:

a) **Das Verhältnis zwischen dem wirklichen und normalen Vorrat.** Die vorliegenden Differenzen sind, wenn nicht eine Änderung der Umtriebszeit eintreten soll, zu vermindern. Bei der Bestimmung über die Nutzung eines Vorratsüberschusses und ebenso der Einsparung eines vorhandenen Defizits sollen alle in Betracht kommenden waldbaulichen und finanzwirtschaftlichen Verhältnisse eingehend berücksichtigt werden.

b) **Das Verhältnis der Altersklassen.** In dieser Beziehung ist insbesondere der Vorrat der 2 oder 3 ältesten Klassen zu würdigen. Ist der Nachweis erbracht, daß der wirkliche Vorrat nicht wesentlich vom normalen abweicht, und daß ein entsprechender Teil des Vorrats in den drei ältesten Klassen stockt, so darf die Nachhaltigkeit als gesichert angesehen werden.

c) **Das Verhältnis der Nutzung zum Zuwachs.** Ein Vergleich des Hiebssatzes mit dem wirklichen Zuwachs gibt Aufschluß darüber, ob im nächsten Jahrzehnt eine Verminderung oder Erhöhung des Vorrats erwartet werden darf.

2. Bestimmung der Hiebsorte und Gang der Verjüngung.

Gemäß dem Grundsatz des Verfahrens sollen die schlechtwüchsigsten Orte, deren Zuwachs vom normalen am stärksten abweicht, zunächst zur Nutzung herangezogen werden.

Die zum Hiebe beantragten Bestände werden bei der Begutachtung des Hiebssatzes in nachstehender Folge vorgetragen.

I. Hiebsnotwendige Bestände.

   a) Zuwachsarme Bestände und Bestandesteile.

   b) Oberstandsreste, Aushieb von Stämmen und Wegaufhiebe.

   c) Bestandesteile, welche der Hiebsfolge zum Opfer fallen müssen.

II. Hiebsreife Bestände.

III. Hiebsfragliche Bestände.

Auf eine geregelte Hiebsfolge und eine gute Verteilung der Nutzungen wird hoher Wert gelegt. Mit Rücksicht auf die Gefahren durch Stürme, Insekten u. a. und auf die örtliche Verteilung der Erträge ist das Zusammenlegen großer gleichaltriger Bestandesmassen möglichst zu beschränken. Die Anleitung schreibt deshalb die Bildung kurzer Hiebszüge vor. Die Grenzen derselben sind an Kreisstraßen, Bahnen, Schneisen, Wege, Wasserläufe, Talzüge, Bergkämme usw. zu legen.

3. Holzmassenermittelung.

Von Interesse ist folgende Bestimmung: „Von einer besonderen Aufnahme der innerhalb der nächsten 10 Jahre zur Hauptnutzung vorgesehenen Bestände mittels Messung sämtlicher Stammdurchmesser ist in der Regel abzusehen; es werden der Berechnung des Hiebssatzes die Angaben der Ertragstafeln oder die durch Schätzung ermittelten Beträge zugrunde gelegt. Vorkommende Schätzungsfehler bei dieser nur annäherungsweisen Ermittelung der Haubarkeitsnutzungen können, wenn solche bei der Nutzung der Bestände festgestellt werden, noch innerhalb des 10 jährigen Wirtschaftszeitraums oder bei der am Schlusse desselben stattfindenden Prüfung durch Abänderung des Hiebssatzes Berichtigung finden."

B. Vornutzung.

Für die Durchforstungen, deren Erträge in die genannte Tabelle eingetragen werden, besteht, entsprechend der Haubarkeitsnutzung, ein Flächen- und Massenetat. Der Flächenetat wird so gebildet, daß etwa $^1/_{10}$ der gesamten zu durchforstenden Fläche jährlich zur Nutzung kommt, und daß der Hieb gleichmäßig jüngere und ältere Bestände, vorkommendenfalls auch solche verschiedener Holzarten trifft. Die Veranschlagung der Erträge erfolgt auf Grund der Ertragstafeln, jedoch unter sorgfältiger Berücksichtigung der wirklichen Verhältnisse des betreffenden Bestandes. Mit Rücksicht auf die Schwierigkeit, zutreffende Durchforstungssätze festzusetzen und einzuhalten, ist die Bestimmung getroffen, daß am Schluß der jährlichen Wirtschaftspläne eine Zusammenstellung der periodisch durchforsteten Flächen gefertigt wird. Ergibt sich, daß nach diesem Flächennachweis die Zwischennutzungen nicht rasch genug fortschreiten, so soll eine Erhöhung des Zwischennutzungshiebssatzes und der entsprechenden Fläche eintreten.

5. Kartierung.

Die dem Betriebswerk beizufügenden, im Maßstab 1:10 000 zu fertigenden Bestandeskarten lassen die Altersklassen durch Farbanlage, die Holzarten durch Baumfiguren, die Bonitäten durch gestrichelte Linien verschiedener Richtung hervortreten.

6. Kontrolle.

Die wirksame Kontrolle erstreckt sich auf den Gesamteinschlag an Haupt- und Vornutzung, Derbholz und Nichtderbholz.

VII. Im Grofsherzogtum Sachsen[1]).

Die Bearbeitung der Wirtschaftspläne, die Ausführung der Forstvermessungen und die Überwachung der Einhaltung der Wirtschaftsvorschriften liegt einer ständigen Behörde, der Taxations-Kommission, ob, deren Vorstand alle hierher gehörigen Arbeiten zu leiten hat. Als oberster Grundsatz der Forsteinrichtungsarbeiten gilt die Sicherung der Nachhaltigkeit. Gegenwart und Zukunft sollen in gleicher Weise berücksichtigt werden. Die forstliche Produktion ist so zu leiten, daß einerseits die Bodenkraft erhalten und gehoben wird, andererseits die höchsten Erträge in möglichst kurzer Zeit erzeugt werden.

Die Einteilung in ständige Wirtschaftsfiguren, die Abteilungen heißen, ist in systematischer Weise durchgeführt. In der Ebene ist sie durch ein Netz regelmäßiger Linien bewirkt, im Gebirge folgt sie der Terrainbildung und steht mit dem Wegenetz im Zusammenhang. Die durchschnittliche Größe der Abteilungen beträgt ca. 25 ha. Die Unterabteilungen, welche die Grundlage der Wirtschaftsführung bilden, werden beim Vorhandensein entsprechender Bestandesverschiedenheiten bis zu einer Mindestgröße von ca. $\frac{1}{4}$ ha ausgeschieden.

Die Ermittelung der Holzmassen erfolgt bei den Beständen des ersten Jahrzehnts durch spezielle Aufnahme. Die Resultate derselben werden in einer Übersicht nachgewiesen, welche für die einzelnen Bestände Stammzahl, Durchmesser, Höhe, Formzahl, Stärkezuwachs, Stammgrundfläche, Masse und Zuwachsprozent angibt. Die Ergebnisse der Massenberechnungen werden bei der Taxationsbehörde aufbewahrt. In Verbindung mit der Forsteinrichtung steht, soweit es sich auf den Ertrag bezieht, das forstliche Versuchswesen. Dem Vorstande der Taxationskommission liegt es ob, Versuchsflächen anzulegen, durch welche der Einfluß der verschiedenen Arten der Bestandesbegründung und Behandlung, der Neben- und Zwischennutzungen auf die Entwicklung des bleibenden Bestandes u. a. nachgewiesen wird.

Bei der Beschreibung der einzelnen Unterabteilungen sind Fläche, Standortsgüte, Alter, Höhe und Beschaffenheit der Holzbestände darzustellen. Die Resultate der Bestandesbeschreibungen

---

[1]) Nach Mitteilungen des Herrn Oberlandforstmeisters Dr. Stoetzer

<table>
<tr>
<th colspan="3">Grund und Boden</th>
<th colspan="3">Vorgefundener Holzbestand</th>
<th colspan="6">Eingerichteter Betrieb</th>
</tr>
<tr>
<th rowspan="4">Ortsbezeichnung und Beschaffenheit</th>
<th rowspan="4">Fläche</th>
<th rowspan="4">Standortsgüte</th>
<th rowspan="4">Bestandes-
beschreibung</th>
<th colspan="2">Masse und Zuwachs</th>
<th colspan="6">I. Jahrzwanzigst
von . . .   bis . . .</th>
</tr>
<tr>
<th rowspan="3">pro
ha</th>
<th rowspan="3">im
ganzen</th>
<th colspan="3">1. Jahrzehnt
von . .   bis . .</th>
<th colspan="3">2. Jahrzehnt
von . .   bis . .</th>
</tr>
<tr>
<th rowspan="2">Schlag-
fläche</th>
<th colspan="2">Holzertrag</th>
<th rowspan="2">Schlag-
fläche</th>
<th colspan="2">Holzertrag</th>
</tr>
<tr>
<th>pro
ha</th>
<th>im
gan-
zen</th>
<th>pro
ha</th>
<th>im
gan-
zen</th>
</tr>
<tr>
<td>ha</td>
<td></td>
<td></td>
<td colspan="2">fm</td>
<td>ha</td>
<td colspan="2">fm</td>
<td>ha</td>
<td colspan="2">fm</td>
</tr>
<tr>
<td> </td>
<td></td>
<td></td>
<td></td>
<td></td>
<td></td>
<td></td>
<td></td>
<td></td>
<td></td>
<td></td>
<td></td>
</tr>
</table>

sind in ein Schätzungsregister, welches auch die vorläufigen Betriebs-
bestimmungen enthält, einzutragen. Zugleich ist die Altersklassen-
tabelle aufzustellen, welcher die Periodentabelle (Flächenangriffsplan)
gegenübergestellt wird.

Die Methode der Ertragsregelung ist das kombinierte Fachwerk, welches von Grebe, dem langjährigen Leiter des großherzoglichen
Forsteinrichtungswesens, auch in der Literatur vertreten wurde. Gegenwärtig findet es nur noch in seiner einfachsten Form Anwendung, derart,
daß die Erträge nur für die ersten zwei Perioden nachgewiesen werden.
Der Hauptwirtschaftsplan ist demgemäß nach obenstehendem Schema
aufzustellen.

Die Flächen und Massen der ersten Periode werden getrennt für
das erste und zweite Jahrzehnt nachgewiesen. Die in Festmetern Derbholz
auszudrückenden Erträge werden dadurch hergeleitet, daß zur gegenwärtigen Masse der Zuwachs bis zur Mitte des Nutzungszeitraums hinzugefügt wird. Der jährliche Etat an Hauptnutzung ergibt sich aus
dem Ansatz des ersten Jahrzehnts durch Division mit 10.

Der Durchforstungsbetrieb wird nach der Fläche geregelt.
Die Massen der Durchforstungen werden aber auf Grund örtlicher
Schätzung unter Zuhilfenahme der Ertragstafeln und besonderer Unter-
suchungen in Ansatz gebracht.

Die Kontrolle der Nutzungen und Kulturen wird nach folgendem
Schema geführt (S. 261 unten).

Zur Kontrolle des Durchforstungsbetriebes ist eine besondere
Nachweisung zu führen, in der die durchforsteten Flächen mit den
erfolgten Massen für jedes Jahr angegeben und mit dem Etat verglichen
werden.

Die Revisionen haben in der Regel einen 10 jährigen Turnus
einzuhalten. Bei der Ausführung sollen die allgemeinen Gesichtspunkte

zu . . . .

Schlagfläche	II. Jahrzwanzigst von . . . bis . . .		III. Jahrzwanzigst	IV. Jahrzwanzigst	V. Jahrzwanzigst	VI. Jahrzwanzigst	Anbaufläche im 1. Jahrzehnt	Betriebsbestimmungen
	Holzertrag							
	pro ha	im ganzen						
ha	fm		ha	ha	ha	ha	ha	

klargestellt werden, welche hinsichtlich der Bestimmung der Betriebsarten, der Umtriebszeiten sowie aller auf die Behandlung des Waldes Einfluß übenden Umstände in Betracht kommen.

Die über die Revision aufzustellenden Tabellen haben zunächst die den Betrieb des abgelaufenen Jahrzehnts betreffenden Ergebnisse nachzuweisen; sodann die Dispositionen für das kommende Jahrzehnt. Im übrigen sind die Revisionen (die inhaltlich mit den Maßnahmen anderer Staaten übereinstimmen) von den Veränderungen abhängig, welche im abgelaufenen Jahrzehnt im Waldbestande eingetreten sind.

Jahr	Unterabteilung	Flächen		Holzertrag						Anbau		Nähere Angaben über Art der Hauung und des Anbaues.
		Abtrieb	Zwischennutzung	Nutzholz	Brennholz		Hauptnutzung	Zwischennutzung	Stockholz	Fläche	Kosten	
					Derbholz	Reisholz						
		ha		fm			fm		rm	ha	M.	

VIII. In Elsafs-Lothringen [1]).

Als Grundlage für die Aufstellung neuer Betriebseinrichtungswerke — die für Waldungen, für welche noch keine Pläne vorliegen, nach Ab-

---

[1]) Vorschriften für die Aufstellung und Revision der Forstbetriebseinrichtungswerke, Straßburg 1904.

lauf der 20 jährigen Periode, nach wesentlichen Flächenveränderungen, nach erheblichen Übernutzungen (infolge von Windwurf, Insektenschäden usw.) und bei Umwandlung in andere Betriebsarten zu erfolgen hat — dient das Vorprojekt, welches vom Revierverwalter aufgestellt, vom Forstaufsichtsbeamten geprüft und vom Ministerium genehmigt wird. Dasselbe muß insbesondere den Plan für Einteilung und Wegenetz sowie die Bestimmungen über die Betriebsarten und Umtriebszeiten enthalten.

Die wichtigsten Bestimmungen für die Aufstellung von Betriebseinrichtungswerken betreffen:

1. Die Einteilung.

Die Bildung ständiger Wirtschaftsfiguren (Abteilungen) ist in Verbindung mit der Wegenetzlegung zu bewirken. Die Fläche der zu bildenden Abteilungen soll in Nadelholzbeständen in der Regel 10 bis 15, im Laubholz 15—20 ha nicht überschreiten. Für Mittel- und Niederwald bildet die Einteilung in Jahresschläge die örtliche Grundlage der Wirtschaft. Bei Gemeindewaldungen ist (wie schon in den Ordonnanzen Colberts vorgeschrieben wird) von der zu teilenden Fläche ein Viertel als Reserve in Abzug zu bringen [1]).

Für die Bildung der Unterabteilungen werden keine bindenden Vorschriften gegeben. In größeren Waldungen soll beim Vorkommen verschiedener Holzarten die Mindestgröße der Unterabteilungen 1 ha betragen, wenn eine gute Abgrenzung der Flächen möglich ist. Für Bestandesausscheidungen, welche durch Altersunterschiede oder durch Verschiedenheit des Vollkommenheitsgrades der Bestände bedingt sind, genügt als Mindestmaß 2 ha. Die Ausscheidung erfolgt nur, wenn durch die Verschiedenheiten besondere wirtschaftliche Maßnahmen bedingt werden. Bei in Verjüngung begriffenen Beständen ist eine Ausscheidung vorzunehmen, wenn eine Fläche von mindestens 1 ha im Zusammenhang von Altholz geräumt, und bei Kahlschlagwirtschaft, wenn eine Fläche von mindestens 1 ha abgetrieben ist.

Die Unterabteilungen müssen durch Pfähle und Stückgräben an den Winkelpunkten örtlich bezeichnet und in die Karten eingetragen werden.

Die Bezeichnung der Abteilungen erfolgt, wie in Preußen, bei den Jagen mit arabischen, die der Schläge in Nieder-, Mittel- und Plenterwaldungen mit römischen Zahlen, die der Unterabteilungen mit kleinen lateinischen, des Nichtholzbodens mit deutschen Buchstaben.

---

[1]) „La célèbre ordonnance de 1669 préscrivit la mise en réserve du quart de tous les bois appartenant aux ecclésiastiques, gens de main-morte, communautés, et gens des paroisses; le surplus devait etre divisé en coupes réglées" — Katalog der Weltausstellung zu Paris 1900, Groupe IX, classe 49.

Bei neuen Einteilungen hat die Numerierung der Abteilungen und die Bezeichnung der Unterabteilungen von Nordosten zu beginnen und ist gegen Südwesten fortzuführen, so daß die in der Windrichtung vorliegenden Abteilungen und Unterabteilungen stets die höhere Nummer bzw. die nachfolgenden Buchstaben erhalten.

2. Die Vermessung und Kartierung.

Die Vermessungsarbeiten beschränken sich, da für das ganze Land brauchbare Karten vorliegen, in der Regel auf die Veränderungen der inneren Einteilung. Nach Aufmessung der Abteilungs- und Unterabteilungslinien, Straßen, Wege, Wasserläufe usw. ist ein Exemplar der Spezialkarte — beim Mangel einer solchen eine Kopie der Katasterkarte — vom Taxator auf den vorhandenen Zustand zu bringen. Nach der berichtigten Spezialkarte ist eine Übersichtskarte im Maßstab 1 : 25 000 zu fertigen, welche die Holzarten durch Farbenanlage kenntlich macht. Die Nutzungszeiten werden nur für die der I. und II. Periode zugeteilten Flächen angegeben. Die Flächen der I. Periode sind durch Einschreiben der Zahl I, diejenigen der II. Periode durch die Zahl II, die Flächen, die innerhalb 40 Jahren verjüngt werden sollen, durch die Zahlen I. II, Plenterbestände durch Pl., Waldungen, die nach ästhetischen Rücksichten behandelt werden, durch S zu bezeichnen. — Die für Eichennachzucht bestimmten (in der Regel nicht unter 12 a großen) Flächen müssen im Walde festgelegt und auf der Wirtschaftskarte rot umrändert werden.

3. Die allgemeine Revierbeschreibung.

Sie soll die für die Wirtschaft charakteristischen Faktoren kurz und treffend angeben. Diese beziehen sich auf den allgemeinen Zustand des Reviers in bezug auf Eigentumsverhältnisse, Grenzen, Vermessung usw., die Standortsverhältnisse (Klima, Terrainbildung, Boden); das Vorkommen und Verhalten der Hauptholzarten; die bisherige Bewirtschaftung und ihre Ergebnisse; die künftige Bewirtschaftung, insbesondere die Holzarten, Betriebsarten, Umtriebszeiten; die Aufstellung von Wirtschaftsregeln für Hiebsführung, für Verjüngung und Erziehung der Bestände, die Wegenetzlegung und Einteilung; die Holzverwertung, Nebennutzungen, Jagd u. a.

4. Die spezielle Beschreibung des Standorts und Bestandes.

Die Standortsklassen sind in der Regel, wenn die Unterabteilungen nicht bestimmte Verschiedenheiten besitzen, für die ganzen Wirtschaftsfiguren anzusetzen. Sie werden gemäß dem Ertragsvermögen im Verhältnis zu den vorliegenden Ertragstafeln festgestellt. Die Angaben über Lage und Boden erfolgen nach den vom Verein der forstlichen

Versuchsanstalten vereinbarten Bezeichnungen. Der Boden ist nach seinem mineralischen Gehalt, seiner Frische, Tiefgründigkeit und dem Humusgehalt auf Grund von Bodeneinschlägen zu beschreiben.

Auch die Beschreibungen der Bestände sollen nach der vom Verein der forstlichen Versuchsanstalten gegebenen Anleitung bewirkt werden. Sie sind kurz zu fassen; alle unwesentlichen oder selbstverständlichen Angaben sollen fortbleiben.

5. Die Ausscheidung der Altersklassen.

Die Bildung und Zusammenstellung der Altersklassen erfolgt gesondert nach den einzelnen Holzarten. Beim Vorkommen von verschiedenen Altern werden die Flächen zergliedert. Insbesondere sind die angehauenen Bestände nach Maßgabe des Holzgehalts auf Altholz und Jungwuchs zu verteilen.

6. Der Maßstab der Abnutzung und die periodische Flächenverteilung.

Als Maßstab für die periodische Abnutzung im vorliegenden Wirtschaftszeitraum dient die normale periodische Abnutzungsfläche. Sollen sämtliche Bestände mit derselben Umtriebszeit bewirtschaftet werden, so ergibt sich die normale Abtriebsfläche für eine Periode durch Multiplikation der Holzbodenfläche mit $\frac{20}{u}$. Liegen verschiedene Umtriebszeiten vor, so ist die normale periodische Abnutzungsfläche für jede Holzart nach dem Verhältnis der Periode zur Umtriebszeit besonders festzustellen. Die Gesamtabnutzungsfläche ergibt sich alsdann durch die Summierung der Flächen der einzelnen Holzarten.

Beim Eintragen der Flächen der ersten Periode werden die angehauenen Bestände entsprechend den Altersklassen nach Maßgabe des vorhandenen Holzgehalts reduziert. Eine weitere Verteilung der Bestände für die III., IV., V. und VI. Periode erfolgt nicht mehr. Diese Bestände erscheinen mit ihren Flächen in der Spalte „Spätere Perioden“. Bei der Auswahl der Bestände für die Perioden ist ihrem Verhalten in bezug auf Alter, Wüchsigkeit möglichst Rechnung zu tragen. In Nadelholzbeständen ist auf die Herstellung kleiner Hiebszüge Bedacht zu nehmen.

Das Fachwerk steht hiernach in Elsaß-Lothringen nicht mehr in Anwendung.

7. Die Aufnahme und der Eintrag der Holzmassen.

Mit Rücksicht auf die großen zusammenhängenden Altholzmassen und die lange Verjüngungsdauer der in den reichsländischen Forsten vertretenen Holzarten umfaßt der Berechnungszeitraum, in welchem

die Nutzung des haubaren Holzes stattfinden soll, in der Regel zwei
Perioden. Die Massen aller Nachhiebsreste von Beständen der I. Periode
sowie die haubaren und angehend haubaren Bestände der II. Periode
sind in der Regel durch stammweise Kluppierung zu ermitteln. Für
regelmäßige Bestände der II. Periode ist die Ermittelung des Vorrats
durch Probeflächen gestattet. Sofern die gekluppte Masse in zwei Perioden
genutzt werden soll, ist unter der Gesamtsumme des Vorrats die in die
II. (oder eine spätere) Periode übergehende Masse abzusetzen. Der verbleibende Rest bildet dann die Masse der ersten Periode. Dieser wird behufs Feststellung der Materialabnutzung der Zuwachs, auf Grund von
speziellen Untersuchungen, bis zur Mitte der Periode hinzugefügt. Entsprechend wird auch für die Nutzungen der II. Periode verfahren.

8. Die Herleitung des Abnutzungssatzes.

Er ergibt sich nach den Ergebnissen der Holzmassenaufnahme durch
Division mit 20. Der in fm Derbholz festzusetzende Abnutzungssatz
ist gesondert darzustellen einerseits nach Haupt- und Vornutzung,
andererseits nach den vier Holzartengruppen: Eiche, Buche, anderes
Laubholz, Nadelholz.

In den Gemeindewaldungen ist von der ermittelten Hauptnutzung
ein Viertel abzusetzen.

9. Die Ertragsregelung im Mittel- und Niederwald.

Die Jahresschläge des Mittel- und Niederwaldes sind in geregelter
Folge — im Überschwemmungsgebiet in der Richtung des Wasserlaufs —
aneinander zu reihen.

Im Mittelwald ist das Oberholz geordnet nach Altersklassen zu
kluppen. Der Zuwachs ist für die einzelnen Klassen besonders zu berechnen. Nach den Massen und dem Zuwachs wird die Nutzung und der
Überhalt beim ersten Abtrieb eingeschätzt und auch für den zweiten Umtrieb der verbleibende Vorrat nachgewiesen.

10. Die Ertragsregelung im Plenterwald[1]).

Der Abnutzungssatz wird aus dem wirklichen Zuwachs und nach dem
Verhältnis des wirklichen zum normalen Vorrat ermittelt; entsprechend
der Formel von K. Heyer $e = wz + \dfrac{wv - nv}{a}$.

Zur Ermittelung des wirklichen Vorrats sind die Stämme von
8 cm Durchmesser ab zu kluppen. Der wirkliche Zuwachs ist durch

---

[1]) Für diesen ist eine besondere kurze Anleitung („Vorschriften für die
Aufstellung der Forstbetriebseinrichtungswerke für Plenterwald“, Straßburg
1905) erlassen.

spezielle Untersuchung an Stämmen verschiedener Stärkeklassen zu ermitteln, der normale Vorrat nach der Formel $\frac{u\,Z}{2}$ (Z = Haubarkeitsdurchschnittszuwachs). Die Höhe des Ausgleichungszeitraums wird in jedem Einzelfall auf Grund besonderer Erwägung festgesetzt. Die Umlaufszeit, binnen welcher der Hieb an derselben Stelle wiederkehrt, soll nicht zu hoch (in der Regel auf 7—9 Jahre) angesetzt werden.

11. Der generelle Kultur- und Wegebauplan.

Für alle Betriebsarten werden dem Betriebsplan Kultur- und Wegebaupläne beigefügt.

Die Kulturpläne erstrecken sich außer auf die Bestandesbegründung, Pflanzenerziehung und den Samenbezug auch auf die Schlag- und Baumpflege. Von besonderem Interesse ist die Betonung der Bodenpflege. Die auf sie bezüglichen Arbeiten bestehen in Be- und Entwässerungsanlagen und deren Unterhaltung, sowie in der Herstellung von Schutzgräben und Laubfängen.

Für den Entwurf, den Bau- und die Unterhaltung der Holzabfuhrwege werden eingehende Vorschriften gegeben.

12. Die Revision der Betriebseinrichtungswerke.

Sie soll in der Mitte der 20 jährigen Periode stattfinden. Die Art und der Umfang der vorzunehmenden Arbeiten ergibt sich aus den Anforderungen, die an die Pläne gestellt werden, und den Veränderungen, welche durch den Gang der Wirtschaft oder äußere Einflusse in der ersten Hälfte der Wirtschaftsperiode eingetreten sind.

Die bei der Revision aufzustellenden Nachweisungen betreffen: die Arealveränderungen, die jährliche Abnutzung und ihre Vergleichung mit dem Soll des Betriebsplans, die Zusammenstellung der Endhiebe und ihre Vergleichung mit dem Schätzungssoll, die außerplanmäßigen Hiebe, die Vornutzungserträge, die Ausführung und Kosten der Kulturen, die Veränderungen der Berechtigungen, den Einfluß der Nebennutzungen, die Ausführung der Wegebauten u. a.

IX. In Österreich[1]).

Die in forsttechnischer Beziehung wichtigsten Bestimmungen der Instruktion für die Betriebseinrichtung der österreichischen Staatsforsten betreffen:

---

[1]) Instruktion für die Begrenzung, Vermessung und Betriebseinrichtung der österreichischen Staats- und Fondsforste, 3. Aufl., 1901.

1. Die innere Einteilung der Reviere.

Sie beginnt, sofern es nötig erscheint, mit der Ausscheidung der Schutz- und Bannwälder. Besondere Schutzwaldgürtel sind da auszuscheiden, wo der Wald bis zur Vegetationsgrenze reicht und der Charakter des Plenterwaldes durch die Standortsverhältnisse vorgeschrieben wird. Für den Wirtschaftswald kommt die Ausscheidung von Betriebsklassen, Hiebszügen, Abteilungen und Unterabteilungen in Betracht.

a) Betriebsklassen.

Verschiedene Betriebsklassen, innerhalb welcher ein unabhängiger Betrieb der Holznutzungen stattfindet, sollen für größere zusammenhängende Waldungen bei verschiedener Richtung des Transports und Absatzes, bei abweichender Betriebsart (Samenwald, Ausschlagwald), bei ungleicher Schlagform (Kahlschlag, Femelschlag, Femelwald), bei verschiedener Umtriebszeit und beim Vorhandensein von Wirtschaftsbeschränkungen gebildet werden.

b) Hiebszüge.

Die Betriebsklassen sind, wo die Hiebsfolge von Bedeutung ist, in Hiebszüge zu zerlegen, die als „eine zusammenhängende Reihe von Schlägen" definiert werden. Ihre Bildung wird vom Terrain, von der Holzart und der Art der Verjüngung abhängig gemacht. Die Größe der Hiebszüge wird durch die Größe der Wirtschaftseinheit, die Holz- und Betriebsart, die Schlagführung und die Bringungsverhältnisse bestimmt. Mehr als drei Abteilungen soll ein Hiebszug in der Regel nicht umfassen.

Die Begrenzung der Hiebszüge erfolgt durch die von der Natur gebildeten Terrainlinien, durch Wege und Wirtschaftsstreifen. Diese werden neben den Einteilungslinien in einer Breite von 5—8 m aufgehauen, damit sich an ihren Seiten allmählich sturmfeste Bestandesränder bilden. Auf den Karten werden die Hiebszüge durch Pfeile bezeichnet, ihre Trennungslinien mit großen Buchstaben. Sind jüngere Orte, die durch den Abtrieb vorgelagerter älterer Bestände dem Winde ausgesetzt werden, zu schützen, so werden längs der zu bemantelnden Seite derselben Loshiebe eingelegt.

c) Abteilungen.

Die Grenzen der Betriebsklassen und Hiebszüge geben den Rahmen für die der Abteilungen ab. Ihre Bildung soll sich in ihren Hauptlinien teils den Bergrücken und Taleinschnitten, teils bestehenden Straßen, Eisenbahnen usw. anschmiegen. Wo diese zur Markierung der Einteilung nicht ausreichen, sind zu ihrer Vervollständigung unter

Berücksichtigung der Bestandesverschiedenheiten künstliche Schneisen zu projektieren. Die Längsseiten der Abteilungen, die mit der Breite der Hiebszüge übereinstimmen, sollen 800—1000 m, die Breitseiten etwa $\frac{2}{3}$ der Länge betragen. Alle Anfangs- und Endpunkte, alle Kreuzungs- und Brechungspunkte zweier oder mehrerer Einteilungslinien, die wichtigsten Winkelpunkte gebrochener Linien und die Wegekreuzungen sind mit Sicherheitsmarken zu versehen.

d) Unterabteilungen.

Als Bestimmungsgründe für die Bildung der Unterabteilungen werden angegeben:

Verschiedenheit der Betriebsart und Behandlung; Verschiedenheit der Holzart in reinen Beständen; Verschiedenheit des Mengungsverhältnisses, falls es von wirtschaftlicher Bedeutung ist; Verschiedenheiten des durchschnittlichen Bestandesalters (bei Jungwüchsen, Stangen- und Mittelhölzern des Samenwaldes im schlagweisen Betrieb von mehr als 10 Jahren, bei Althölzern von mehr als 20 Jahren); auffallende Unterschiede in der Standortsgüte oder Ertragsfähigkeit, wenn sich diese in der ungleichen Entwicklung derselben Baumart, namentlich im Höhenwuchs auf zusammenhängenden Flächenteilen, deutlich ausprägen; merkbare Verschiedenheiten in der Bestockung; Aufforstungsbedürftigkeit.

Hinsichtlich der Mindestgröße der Abteilungen wird bemerkt, daß Bestandesverschiedenheiten unter 0,6 ha im Samen- und Ausschlagwald der geodätischen Fixierung nicht bedürfen. Verschiedenheiten kleineren Umfangs können auf der Spezialkarte graphisch und bei der Bestandesbeschreibung in Worten angedeutet werden. Die bleibend ausgeschiedenen Unterabteilungen werden mit kleinen lateinischen Buchstaben bezeichnet.

Im Walde sind die Scheidelinien der Holzbestands-Unterabteilungen mittels kleiner Tafeln, unschädlicher Schalme, lichter Ölfarbenringe oder Zeichen mit dem Reißer an Bäumen und Stangen in den alten Beständen, mittels schmal aufgehauener Gäßchen in Jungwüchsen ersichtlich und auffindbar zu machen.

2. Die Aufnahme und Darstellung des Waldzustandes.

a) Die Aufstellung von Ertragstafeln.

Allgemein ist bestimmt, daß bei der Einrichtung der Staatsforstreviere für die verschiedenen Betriebsarten, Holzarten und Standortsklassen Ertragstafeln aufgestellt werden sollen. Dieselben sind nach Auswahl und Kombination passender Probeflächen, die beim Beginn und während der Bestandesbeschreibung und Massenerhebung für diesen

Zweck besonders genau aufzunehmen sind, zu begründen. Die Art der erforderlichen Erhebungen und Berechnungen ergibt sich aus nachstehendem Formular:

Alter	Stammzahl	Stammgrundflächensumme (m²)	des Mittelstammes Durchmesser (cm)	Mittlere Bestandeshöhe (m)	Durchschnittlich jährlicher Höhenzuwachs	Holzmasse — Derbholz	Holzmasse — Derbholz samt Reisig	Zuwachs — Durchschnittlich jährlicher	Zuwachs — Altersdurchschnitts-	%	Zwischenbestand — Derbholz samt Reisig (fm)

1,3 m über dem Boden

Bei jeder Klasse der aufgestellten Ertragstafeln ist anzudeuten, welcher Klasse der am meisten bekannt gewordenen allgemeinen Ertragstafeln sie in den Massenvorräten der höheren Altersstufen nahe oder gleich steht.

b) Die Beschreibung der einzelnen Bestände.

Sie erstreckt sich insbesondere auf:

1. Angaben über die Beschaffenheit des Bodens (Untergrund, Wurzelraum, Humusgehalt, Decke) und der Lage (Neigungsgrad, Exposition, Freilage usw).

2. Holzart, Mischungsverhältnisse und wirtschaftliche Form des Bestandes. Das Verhältnis der Holzarten in gemischten Beständen wird unter Beschränkung auf den Hauptbestand, nach dem Anteil des Standraums, welcher den einzelnen Holzarten zukommt, in Zehnteln ausgedrückt.

3. Das Bestandesalter. Dasselbe ist sowohl nach seinen Grenzen und seinen Verschiedenheiten als auch nach seinem Durchschnitt anzugeben.

Die Zusammenfassung und Nachweisung der Altersklassen erfolgt durch die Altersklassentabelle. Sie wird nach Betriebsklassen getrennt gehalten. Die Abschlüsse müssen sowohl die Zahlen für diese als auch für die Reviere und Revierteile im ganzen nachweisen.

Die Verjüngungsflächen werden mit ihrer vollen Fläche in die Spalte „Verjüngungsklasse" eingetragen. Daneben erscheinen sie aber auch in den Spalten des Altholzes, des Jungwuchses und der Blößen, und zwar tunlichst genau nach dem Verhältnis, in welchem diese drei Verschiedenheiten tatsächlich in den Beständen vorhanden sind.

4. Holzertragsanzeiger. Als Maßstab für die Leistung der Bestände dienten:

a) Die Bestandesmittelhöhe;

b) die Stammgrundflächensumme;

c) die Standortsklasse. Ihr ist stets die Holzart, auf welche sie sich bezieht, beizufügen. In gemischten Beständen wird nur die Hauptholzart berücksichtigt;

d) die gegenwärtige Bestockung in Anteilen der vollen, die $= 1$ gesetzt wird. Die Bestockung gilt als voll, wenn der Massenvorrat des Bestandes diejenige Höhe pro Hektar zeigt, welche die Ertragstafel der betreffenden Standortsgüte, Holz- und Betriebsart für die entsprechende Altersstufe angibt.

5. Der Holzmassenvorrat pro Hektar und zwar an:

a) Hauptbestandsmasse. Sie wird nach der Definition der Instruktion durch diejenigen Stämme gebildet, welche entweder sämtlich im nächsten Jahrzehnt zum Einschlag gelangen, oder welche den Haubarkeits- und Zwischennutzungsertrag erst vom zweiten Jahrzehnt ab liefern sollen.

b) Zwischenbestand (Nebenbestand). Zu diesem zählt die Instruktion „alle unterdrückten, beherrschten oder den Hauptbestand unterdrückenden, daher bald zu beseitigenden Hölzer, insoweit die beiden letzteren Stammklassen, ohne Bestandeslücken zu verursachen, entnommen werden dürfen". Solche Zwischennutzungsmassen, welche voraussichtlich im kommenden Jahrzehnt nicht zur Verwertung gelangen können, bleiben bei der Einschätzung unberücksichtigt.

6. Der Durchschnittszuwachs im Alter zur Zeit des wahrscheinlichen Abtriebs. Hierbei bleiben solche Kulturen, welche wegen der Einwirkung schädlicher Naturereignisse oder aus anderen Gründen als noch nicht völlig gesichert anzusehen sind, unberücksichtigt.

7. Das Massenzuwachsprozent, berechnet nach der Formel:

$$a = \frac{200}{n} \left(\frac{M - m}{M + m} \right).$$

Die Faktoren der Massen- und Zuwachsberechnung sind in Jung- und Mittelhölzern in der Regel mit Hilfe von Ertragstafeln anzusprechen. In angehend haubaren und haubaren Beständen ist dagegen stets eine genaue Erhebung des Vorrats und Zuwachses durchzuführen. In ungleich bestockten und solchen Orten, die unter 2 ha Fläche umfassen, findet eine vollständige Kluppierung statt. In regelmäßigen Beständen sind Probeflächen von 5—10% der Bestandesfläche in passender Lage auszuwählen.

Die Berechnung der Holzmassen erfolgt unter Zugrundelegung von Mittelstämmen, die nach Maßgabe der vorliegenden Höhen und Stärken so zu wählen sind, daß sie in ihrer Summe den Bestand im kleinen repräsentieren.

Alle Massen- und Zuwachserhebungen sind in einer Tabelle zusammenzustellen und dem Betriebswerk beizufügen.

8. Das Qualitätszuwachsprozent, berechnet nach der Formel:

$$b = \frac{200}{n} \left(\frac{Q - q}{Q + q}\right),$$ wobei $Q - q$ die durchschnittliche Nettowertdifferenz, $Q + q$ die Wertsumme des Durchschnittsfestmeters Holz zweier Stufen, n die Anzahl Jahre bedeutet, welche der Stamm gebraucht, um aus der einen in die andere Stufe zu wachsen.

9. Das Weiserprozent, berechnet nach der Formel:

$$W = \frac{H}{H + G} (a + b),$$ wobei H den mittleren Bestandeswert, G das aus Boden-, Verwaltungs- und Kulturkostenkapital gebildete „Grundkapital" im Sinne Preßlers bedeutet.

Die Ansätze zu 7, 8 und 9 sind nur dann (für angehend haubare und haubare Orte) zu erheben und zu berechnen, wenn der Ertragsberechnung die finanzielle Umtriebszeit zugrunde gelegt wird.

10. Bemerkungen über die wirtschaftliche Behandlung des Bestandes (Zeit und Art der Nutzung, Läuterung, Durchforstung, Aufästung, Aufforstung, Entwässerung u. a.).

c) Die allgemeine Beschreibung.

Sie soll die natürlichen, rechtlichen, politischen, forstwirtschaftlichen, kommerziellen, finanziellen und organisatorischen Verhältnisse in der Gegenwart darstellen. Es sind insbesondere zu behandeln: Die Größe des Wirtschaftsganzen, geordnet nach Holzboden und Nichtholzboden, und die Benutzung des letzteren; die Einfügung des Wirtschaftsbezirkes in die Landeseinteilung; die Eigentums- und Rechtsverhältnisse; die Eigentumsbegrenzung; die Umgebung des Waldes nach Kulturarten; die Gewässer im Walde und in seiner Umgebung; die vorkommenden Gebirgs- und Bodenarten, Lage, Klima, atmosphärische Einwirkungen; die Holzbestandsverhältnisse, ihre Geschichte und seitherige Bewirtschaftung; Nachweise des Material- und Geldertrages an Holz, Nebennutzung, Jagd und Fischerei; die Wald- und Marktpreise des Holzes, Angaben über Personalverhältnisse u. a.

3. Die Feststellung des Hiebssatzes.

Derselbe wird für ein Jahrzehnt aufgestellt. Die Nutzungen werden als Haubarkeitsnutzungen, Zwischennutzungen und Zufallsnutzungen unterschieden. Zur Haubarkeitsnutzung gehören alle Erträge aus den für den nächsten Wirtschaftszeitraum vorgesehenen Nutzungsflächen; sodann aus den zufälligen Nutzungen dasjenige Material, durch dessen Einschlag oder Wegnahme entweder ein junger Nachwuchs oder eine aufforstungsbedürftige Fläche von mindestens 0,3 ha zurückbleibt. Die kleinern Ergebnisse von Wind-, Schnee-, Eisbruch-, Insekten- und Frevelhölzern werden dagegen als zufällige Nutzung behandelt und gesondert eingetragen. Der Ertrag aus Durchreiserungen, Durchforstungen und sonstigen Pflegehieben sowie aus der Nutzung der Ausständer in Jungbeständen gehört der Zwischennutzung an.

a) Haubarkeitsnutzung.

Die Grundlage für die dem nächsten Wirtschaftszeitraum zu überweisende Nutzung bildet die normale Abtriebsfläche. Sind die Verhältnisse regelmäßig, so wird diese tunlichst eingehalten. Bezüglich der Bestimmung der Umtriebszeit, von welcher die Abtriebsfläche abhängig ist, wird bemerkt: Wenn keine zwingenden Gründe, hervorgehend aus der rechtlichen Verpflichtung des Waldeigentümers oder aus den Bedingungen des Holztransports oder des Holzmarktes, zur Beibehaltung des bisherigen, namentlich aber eines sehr hohen Haubarkeitsalters vorhanden sind, dann ist das Streben, die entsprechende Verzinsung der im Walde geborgenen Anlage- und Betriebskapitalien im Forstreinertrag zu erzielen, für die Höhe der Umtriebszeit maßgebend. Als hiebsreif werden demgemäß solche Bestände bezeichnet, deren Weiserprozent unter den angenommenen Wirtschaftszinsfuß gesunken und deren Einschlag bei Beachtung der unabweisbaren Hiebsordnung möglich ist.

Unbedingt dem nächsten Wirtschaftszeitraum zur Abnutzung zu überweisen sind ferner die wirtschaftlich notwendigen Loshiebe und Sicherheitsstreifen, lückige und zuwachsarme Bestände, deren baldige Verjüngung mit Rücksicht auf Zuwachsleistung und Bodenzustand erwünscht ist, sowie endlich solche Bestände, welche der Hiebsfolge zum Opfer fallen müssen.

Bei vorhandener Unregelmäßigkeit des Waldzustandes sind die Hiebsflächen nach dem Vorhandensein hiebsreifer Orte zu korrigieren. Die Instruktion schreibt vor: „Behufs Ermittelung des jährlichen Haubarkeitsertrages beim jährlichen Betriebe ist für jede Betriebsklasse auf Grund der Altersklassentabelle darzustellen, ob hiebsreife bzw. hiebsfähige Bestände und nachrückende jüngere Altersstufen in genügendem Flächenverhältnis vorhanden sind, ob und auf wie lange der Einschlag von ausreichend hiebsreifen Bestandesvorräten einzuschränken, oder ob auf Grund der allgemeinen Betriebsvorschriften eine raschere Nutzung der etwa vorhandenen Massenüberschüsse erwünscht oder gerechtfertigt ist." Der Zeitraum, innerhalb dessen eine Herbeiführung der normalen Altersklassen angestrebt wird, ist gutachtlich festzusetzen.

Neben der Ermittelung der normalen Abtriebsfläche erhält der Etat eine weitere Begründung durch die Darstellung der seitherigen Nutzungen und die Nachweisung des Einflusses, welchen diese Nutzung auf die Entwickelung der Altersklassen gehabt hat. Das Altersklassenverhältnis wird deshalb für eine längere Zeit nachgewiesen. Diese Vergleichungen und Erwägungen — sagt die Instruktion am Schlusse dieses Abschnittes — werden zu einer endgültig ermittelten Hiebsfläche führen; und der auf der letzteren erhobene Massenvorrat, vermehrt um den auf die Mitte des Wirtschaftszeitraums berechneten laufenden Zuwachs, bildet den Massenhiebssatz für das Jahrzehnt.

In den einzelnen Betriebsklassen ist die strenge Nachhaltigkeit, abgesehen von solchen Waldungen, die mit Servituten stark belastet sind, nicht erforderlich.

b) Vornutzungen und zufällige Nutzungen.

Die Vornutzungen werden als Läuterungen, Durchreiserungen, Durchforstungen, Säuberungen und Nutzungen der Ausständer in Jungbeständen unterschieden. Der Hiebssatz für die Zwischennutzung ergibt sich durch Summierung des bei den Bestandesbeschreibungen für die einzelnen Unterabteilungen angesetzten, dem Zwischenbestand angehörigen Materials, sofern dasselbe voraussichtlich auch verwertbar ist. Der Ansatz für zufällige Nutzungen ist für jede Betriebsklasse summarisch nach den Aufzeichnungen vergangener Jahre oder nach Erfahrungssätzen einzustellen.

c) Ertragsermittelung im Plenterwalde.

Mit Rücksicht auf den meist an erster Stelle stehenden Schutzwaldcharakter des Plenterwaldes und die häufig vorkommende Unmöglichkeit einer regelmäßigen Verwertung des Einschlags wird in den meisten Fällen auf die Bestimmung eines nachhaltigen Hiebssatzes nach einem bestimmten Verfahren verzichtet und die Nutzung nur gutachtlich angesetzt.

4. Kontrolle und Revision.

Um die Veränderungen, welche im Laufe des Wirtschaftszeitraums eintreten, nachzuweisen, sind von der Verwaltung eine Anzahl Schriftstücke zu führen, welche die Ansätze des Betriebsplans und seine Ausführung kontrollieren und der Revision zur Grundlage dienen sollen. Von denselben sind insbesondere hervorzuheben:

a) **Das Gedenkbuch.** Es entspricht dem allgemeinen Teil des preußischen Hauptmerkbuchs. Es sollen in ihm alle vorkommenden Veränderungen, sofern dieselben nicht durch den planmäßigen Abtrieb der Bestände erfolgen, verzeichnet werden. Insbesondere die Veränderungen geometrischer Art, die Umgestaltung der Holzbringungsanstalten und Kommunikationsmittel, bedeutsame Schäden durch Menschen, Naturereignisse, Brände usw., Nachweise über Jagd und Fischerei, Arbeiterverhältnisse, statistische Nachweise über Massen- und Werterträge, Wildbachverbauungen, forstliches Versuchswesen, Personalien u. a.

b) **Das Wirtschaftsbuch.** Dasselbe entspricht dem preußischen Kontrollbuch nebst dem speziellen Teil des Hauptmerkbuchs und zerfällt in zwei Teile. Der erste gibt für jede einzelne Unterabteilung (Kontrollfigur) den Materialeinschlag in zusammenfassenden Zahlen, getrennt nach Nutz- und Brennholz, Hart- und Weichholz, Haubarkeits-, Zwischen- und Zufallsnutzung nebst den zugehörigen Hiebsflächen; sodann die ausgeführten Aufforstungen, getrennt nach Saat und Pflanzung, sowie Entwässerungen und die Arbeiten der Schlag- und Bestandespflege.

Der zweite Teil enthält die jährlichen Zusammenstellungen des Einschlags von dem ganzen Wirtschaftsbezirk und die Kontrolle des wirklich erfolgten Einschlags mit der Schätzung.

c) **Nachweisungen** über Veränderungen im Grundbesitz, Ergebnisse der durchgeschlagenen Bestände und Vergleich gegen die Schätzung, Vergleichung des Einschlags mit dem Hiebssatz nach Masse und Fläche, Zusammenstellung außerplanmäßiger Hiebe, Nachweisung der Kulturen und deren Kosten, die Einnahmen und Ausgaben, Material- und Gelderträge u. a.

Die Revisionen werden eingeteilt in Zwischenrevisionen, welche im Laufe des Wirtschaftszeitraums durch unvorhergesehene Umstände (Bruch, Insektenschäden u. a.) notwendig werden, und in regelmäßige, periodische Revisionen, welche im letzten Jahre des Jahrzehnts, für welches der Betriebsplan aufgestellt war, vorzunehmen sind. Als die wichtigsten Aufgaben der periodischen Revision werden angegeben: Erstens die Untersuchung, ob die abgelaufenen Betriebspläne in allen Teilen genau eingehalten wurden, ob und inwieweit die vorgekommenen Abweichungen gerechtfertigt sind, und wie sich die Bestimmungen des abgelaufenen Betriebsplans im einzelnen und im ganzen bewährt haben. Zweitens die Berichtigung der vorhandenen bzw. die Beschaffung der zur Aufstellung der neuen Betriebspläne für das nächste Jahrzehnt notwendigen geodätischen und taxatorischen Unterlagen. Drittens die Verfassung der Betriebspläne für das nächste Jahrzehnt.

Der Umfang, in welchem die Revisionen vorzunehmen sind, ist nach Lage der Verhältnisse sehr verschieden. Im allgemeinen müssen die betreffenden Arbeiten nach Maßgabe der Bestimmungen für neue Forsteinrichtungen ausgeführt werden.

X. In Frankreich.[1])

Von außerdeutschen Ländern bietet hinsichtlich der Methoden der Forsteinrichtung nächst Österreich Frankreich am meisten Interesse, insbesondere deshalb, weil einige der dortigen Maßnahmen zu den Regeln, die in den meisten deutschen Staaten Geltung haben, in auffallendem Gegensatze stehen.

Für den Stand des französischen Forsteinrichtungswesens sind die Eigentumsverhältnisse in besonderem Grade von Einfluß. Seither wurde in Frankreich ziemlich allgemein die Ansicht vertreten, daß die Privaten überhaupt zur forstlichen Produktion nicht geeignet seien. Man nahm an, die Schwierigkeit der Beurteilung der zukünftigen Bedürfnisse und die Unsicherheit der Ertragsnachweise stehe den Grundsätzen und Zielen der Privatwirtschaft entgegen. Die Erzeugung des Holzes, namentlich der besseren Sortimente, sei Aufgabe des Staates und der Gemeinden. Dieser Anschauung entsprachen die tatsächlichen Waldzustände des Landes, die nach den Eigentumsverhältnissen sehr ver-

---

[1]) Der nachstehenden Darstellung liegen (abgesehen von einer Reise nach Frankreich) einige Betriebswerke elsässischer Reviere von 1862 und 1864 zugrunde, die dem Verfasser von den Herren Oberforstmeister Pilz in Straßburg und Forstmeister Kautzsch in Selz zur Kenntnis gütigst mitgeteilt wurden. Ferner die Schrift von Tassy: „Études sur l'aménagement des forêts." Paris 1872. — Aus den Kundgebungen französischer Forstwirte (Huffel-Nancy und de Gail-Epinal) auf dem Internat. Landw. Kongreß in Wien (1907) ist aber zu entnehmen, daß man bei der Ertragsregelung in Frankreich in der Neuzeit mit der Schablone, wie sie in den alten Betriebswerken zum Ausdruck kommt, gebrochen hat und sich den durch die Wirtschaftsgeschichte und den Standort gegebenen Verhältnissen tunlichst anzupassen sucht. de Gail schloß sein Referat zu dem Thema: „Neue Ziele und Methoden in der Forsteinrichtung" mit den Sätzen: „Der Forsttechniker, welcher mit der Einrichtung oder Revision eines Forstbetriebs betraut wird, halte sich frei von jeder vorgefaßten Meinung oder Schulrichtung.... Hat die bisherige Methode befriedigende Erfolge aufzuweisen, so ist sie beizubehalten...... An manchen Orten hat sich das Flächenfachwerk bewährt und ist hier beizubehalten..... In vielen Forsten hat sich das Periodenfachwerk nicht bewährt.... Das war der Anlaß entweder zur Methode du quartier de régeneration (Auswahl der verjüngungsfähigen Bestände und Verjüngung derselben in einem von der Umtriebszeit und der Periodendauer unabhängigen Verjüngungszeitraum) oder zur Methode du traitement varié (freie Anpassung an die örtlich gegebenen Bestandesverhältnisse) überzugehen. Überhaupt soll die Einrichtung so erfolgen, daß man jedem Bestande die ihm eben am besten zusagende Behandlung angedeihen lassen kann und ihn so dem Nutzungsalter unter den günstigsten Bedingungen entgegenführt."

schieden sind. Im Staatswald herrscht der Hochwald mit langer Umtriebszeit vor, in den Gemeindeforsten der Mittelwald, in den Privat-
waldungen der Niederwald. In der neueren Zeit haben sich jedoch,
wie auch gelegentlich der Weltausstellung in Paris [1] ausgesprochen
wurde, die Verhältnisse wesentlich verändert. Infolge der Zunahme
der Werte des Holzes und der Abnahme des Zinsfußes ist auch für
Private die Erziehung starker Hölzer rentabel geworden.

A. Hochwald.

Die wesentlichsten Gegenstände der Forsteinrichtung, über die
man sich ein Urteil zu bilden imstande ist, betreffen die Einteilung
der Waldungen, die Methoden der Ertragsregelung, die Lagerung der
Periodenflächen und die Feststellung des Abnutzungssatzes.

1. Einteilung.

Die französischen Staats- und staatlich administrierten Waldungen
sind in séries eingeteilt. Dies sind örtlich zusammenliegende Waldflächen mit einheitlichem Absatz und in sich nachhaltigem Betrieb,
die häufig mit den Schutzbezirken (triages) zusammenfallen. „On
entend par série une partie de forêt, destinée à être soumise à un plan
spécial d'exploitation et à fournir par conséquent une suite de coupes
annuelles" [2]. Die séries entsprechen hiernach etwa den preußischen
Blöcken. Daneben besteht auch eine Teilung in sections. „On entend
par section une partie de forêt qui se distingue du surplus par le mode
d'exploitation" (taillis, futaie régulière, futaie jardinée [3] etc.). Die
Bildung der sections wird hiernach vorzugsweise durch die Betriebsart
(régime) und die Behandlung (mode de traitement) hervorgerufen;
sie entsprechen den deutschen Betriebsklassen. Die séries werden
weiter in affectations (Periodenflächen) eingeteilt.

Im Rahmen der angegebenen Betriebsverbände erfolgt die Ausscheidung der parcelles. Sie sind die Bestandeseinheiten und bilden
die Grundlage für die Einrichtung und Führung der Wirtschaft. In
jedem canton (Forstort) sollen solche Teile voneinander gesondert
werden, „qui diffèrent entre elles soit par l'essence ou par l'âge des bois,
soit par la situation, l'exposition, la végétation ou la consistance du
peuplement, de sorte que toute la parcelle soit susceptible du même
traitement [4]." Die Parzellen werden in den Büchern und auf den

---

[1] Ausstellungs-Katalog, Gruppe IX, Klasse 49, S. 3.
[2] Tassy, Études, p. 385.
[3] A. a. O.
[4] Wortlaut französischer Betriebswerke.

Karten unterschieden als divisions, welche eine bleibende Bedeutung
haben, und subdivisions, welche im Laufe der Zeit eingehen sollen.
Die Parzellen werden durch Steine an den Kreuzungspunkten markiert;
ihre Grenzen werden durch schmale Aufhiebslinien oder durch Schalme
bezeichnet [1]).

Für die einzelnen Parzellen werden Beschreibungen nach folgendem Schema gefertigt:

État descriptif des divisions et subdivisions.

Cantons	Divisions et subdivisions	Contenance des		Situation et altitude	Exposition	Déclivité	Nature du sol	Proportion des essences	Age des bois	Nature et consistance du peuplement	Végétation	Observations
		sub-divisions	divisions									

2. Die Methode der Ertragsregelung.

Sie ist die des Flächenfachwerks [2]), wie aus den Formularen, nach
welchen die Betriebspläne für die Staats- und Gemeindeforsten aufgestellt werden, zu ersehen ist. Für jede Periode werden hiernach
die Flächen der Haubarkeits- und Zwischennutzungen nachgewiesen.
Anzahl und Länge der Perioden sind je nach Holzart und Wirtschaftsgebiet verschieden. Für die Eiche in Mittelfrankreich sind
8 Perioden zu 25 Jahren gebildet, für die Buche meist 6 zu 20 Jahren,
für die Tanne 4 zu 30 Jahren. Die Genehmigung der Periodenbildung
erfolgte früher, wie die in den reichsländischen Forsten vorliegenden
Betriebspläne ersehen lassen, durch ein kaiserliches Dekret [3]).

Über die Höhe der Umtriebszeit, welche den wichtigsten Bestimmungsgrund der Abnutzung bildet, liegen keine bestimmten Unter-

---

[1]) Nach brieflichen Mitteilungen des Herrn Oberforstmeisters Pilz.

[2]) Huffel bemerkt am Schluß Satz IV seines Referats: „Das Cottasche
Verfahren für den gleichaltrigen Hochwald kam 1825 nach Frankreich und wurde
lange Zeit hindurch, allerdings mit einigen wesentlichen Änderungen, bis in die
Gegenwart herein angewendet.“

[3]) Aus dem Betriebswerk der Oberförsterei Haslach. Article 2. „Les deux
séries de la Haute-Struth seront aménagées à la révolution de 120 ans divisées en
6 périodes de 20 ans. Celles de la Basse-Struth seront soumises à une révolution
de 150 ans divisée en 5 périodes de 30 ans. Etc. Fait au Palais des Tuileries le
9. Mai 1863. signé: Napoléon.“

suchungen vor. Man setzt die Umtriebszeit, wie es auch meist in Deutschland geschieht, nur gutachtlich fest („sans regretter de ne pouvoir apporter à la question un contingent d'expériences d'une valeur souvent plus spécieuse que réelle") [1]).

In der Literatur wird zur Begründung der Umtriebszeit bemerkt: „Die Menge des erzeugten Holzes, seine Nutzbarkeit, sein Verkaufswert und das Verhältnis des Ertrags zu dem Kapital, das ihm zugrunde liegt, sind die verschiedenen Ziele, welche man, getrennt oder zusammen, vor Augen haben muß, um aus der Wirtschaftsführung den höchsten Vorteil zu ziehen. Diesen vier Zielen entsprechen vier Arten der Hiebsreife des Holzes: erstens die Umtriebszeit der größten Masse, sodann die Umtriebszeit des höchsten Gebrauchswertes, drittens die Umtriebszeit des höchsten Geldertrags, viertens die Umtriebszeit des größten Reinertrags" [2]). Für die Staatsforsten soll nach den vorliegenden Betriebswerken eine Umtriebszeit gewählt werden, „qui correspond aux produits matériels les plus considérables et les plus utiles". Diese Forderung hat eine konservative Richtung zur Folge gehabt, die im Zustand der Waldungen Frankreichs und des Reichslandes zum Ausdruck gekommen ist. Nach der Statistik vom Jahre 1876 wurden in den Staatswaldungen bewirtschaftet mit

Umtriebszeiten unter 100 Jahren	v. 100 bis 150 Jahren	v. 150 bis 200 Jahren	
Beim schlagweisen			
Betrieb 35,7%	43,1 %	21,2% der Ge-	
(futaies soumises		samt-	
aux éclaircies)		fläche.	
Beim Plenterbetrieb 9,8 %	43,7 %	46,5 %	„
(futaies jardinées)			

3. Die Lagerung der Wirtschaftsflächen.

Sie ist das am meisten charakteristische Merkmal der französischen Forsteinrichtung. Die Ordnung der Periodenflächen soll so erfolgen, daß diese in sich abgeschlossene Komplexe bilden und nicht durch Flächen anderer Perioden unterbrochen werden.

Zur Begründung dieses Verfahrens, das zu den Maßnahmen der meisten deutschen Forstverwaltungen, insbesondere der sächsischen, im Gegensatz steht, wird folgendes bemerkt [3]): „Damit sich die Führung der Verjüngungsschläge in jeder Periodenfläche den Regeln der Hiebsfolge anpassen kann, ist es gut, daß die Periodenflächen eine regelmäßige Form haben, daß sie ihre schmale Seite der heftigsten

---

[1]) Wortlaut französischer Betriebswerke.

[2]) Tassy, Deuxième étude: „de l'exploitabilité".

[3]) Tassy, troisième étude, chap. IV § 3 „formation des affectations conformément aux règles d'assiette".

Windrichtung darbieten, daß sie von Wegen begrenzt werden, vor allem aber, daß sie in sich geschlossene Komplexe bilden. Ich empfehle ganz besonders, niemals eine Periodenfläche zu zerreißen, wenn man nicht dafür überwiegende Gründe hat. Der örtliche Zusammenhang der Parzellen, welche die Periode bilden, ist nicht nur nützlich für die Anwendung der Regeln der Hiebsfolge, sondern auch für die ökonomischen Erfolge der Nutzung."

Gemäß dieser Vorschrift ist bei der Einrichtung der französischen Staats- und Gemeindeforsten verfahren [1]). Die Periodenflächen sind auf den Karten und im Walde systematisch zusammengelegt. Die Folge davon ist zunächst, daß viele Bestände nicht zur Zeit ihrer Hiebsreife, sondern früher oder später zur Nutzung gelangen; sodann, daß die Verjüngungsschläge sehr groß werden, und daß in Zukunft ausgedehnte Bestände gleichen Alters zusammenliegen werden. Beides ist mit wirtschaftlichen Nachteilen verknüpft, wenn sie auch bei der natürlichen Verjüngung, die in Frankreich Regel ist, und bei dem Vorherrschen des Laubholzes geringer sind als bei den in Deutschland vorliegenden Verhältnissen.

4. Die Feststellung des Abnutzungssatzes.

a) Nach Massen.

Für die in der ersten Periode erfolgenden Nutzungen wird ein besonderer Betriebsplan (Réglement spécial des exploitations pour la

---

[1]) In der Neuzeit ist jedoch eine neue Richtung, die sich dem sächsischen Verfahren nähert, hervorgetreten. Sie wird von Huffel, a. a. O., wie folgt gekennzeichnet: „Neuestens zieht man eine geschmeidigere Methode unter dem Namen: méthode de l'affectation unique vor. Man teilt den Forst in gleiche oder gleichwertige Flächen und bestimmt die Umtriebszeit (u) sowie die Verjüngungszeit (v). Es sei $u = 140$, $v = 20 = \dfrac{u}{7}$. Man vereinigt zu einer Periodenfläche so viel Abteilungen, als $\dfrac{u}{7}$ gleichkommen. Sie können über den ganzen Forst verteilt sein. Eine solche Lagerung ist oft sogar recht nützlich. Der Etat in der Haubarkeitsnutzung wird wie bei Cotta berechnet, indem man vom Massenvorrat der Affektation und der Abnutzung in 20 Jahren ausgeht..... Man kann dies Verfahren noch sehr vereinfachen, wenn es sich nicht so sehr um gleiche Jahreserträge als um die Herstellung der räumlichen Ordnung handelt. Man regelt dann den Betrieb nach einem reinen Flächenetat. Es genügt, wenn man annimmt, daß die Schläge der Haubarkeitsnutzung einander in Zwischenräumen von 5 Jahren folgen werden. Die Affektation wird in eine bestimmte Anzahl von Hiebstouren (suites) zu je 5 Jahresschlägen geteilt, beispielsweise in 5 Touren, die demnach je 5 Schläge mit der Bezeichnung A, B, C, D, E umfassen. Im ersten Jahre werden die Schläge A aller 5 Touren, im zweiten die Schläge B usw. in Nutzung genommen, so daß man im 6. Jahre in die erste Tour zurückkehrt. Dies geht bis zum Ende der Periodendauer so fort, in welchem Zeitpunkt der Massenvorrat des Periodenfachs erschöpft sein müßte."

première période) gefertigt, in welchem die Hiebe und Erträge, geordnet nach den divisions und subdivisions, verzeichnet werden. Es werden unterschieden: Hauptnutzung, Coupes principales(eingeteilt in ordinaires und extraordinaires) und Vornutzung, Coupes intermédiaires.

Die Massen der Coupes principales werden durch spezielle Aufnahme mit der Kluppe ermittelt. Die Eintragung der Holzmasse in die Pläne erfolgt gesondert nach Holzartengruppen (chêne, hêtre, bois blancs, pins). Die Massenberechnung erfolgt auf Grund besonderer Untersuchungen an Modellstämmen. Sie erstreckt sich auf die ganze Holzmasse. Diese wird nicht nach Derb- und Reisholz, sondern nach Stamm- und Astholz unterschieden. Die Ergebnisse der Holzmassenberechnung werden den Betriebsplänen beigefügt.

Ein Zuwachs für die Zeit bis zur Nutzung wird nicht zugesetzt.

Die Vornutzungen werden nach der Fläche geregelt. Doch wird die anfallende Masse summarisch, nach den Ergebnissen des vorhergehenden Jahrzehnts, angesetzt.

b) Nach Werten.

Dem in Masse ausgeworfenen Abnutzungssatz wird eine Ermittelung des Wertes (évaluation en argent de la possibilité) zur Seite gestellt. Sie beruht auf der Schätzung der Sortimente, welche für die Hauptholzarten vorgenommen wird. Es werden unterschieden: bois de service, d'industrie, quartier (Scheit), rondin (Knüppel), fagots (Reis), écorces. Für jede dieser Klassen wird der Preis (prix sur pied par nature des marchandises) nach Maßgabe der seitherigen Verwertung gutachtlich eingestellt. Für die Vornutzungen erfolgt die Trennung der Sortimente nur nach Laubholz und Nadelholz. Durch Aufsummierung der einzelnen Sortimente ergibt sich der Geldetat für die Holznutzung.

B. Mittel- und Niederwald.

Die Ertragsregelung des Mittelwaldes, welcher in Frankreich seinen eigenartigen Charakter viel bestimmter erhalten hat als in Deutschland, beruht auf der Flächenteilung. Die Bestimmungen über die Ausführung derselben waren bereits in den Ordonnanzen Colberts vom Jahre 1669 enthalten. Sie haben sich seit jener Zeit (wie die noch vorhandenen Steine zeigen) gleichmäßig erhalten. Die Art der Teilung der Fläche ist von der Umtriebszeit des Unterholzes abhängig. Diese ist im allgemeinen höher als in den deutschen Mittelwaldungen. Es werden im Staatswald 50 % mit 20—30 jähriger, 46 % mit mehr als 30 jähriger —; in den Gemeindewaldungen 77 % mit 20—30 jähriger, 20 % mit mehr als 30 jähriger Umtriebszeit behandelt. In den Gemeindewaldungen bleibt ¼ der Fläche von der Teilung aus, geschlossen.

Der Oberholzvorrat ist gleichmäßig über die Fläche verteilt. Er ist nach Altersklassen geordnet. Es werden unterschieden: baliveaux de l'âge, welche eine Umtriebszeit älter sind als das Unterholz; modernes (sc. baliveaux), welche zweimal übergehalten sind; anciens, welche sich im vierten Unterholzumtrieb befinden. Für die Nutzung des Oberholzes ist die Stammzahl der verschiedenen Klassen maßgebend. Diese sind in den Wirtschaftsplänen für die einzelnen Reviere und Revierteile sowie in der Statistik für die Mittelwaldungen des ganzen Landes nachgewiesen. Die Nutzungen sind im Mittelwald sehr gleichmäßig erfolgt; sie gewähren deshalb eine gute Grundlage der Ertragsschätzung.

Der Niederwald ist in Frankreich vorzugsweise in den Waldungen der Privaten in großer Ausdehnung vertreten. Soweit eine Regelung stattgefunden hat, beruht sie lediglich auf der Fläche. Bei der Eiche, welche die wichtigste Holzart im Niederwalde ist, wird nicht nur auf die Rinde, sondern auch auf die Erziehung von Holz Wert gelegt. Daher sind die Umtriebszeiten höher, als es der Rechnung mit ausschließlicher Rücksicht auf die Rinde entsprechend ist. Nach der Statistik von 1876 wurden im Staatswald 56 %, in den Gemeindewaldungen 76 % mit Umtriebszeiten von 20—30 Jahren bewirtschaftet. Mit Rücksicht auf die Erzeugung schwacher Nutzhölzer wird vom Überhalt Anwendung gemacht.

Universitäts-Buchdruckerei von Gustav Schade (Otto Francke)
in Berlin und Fürstenwalde (Spree).